研究生系列教材

现代通信网技术

主　编　李广林
副主编　王炳和　黄红梅　吴启武　王　伟

U0379287

西安电子科技大学出版社

内 容 简 介

随着传感网、物联网、泛在网、智慧云以及多网融合等新兴技术的出现，未来的通信网络将向会向着数字化、综合化、宽带化、智能化、个人化和融合化的方向发展。为了使学生在未来从事通信技术工作时具有较坚实的基础知识和开阔的眼界，本书在讲解常规通信技术的基础上，对各种新型通信技术作了详细深入的探讨。

本书共分为 12 章。在介绍现代通信网基本概念的基础上，分析了 SDH 传送网、光传送网、分组传送网技术及各类信令系统；依次阐述了各种业务网的组网形式及关键技术，包括电话网、分组交换网、帧中继网、ATM 网、综合业务数字网以及智能网；按照通信网的组成介绍了接入网的基本概念以及各种宽带接入网技术，包括局域网、城域网和广域网的接入技术；最后分析和阐述了视频会议网及其关键技术。

本书可作为高等院校通信工程、信息工程、计算机专业的本科生和研究生教材，也可作为从事通信网研究工作的广大科研人员和工程技术人员的学习参考书。

图书在版编目(CIP)数据

现代通信网技术/李广林主编. —西安：西安电子科技大学出版社，2014.1
研究生系列教材
ISBN 978-7-5606-3256-8

Ⅰ. ① 现…　Ⅱ. ① 李…　Ⅲ. ① 通信网—研究生—教材　Ⅳ. ① TN915

中国版本图书馆 CIP 数据核字(2013)第 282189 号

策　　划　陈　婷
责任编辑　雷鸿俊　郭亚萍　陈　婷
出版发行　西安电子科技大学出版社(西安市太白南路 2 号)
电　　话　(029)88242885　88201467　　　邮　　编　710071
网　　址　www.xduph.com　　　　　　电子邮箱　xdupfxb001@163.com
经　　销　新华书店
印刷单位　陕西华沐印务科技有限责任公司
版　　次　2014 年 1 月第 1 版　　2014 年 1 月第 1 次印刷
开　　本　787 毫米×1092 毫米　1/16　印 张　22.5
字　　数　534 千字
印　　数　1～2000 册
定　　价　45.00 元

ISBN 978 - 7 - 5606 - 3256 - 8/TN

XDUP 3548001-1

如有印装问题可调换

前　言

随着下一代网络的发展和物联网的普及，将来人们可以在任何时间、任何地点与任何人或物进行任意形式的通信。未来的通信网络将给人们带来更加丰富多彩的业务，包括语音、文本、图像、视频等媒体以及这些媒体类型之间的互动与合成。为适应当前大量用户构建大型专用通信网的技术需求，本书在讲述通信网基础知识的基础上，结合现代通信网的结构及发展趋势，分别对传送网、信令系统、电话网、分组交换网、帧中继、ATM 网络、综合业务数字网、接入网、局域网、城域网、广域网和视频会议网等组网形式及其关键技术进行了详细深入的分析和探讨。本书共分 12 章，其中各章内容组织如下：

第 1 章为绪论，首先介绍了现代通信网的基本概念，包括通信网的定义、构成、组成要素、拓扑结构、基本功能及分类，然后介绍了现代通信网的分层体系结构，最后介绍了现代通信网的服务质量要求。

第 2 章为传送网，在介绍传输介质、多路复用技术的基础上，重点介绍了 SDH 传送网、光传送网、分组传送网的结构及组成，最后简要介绍了大客户集团的专用骨干传送网的构架设计。

第 3 章为信令系统，在讲述信令的概念和作用的基础上，对信令进行了分类，并重点分析了中国 1 号模拟长途信令和 7 号信令。

第 4 章为电话网，主要介绍了电话网的基本概念、基本结构、电话交换机、程控交换机的维护和操作、路由及路由选择、编号计划等。

第 5 章为分组交换网，重点介绍了分组交换的原理、分组交换网的网络结构以及分组交换协议 X.25，最后简述了相关的路由选择、流量控制与拥塞控制技术。

第 6 章为帧中继网，主要讲述了帧中继的基本概念、体系结构、网络构成以及帧中继网络管理的基本方法。

第 7 章为 ATM 网络，主要介绍了 ATM 的概念、信元结构、ATM 交换技术、ATM 信令、ATM 网络、ATM 与 IP 融合技术等知识。

第 8 章为综合业务数字网(ISDN)，主要介绍了 ISDN 的基本概念、体系结构、接口性能、网络功能以及推广与发展 ISDN 的基本方法，最后介绍了智能网的相关内容。

第 9 章为接入网，重点介绍了接入网的定义与定界、参考模型、接入类型以及主要接口，讨论了非对称数字用户线、光纤同轴混合接入网、无源光网络、多业务传输平台技术等宽带接入网技术。

第 10 章为局域网，在阐述局域网基础知识的基础上，重点分析了几种目前广泛使用的局域网，具体包括以太网、无线局域网和虚拟局域网，并对这些局域网涉及的关键技术进行了重点阐述。

第 11 章为城域网与广域网，先介绍了城域网和广域网的基础知识，然后分析了支撑网络的 TCP/IP 协议体系，最后阐述了 IP 路由技术，具体包括 IP 路由原理、静态路由、OSPF 域内路由协议、BGP 域间路由协议以及路由配置实例。

第 12 章为视频会议网，在介绍视频会议网基础知识的基础上，重点阐述了 H.323 视频会议网，包括系统组件、流媒体传输协议、组网形式以及系统工作原理，接着介绍了视频会议系统的硬件和软件。

本书第 1 章、第 6 章、第 7 章由李广林编写，第 4 章、第 8 章由王炳和编写，第 2 章、第 5 章、第 9 章由黄红梅编写，第 10 章、第 11 章、第 12 章由吴启武编写，第 3 章由王伟编写。在编写过程中，研究生潘瑞、朱清超、张伯言、刘玉华等参与了文献整理及校对工作。全书由李广林统稿。另外，书稿的编写参考了同行的成果，在此一并表示衷心的感谢！

由于作者水平有限，书中的疏漏及不当之处在所难免，敬请读者批评指正。

编　者

2013 年 8 月

目　　录

第 1 章　绪论 1
　1.1　通信网的基本概念 1
　　1.1.1　通信网的定义 1
　　1.1.2　通信网的构成 1
　　1.1.3　通信网的组成要素 4
　　1.1.4　现代通信网的基本功能 5
　　1.1.5　现代通信网的结构 6
　　1.1.6　现代通信网的拓扑结构 8
　　1.1.7　现代通信网的分类 9
　1.2　通信技术的发展 11
　1.3　现代通信网的体系结构 13
　　1.3.1　网络分层的概念 13
　　1.3.2　层间接口和服务 16
　　1.3.3　OSI 和 TCP/IP 18
　　1.3.4　标准化组织 20
　1.4　通信网的服务质量 22
　　1.4.1　服务质量的总体要求 22
　　1.4.2　电话网的服务质量 23
　　1.4.3　数据网的服务质量 23
　　1.4.4　网络的服务性能保障机制 23
　本章小结 25
　复习题 26

第 2 章　传送网 27
　2.1　传输介质 27
　　2.1.1　有线介质 27
　　2.1.2　无线介质 29
　2.2　多路复用技术 30
　　2.2.1　频分复用 31
　　2.2.2　时分复用与复接 32
　　2.2.3　波分复用 34
　2.3　SDH 传送网 36

　　2.3.1　SDH 传送网的功能结构 36
　　2.3.2　SDH 设备的逻辑组成 41
　　2.3.3　SDH 网的物理拓扑 45
　　2.3.4　SDH 自愈网 49
　2.4　光传送网 55
　　2.4.1　OTN 的概念 55
　　2.4.2　OTN 的分层结构 56
　　2.4.3　OTN 的网络节点设备 58
　2.5　分组传送网 58
　　2.5.1　PTN 的概念 59
　　2.5.2　PTN 的关键技术 59
　2.6　专用骨干传送网 62
　　2.6.1　业务承载 62
　　2.6.2　网络安全和质量 63
　　2.6.3　网络结构设计 63
　本章小结 64
　复习题 66

第 3 章　信令系统 67
　3.1　信令的概念和作用 67
　　3.1.1　信令的基本概念 67
　　3.1.2　信令的功能 67
　3.2　信令的分类 69
　　3.2.1　按传送区域划分 69
　　3.2.2　按信令的功能划分 69
　　3.2.3　按信令传输方式划分 69
　　3.2.4　按信令的传送方向划分 71
　3.3　中国 1 号信令 71
　　3.3.1　线路信令 71
　　3.3.2　记发器信令 73
　3.4　7 号信令 77
　　3.4.1　SS7 信令的功能结构 77

3.4.2　信令网 83

3.5　Q 信令 85

本章小结 88

复习题 88

第4章　电话网 89

4.1　电话网的概念 89

4.1.1　电话网的组成 89

4.1.2　电话网的功能和特点 90

4.2　电话网的网络结构 91

4.2.1　电话网的等级结构 91

4.2.2　国内长途电话网 93

4.2.3　本地电话网 95

4.2.4　国际电话网 98

4.3　电话交换机 99

4.3.1　硬件结构 99

4.3.2　软件组成 101

4.4　程控交换机的维护和操作 103

4.4.1　运行维护性指标 103

4.4.2　OM 指令 104

4.5　路由选择 106

4.5.1　路由的概念及分类 106

4.5.2　路由选择 107

4.5.3　固定等级制选路规则 108

4.5.4　其他选路方法 109

4.5.5　典型组网工程设计 111

4.6　编号计划 116

4.6.1　编号原则 116

4.6.2　编号方案 116

本章小结 118

复习题 119

第5章　分组交换网 120

5.1　分组交换原理 120

5.1.1　分组交换的概念 120

5.1.2　分组交换方式 121

5.2　分组交换网的结构 124

5.2.1　分组交换网的基本结构 124

5.2.2　分组交换网的编址方式 126

5.2.3　分组交换网的特点 126

5.2.4　中国分组交换网 127

5.3　X.25 协议 129

5.3.1　协议概述 129

5.3.2　分层结构 130

5.4　路由选择 139

5.4.1　基本概念 139

5.4.2　常见路由选择算法 140

5.5　流量控制与拥塞控制 141

5.5.1　流量控制 141

5.5.2　拥塞控制 144

本章小结 144

复习题 145

第6章　帧中继网 146

6.1　帧中继的基本概念 146

6.2　帧中继协议 148

6.2.1　帧中继协议 148

6.2.2　帧中继的虚电路连接 150

6.2.3　本地管理接口协议 151

6.3　帧中继网的基本结构及其网络接入 155

6.3.1　帧中继网的基本结构 155

6.3.2　帧中继的网络接入 156

6.3.3　帧中继网络的应用 158

6.3.4　帧中继网络的构成 158

6.4　帧中继的网络管理 159

6.4.1　网络管理 159

6.4.2　帧中继拥塞控制的目标和方法 160

本章小结 163

复习题 164

第7章　ATM 网络 166

7.1　ATM 的概念 166

7.1.1　ATM 的定义 166

7.1.2　ATM 的信元 166

7.1.3　ATM 的信道 169

7.1.4　ATM 交换 170

7.1.5　ATM 业务 171

7.2　ATM 的参考模型和协议 172

7.2.1　物理层 172
7.2.2　ATM 层 173
7.2.3　AAL 层 173
7.2.4　ATM 网络模型 180
7.3　ATM 信令 182
7.3.1　ATM 信令系统的体系结构 182
7.3.2　ATM 地址 184
7.3.3　UNI 信令消息 185
7.4　ATM 网的流量控制与拥塞控制 189
7.4.1　ATM 业务分类 189
7.4.2　流量控制技术 190
7.4.3　拥塞控制技术 192
本章小结 193
复习题 194

第 8 章　综合业务数字网及智能网 195
8.1　ISDN 的基本概念 195
8.1.1　ISDN 的发展背景 195
8.1.2　ISDN 的定义 195
8.2　ISDN 的结构 196
8.2.1　网络结构 196
8.2.2　UNI 接口 197
8.3　ISDN 的协议 203
8.3.1　ISDN 协议模型 203
8.3.2　用户—网络接口协议 203
8.4　ISDN 的发展 215
8.4.1　B-ISDN 的网络结构 215
8.4.2　B-ISDN 的技术特点 216
8.5　智能网 216
8.5.1　智能网的基本概念 216
8.5.2　智能网的发展与标准化 218
8.5.3　智能网的体系架构 219
8.5.4　智能网的概念模型 219
8.5.5　典型智能电话业务 224
本章小结 227
复习题 228

第 9 章　接入网 229
9.1　接入网概述 229

9.1.1　接入网的定义与定界 229
9.1.2　协议参考模型和主要功能 231
9.1.3　接入网的主要接口 233
9.1.4　接入网的分类 236
9.2　宽带接入网技术 237
9.2.1　非对称数字用户线 237
9.2.2　光纤同轴混合接入网 243
9.2.3　无源光网络 245
9.2.4　多业务传输平台 251
本章小结 256
复习题 257

第 10 章　局域网 258
10.1　局域网基础知识 258
10.1.1　局域网概述 258
10.1.2　局域网的体系结构 261
10.1.3　局域网的标准化进展 262
10.2　以太网 263
10.2.1　以太网的定义 263
10.2.2　以太网的历史 263
10.2.3　以太网技术 263
10.3　无线局域网 268
10.3.1　无线局域网的定义 268
10.3.2　无线局域网的组成 269
10.3.3　无线局域网常用设备 270
10.4　虚拟局域网 271
10.4.1　虚拟局域网的定义 271
10.4.2　虚拟局域网的组网方式 272
10.4.3　虚拟局域网的划分方法 273
10.4.4　虚拟局域网的实现过程 274
10.4.5　不同 VLAN 通过路由器通信示例 ... 274
本章小结 276
复习题 276

第 11 章　城域网与广域网 277
11.1　城域网基础知识 277
11.1.1　城域网技术 277
11.1.2　宽带城域网基础 277
11.1.3　宽带城域网的体系结构 279

　11.1.4　宽带城域网关键技术 280

11.2　广域网基础知识 280

　11.2.1　广域网的定义 280

　11.2.2　广域网的分类 281

　11.2.3　广域网参考模型 282

　11.2.4　广域网连接方式 282

11.3　TCP/IP 协议体系 283

　11.3.1　TCP/IP 参考模型 283

　11.3.2　TCP/IP 协议 285

　11.3.3　IP 地址 287

11.4　IP 路由 294

　11.4.1　IP 路由原理 294

　11.4.2　静态路由 295

　11.4.3　动态路由 OSPF 协议 295

　11.4.4　BGP 路由协议 298

　11.4.5　静态路由配置实例 301

　11.4.6　域内路由 OSPF 配置实例 302

　11.4.7　域间路由 BGP 配置实例 306

本章小结 307

复习题 307

第 12 章　视频会议网 309

12.1　视频会议网基础知识 309

　12.1.1　视频会议的定义 309

　12.1.2　视频会议网的构成 309

　12.1.3　视频会议的发展 310

　12.1.4　视频会议系统的分类 311

　12.1.5　H.323 与 SIP 的比较 311

　12.1.6　音视频压缩编码 312

12.2　H.323 视频会议网 314

　12.2.1　H.323 协议概述 314

　12.2.2　H.323 系统组件 315

　12.2.3　H.323 视频会议组网 316

　12.2.4　H.323 视频会议系统工作原理 319

12.3　视频会议系统硬件与软件 323

　12.3.1　视频会议系统的硬件 323

　12.3.2　视频会议系统的软件 330

本章小结 337

复习题 337

附录　本书涉及的英文缩写词 339

参考文献 350

第1章

绪　论

通信网是信息传递的基础设施，信息传递都是通过通信网来实现的。现代通信网传递的信息内容主要包括语音、数据、视频、多媒体等。为了对现代通信网有一个基本的了解，以便于后续章节的学习，本章主要介绍现代通信网的基本概念、组成要素、发展趋势等内容。

1.1　通信网的基本概念

1.1.1　通信网的定义

现代通信网是一种复杂的大型信息传输系统，涉及用户终端接入、信息交换与传输、网络结构与管理、业务控制与服务质量等多方面技术的综合运用。由于不同的通信网络的资源分配方式、网络管理策略各不相同，因此网络中的交换、传输、控制等具体技术也有所不同。但是无论什么形式的通信网都有一个共性的特征，即都是以有效、可靠地传递信息为最终目的的。因此，这里给出现代通信网的一般定义：现代通信网是由软件和硬件按照某一特定方式构成的一种信息传输系统，这种系统采用传输媒体将大量的用户终端设备和一定数量的交换节点以合理的结构连接在一起，按照约定的信令或协议完成任意用户之间的呼叫建立、信息交换与传递。

现代通信网传递的信息内容包括用户信息(如话音、数据、图像等)、控制信息(如信令信息、路由信息等)以及网络管理信息等。它们来源于两个用户之间、两个计算机进程之间或者一个用户和一台终端设备之间。

在现代通信网中，信息是以电信号或光信号的形式在网络中传递的，所以人们又将现代通信网称做电信网。

1.1.2　通信网的构成

1.　点对点通信系统

通信是为了克服时间和空间距离的影响，在任意两个用户之间有效、可靠地传递信息的一种基本过程，这种过程可以通过如图1.1所示的通信系统模型来描述。由图可见，通信系统的组成包括信源、发送器、信道、接收器和信宿等要素。

图 1.1　通信系统模型

通信系统中各组成要素的功能如下：

(1) 信源是各种信息的发源地，它可以是人、机器或计算机等设施。

(2) 发送器将信源产生的信息转换成适合在信道中传输的信号形式，一般包含编码、调制、放大和加密等功能。针对不同的信源和传输系统，发送器会有不同的结构和信号变换功能。例如：模拟信号通过数字信道传输时，要经过数字化以及合适的编码才能通过数字信道传送；数字信号通过模拟信道传送时，要经过调制器调制后才能有效传送。

(3) 信道是信号的传输媒介，信号通过它在发送器和接收器之间传输。通常信道按传输媒介的种类可分为有线信道和无线信道，按传输信号的形式可分为模拟信道和数字信道。

(4) 接收器的作用是从传输系统中接收信号，然后再将其转换成信宿可以接收的信号形式，其作用与发送器正好相反。

(5) 信宿是信息传递的目的地，它同样也可以是人、机器或计算机等。

2．多点通信网络

上述点对点通信系统只涉及两个用户之间的信息传递，实际当中往往有很多有相互通信需求的用户群体。要想实现其中任意两个用户之间的信息传递，在它们之间就必须都有物理信道连接，这样就形成了一种多用户互连的信息传输系统，这种系统是一种由多个链路连接的网状连接结构，人们常称其为网状网。网状网在用户较少时实现通信比较容易，但是如果在一个区域内用户数过多，或者不同区域之间要实现信息传递时，通信的实现就比较困难。这里我们以电话通信为例，假设有 n 个用户需要两两通话，即每两个用户之间需要有一对连线，那么 n 个用户所需的连线对数将为 $n(n-1)/2$ 对。图 1.2 为多用户网状连接示意图，网络中含 8 个有相互通信需要的用户话机，所需的连线对数为 $8 \times (8-1)/2 = 28$ 对。

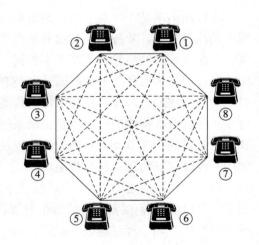

图 1.2　多用户网状连接示意图

当 n 增加时，传输线的数目将急剧增加，例如 $n = 1000$ 时，约需 50 万对线路。这使得线路投资过高，而每条线路由于专用于连接一对用户，线路利用率又很低。显然，当用户数量较多时，采用这种结构不仅是一种信道资源的极大浪费，同时也会造成用户的终端设备端口很多，实现起来比较困难。

怎样合理地实现大量用户中任意两个用户之间的信息传递呢？人们常采用的办法是：在用户分布的中心区域设置一个用于分配线路的公用设备，每个用户通过一对专用线路连接到该设备上，这种电话通信的简单交换系统如图 1.3 所示。当任意两个用户要求通话时，由公用设备将两个用户话机连通，就可以进行通话，通话结束后再将连接拆除，以备其他用户使用。我们将这个公用设备称为交换机。有了交换机，每个用户只需要将一对线与交换机的用户接口连接，就可以实现任意两个用户之间的通信，从而大大节省了线路投资。对于诸多有相互数据通信需求的用户，通常在他们的中心区域设置数据交换机。由此可见，交换机在通信网中起着一种重要的枢纽作用，是现代通信网中不可缺少的重要设备。这种多个用户分别通过专用的线路连接到交换机用户线接口上，实现任意两用户之间的信息传递的系统就构成了一种简单的通信网。由于主叫与被叫之间的连接是交换机根据主叫发出的含有被叫号码(目的地址)的呼叫请求信息建立连接而实现的，因此也称这种通信网为交换式通信网络。现代通信网都是以交换方式实现通信的网络。

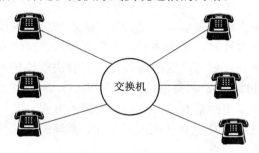

图 1.3 电话通信的简单交换系统

现代通信网通过交换设备集中接入大量用户，实现区域内用户之间按需连接和信息的传递；不同区域之间则通过中继线路实现交换节点之间的互连，以实现区域之间用户的交换链接和信息传递。采用交换设备构成通信网，具有以下两个主要优点：

(1) 众多的用户可以通过交换节点按需连接到骨干通信网上。大多数用户并不是时刻都需要远程通信服务，所以在骨干网上的交换节点之间可以用少量的中继线路以共享的方式为大量用户服务，这样可以以较少的长途电路服务不同区域之间的大量用户，从而大幅度降低骨干网的建设成本。

(2) 采用交换式通信网，也使网络更容易扩容，还便于网络的控制与管理。

在公用通信网络或大型专用通信网络中，一般都采用多级复合型网络结构。一次长途通信的用户双方建立的通信连接，根据距离远近和网络地域划分的不同，一般会涉及多段中继线路和多个交换节点。

通信网通过交换节点和传输设备，将地理位置分散的交换节点互连起来，实现不同区域之间用户信息的交换和传递。用户终端到交换机接口之间的线路被称为用户线，也叫做用户环路；交换机与交换机之间的线路被称为中继线路，简称为中继线。

综上所述，通信是在终端节点之间建立通信系统来实现的，但这种通信系统不能称为通信网，只有将许多通信系统通过交换设备按一定的拓扑结构连接在一起才能称之为通信网。也就是说，有了交换系统才能使分布于同一区域内或不同区域间的任意两个终端用户实现相互通信。

在通信网络中，交换节点最多的外部连接是大量的用户终端设备，较少的外部连接是交换节点之间的中继连接，因此交换机具有用户接入与业务集中的功能。建立连接时，要按照用户要求提供相应的信道资源，连接建立后，要将用户信息转发到目的地，所以交换机还必须具备资源分配、信息转发、网络管理与控制等功能。

常规的电话交换网采用按需提供固定资源的分配方式，称其为电路交换方式。这种通信网络的缺点是为用户信息传递付出的代价较大、信道利用率低，优点是资源独享、不受侵犯、可保障业务的实时性。分组交换将数据文件分成一个个较短的片段，然后加上控制信息构成分组，在信道上传送。由于各通信用户之间信息传递存在空隙，因此在这些空隙间可以插入其他用户的信息分组，即采用多个用户信息流实现统计复用和动态资源按需分配，有效利用信道资源。分组通信的优点是信道利用率高，缺点是存在传送时延和时延抖动，因此不利于时延敏感业务的传送。

3．用户接入方式

在现代通信网中，用户终端需要以一定的方式接入到交换机接口电路上，实现交换连接，常用的接入方式有有线接入、无线接入、点到点接入、共享介质接入等。共享介质接入就是多个用户共享同一物理信道，这种接入方式需解决多址接入的问题。常用的共享接入方式有频分多址接入(FDMA)、时分多址接入(TDMA)、码分多址接入(CDMA)、随机多址接入等。例如：电话网采用的是有线、点到点的接入方式，即每个用户使用一条单独的双绞线接入交换节点；CDMA移动通信网采用无线、共享介质、码分多址的接入方式；宽带接入网则采用共享介质接入方式。

4．中继连接方式

为了提高中继线路的利用率、降低成本，现代通信网一般都采用多路复用技术，即将一条物理线路的全部带宽资源分成若干个逻辑信道，让多个用户共享一条物理线路。

在广域网通信中，任意用户间的通信通常占用的都是一个逻辑信道，极少有独占一条物理线路的情况。常用的复用技术有静态复用和动态复用(也叫统计复用)。静态复用包括频分复用和同步时分复用；动态复用则主要指动态时分复用(统计时分复用)技术。

1.1.3　通信网的组成要素

在现代通信网络中，每一次通信过程的实现，都需要软硬件的协调配合来共同完成。软件的作用是完成通信网的控制、管理、运营和维护，实现通信网的智能化，它主要包括信令、协议、控制、管理和计费等实体；硬件主要包括终端设备、交换节点、业务节点和传输设施等要素，这些硬件设备的定义和功能如下。

1．终端设备

终端设备是用户使用通信网进行信息传递的人机接口设备，是通信网中信息的产生者和使用者。最常见的终端设备有电话机、传真机、计算机、视频会议终端、路由器以及PBX等。其主要功能有：

(1) 用户信息处理：将用户信息转换成适合通信网传输的信号或将通信网中传输的信号转换成用户信息，实现用户信息的发送与接收。

(2) 信令信息处理：将用户的操作转换成信令信号或将信令信号转换成用户的操作。通过产生和使用信令实现对用户的状态识别与监视、连接建立与释放、业务管理等控制功能。

2．交换节点

交换节点就是网络中运行的交换机系统，是通信网的核心设备，主要功能是根据用户呼叫消息所指出的目的地建立端到端的交换连接，传递用户信息。常见的交换节点有电话交换机、分组交换机、路由器、转发器等设备。交换节点的基本功能结构如图 1.4 所示。

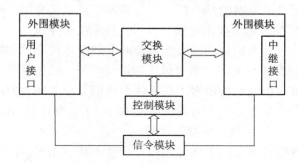

图 1.4　交换节点的基本功能结构

交换节点的主要功能有：

(1) 业务集中与转发：由各类用户接口和中继接口完成。

(2) 交换功能：由交换模块完成任意入线到出线的数据交换。

(3) 信令功能：负责呼叫控制和连接的建立、监视及释放等，由专门的信令模块执行。

(4) 控制功能：主要包括路由信息的更新和维护、话务统计、维护管理、计费等。

3．业务节点

业务节点是存储各种实用信息的数据库系统，通常由连接到通信网络边缘的计算机系统组成，向用户提供信息查询与检索、电子邮件以及流媒体播放等服务功能。电话网的智能查号、语音信箱、智能网中的业务控制点(SCP)、智能外设以及 Internet 上的各种服务器等都是业务节点。业务节点具有以下主要功能：

(1) 在对新业务执行控制时，业务节点独立于交换节点。

(2) 提供业务时可实现对交换节点呼叫建立的控制。

(3) 为用户提供智能化、个性化、有差异的服务。

基本电信业务的通信过程所执行的呼叫建立、监视与控制，仍然在交换节点中实现，而新的电信业务的构成和控制则在业务节点中执行。

4．传输设施

传输设施是在网络的节点之间、节点与终端设备之间实现连接和提供信息传输的线路设施。它主要包括线路接口设备、传输媒体、交叉连接设备等硬件实体。为了提高物理线路利用率，传输系统通常都采用多路复用技术，如频分复用、时分复用、波分复用等。

1.1.4　现代通信网的基本功能

在日常生活中，人们接触和使用的通信网类型很多，不同类型的通信网提供不同的服务：电话网提供语音服务，传送用户的话音信息；计算机网络进行数据传送、信息检索、程序和设备共享等服务；Internet 将全球绝大多数的计算机网络互联在一起，实现全球范围的信息资源共享，是当今世界上最大的数据通信网络。

不同种类的通信网传送信息的内容、方式以及服务类型各不相同，但是它们在网络结构、基本功能以及实现方法上都具有以下基本功能：

(1) 信息传送。它是通信网的基本任务，传送的信息主要有用户信息、信令信息以及管理信息三种类型。信息传送主要由交换节点和传输系统来完成。

(2) 信息处理。信息处理的目的是增强通信的有效性、可靠性和安全性，网络对信息的处理方式对用户来说是不可见的，信息最终的语义解释一般由终端设备来完成。

(3) 信令机制。信令机制是通信网上任意两个通信对象之间为完成某一通信任务而进行的控制信息的交换机制。电话网上的各种信令(如 No.7 信令)、Internet 上的各种路由信息协议、TCP 连接建立协议等都属于信令的范畴。

(4) 网络管理。网络管理是为了保证网络在正常工作或出现故障时仍能提供有效服务所运行的机制。它是通信网中最具有智能性的功能实体，包括网络的运营管理、维护管理和资源管理。不同的网络具有不同的网络管理系统，最具有代表性的标准有电信管理标准 TMN 系列和计算机网络管理标准 SNMP 等。

1.1.5 现代通信网的结构

从逻辑功能上看，现代通信网呈现垂直分布结构，可以被分为业务网、传送网以及支撑网，其中支撑网对上下结构的业务网、传送网同时提供支撑功能，保障它们的正常运行。通信的功能结构如图 1.5 所示。

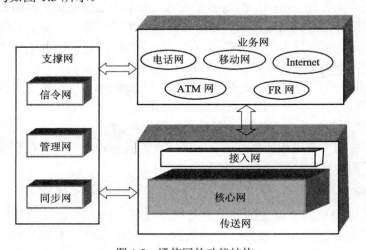

图 1.5　通信网的功能结构

1. 业务网

业务网的作用是向用户提供各种通信业务，如常规话音业务、数据业务、多媒体业务、租用线业务、VPN 业务等。业务网的技术要素包括网络的拓扑结构、交换技术、编号计划、信令方式、路由选择、业务类型、计费方式、服务质量保证等。表 1.1 列出了常用业务网的类型。

表 1.1 常用业务网

业务网名称	基本业务	交换节点设备	交换技术
公共电话网	普通电话业务	数字程控交换机	电路交换
移动通信网	移动话音、数据	移动交换机	电路/分组交换
智能网	以电话业务为基础的增值业务和智能业务	业务节点和业务控制节点	电路交换
分组交换网	低速数据业务(≤64 kb/s)	分组交换机	分组交换
帧中继网	局域网互连(≥2 Mb/s)	帧中继交换机	帧交换
数字数据网	数据专线业务	DXC 和复用设备	电路交换
计算机局域网	本地高速数据(≥10 Mb/s)	集线器(Hub)、网桥、交换机	共享介质、随机竞争式传送
Internet	Web、数据业务	路由器、服务器	分组交换
ATM 网	综合业务	ATM 交换机	信元交换

2. 传送网

传送网由核心网和接入网组成：核心网执行骨干传送功能，也叫骨干网；接入网将业务节点接入到核心网，使用户获取传送服务。传送网独立于具体的业务网，它的作用是按照需求为两个交换节点之间、交换节点与业务节点之间的互连分配传输电路，提供透明的信息传输。传送网通常都有较强的网络管理功能，如电路调度、性能监视、故障切换等。

传送网的技术要素包括传输介质、复用体制、交换技术等。不同类型的传送网采用不同的交换技术。同步数字体系(SDH)传送网的基本架构是电节点和光纤单波道传送：电节点采用电分插复用器(ADM)和交叉连接器(DXC)作为交换设备；光传送网则采用光节点实现光波长的交叉连接(ODXC)或分插复用器(OADM)，以光纤为载体实现多波道传送。

传送网节点与业务网节点的相似之处在于它们都具有交换功能，但是它们也具有以下不同之处：

(1) 交换的信息基本单位不同。业务网交换节点的基本交换单位本质上是面向终端业务的，粒度很小，如一个时隙。一个 SDH 中的基本交换单位是一个虚容器(最小传输速率是 2 Mb/s)，而在光传送网中的基本交换单位则是一个波长(目前骨干网上的传输速率至少是 2.5 Gb/s)。

(2) 控制方式不同。业务网交换节点的连接是在信令系统的控制下建立和释放的，而光传送网节点之间的连接主要是由管理工程师通过网管终端执行指配来建立或释放的，并且每一个连接需要长期维持和相对固定。目前使用的传送网主要有 SDH/SONET、光传送网(OTN)和分组传送网(PTN)等三种类型。

3. 支撑网

支撑网通过给业务网提供所必需的信令机制、网络同步和网络管理等功能，保障业务网的正常运行，从而达到为用户提供满意的服务质量的目的。支撑网通常包含以下三种网络：

(1) 同步网：处于数字通信网的最底层，实现网络节点设备之间、节点设备与传输设备之间信号的时钟同步、帧同步以及网同步，保证地理位置分散的通信设备之间数字信号的正确接收和发送。

(2) 信令网：对于采用模拟信令的通信网，信令与业务在同一信道或存在着某种固定的对应关系，它们不可分离；对于采用公共信道信令系统的通信网，通常会存在一个逻辑上独立于业务网的信令网。信令网的功能是通过在网络节点之间传送与业务相关或与业务无关的控制信息，实现业务信息传送所需要的连接或对网络的控制。

(3) 管理网：实时监视业务网的运行情况，采取各种控制和管理手段，以达到在各种情况下充分利用网络资源，保证通信服务质量的目的。

从物理连接关系上看，现代通信网呈现水平分布结构，它反映了网络的功能布局和归属关系。可以将通信网划分成用户驻地网(CPN)、接入网(AN)和核心网(CN)。CPN 是业务网在用户端的自然延伸，接入网可以被看成是传送网在核心网之外的延伸，而核心网则是业务网、传送网核心部分以及支撑网等网络功能的综合。图 1.6 给出了水平分布方式下的通信网络结构，其中图(a)为采用一般的 TDM 或 SDH 等常规接入方式的结构，图(b)为在 CN 边缘添加多业务传输平台(MSTP)形式的宽带接入方式的结构。

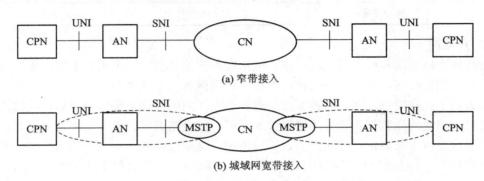

图 1.6 通信网的水平分布结构

1.1.6 现代通信网的拓扑结构

拓扑结构反映的是网络的分布和连接方式，现代通信网的拓扑结构(如图 1.7 所示)通常有以下几种形式。

1. 网状网

网状网的结构如图 1.7(a)所示。它是一种完全互联的网络，网络中任意两节点之间均有直达线路连接，n 个节点的网络需要 $n(n-1)/2$ 条传输链路。其优点是线路冗余度大，网络可靠性高，任意两点间可直接通信；缺点是线路利用率低，网络成本高，扩容不方便，每增加一个节点就需增加 n 条线路。网状结构通常用于节点数目较少、可靠性要求较高的应用场合。

2. 星型网

星型网的结构如图 1.7(b)所示。由图可见，星型网与网状网相比增加了一个中心汇接节点，其他各节点均有线路与汇接节点相连，它们之间的通信都由汇接节点转接。具有 n 个节点的星型网需要 $n-1$ 条传输链路，所以它的优点是线路投资低，信道利用率高；缺点是网络的可靠性差，一旦汇接节点发生故障或转接能力不足，全网的通信都会受到影响。在传输链路的费用高于汇接设备的费用且可靠性要求不高的应用场所，才采用星型结构。

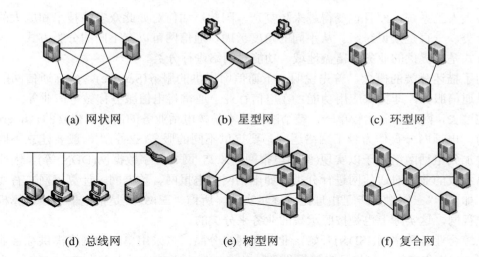

图 1.7 现代通信网的拓扑结构

3．环型网

环型网的结构如图 1.7(c)所示。该结构中所有节点首尾相连，组成一个环。n 个节点的环型网需要 n 条传输链路。环型网可以是单向环，也可以是双向环。该网的优点是结构简单，容易实现，双向自愈环结构可以对网络进行自动保护；缺点是节点数较多时转接时延无法控制，并且环型结构不好扩容，每加入一个节点都要破环原来的连接。

环型结构目前主要用于计算机局域网、光纤接入网、城域网、光传输网等网络中。

4．总线网

总线网的结构如图 1.7(d)所示。它属于共享传输介质型网络，总线网中的所有节点都连至一个公共的总线上，任何时候只允许一个用户占用总线发送数据。该结构的优点是需要的传输链路少，节点间通信无需转接节点，控制方式简单，增减节点也很方便；缺点是网络稳定性差，节点数目不宜过多，网络覆盖范围也较小。

总线结构主要用于计算机局域网、电信接入网等环境。

5．树型网

树型网的结构如图 1.7(e)所示。它是由星型网逐级级联辐射而成的。树型网适合于具有多级部门分布的企业与异地的企业集团组建专网的结构。隶属于同一上级单位的同层节点都有线路连接到它们的同一归属节点以构成汇接。这种结构一般有 n 层节点，$n-1$ 段电路，称为 n 级网络。

6．复合网

复合网的结构如图 1.7(f)所示。它是由网状网和星型网复合而成的。在业务量较大的汇接交换节点之间采用网状网结构。

复合型网络同时具有星型网和网状网的优点，所以在大型局域网和电信骨干网中被广泛采用，遵循费用和可靠性两者之间最优的原则。

1.1.7 现代通信网的分类

随着社会需求和技术的发展，各种通信技术不断涌现，使现代通信网不仅成为覆盖全球的最大人工系统，而且也变得越来越复杂。因此，如何对如此众多的技术和庞大的网络进行分类，一直是众说纷纭。从不同的角度考虑，通信网可以有不同的分类方式。传统的分类方式是按提供的业务、覆盖地域、功能对网络进行分类。

为了描述分类的概念，首先说明一下通信网提供的服务(Service)。建立通信网的目的是提供通信服务，即提供应用功能。在电信行业，通常将电信服务称做电信业务。

在过去，网络业务比较单一，整个网络基本是按电话业务的需求而建立的。Internet 普及以前，电话网一直作为骨干网络运营，要提供不同的服务(业务)，一般要建立不同网络或者叠加到电话网络中予以实现(例如电报网、X.25 网、数字数据网(DDN)等)。因此，当时常以承载的业务对通信网进行分类，如电话网、电报网、数据网、计算机网、有线电视网等。如今，"三网融合"已由理论到逐步实现。所谓"三网"，是指电信网、计算机网和有线电视网，这实际上也是按照承载的业务来分类的。

从综合业务数字网(ISDN)开始，业务和网络分离，多采用单一的网络提供综合业务。以 Internet 为代表的计算机网也能提供各种功能，但由于其"尽力而为(Best Effort)"服务机制的先天不足，同传统网络相比仍存在着服务质量、安全性等问题。综合业务网络的应用，当然不能再按承载的业务来分类，于是需要其他的分类方式。下面介绍几种常用的分类方式。

1) 按功能进行分类

按照在业务中提供的功能分类，现代通信网可以分为传输网、交换网、接入网、信令网、同步网、管理网等。

2) 按服务范围进行分类

按照服务范围来分，现代通信网可以分为广域网(WAN)、城域网(MAN)、局域网(LAN)、个域网(PAN)等。

(1) 广域网(WAN)是指覆盖于城市之间、国家之间的网络，当前的 IP 网主要是用 SDH 作为传输手段，骨干路由和交换设备作为交换手段的网络。

(2) 城域网(MAN)是指城市范围内本地的计算机网。由于有密集的接入点和交换/路由点的存在，城域网采用的技术也相对复杂一些，FDDI、ATM 等底层技术在城域网中也有较多的应用。

(3) 局域网(LAN)基本上是室内的网络，有时也用于园区(校园网)，底层技术主要是以太网(Ethernet)及其变种技术。近年来无线局域网(WLAN)发展迅速，和一般公众无线通信不同，无线局域网采用的是 ISM 开放的频段，可以不经申请使用。

(4) 个域网(PAN)是指范围比局域网更小的网络，当前主要发展的是无线个域网(WPAN)。个域网是当前非常活跃的网络发展领域，特别是自 2009 年奥巴马政府倡导"智慧地球"以后，物联网(Internet of Things)受到社会各界的普遍重视。如果把世界比做人体，把通信网比作血管，那么个域网就是人体的毛细血管，人体毛细血管占血管总长度的 90%以上，个域网同样如此。据估计，物联网的最终总投资将是 Internet 的几十倍，其中大部分将用于末梢即终端部分。

3) 按技术进行分类

网络所采用的技术也可以作为网络分类的方式，采用这种分类方式可将现代通信网分为模拟通信网、数字通信网、电路交换网和分组交换网。

早期的人工磁石交换机以及供电交换机、步进制自动交换机、纵横制自动交换机、空分制程控交换机等组成的电话网都是模拟通信网；现在应用的程控电话网是数字电话网。这两种电话网都属于电路交换网。Internet 提供数据打包传送，属于数据通信网。

1.2　通信技术的发展

　　在古代，人们采取各种通信手段实现信息传递：信鸽、快马、烽火台、消息树、旗语等，后来人们发现利用电磁波可以传递信息，因此开始了电通信时代。利用电磁波通信的历史大致可划分为三个阶段：通信初级阶段、近代通信阶段和现代通信阶段。

1．通信初级阶段

　　1837 年，美国人莫尔斯成功地研制了电报机，并于 1844 年开通了华盛顿至巴尔的摩的电报线路，开创了电通信时代；1876 年，美国人 A.G.贝尔发明了电话机，这是电话通信的起源；1880 年，第一个付费电话系统在美国投入运营，标志着通信网络技术的开始。

　　1880—1970 年是典型的模拟通信网时代，网络的主要特征是以电话通信为主，单一的模拟化技术支持单一的电话业务。电话业务是网络运营商的主要业务和收入来源，通信网的设计也是面向话音业务而进行的，网络的主要技术特点是采用控制简单的电路交换和模拟的随路信令系统，信号传输采用 FDM 技术、铜线介质，网络通常只提供单一的电话业务。

2．近代通信阶段

　　1970 年，法国开通了世界上第一台数字程控交换机，标志着数字通信时代的开始。在1970—1994 年期间，下列技术的发展为现代通信网的发展奠定了坚实的基础：数字技术和分组交换技术的运用为实现未来的综合业务网络奠定了基础；公共信道信令和计算机软硬件技术的成熟为实现未来网络智能和业务智能奠定了基础；光纤技术为未来的宽带网络开创了新途径。这一阶段是通信网络技术发展的重要阶段。

　　在这一阶段，骨干通信网由模拟网向数字网转变，在网络中逐渐开始使用数字技术和计算机技术。除了公用电话交换网(PSTN)之外，还出现了基于分组交换的数据通信网、基于 TCP/IP 的 Internet、帧中继等多种不同的业务网，同时移动通信技术、智能网(IN)技术也有了长足的发展。这一阶段通信网的特点表现为数据通信网大多是构建在电话网的基础之上，与话音业务量相比，所占份额很小，电路交换技术仍然占主导地位，电话业务仍然是网络运营商的主要业务和收入来源。网络的主要特征是数模混合、多技术、多业务并存，形成了以 PSTN 为基础，Internet、移动通信网等多种业务网并存的现状。网络技术的主要变化体现在以下几点：

　　(1) 数字传输：采用 PCM 的数字传输设备逐步取代模拟传输设备，解决长途信号传输质量差的问题，降低了传输成本。

　　(2) 数字交换：用数字交换设备逐步取代模拟交换设备，极大地提高了交换的速度和可靠性。

　　(3) 公共信道信令：采用公共信道信令系统逐步取代随路信令系统，实现了话路系统与信令系统之间的分离，提高了网络控制的灵活性。

　　(4) 业务实现方式：在数字交换设备中采用软件方式实现业务逻辑，不改变硬件交换设备即可提供新业务。

这样的现状对用户而言，要获得多种电信业务就需要多种接入手段，增加了用户的费用和接入难度；对网络运营商而言，不同的业务网需要各自专用的网管系统和运营保障系统，也增加了运营成本。不同的业务网所采用的技术、标准和协议各不相同，这就使得网络之间的资源难以共享，业务难以互通。因此，在 20 世纪 80 年代后期，一些电信运营商和设备制造商开始探索采用单一技术支持多种业务的方法，这一结果就是综合业务数字网(ISDN)的诞生。

3．现代通信阶段

1995 年以来，互联网用户数量以极高的速度增长，平均每半年翻一番，截至 2010 年底，全球互联网用户突破 20 亿，其中我国网民规模达到 4.57 亿，手机用户达到 3.03 亿。这种超乎寻常的发展，标志着通信技术发展的尖峰时期的到来。在这一时期，产生了大量的新技术和新业务，对通信网络技术的发展产生了重大影响，各种通信网的骨干层实现了全数字化，骨干传输网实现了光纤化，独立于业务网的传送网逐渐形成。各种新技术的成熟对通信网的发展产生的影响，主要表现在以下三个方面。

1) 计算机技术

计算机软硬件技术的发展和成熟，不仅使智能网(IN)、电话管理系统(TMS)投入应用，为网络的智能和业务智能奠定了良好的基础，而且使终端设备的智能化也得以实现，从而使得原来由网络执行的很多控制和功能直接转移到终端上执行，简化了骨干网中与传送无关的处理，提高了传输稳定性和吞吐量。

2) 光传输技术

大容量光纤技术的迅速发展和成本大幅度下降，使得骨干传送网用光纤取代铜线。"光进铜退"的局面迅速形成，使得原来难以实现的宽带多媒体业务可以很容易地实现。

3) Internet 技术

Internet 的快速发展和广泛普及使得数据业务的增长速率远远超过了电话业务，在一些发达国家，数据业务的年增长率达到 800%，而电话业务的增长率只有 4% 左右。目前的现状是数据业务迅速增长，并已全面超越固定电话业务，成为备受运营商关注并为运营商提供主要收入的业务。原来在电路交换网络上传送的数据业务，由于其成本高、效率低，并且对电话业务的稳定性影响甚大，因此构建一种与业务无关的综合业务通信网成为当前阶段的最迫切的任务。

在各种通信网络技术中，传统电路交换网是针对话音业务而设计的，X.25 分组交换网、IP 网、帧中继等则是针对数据业务而设计的，它们都不能满足现代通信网向综合业务发展的需求，因此需要一种新的技术来构建宽带综合业务网，以实现对所有业务的最佳综合。

在 1995 以前，基于 ATM 交换和 SDH 传送的宽带综合数字业务网(B-ISDN)曾被认为是未来通信网的发展目标。由于互联网崛起，数据业务剧增，ATM 受到了宽带 IP 网的挑战。基于先进的密集波分复用(DWDM)的光纤技术可以提供更为可观的传输容量；多协议标记交换(MPLS)技术以及相关的扩充版本的应用，使网络能够为用户提供更好的服务质量；基于 IP 实现多业务汇聚、构建 MPLS 技术和 WDM 技术的骨干网已被业界广泛认可。图 1.8 是目前电信网的基本结构，由图可见：在骨干网底层由 DWDM 和原有的 SDH 传输网并网运行，提供宽带骨干传输功能；基于 ATM 和基于 IP/MPLS 的业务同时由 SDH 和

DWDM 提供传输；基于 TDM 的业务单独由 SDH 提供传输。随着新技术的发展成熟及相关标准的完善，骨干网中基于 IP/MPLS 的业务将会扩充和增加，基于 TDM 的业务将会逐渐萎缩和退役，ATM 由于具有独立于业务的综合能力和良好的服务质量保证，将会继续存在或者进行升级以提供 MPLS 功能。接入网则由铜线到宽带、由无线到有线，实现光纤同轴混合(HFC)接入、数字用户线(xDSL)、无源光网络(PON)以及无线等接入方式，体现出"光进铜退"、"三网融合"的接入层模式。

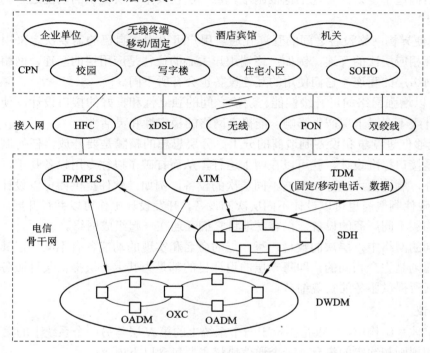

图 1.8 目前电信网的基本结构

随着技术的发展和应用需求的增加，IP 业务将会继续高速发展和拓宽。因此，一种 IPv6 承载，软交换控制，全光传输，呼叫接续、网络控制和业务提供三者相互分离、相互独立的下一代宽带综合业务网络的构建将会全面展开。

网络技术发展至今，虽然已很成熟，能够实现各种多媒体业务的应用需求，但仍然和通信的最终需求相差很远，只是解决了一般通信业务的有效性和可靠性问题，新的应用需求也会不断出现，这种差别也正是通信产业永葆发展之势的动力所在。

1.3 现代通信网的体系结构

1.3.1 网络分层的概念

1. 通信网的层次化

现代通信网均采用了分层的体系结构，分层结构是从数据信息在网络中的处理顺序考虑的，是为降低处理的复杂度而划分的。数据进入节点要经过一系列处理才能被有效地传送，将相关的处理放在一起，组成一个处理层，不同层之间按顺序进行处理，层间相互独立，通过相应的标准原语进行沟通。分层可将庞大而复杂的问题转化为若干较小的局部问题，而这些较小的局部问题就比较易于研究和处理。分层的要求是各层之间是相互独立的，结构上可以分割开且易于实现和维护，能够促进标准化工作。分层处理具有以下优点：

(1) 可以降低网络设计的复杂度。网络功能越来越复杂，在单一模块中实现全部功能将使网络结构过于复杂，实现上也很困难。每一层在其下一层提供的功能之上构建则能简化系统设计。

(2) 方便异构网络设备之间的互连互通。用户可以根据自己的需要决定采用哪个层次的设备实现相应层次的互连，例如：终端用户关心的往往是应用层的互连，网络服务商关心的则是网络层的互连，它们使用的互连设备也会有所不同。

(3) 可以增强网络的可升级性能。层次之间的独立性和良好的接口设计，使得下层设施的更新升级不会对上层产生影响，能提高网络的稳定性和灵活性。

(4) 能够促进竞争和设备制造商的分工。分层思想的精髓是要开放，任何制造商的产品只要遵循接口标准设计，就可以在网上运行，从而打破了以往专用设备易于形成垄断的局面。另外，制造商可以分工制造不同层次的设备，例如：软件提供商可以设计应用层软件和 OS，硬件制造商也可以设计不同层次的设备，开发设计工作可以并行开展。网络运营商则可以购买不同厂商的设备，很容易地将它们互连在一起组成网络。

在不同的网络中，层次的数目、每一层的命名和实现的功能各有不同，但其分层设计的指导思想则是完全相同的，即每一层的设计目的都是为其上一层提供某种服务，同时对上层屏蔽其所提供服务的实现细节。

2. 协议

在分层体系结构中，协议是指位于一个系统上的第 N 层与另一个系统上的第 N 层通信时所使用的规则和约定的集合。一个通信协议主要包含以下内容：

(1) 语法：表示协议的数据格式。

(2) 语义：包括协调和错误处理的控制信息。

(3) 时序：包括同步和顺序控制。

图 1.9 描述了计算机网络的五层协议体系结构，它是由 OSI 的七层结构和 TCP/IP 的五层结构综合而成的一种实用结构。通常将位于不同系统上的相同层实体称为对等层(Peer)，从网络分层结构的观点来看，物理上分离的两个系统之间的通信只能在对等层之间进行。对等层之间通信的双方同层实体都使用本层协议，但实际上一个系统上的第 N 层并没有将数据直接传到另一个系统上的第 N 层，而是将数据和控制信息交付给它的下一层，此过程一直进行到信息被送到第一层。实际的通信发生在第一层上

图 1.9　计算机网络的五层协议体系结构

连接两个对等层的物理媒体上。图 1.10 描述了层、协议及接口的关系，对等层之间的逻辑通信用虚线描述，实际的物理通信用实线描述。

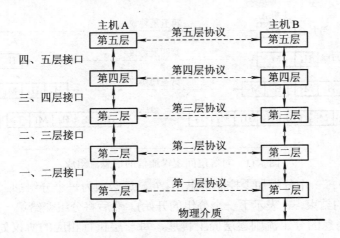

图 1.10 层、协议及接口的关系

在相邻层之间，第 N 层是第 $N+1$ 层的服务提供者，第 $N+1$ 层是第 N 层的服务用户，即构成了第 N 层服务提供者与第 $N+1$ 层服务用户的客服关系；接口位于每一对相邻层之间，它定义了层间原语操作和下层为上层提供的服务。网络设计者在决定一个网络应分为几层，每一层应具备哪些功能时，应知道影响最终设计的一个非常重要的因素就是为相邻层定义一个简单清晰的接口。要达到这一目标，必须满足以下要求：

(1) 为每一层定义的功能应是明确而详细的。

(2) 层间交互的信息应是最小化结构。

在通信网中，经常需要用新版的协议去替换一个旧版协议，同时又要向上层提供与旧版一样的服务，简单清晰的接口可以方便地满足这种升级要求，使通信网可以不断地自我完善，提高性能，适应不断变化的用户需求。

网络体系结构就是指网络分层结构和相应的协议构成的一个集合。体系结构的规范说明应包含足够的信息，以指导设计人员用软硬件实现符合协议要求的每一层实体。要注意的是，实现的细节和接口的详细规范并不属于网络体系结构所要求的内容，因为它们通常隐藏在一个系统的内部，对外是不可见的，甚至在同一网络中所有系统的接口也不需要都一样。在一个系统中，每一层对应着一类协议，从最上层到最下层构成一个协议链，通常将其称为协议栈。

3. 对等层间的通信

源端 N 层与目的端 N 层之间的信息传递构成 N 层对等层之间的通信，图 1.11 描述了对等层间逻辑通信的信息流组成。在源端，消息自上而下逐层打包传递，消息 M 由运行在第五层的一个应用进程产生，该进程将 M 交给第四层传输，第四层将 H_4 字段加到 M 的前面以标识该消息，然后将结果传到第三层。H_4 字段包含相应的控制信息，例如数据包序号、长度等，如果底层不能保证传递顺序，目的主机的第四层依据该字段就可以重新排序并传到上层。

在一般通信网络中，第三层实现网络层功能，该层协议对一个数据包(或分组)的最大尺寸有限制，因此第三层必须将输入的消息流分割成更小的单元，每个单元称为一个分组，并将本层的控制信息 H_3 加到每一个分组上，图 1.11 中消息 M 被分割成 M_1 和 M_2 两部分。然后第三层根据分组转发表决定通过哪一个输出端口将分组传到第二层。

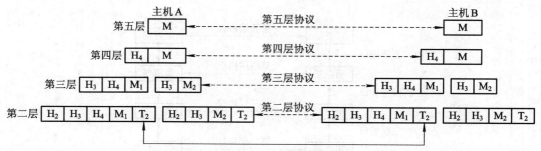

图 1.11　对等层间逻辑通信的信息流组成

第二层除了为每一个分组加上控制信息 H_2 外，还必须为每个分组加上一个定界标志 T_2（它表示一个分组的结束，也表示下一个分组的开始），然后将分组交给第一层进行物理传输。

在目的端，消息的分组流则逐层向上传递，每一层执行相应的协议处理并将分组逐层解包，即 $H_N(N=2，3，4)$ 字段只在目的端的第 N 层被处理，然后被删去，H_N 字段不会出现在目的端的第 $N+1$ 层。

由于数据的传输是有方向性的，因此协议必须规定为从源端到目的端的一个连接的工作方式，按其方向性可分为三种：

(1) 单工通信：数据只能单向传输。

(2) 半双工通信：数据可以双向传输，但两个方向不能同时进行，只能交替传输。

(3) 全双工通信：数据可以同时双向传输。

另外，协议也必须具备一种连接功能，这种连接功能由多个不同优先级的逻辑信道组成，一般情况下，一个连接最少必须支持两个逻辑信道：一个用于用户信息的传递，另一个用于控制和管理信息的传递。

1.3.2　层间接口和服务

1．实体与服务访问点

实体(Entity)是指每一层中的主动单元。第 N 层实体通常由相邻层间的接口和第 N 层通信协议两部分组成。层间接口由原语集合和相应的参数集共同定义，它是第 N 层通信功能的执行体。实体可以是一个软件实体，也可以是一个硬件实体，位于不同系统的同一层中的实体叫做对等层实体。第 N 层实体负责实现第 $N+1$ 层要使用的服务，在这种模式中，第 N 层是服务提供者，而第 $N+1$ 层实体则是第 N 层服务的用户。

每一层的服务访问点(SAP：Service Access Point)是对上一层而设置的，服务通过服务访问点提供，或者说，第 $N+1$ 层必须通过第 N 层的 SAP 来使用第 N 层提供的服务。第 N 层可以有多个 SAP，每个 SAP 必须由唯一的地址来标识。第 N 层所提供的服务由它的用户(或相邻层实体)可以使用的一组原语(Primitive)来描述。OSI 定义了四种原语类型：请求原语(Request)，指示原语(Indication)，响应原语(Response)和证实原语(Confirm)。

2．相邻层间的接口关系

为了实现相邻层间的信息交换，必须对它们之间的接口规则制定一致的规范，如图 1.12 所示，第 $N+1$ 层实体通过第 N 层的 SAP 将接口数据单元(IDU)传给第 N 层实体。一个 IDU 由服务数据单元(SDU)和接口控制信息(ICI)组成。其中 SDU 是要通过网络传到对等层的业务信息数据；ICI 主要包含协助下一层进行相应协议处理的控制信息，它本身并不属于业务信息的内容，只是为了传送业务信息所加的开销。

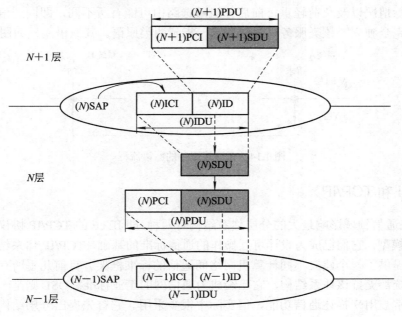

图 1.12 相邻层间的接口关系

为了传输 SDU，第 N 层实体可能必须将 SDU 分成更小的段，每段都增加一个控制字段 Header。Header 实际上是一个 N 层协议控制信息 (N)PCI，即 (N)PDU = (N)PCI + (N)SDU。PCI 和 SDU 组合后作为一个独立的 PDU 发送。Header 字段帮助对等层实体执行相应的对等层协议处理，例如，识别哪一个 PDU 包含的是控制信息，哪一个 PDU 包含的是业务信息。

下层为其上层提供的服务可以分为以下两种类型：

(1) 面向连接的服务(Connection-oriented Service)：服务者首先建立连接，然后使用该连接传输服务信息，服务使用完毕则释放连接。面向连接的服务是一种证实方式的服务，需要用到全部四类原语。

面向连接服务的原语流程如图 1.13 所示。系统 A 中第 $N+1$ 层用户需要向系统 B 中对等实体发送数据，实际上是通过系统 A 本身的 $N+1$ 层的服务提供者 N 层提供的服务来实现的。首先系统 A 的 $N+1$ 层实体向 N 层发出请求，该请求传输到系统 B，系统 B 中的 N 层收到请求，即向自己的 $N+1$ 层发出指示，系统 B 若同意，即向本端 N 层回送响应消息，经传输到系统 A 的 N 层，然后系统 A 的 N 层向 $N+1$ 层回送证实消息，该传送要求的服务就得到满足。

图 1.13 面向连接服务的原语流程

(2) 无连接的服务(Connectionless Service)：使用服务前不需要建立连接，但每个分组必须携带全局目的地址(显示地址)，并且一个业务信息流的每个分组都要进行选路。根据网络当前运行情况以及负荷轻重，前后分组所选路由可能有所不同，即同一信息流的不同分组的选路完全独立。该类服务只使用请求、指示两类原语。其原语流程如图 1.14 所示。

图 1.14　无连接服务的原语流程

1.3.3　OSI 和 TCP/IP

目前，在通信领域影响最大的分层体系结构有两种，即 IETF 的 TCP/IP 协议族和 ITU-T 的 OSI 参考模型。它们已成为设计可互操作的通信标准的基础。TCP/IP 体系结构以网络互联为基础，提供了一个建立不同计算机网络间通信的标准框架。目前几乎所有的计算机设备和操作系统都支持该体系结构，它已经成为通信网的工业标准。OSI 则是一个标准化的体系结构，常被用来描述通信功能，但实际中很少采用。它首先提出分层结构、接口和服务分离的思想，已成为网络系统设计的基本指导原则，通信领域通常采用 OSI 的标准术语来描述系统的通信功能。

1. OSI 参考模型

开放系统互连参考模型(OSI：Open System Interconnection)是国际标准化组织(ISO: International Standard Orignazation)在 1977 年提出的开发网络互连协议的标准框架。这里"开放"的含义是指任何两个遵守 OSI 标准的系统均可进行互连。如图 1.15 所示，OSI 参考模型分为七层：一至三层一般被称为通信子网，它只负责在网络中任意两个节点之间的信息传送，而不负责解释信息的具体语义；五至七层被称为资源子网，它们负责进行信息的处理、信息的语义解释等；第四层为传输层，它是下三层与上三层之间的隔离层，负责解决高层应用需求与

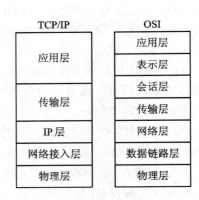

图 1.15　OSI 与 TCP/IP 协议分层结构

下三层通信子网提供的服务之间的不匹配问题。例如，当通信子网不能提供可靠传输服务，而应用层又有需要时，运输层必须负责提供该机制；反之，如果通信子网功能强大，运输层作用则变弱。下面介绍各层的具体功能。

(1) 应用层：为用户提供 OSI 环境的接入和分布式信息服务。

(2) 表示层：将应用进程与不同的数据表示方法独立开来。

(3) 会话层：为应用间的通信提供控制结构，包括建立、管理、终止应用之间的会话。

(4) 传输层：为两个端点之间提供可靠的、透明的数据传输以及端到端的差错恢复和

流量控制。

(5) 网络层：使高层与连接建立所使用的数据传输和交换技术独立开来，并负责建立、保持、终止一个连接。

(6) 数据链路层：发送带有必需的同步、差错控制和流量控制信息的数据块(帧)，保证物理链路上数据传输的可靠性。

(7) 物理层：负责物理介质上无结构的比特流传输，定义接入物理介质的机械、电气、功能特性。

OSI 的目标是用这一模型取代各种不同的互连通信协议，不过以 OSI 为背景虽然已开发了很多协议，但七层模型实际上并未被接受。相反，TCP/IP 却成为通信网络的工业标准。其中一个原因是 OSI 过于复杂，它用七层实现的功能，TCP/IP 用很少的层数就实现了。另外一个原因是当市场迫切需要异构网络的互联技术时，只有 TCP/IP 是经过了实际网络检验的成熟技术。

表 1.2 给出了电信网中每一层所实现的主要功能。实际中的交换系统，一般要实现多层协议功能：Internet 中的路由器通常实现一至三层或一至四层的功能，IP 分组交换在第三层实现；电话网中的交换机通常要实现一至三层的功能，话音交换在第一层实现；在局域网中的交换机通常要实现一、二层的功能，交换在第二层实现。因此实际中的节点设备一般都实现了多层协议。

表 1.2 通信网中每一层所实现的主要功能

OSI 层次	电信层次	主 要 设 备	主 要 功 能
七	业务节点	智能网 SCP、语音信箱、各类互联网信息服务器、网管系统节点等	业务的创建、管理、配置、互操作、运营、计费等
三	交换系统	交换机、路由器、PABX 等	网络互联、路由、交换、信令、网络 QoS 等
二	传输系统	PDH、SDH、WDM、xDSL、DXC移动网无线子系统等	复用、信道分配、同步定位、检错纠错、流控等
一	物理层	双绞线、同轴、光纤、无线微波	透明比特传输，物理介质的机械、电气、功能特性

2. TCP/IP 协议体系结构

TCP/IP 是美国国防部高级研究计划署(DARPA)资助的 ARPANet 实验项目的研究成果之一。ARPANet 项目于 20 世纪 60 年代开始，主要目的是研究不同计算机之间的互连性，但项目初期的进展并不顺利。直到 1974 年，V. Cerf 与 R. Kahn 联手重写了 TCP/IP 协议，并最终在 Internet 应用上获得成功。

TCP/IP 与 OSI 模型不同，并没有什么组织为 TCP/IP 协议族定义一个正式的分层模型，然而根据分层体系结构的概念，TCP/IP 可以很自然地被组织成相互关联的五个独立层次，如图 1.15 所示。下面介绍各层的具体功能。

(1) 应用层：包含支持不同的用户应用的应用逻辑。每一种不同的应用层需要一个与之相对应的独立模块来支持。

(2) 传输层：为应用层提供可靠的数据传输机制。对每一个应用，传输层保证所有的数据都能到达目的地，并且保证数据按照其发送时的顺序到达。

(3) IP 层：该层在不同网络之间执行 IP 分组的转发和路由的选择。其中使用 IP 协议执行转发，使用 RIP、OSPF、BGP 等协议来发现和维护路由，人们习惯上将该层简称为 IP 层。

(4) 网络接入层：它负责一个端系统和它所在的网络之间的数据交换。

(5) 物理层：定义数据传输设备与物理介质或它所连接的网络之间的物理接口。

可以说，Internet 今天的成功主要归功于 TCP/IP 协议的简单性和开放性。从技术上看，TCP/IP 的主要贡献在于明确了异构网络之间应基于网络层实现互联的思想。在实践中可以看到，一个独立于任何物理网络的逻辑网络层的存在，使得上层应用与物理网络分离开来，网络层在解决互联问题时无需考虑应用问题，而应用层也无须考虑与计算机相连的具体物理网络是什么，从而使得网络的互联和扩展变得更容易实现了。

1.3.4　标准化组织

固网系统、移动通信网以及互联网的规模日益发展扩大，国内外的网络设备供应商不断增多，更多的异地互联、跨国互联以及每一种互联中的各种通信业务在迅速增加。为了适应这些现状，国际上专门设有相应的标准化机构，对全球网络的设计和运营进行统一的协调和规划，以保证不同运营商、不同国家间网络业务的互联互通。目前与通信领域相关的主要标准化机构有 ITU、ISO、IAB 等。

1. 国际电信联盟

国际电信联盟 (ITU：International Telecommunication Union)于 1932 年成立，1947 年成为联合国的一个专门机构，它是由各国政府的电信管理机构组成的，目前会员国约有 170多个，总部设在瑞士日内瓦。原则上，ITU 只负责为国际间通信标准的制定提出建议，但实际上相关的国际标准通常都适用于国内网。为适应现代电信网的发展，1993 年 ITU 机构进行了重组，目前常设机构有：

(1) ITU-T：电信标准化部，其前身是国际电报电话咨询委员会(CCITT)，负责研究通信技术准则、业务、资费、网络体系结构等，并发表相应的建议书。

(2) ITU-R：无线电通信部，研究无线通信的技术标准、业务等，同时也负责登记、公布、调整会员国使用的无线频率，并发表相应的建议书。

(3) ITU-D：电信发展部，负责组织和协调技术合作及援助活动，以促进电信技术在全球的发展。

在上述三个部门中，ITU-T 主要负责电信标准的研究和制定，是最为活跃的部门。其具体的标准化工作由 ITU-T 相应的研究组 SG(Study Group)来完成。ITU-T 主要由 13 个研究组组成，每组有各自特定的研究领域，每四年为一个研究周期。

为适应新技术的发展和电信市场竞争的需要，目前 ITU-T 的标准化过程已大大加快，从以前的平均 4～10 年形成一个标准，缩短到 9～12 个月。由 ITU-T 制定并被广泛使用的标准有：公共信道信令标准 SS7、综合业务数字网(ISDN)标准、电信管理网(TMN)标准、同步数字体系(SDH)标准以及多媒体通信标准 H.323 等。

2. 国际标准化组织

国际标准化组织(ISO：International Organization for Standardization)是一个专门的国际标准化机构，成立于 1947 年。它的总部设在瑞士日内瓦，是联合国的甲级咨询组织，并和

100 多个国家标准化组织及国际组织就标准化问题进行合作，它与国际电工委员会(IEC)属于同等组织机构。

ISO 的宗旨是"促进国际间的相互合作和工业标准的统一"，其目的是为了促进国际间的商品交换和公共事业，在知识、科学、技术和经济活动中发展国际间的相互合作，促进世界范围内的标准化及有关活动的发展。ISO 的标准化工作包括除电气和电子工程以外的所有领域。

ISO 的组织机构包括全体大会、主要官员、成员团体、通信成员、捐助成员、政策发展委员会、理事会、ISO 中央秘书处、特别咨询组、技术管理局、标样委员会、技术咨询组、技术委员会等。ISO 技术工作是高度分散的，分别由 2700 多个技术委员会(TC)、分技术委员会(SC)和工作组(WG)承担，其中与信息相关的技术委员会是 JTC1(Joint Technical Committee 1)。在这些委员会中，世界范围内的工业界代表、研究机构、政府权威、消费团体和国际组织都作为对等合作者共同讨论全球的标准化问题。

国际标准须由技术委员会(TC)和分技术委员会(SC)经过申请阶段、预备阶段、委员会阶段、审查阶段、批准阶段、发布阶段等六个阶段才能形成。若在开始阶段得到的文件比较成熟，则可省略其中的一些阶段。

ISO 制定的信息通信领域最著名的标准/建议有开放系统互连参考模型(OSI/RM)、高级数据链路层控制协议(HDLC)等。

3. 因特网结构委员会

因特网结构委员会(IAB：Internet Architecture Board)的主要任务是负责设计、规划和管理因特网，重点是 TCP/IP 协议族及其扩充。它的前身是 1979 年由美国国防部高级计划研究署(DARAP：Defense Advanced Research Project Agency)建立的因特网控制与配置委员会(ICCB：Internet Control and Configuration Board)。

IAB 最初主要受美国政府机构的财政支持，为适应 Internet 的发展，1992 年一个完全中立的专业机构 Internet 协会 (ISOC：Internet Society)成立，它由公司、政府代表、相关研究机构组成，其主要目标是加快 Internet 在全球的发展，为 Internet 标准工作提供财政支持、管理、协调，通过举办研讨会来推广 Internet 的新应用和促进各种 Internet 团体、企业和用户之间的合作。ISOC 成立后，IAB 的工作转入到 ISOC 的管理下进行。IAB 由以下两个机构组成：

(1) 因特网工程任务组(IETF：Internet Engineering Task Force)，负责 Internet 相关标准的制定。现在 IETF 设有 12 个工作组，每个工作组都有自己的管理人。IETF 主席和各组管理人组成因特网工程指导组(IESG：Internet Engineering Steering Group)，负责协调各 IETF 工作组的工作，有关 IP 协议的各种标准均由 IETF 主导制定。

(2) 因特网研究任务部(IRTF：Internet Research Task Force)，负责 Internet 相关的长期研究任务。IRTF 也有一个研究指导组(IRSG：Internet Research Steering Group)，负责制定研究任务的优先级别和协调研究活动。每个 IRSG 成员主持一个 Internet 志愿研究工作组，类似于 IETF 工作组。IRTF 是一个规模较小的、不太活跃的工作组，其研究领域没有进一步地划分。

IAB 对 IETF 和 IRTF 等两个机构建议的所有事务具有最终裁决权，并负责向 ISOC 汇报工作。

　　Internet 及 TCP/IP 相关标准建议均以 RFC(Request for Comments)形式在网上公开发布，协议的标准化过程遵循 1996 年定义的 RFC 2026，形成一个标准的周期约为 10 个月左右。IETF 制定的标准有用于 Internet 的网际通信协议 TCP/IP 协议族和下一代 IP 骨干网通信协议 MPLS 等。

　　现在，由于 IP 已成为未来网络的实际标准，世界上的其他标准化机构如 ITU-T 也在向 IP 靠拢，参与制定一些 IP 标准，促使 IP 成为下一代通信网的统一标准，但主要的工作仍由 IETF 主导。

1.4　通信网的服务质量

1.4.1　服务质量的总体要求

　　通信网的服务质量一般通过可访问性、透明性和可靠性三个方面的指标来衡量。

　　1) 可访问性

　　可访问性是对通信网的基本要求之一，即网络保证合法用户随时能够快速、有保证地接入到网络以获得信息服务，并具有在规定的时延内传递信息的能力。它反映了网络有效通信的能力。

　　影响可访问性的主要因素有：网络的拓扑结构、网络的可用资源数目以及网络设备的可靠性等。实际中常用接通率、接续时延等指标来评定可访问性。

　　2) 透明性

　　透明性是对通信网的另一个基本要求，即网络保证用户业务信息准确、无差错传送的能力。它反映了网络保证用户信息具有可靠传输质量的能力，不能保证信息透明传输的通信网是没有实际意义的。实际中常用用户满意度和信号的传输质量来评定透明性。

　　3) 可靠性

　　可靠性是指整个通信网连续、不间断地稳定运行的能力，它通常由组成通信网的各系统、设备、部件等要素的可靠性来确定。一个可靠性差的网络会经常出现故障，导致正常通信中断，但要实现一个绝对可靠的网络实际上也是不可能的。网络可靠性设计不是追求绝对可靠，而是在经济性、合理性符合要求的前提下，满足业务服务质量要求。可靠性指标主要有以下几种：

　　(1) 失效率：系统在单位时间内发生故障的概率，一般用 λ 表示。

　　(2) 平均故障间隔时间(MTBF)：相邻两个故障发生的间隔时间的平均值，$MTBF=1/\lambda$。

　　(3) 平均修复时间(MTTR)：修复一个故障的平均处理时间，μ 表示修复率，$MTTR=1/\mu$。

　　(4) 系统不可利用度(U)：在规定的时间和条件内系统丧失规定功能的概率，通常我们假设系统在稳定运行时，μ 和 λ 都接近于常数，则 U 的计算式为

$$U = \frac{\lambda}{\lambda + \mu} = \frac{MTTR}{MTBF + MTTR} \tag{1.1}$$

1.4.2 电话网的服务质量

电话通信网的服务质量一般从接续质量、传输质量和稳定性质量三个方面定义其相关的要求和标准。

1) 接续质量

接续质量是评价电话网对用户通话的接续速度和接续成功率的衡量指标，通常用接续损失(呼叫损失率，简称呼损)和接续时延来度量。

2) 传输质量

传输质量是对电话网传输话音信号的准确程度的评价，通常用响度、清晰度和逼真度三个指标来衡量。实际中一般由用户主观地对三个指标进行评定。

3) 稳定性质量

稳定性质量是对电话网可靠性的评价，主要指标与上述一般通信网的可靠性指标相同，如平均故障间隔时间、平均修复时间、系统不可利用度等。

1.4.3 数据网的服务质量

数据通信网一般采用分组交换技术，由于用户业务信号往往不会独占信道带宽，在整个通信期间，服务质量将会随着网络环境的变化而变化，因此描述数据通信业务服务质量会用到更多的参数，例如：

(1) 服务可用性(Service Availability)，指用户与网络之间服务连接的可靠性。

(2) 传输时延(Delay)，指在两个参考点之间，发送和收到一个分组的时间间隔。

(3) 时延变化(Delay Variation)，又称抖动(Jitter)，指沿相同路径传输的同一个业务流中所有分组传输时延的变化。

(4) 吞吐量(Throughput)，指在网络中分组的传输速率，可以用平均速率或峰值速率来表示。

(5) 分组丢失率(Packet Loss Rate)，指分组在通过网络传输时允许的最大丢失率，通常分组丢失都是由于网络拥塞造成的。

(6) 分组差错率，指单位时间内的差错分组数与传输的总分组数的比率。

1.4.4 网络的服务性能保障机制

任何网络都不可能保证 100%可靠，在运行中不可避免地会出现以下三类问题：

(1) 数据传输中的差错和丢失；

(2) 网络拥塞；

(3) 交换节点和物理线路故障。

要保证稳定的服务性能，网络必须提供相应的机制来解决上述问题，这对网络的可靠运行至关重要。目前网络采用的服务性能保障机制主要有下面四种类型。

1. 差错控制

数据信号在源端和目的地端之间传送时，差错控制机制的功能是将传输中丢失和损坏的数据信号加以恢复。通常差错控制机制包括差错检测和差错校正两个步骤。

对电话网，由于话音信号属于时延敏感业务，但它对差错不敏感，偶尔产生的差错对用户之间通话质量的影响可以忽略不计，因此网络对话线路上的用户信息不提供差错控制机制。

对数据网，情况则正好相反，数据业务属于差错敏感业务，而它对时延不敏感。因此必须提供相应的差错控制机制。在目前的分组数据网上，主要采用基于帧校验序列(FCS：Frame Check Sequence)的差错检测和发送端重发送纠错机制实现差错控制。在分层网络体系中，差错控制是一种可以在多个协议级别上实现的功能。例如在 X.25 网络中，既有数据链路层的差错控制，又有分组层的差错控制。目前，随着传输系统的数字化、光纤化，现在的大多数分组数据网络均将用户信息的差错控制由网络移至终端来实现，在网络中只对分组头中的控制信息做必要的差错检测。

2．拥塞控制

通常，拥塞发生在通过网络传输的数据量开始接近网络的数据处理能力时。拥塞控制的目标是将网络中的数据量控制在一定的水平之下，超过这个水平，网络的性能就会急剧恶化。

在电话网中，由于采用电路交换方式，拥塞控制只在网络入口处执行，在网络内部则不再提供拥塞控制机制。原因在于：一方面呼叫建立时已为用户预留了网络资源，通信期间用户信息流总是以恒定不变的预约速率通过网络，因而已被接纳的用户产生的业务不可能导致网络拥塞；另一方面，呼叫建立时，假如网络无法为用户分配所需资源，呼叫在网络入口处就会被拒绝，因而在这种体制下网络内部无需提供拥塞控制机制。因此，电话网在拥塞发生时，主要是通过拒绝后来用户的服务请求来保证已有用户的服务质量的。

实质上，可以将采用分组交换的数据网络看成是一个由队列组成的网络，网络采用基于存储转发的排队机制转发用户分组，在交换节点的每个输出端口上都有一个分组队列。当发生拥塞时，网络并不是简单地拒绝以后的用户分组，而是将其放到指定输出端口的队列中等待资源空闲时再发送。由于此时分组到达和排队的速率超过交换节点分组的传输速率，队列长度会不断增长，如果不进行及时的拥塞控制，每个分组在交换节点经历的转发时延就会变得越来越长，但不管何时用户获得的总是当时网络的平均服务性能。如果对局部的拥塞不加控制，那么最终会导致拥塞向全网蔓延，因此，在分组数据网中均提供了相应的拥塞控制机制。例如，X.25 中的阻流分组(Choke Packet)、Internet 中 ICMP 协议的源站抑制分组(Source Quench)均用于拥塞节点向源节点发送控制分组，以限制其业务量流入网络。其他的分组网络也有各自的控制机制。

3．路由选择

灵活的路由选择技术可以帮助网络绕开发生故障或拥塞的节点，以提供更可靠的服务质量。

在电话通信网中，通常采用静态路由技术，即每个交换节点的路由表是人工配置的，网络也不提供自动的路由发现机制，但是一般情况下，除正常路由外，到任意目的地都会配置两到三条迂回路由，以提高可靠性。这样一来，当发生故障时，故障区域所影响的呼叫将被中断，而后续产生的呼叫通常可走迂回路由，一般不会受到故障的影响。采用虚电路方式的分组数据网，情况与此类似。它们主要的问题是没有提供自动的路由发现机制，网络运行时，交换节点不能根据网络的变化自动调整和更新本地路由表。

在分组数据网络中，如果采用数据报方式，一般都支持自适应的路由选择技术，即路由的选择将随着网络情况的变化而改变，主要表现在故障或拥塞两方面。例如，在 Internet 中，IP 路由协议实际就是动态的路由选择协议。使用路由协议，路由器可以实时更新自己的路由表以反映当前网络拓扑的变化，因此即使发生故障或拥塞，后续分组也可以自动绕开，从而提高了网络整体的可靠性。

4. 流量控制

流量控制是一种使目的端通信实体可以调节源端通信实体发出的数据流量的协议机制，具体可以调节数据发送的数量和速率。

在电话通信网中，网络体系结构保证通话双方工作在同步方式下，并以恒定的速率交换数据，因而无需再提供流量控制机制。

在分组数据网中，必须进行流量控制的原因有如下几条：

(1) 在目的端必须对每个收到的分组的头部进行一定的协议处理，由于收发双方工作在异步方式下，源端可能试图以比目的端处理速度更快的速度发送分组。

(2) 目的端也可能将收到的分组先缓存起来，然后重新在另一个 I/O 端口进行转发，此时它可能需要限制进入的流量以便与转发端口的流量相匹配。

与差错控制一样，流量控制也可以在多个协议层实现，如实现网络各层流量控制。常见的流量控制方法有在分组交换网中使用的滑动窗口法、在 Internet 的 TCP 层实现的可变信用量方法、在 ATM 中使用的漏桶算法等。

本 章 小 结

通信网的定义：现代通信网是由软件和硬件按照某一特定方式构成的一种信息传输系统，这种系统采用传输媒体将大量的用户终端设备和一定数量的交换节点以合理的结构连接在一起，按照约定的信令或协议完成任意用户间的呼叫建立与信息交换，实现信息传递。

通信网的组成要素：终端设备、交换节点、业务节点和传输设施、信令与协议等。

通信网的拓扑结构有星型、网状、总线、环型、树型、复合型等。

对通信网进行分类，不同分类方法会得到不同的结果。

通信网的功能：按照服务要求有效、可靠、安全地传输用户信息是通信网的基本功能，为保证有效、可靠、安全，信令传送的畅通、有效和可靠是前提，信息处理和网络管理必不可少。

对通信网进行分层是为了将复杂问题简单化，典型结构有 TCP/IP 的五层结构和 OSI 的七层结构。

通信网的标准化便于不同厂家的设备实现互连互通，便于独立升级和改变，不影响整体结构。

提供良好的服务质量是运营商和用户共同关心的目标，现代通信网承载着各种业务，各自的服务质量要求也不同，服务质量问题是当今研究的热点问题。

复　习　题

1. 什么是通信网？它由哪些要素组成？
2. 通信网的基本功能是什么？
3. 服务和协议有什么不同？试通过例子说明。
4. 语音和数据在传送时有什么不同服务需求？

第2章

传 送 网

传送网是为各类业务网提供业务信息传送手段的基础设施。它负责将电话交换机、数据交换机、各类网络终端等连接起来，并提供任意两点之间的信息传输，同时也完成带宽的调度管理、故障的自动切换保护等管理维护功能。传送网的技术要素包含传输介质、复用体制、维护管理机制和网元设备等。

本章在介绍传输介质、多路复用技术的基础上，重点介绍 SDH 传送网、光传送网和分组传送网的结构及组成，最后简要介绍大客户集团的专用骨干传送网的基本构架。

2.1 传 输 介 质

所谓传输介质，是指传输信号的物理通信线路。传输介质可分为有线介质与无线介质两大类，目前常用的有线介质有双绞线、同轴电缆和光纤等，无线介质主要有无线电、微波、卫星、红外线等。

2.1.1 有线介质

1. 双绞线

双绞线是指由一对绝缘的铜导线扭绞在一起组成的传输线。通常可将多条双绞线放在一个护套中组成一条电缆。采用双线扭绞的形式主要是为了减少线间的低频干扰，扭绞得越紧密抗干扰能力越好。图 2.1 所示的是双绞线的物理结构。

图 2.1　双绞线的物理结构

双绞线是最便宜和最易于架设的传输线，主要缺点是串音会随着频率的升高而增加，抗干扰能力差，因此其复用度不高，带宽一般在 1 MHz 范围之内，传输距离约为 2~4 km，通常用作电话用户线和局域网传输介质，在局域网范围内传输速率可达 100 Mb/s，但很难用于宽带通信和长途传输。

2. 同轴电缆

同轴电缆由内外两根同心圆柱形导体构成，如图 2.2 所示。两根导体间用绝缘体隔开，内导体多为实心导线，外导体是一根空心导电管或金属编织网，在外导体外表面有一层绝缘保护层。在内外导体之间可以填充实心介质材料，或者用空气做介质，每间隔一段距离都有绝缘支架用于连接和固定内外导体。

在使用中，同轴电缆的外导体通常接地，与芯线(即内导体)构成非平衡传输，能够很好地起到屏蔽作用，其抗干扰能力强于双绞线，适用于高频宽带传输，其主要缺点是成本高，不易安装埋设。同轴电缆通常能提供 500～700 MHz 的带

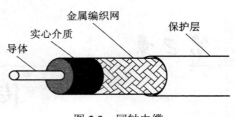

图 2.2　同轴电缆

宽，目前主要用于有线电视和光纤同轴混合接入网，由于光纤的广泛应用，远距离传输信号的干线线路多采用光纤代替同轴电缆。

3. 光纤

光纤是光导纤维的简称，是一种石英玻璃丝，它的直径只有 0.1 mm，它和双绞线、同轴电缆一样，可用于信号的传输，但它比用以上两种方式传送的信息量要高出成千上万倍，可达到上百千兆比特/秒，而且损耗极低。

光纤也是同轴形结构，由纤芯、包层和防护层三个部分组成。仅有纤芯和包层未经涂敷和套塑的光纤称为裸光纤，为了提高光纤的抗拉强度和增强实用性，一般需要在裸光纤表面进行涂敷构成光纤，图 2.3 所示的是光纤的基本结构。

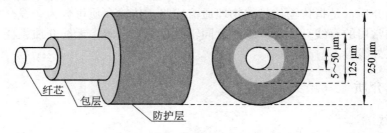

图 2.3　光纤的基本结构

纤芯是光纤中传递光信号的通道，纤芯和包层都是在石英中掺入一定量的掺杂剂(锗、磷、硼、氟)而制成的。在纤芯中掺杂是为了提高石英晶体的折射率，将纤芯的折射率表示为 n_1，包层中的掺杂是为了降低石英的折射率，将包层的折射率表示为 n_2，由于 $n_2 < n_1$，所以光在纤芯与包层界面上会产生全反射，从而能够在纤芯中传播。

光纤分为单模光纤(SMF：Single Mode Fiber)和多模光纤(MMF：Multi-Mode Fiber)两种基本类型。最早使用的是多模光纤，它的纤芯直径较大，通常为 50～85 μm，它允许多个光传导模式同时通过光纤，这些不同模式的光到达光纤终端有先有后，使得光脉冲展宽，这就是模式色散，它会影响传输速率和距离。

多模光纤主要用于短距离低速传输，比如接入网和局域网，一般传输距离应小于 2 km。单模光纤的纤芯直径非常小，通常为 5～12 μm，它只允许一种模式的光信号通过纤芯，因而不受模式色散的影响，相比多模光纤，其传输特性好，可为信号传输提供更大的带宽和更远的距离。目前长途传输主要采用单模光纤，ITU-T 建议规范了 G.652、G.653、G.654、G.655 四种单模光纤。与传统铜质导线介质相比，光纤主要有以下优点：

(1) 传输频带宽。光纤系统的工作频率分布在 10^{14}～10^{15} Hz 范围内，属于近红外区，

光纤自身的频带宽度很大,研究指出,单模光纤可利用的带宽可达 30 THz(1 THz = 10^{12} Hz)。按照粗略估计,一对单模光纤应能传送几亿路数字电话(一路数字电话的带宽为 64 kHz)或几十亿路模拟电话(一路模拟电话的带宽为 4 kHz),目前的实用水平已达到几百万路数字电话。

(2) 损耗低,传输距离远。实用光纤均为 SiO_2(石英)光纤,减小光纤损耗的主要办法是提高玻璃纤维的纯度。目前 1550 nm 窗口商用光纤的衰耗为 0.19~0.25 dB/km,中继距离可达 50~100 km,同轴电缆的损耗为 19 dB/km(工作在 60 MHz 时),中继距离仅为几千米,可见光纤比同轴电缆的中继距离要大几十倍。

(3) 抗电磁干扰能力强,保密性能好。光纤由电绝缘的石英材料制成,具有很强的抗电磁(强电、雷电、核辐射)干扰性能。光信号在光纤中传输时外泄的光能非常微弱,即使在弯曲地段也无法窃听,因此信息在光纤中传输非常安全。

(4) 适应性强。石英玻璃耐腐蚀,耐高温,熔点在 200℃以上,光纤的接头处不产生放电,没有电火花,所以光纤可在恶劣环境中工作。

(5) 成本低,易架设。石英玻璃的主要成分硅(Si)的比重为 2.2,小于铜的比重 8.9,所以,相同话路容量的光缆质量为电缆质量的 1/30~1/10。一根光纤外径约为 0.1 mm,6~18 芯光缆外径约为 12~20 mm,是相同话路容量的电缆外径的 1/4~1/3。另外,制造同轴电缆和波导管的铜、铅、铝等金属材料,在全球的储存量是有限的,而制造光纤的石英(SiO_2)基本是取之不尽的。

2.1.2 无线介质

信号通过无线介质(自由空间)进行传输的形式通常称为无线通信。自由空间中常用的电磁波频段有无线电频段、微波频段和红外线频段,其频率范围及主要用途见表 2.1。

表 2.1 电磁波的频率范围及其主要用途

频率范围	波长范围	表示符号	传输媒介	主要用途或场合
3 Hz~30 kHz	10^8~10^4 m	VLF(甚低频)	有线线对(超长波)	音频、电话、数据终端
30~300 kHz	10^4~10^3 m	LF(低频)	有线线对(长波)	导航、信标、电力线、通信
300 kHz~3 MHz	10^3~10^2 m	MF(中频)	同轴电缆(中波)	AM 广播、业余无线电
3~30 MHz	10^2~10 m	HF(高频)	同轴电缆(短波)	移动电话、短波广播、业余无线电
30~300 MHz	10 m~1 m	VHF(甚高频)	同轴电缆(米波)	FM 广播、TV、导航、移动通信
300 MHz~3 GHz	1 m~10 cm	UHF(特高频)	同轴电缆、波导(分米波)	TV、遥控遥测、雷达、移动通信
3~30 GHz	10~1 cm	SHF(超高频)	波导(厘米波)	微波通信、卫星通信、雷达
30~300 GHz	10~1 mm	EHF(极高频)	波导(毫米波)	微波通信、雷达、射电天文学
10^2~10^7 GHz	3×10^{-1}~3×10^{-6} cm	—	(紫外、红外光、可见光)光纤、激光	光通信

1. 无线电

无线电通信分为长波、短波和超短波通信，通常认为 30～300 kHz 为长波，300 kHz～3 MHz 为中波，3～30 MHz 为短波，30～300 MHz 为超短波(亦称米波)。无线电的优点是易于产生，能够长距离传输，能轻易穿越建筑物，且其传播是全向的，非常适合广播通信。其缺点是传输特性与频率相关，低频信号穿越障碍能力强，但传输衰耗大，高频信号趋向于沿直线传播，容易在障碍物处形成反射，并且天气对高频信号的影响大于低频信号。所有的无线电波均易受外界电磁场的干扰。由于其传播距离远，不同用户之间的干扰也是一个大问题，因此对无线电频段的使用都应由相关的管理机构进行分配管理。

目前，该频段主要用于公众无线广播、电视发射、无线专网等领域。

2. 微波

微波是指 300 MHz～3000 GHz 范围的电磁波信号。微波通信的主要特征是在空间中沿直线视距传播，若要进行远程通信，则需在高山、铁塔或高层建筑物顶上安装微波转发设备。通常微波中继距离为 80 km，具体距离由地理条件、气候等外部环境决定。微波的主要缺点是信号易受环境的影响(如雨雪、雾、灰尘等)，频率越高影响越大，高频信号易衰减。

微波通信适合在地形复杂的情况下进行，目前主要用于专用网络、应急通信系统、无线接入网、陆地蜂窝移动通信系统。卫星通信也工作在微波波段，与地面的微波接力通信类似，但卫星通信利用高空卫星进行接力通信，主要有高轨道通信卫星和低轨道通信卫星。

(1) 高轨道通信卫星：运行在赤道上空约 36 000 km 的同步卫星。位于印度洋、大西洋、太平洋上空的三颗同步卫星，基本可实现全球覆盖。但因卫星的高度太高，故要求地面站的发射机有强大的发射功率，接收机灵敏度要高，天线增益也要高。

(2) 低轨道通信卫星：运行在 500～1500 km 上空的非同步卫星，一般采用多颗小型卫星组成一个星网。若在世界上任何地方的上空都能看到其中一颗卫星，则通过星际通信可实现全球覆盖。低轨道通信卫星主要用于移动通信和全球定位系统(GPS)。

3. 红外线

红外线指 10^{11}～10^{14} Hz 范围的电磁波信号。与微波相比，红外线最大的缺点是不能穿越障碍物，它主要用于短距离、小范围内的设备之间的通信，因而不会产生无线电和微波通信中的干扰和安全问题，因此使用红外传输不需要向专门机构进行频率分配申请。

红外线通信目前主要用于家电产品的远程遥控、笔记本电脑的通信接口等。

2.2 多路复用技术

通常，传输介质的传输带宽都大于传输单路信号所需的带宽。为有效利用传输介质的带宽容量，在传输系统中往往采用多路复用技术，以提高传输介质的使用效率，降低线路成本。

所谓多路复用，就是在媒体带宽大于单路信号带宽的前提下，采用合适的技术机制，使多路信号互不干扰地在同一信道中进行传输。其目的是为了充分利用信道的频带资源，提高信道的利用率。

常用的多路信道复用技术有：频分复用(FDM：Frequency-Division Multiplexing)、时分复用(TDM：Time-Division Multiplexing)和波分复用(WDM：Wavelength-Division Multiplexing)。

时分复用通常用于数字信号的多路传输；频分复用主要用于模拟信号的多路传输。

2.2.1　频分复用

频分复用是一种按频率来划分信道的复用方式。在 FDM 中，信道的带宽被分成多个相互不重叠的频段(子通道)，每路信号占据其中一个子通道，并且各路之间必须留有未被使用的频带(防护频带)以进行分隔，防止信号重叠。在接收端，采用适当的带通滤波器将多路信号分开，从而恢复出所需的信号。

图 2.4 所示的是频分复用系统的原理框图。在发送端，首先使各路基带信号通过低通滤波器(LPF)，以便限制各路信号的最高频率。然后，将各路信号调制到不同的载波频率上，使得各路信号搬移到各自的频段范围内，合成后送入信道传输。在接收端，采用一系列不同中心频率的带通滤波器分离出各路已调信号，将它们解调后即可恢复出各路相应的基带信号。

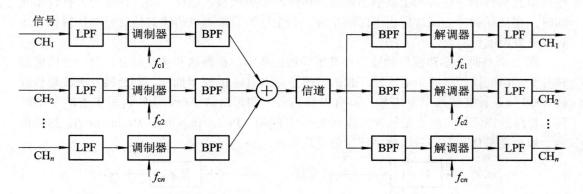

图 2.4　频分复用系统的原理框图

FDM 最典型的一个应用是在一条物理线路上传输多路话音信号的多载波电话系统。该系统一般采用单边带调制频分复用，每路电话信号的频带限制在 300～3400 Hz，为了在各路已调信号间留有防护频带，为每路电话信号提供 4 kHz 的信道带宽。12 路电话复用为一个基群(Basic Group)；5 个基群复用为一个超群(Super Group)，共 60 路电话；10 个超群复用为一个主群(Master Group)，共 600 路电话。如果需要传输更多路电话，可以将多个主群进行复用，组成巨群(Jumbo Group)。

图 2.5 给出了 12 路电话基群频谱结构示意图，该电话基群由 12 个 LSB(下边带)组成，占用 60～108 kHz 的频率范围，其中每路电话信号取 4 kHz 作为标准带宽。复用中所有的载波都由一个振荡器合成，起始频率为 64 kHz，间隔为 4 kHz。因此，可以计算出各载波频率为

$$f_{cn} = 64 + 4 \times (12 - n) \qquad (\text{kHz}) \tag{2.1}$$

式中，f_{cn} 为第 n 路信号的载波频率，$n = 1 \sim 12$。

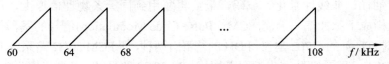

图 2.5　12 路电话基群频谱结构示意图

FDM 技术主用用于模拟信号，普遍应用在多路载波电话系统中。其主要优点是信道利用率高，技术成熟。其缺点是设备复杂，滤波器难以制作，并且在复用和传输过程中，调制、解调等过程会不同程度地引入非线性失真而导致各路信号的相互干扰。另外，由于计算机难以直接处理模拟信号，导致在传输链路和节点之间设置过多的模数转换，从而影响传输质量。目前 FDM 技术主要用在微波链路和铜线介质上，在光纤介质上更习惯称之为波分复用。

2.2.2 时分复用与复接

1. 时分复用

时分复用是一种将时间划分成若干片段，每路信号在属于自己的时间片段中占用传输介质的全部带宽的数字复用技术。时分复用是建立在抽样定理的基础上的，因为抽样定理使模拟的基带信号被时间上离散出现的抽样脉冲值所代替。这样，当抽样脉冲占据较短时间时，在抽样脉冲之间就留出了时间空隙，利用这种空隙可以传输其他信号的抽样值，达到时分复用的目的。

图 2.6 是时分多路复用的原理示意图。如图所示，在发送和接收端分别有一个机械旋转开关，以抽样频率同步地旋转。若语音信号用 8 kHz 的速率抽样，则旋转开关应每秒旋转 8000 周。设旋转周期为 T_s 秒，共有 N 路信号，则每路信号在每周中占用 T_s / N 秒的时间。每路抽样信号实际上是脉冲幅度调制信号(PAM：Pulse Amplitude Modulation)。抽样信号一般都在量化和编码后以数字信号的形式传输。

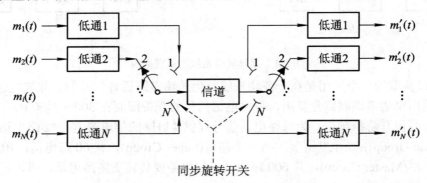

图 2.6 时分多路复用的原理示意图

时分复用的主要优点是抗干扰能力强，失真小，保密性强，便于实现综合传输。其主要缺点是通信双方时隙必须严格保持同步。目前主要有两种时分数字传输体制：准同步数字体系(PDH：Plesiochronous Digital Hierarchy)和同步数字体系(SDH：Synchronous Digital Hierarchy)。

电话质量标准规定话音基带信号取 300～3400 Hz 的有效带宽，经数字化后的速率为 64 kb/s，这个信号可被称为话音信号的数字基带信号。对多个话路的模拟话音信号分别按时间顺序进行抽样、非线性量化、编码，最后再复用到同一条物理信道上，每个抽样周期依次循环，就构成了脉冲编码调制(PCM：Pulse Code Modulation)信号的基群信号，这就是时分复用。根据 ITU-T 的 G.702 建议，PDH 的基群有两种，即 PCM 30/32 路系统(E1)和 PCM 24 路系统(T1 或 DS1)。我国和欧洲国家采用的是 PCM 30/32 路系统，基群速率为 2.048 Mb/s；美国和日本采用的是 PCM 24 路系统，基群速率为 1.544 Mb/s。

2. 复接技术

复接技术指的是将多个低次群数字信号按照一定的时分关系合路组成一路高次群信号的方法。按照各子路数字信号与复接设备的时钟关系可分为同步复接、准同步复接以及异步复接等三种方式。

(1) 同步复接：被复接的各子路数字信号与复接设备是同一个时钟源，复接时不需要进行码速调整。SDH 对于和自身属于同一时钟源的 PDH 低次群进行适配时，属于同步复接，这时 SDH 的调整比特为 0 调整。

(2) 准同步复接。在 PDH 中，被复接的各支路信号具有相同的标称速率，但支路信号可来自不同的设备，这些设备有各自独立的时钟源，因此这些来自不同设备的同一速率的各支路信号，其速率并不一定严格相等。为了能将各支路信号复接成更高速率的信号，对于各速率等级除规定标称速率外，还规定其允许的偏差范围(称为容差)。例如，欧洲制式的偏差为：$2.048 \pm 50 \times 10^{-6}$ Mb/s，$8.448 \pm 30 \times 10^{-6}$ Mb/s，$34.368 \pm 20 \times 10^{-6}$ Mb/s，$139.264 \pm 15 \times 10^{-6}$ Mb/s。这种有相同的标称速率，但又允许有一定偏差的信号称为准同步信号。对它们进行复接时，必须插入相应的调整比特，进行码速调整，达到与复接设备相同的标称速率，然后再进行同步复接，这就是准同步复接(也叫异源复接)。

(3) 异步复接。被复接的各支路之间及与复接器的定时信号之间均是异步的，其频率变化范围不在允许的变化范围之内，不满足复接条件，必须进行码速调整方可进行复接。这种复接方式称为异步复接。

综上所述，异源和异步复接方式都必须进行码速调整，满足复接条件后方可复接。绝大多数国家将低次群复接成高次群时都采用异源复接方式。这种复接方式的最大特点是各支路具有自己的时钟信号，其灵活性较强，码速调整单元电路相对简单，而异步复接的码速调整单元电路却要复杂得多，要适应码速大范围的变化，需要大量的存储器方能满足要求。

为了进一步提高传输容量，可将若干个 2.048 Mb/s(或 1.544 Mb/s)的基群信号再通过一种合路设备，复用成更高速率的群信号，就构成了 PCM 的高次群信号。由于欧洲和北美复接的基群速率不同，所以各速率等级也不相同，形成了欧洲和北美两大制式。各种制式的速率等级见表 2.2。

表 2.2　各种制式的速率等级

PDH	一次群(基群)	二次群	三次群	四次群
北美	24 路 1.544 Mb/s	96 路 (24×4) 6.312 Mb/s	672 路 (96×7) 44.736 Mb/s	4032 路 (672×6) 274.176 Mb/s
日本	24 路 1.544 Mb/s	96 路 (24×4) 6.312 Mb/s	480 路 (96×5) 32.064 Mb/s	1440 路 (480×3) 97.728 Mb/s
欧洲 中国	30 路 2.048 Mb/s	120 路 (30×4) 8.448 Mb/s	480 路 (120×4) 34.368 Mb/s	1920 路 (480×4) 139.264 Mb/s

在以往的电信网中，多使用 PDH 设备，这种系列的设备对传统的点到点通信有较好的适应性。随着数字通信的迅速发展，点到点的直接传输越来越少，大部分数字传输都要经过转接，因而 PDH 系列便不能适应现代电信业务开发以及网络管理的需要。SDH 就是适应这种新的需要而出现的传输体系。

SDH 规范了数字信号的帧结构、复用方式、传输速率等级、接口码型等特性，提供了一系列标准化的国际框架，在此基础上发展并建成了一种灵活、可靠、便于管理的世界电信传输网。这种传输网易于扩展，适用于新电信业务的开展，并且使不同厂家生产的设备互通成为可能，这正是网络服务商一贯追求的目标。

2.2.3　波分复用

1．光波分复用技术

波分复用(WDM)技术本质上是光域上的频分复用(FDM)技术。将光纤的低损耗窗口划分成若干个信道，每一信道占用不同的光波频率(或波长)。在发送端，采用波分复用器(合波器)将不同波长的光载波信号复用；在接收端，由波分复用器(分波器)将不同波长的光载波信号分离。简而言之，WDM 就是指不同频率的光(为不可见光)在同一根光纤中传输。

一般当相邻两峰值波长的间隔为 50～100 nm 时，称之为 WDM 系统；而当相邻两峰值波长的间隔为 1～10 nm 时，则称之为密集波分复用(DWDM)系统。最初的 WDM 系统由于技术的限制，通常一路载波信号就占用一个波长窗口，最常见的是两波分的波分复用系统(分别占用 1310 nm 和 1550 nm 波长窗口)，每路信号容量为 2.5 Gb/s，总容量为 5 Gb/s。现行的 DWDM 只在 1550 nm 波长窗口传送多路光载波信号。由于 DWDM 光载波的间隔很密，因此必须采用高分辨率波分复用器件，如平面波导型或光纤光栅型等新型光器件。

从技术角度来看，WDM 和 DWDM 之间没有实质性的区别。因此，ITU-T 没有专门对 WDM 和 DWDM 进行区分，而是将两者统称为 WDM。ITU-T 的 G.692 规定，在基准频率为 193.10 THz(相应波长约为 1552.524 nm)时，WDM 的频率间隔 Δf 是 25 GHz(相应波长间隔 $\Delta \lambda = (c/f^2)\Delta f = 0.201$ nm，c 为光速，$c = 3.0 \times 10^8$ m/s)的整数倍。目前，常选用的 WDM 频率间隔为 50 GHz(相应波长间隔为 0.402 nm)和 100 GHz(相应波长间隔为 0.804 nm)及其整数倍。复用波长数不仅与频率(或波长)间隔有关，也与掺铒光纤放大器(EDFA：Erbium-Doped Fiber Amplifier)的带宽有关。若使用 20 nm 带宽的 EDFA，则 50 GHz 频率间隔的复用波长数大约不超过 50 个，100 GHz 的大约不超过 25 个，200 GHz 的大约不超过 13 个，400 GHz 的大约不超过 7 个，等等。

2．WDM 的基本构成

WDM 系统的基本构成主要分双纤单向传输和单纤双向传输两种方式，如图 2.7 所示。单向 WDM 是指所有光通路同时在一根光纤上沿同一方向传送，在发送端将载有各种信息的具有不同波长的已调光信号通过光复用器组合在一起，并在一根光纤中单向传输，由于各信号是通过不同波长的光携带的，所以彼此间不会混淆，在接收端通过光的复用器将不同波长的光信号分开，完成多路光信号的传输，而反方向则通过另一根光纤传送。双向 WDM 是指光通路在同一光纤上同时向两个不同的方向传输，所用的波长相互分开，以实现彼此双方全双工的通信联络。目前双纤单向传输方式传输容量大，主要用于骨干网中，单纤双向传输容量较小,主要用于接入网中。

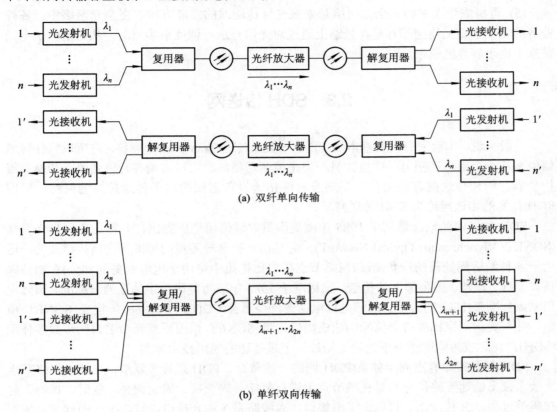

(a) 双纤单向传输

(b) 单纤双向传输

图 2.7 WDM 系统的基本构成

3. WDM 技术的主要特点

WDM 技术之所以在近几年得到迅猛发展,是因为它具有以下优点:

(1) 超大传输容量。WDM 系统的传输容量十分巨大。由于 WDM 系统的单波道速率可以为 2.5 Gb/s 或 10 Gb/s,而单纤复用的波道数量可以是 4、8、16、32 甚至更多,因此系统的传输容量可达到 300~400 Gb/s 甚至更高。

(2) 节约光纤资源。对单波长系统而言,1 个 SDH 系统就需要一对光纤,而对 WDM 系统来讲,不管有多少个 SDH 分系统,整个复用系统只需要一对光纤就够了。例如,对于 16 个 2.5 Gb/s 系统来说,单波长系统需要 32 根光纤,而 WDM 系统仅需要两根光纤。

(3) 各通路透明传输、平滑升级扩容。只要增加复用光通路数量与设备,就可以增加系统的传输容量以实现扩容,而且扩容时对其他复用光通路不会产生不良影响,所以,WDM 系统的升级扩容是平滑的,而且方便易行,从而最大限度地保护了建设初期的投资。WDM 系统的各复用通路是彼此相互独立的,所以各光通路可以分别透明地传送不同的业务信号,如话音、数据和图像等,彼此互不干扰,这给使用者带来了极大的便利。

(4) 单站中继距离长。掺铒光纤放大器(EDFA)具有高增益、宽频带、低噪声等优点,在光纤通信中得到了广泛的应用。掺铒光纤放大器的光放大范围为 1530~1565 nm,而其增益曲线比较平坦的部分是 1540~1560 nm,它几乎可以覆盖整个 WDM 系统的 1550 nm

工作波长范围。WDM 系统的超长传输距离可达数百千米，能节省大量中继设备，降低成本。

(5) 可组成全光网络。全光网络是未来光纤传送网的发展方向。在全光网络中，各种业务的上下、交叉连接等都是在光路上通过对光信号进行调度来实现的，从而消除了电光转换中电子器件的瓶颈。

2.3　SDH 传送网

一般来说，电信网有两大基本功能群：一类是传送(Transport)功能群，它可以将任何通信信息从一个点传递到另一些点；另一类是控制功能群，它可实现各种辅助服务和操作维护功能。所谓传送网就是由传输链路及一些传输设备组成的用于传递信息的网络。采用 SDH 技术的传送网称为 SDH 传送网。

SDH 传送网的概念最初于 1985 年由美国贝尔通信研究所提出，并称之为同步光网络(SONET：Synchronous Optical Network)。它是由一整套分等级的标准传送结构组成的，适用于各种经适配处理的净负荷(即网络节点接口比特流中可用于电信业务的部分)在物理媒质如光纤、微波、卫星等上的传送。该标准于 1986 年成为美国数字体系的新标准。国际电信联盟标准部(ITU-T)的前身国际电报电话咨询委员会(CCITT)于 1988 年接受 SONET 概念，并与美国国家标准协会(ANSI)达成协议，将 SONET 修改后重新命名为同步数字体系(SDH)，使之成为同时适应于光纤、微波、卫星传送的通用技术体制。

SDH 网是对原有准同步体系(PDH)网的一次革命。PDH 是异步复接，在任一网络节点上接入接出低速支路信号都要在该节点上进行复接、码变换、码速调整、定时、扰码、解扰码等过程，并且 PDH 只规定了电接口，对线路系统和光接口没有作统一的规定，依靠 PDH 网很难实现全球信息网的建立。

随着 SDH 技术的引入，传输系统不仅具有提供信号传播的物理过程的功能，而且有提供对信号的处理、监控等过程的功能。SDH 通过采用多种虚容器(VC)以及级联的复帧结构，使其可支持多种电路层的业务，如各种速率的异步数字体系、DQDB、FDDI、ATM 以及将来可能出现的各种新业务。段开销中大量的备用通道增强了 SDH 网的可扩展性。通过软件控制和使用原来 PDH 中人工更改配线的方法实现了交叉连接和分插复用连接，提供了灵活的上/下电路的能力，并使网络拓扑动态可变，增强了网络适应业务发展的灵活性和安全性，可在更大地域范围内实现电路的保护，提高组网能力。特别是 SDH 自愈环，可以在电路出现故障后，几十毫秒内迅速恢复。SDH 的这些优势使它成为宽带业务数字网的基础传输网。

2.3.1　SDH 传送网的功能结构

传送网不仅能够透明地传送用户的业务信息，而且能传递各种网络控制信息。传送网主要指逻辑功能意义上的网络，是一个复杂庞大的网络。

为了便于网络的设计和管理，规范了一个合适的网络模型，它具有规定的功能实体，并采用分层(Layering)和分割(Partitioning)的概念，将网络的结构元件按功能分为参考点(接入点)、拓扑元件、传送实体和传送处理等四大类，将网络的拓扑元件分为层网络、子网和链路三种，仅需这三种元件就可以完整地描述网络的逻辑拓扑，从而使网络的结构变得灵活，网络描述变得容易。

1．传送网的分层和分割

1) 传送网的分层

传送网可以从垂直方向上分解为若干独立的传送网络层(也称为层网络)，即电路层、通道层和传输介质层。每一层网络为其相邻的高一层网络提供传送服务，同时又使用相邻的低一层网络所提供的传送服务。提供传送服务的层称为服务者(Server)，使用传送服务的层称为客户(Client)，因而相邻的层网络之间构成了客户/服务者关系。传送网的分层概念借用了 OSI 模型分层概念的基本思想，即将一个复杂的网络分解为若干简单的层网络，彼此间构成客户与服务者的关系，易于设计、管理和运行。但传送层的层网络与 OSI 模型的层之间并无一一对应的关系，前者泛指能够将同类型接入点连接在一起的逻辑实体，是一个全球性的概念，而后者则重在对等层之间的通信，对每一层都有严格的协议和服务规定。不过，层网络中的传送实体可以与 OSI 分层模型中的七层相联系。

SDH 传送网的分层模型从上至下依次为电路层网络、通道层网络和传输介质层网络，如图 2.8 所示。

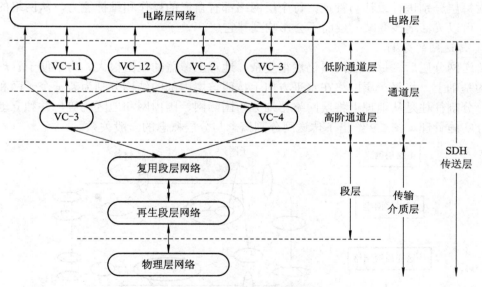

图 2.8　SDH 传送网分层模型

(1) 电路层网络。电路层网络涉及电路层接入点之间的信息传递，直接为用户提供通信业务，如电路交换业务、分组交换业务、租用线业务和 B-ISDN 虚通路等。根据提供业务的不同可以将电路层网络进行划分，如 64 kb/s 电路交换网、分组交换网、租用线电路网和 ATM 交换网等。

电路层网络的主要设备是交换机和用于租用线业务的交叉连接设备。电路层网络的端到端电路连接一般由交换机建立。

(2) 通道层网络。通道层网络通过接入点为电路层网络提供信息传递服务，它定义了数据如何以合适的速度进行端到端的传输，这里的"端"指通信网上的各种节点设备。通道层又分为高阶通道层(VC-3、VC-4)和低阶通道层(VC-2、VC-11、VC-12)。通道层网络与其相邻的传输介质层网络是相互独立的，但它可以将各种电路层业务信号映射到复用段层所要求的格式内。通道的建立由交叉连接设备(DXC)负责。由于直接面向电路层，SDH简化了电路层交换，使网络更加灵活方便。

(3) 传输介质层网络。传输介质层网络与传输介质(有线或无线介质)有关，它支撑一个或多个通道层网络，为通道层网络节点(如 DXC)间提供合适的通道容量，STM-N 是传输介质层网络的标准等级容量。传输介质层网络的主要设备是线路传输系统。

传输介质层网络可进一步划分为段层网络和物理介质层网络(简称物理层)，其中段层网络涉及提供通道层两个节点间信息传递的所有功能，而物理层涉及具体的支持段层网络的传输介质，如光缆或微波。

SDH 网中的段层网络还可以进一步细分为复用段层网络和再生段层网络，前者涉及复用段终端之间端到端的信息传递，后者涉及再生器之间或再生器与复用段终端之间的信息传递诸如定帧、扰码、中继段误码监测以及中继段开销的处理和传递。

物理层网络主要完成光/电脉冲形式的位传送任务，与开销无关。

将传送网分为独立的三层，每层能在与其它层无关的情况下单独加以规定，可以较简便地对每层分别进行设计与管理，每个层网络都有自己的操作和维护能力，从网络的观点来看，可以灵活地改变某一层而不会影响到其它层。

2) 传送网的分割

传送网分层后，每一层网络仍然很复杂，地理上覆盖的范围很大。为了便于管理，在分层的基础上，将每一层网络在水平方向上按照该层内部的结构分割为若干个子网和链路连接。分割往往是从地理上将层网络再细分为国际网、国内网和地区网等，并独立地对每一部分实施管理。图 2.9 给出了传送网分割概念与分层概念的一般关系。

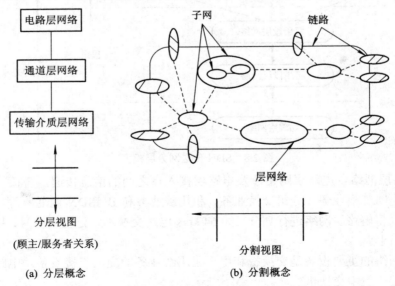

图 2.9　传送网分割概念与分层概念的一般关系

采用分割的概念可以方便地在同一网络层内对网络结构进行规定，允许层网络的一部分被层网络的其余部分看做一个单独实体，可以按所希望的程度将层网络递归分解表示，为层网络提供灵活的连接能力，从而方便网络管理，也便于改变网络的组成并使之最佳化。

对传送网分层后,每一层网络又可划分为若干分离的部分,组成网络管理的基本骨架。

(1) 子网络的分割。任何子网络都可以进一步分割为若干由链路互连的较小的子网络,这些较小的子网络和链路互相结合的方式即表现为子网络的拓扑,即

$$子网络 = 较小的子网络 + 链路 + 拓扑$$

采用分割的概念可以将一层网络进行递归分解,直到揭示所要看到的细节为止,所能看到的最小细节恰好就是网元(NE:Network Element)内实现交叉连接矩阵的设备。

(2) 网络连接和子网络连接的分割。与分割子网络一样,对网络连接也可以按同样的方法进行分割。通常,网络连接可以分割为一系列子网络连接和链路连接的结合,即

$$网络连接 = TCP + 子网络连接 + TCP$$

每个子网络连接可以进一步分割成一系列子网连接和链路连接的结合,在这种情况下,分割必须以子网络连接开始和子网络连接结束,即

$$子网络连接 = CP + 较小的子网络连接 + 链路连接 + CP$$

网络连接和子网络连接的分割与上述子网络分割方法相似,递归分解的正常极限是基本连接矩阵上的单个连接点的联系处。网络连接和子网络连接可以认为是由许多子网络连接和链路连接按特定次序结合的传送实体。

(3) 链路连接和分层。当网络连接已经被完全分解成基本的链路连接和子网络连接时,每一链路连接可以看做是抽象的传送实体,由采用分层概念的适配功能和路径功能组成。

2. 传送网的功能结构

图 2.10 为传送网的功能模型。

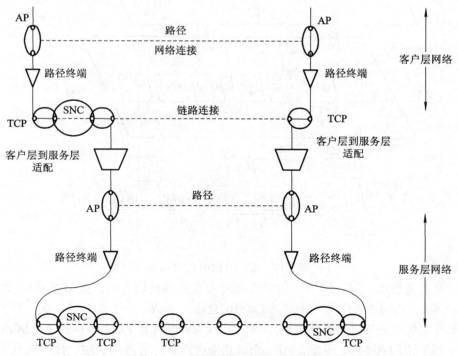

AP—接入点;CP—连接点;LC—链路连接;TCP—终端连接点;SNC—子网连接

图 2.10 传送网的功能模型

层网或子网之间通过连接(网络连接、子网连接、链路连接)和适配(如层间适配，包括复用与解复用、编码与解码、定位与调整、速率变化等)构成整个传送网。相邻的层间符合客户/服务者关系。

同 PDH 相比，SDH 具有巨大的优越性，但这种优越性只有在组成 SDH 网时才能完全发挥出来。传统的组网概念中，提高传输设备利用率是第一位的，为了增加线路的占空系数，在每个节点都建立了许多直接通道，致使网络结构非常复杂。因而，现代通信的发展中最重要的任务是简化网络结构，建立强大的运营、维护和管理(OAM)功能，降低传输费用并支持新业务的发展。

我国的 SDH 网络结构可分为四个层面，如图 2.11 所示。

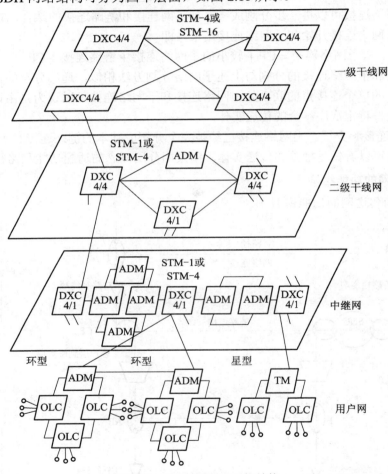

图 2.11　我国的 SDH 网络结构

最高层面为长途一级干线网，主要省会城市及业务量较大的汇接节点城市(如徐州等)装有 DXC4/4，其间由高速光纤链路 STM-16 连接，形成了一个大容量、高可靠的网孔形国家骨干网结构，并辅以少量线型网。由于 DXC4/4 也具有 PDH 体系的 140 Mb/s 接口，因而原有 PDH 的 140 Mb/s 和 565 Mb/s 系统也能纳入统一管理的长途一级干线网中。

第二层面为二级干线网，主要汇接节点装有 DXC4/4 或 DXC4/1，其间由 STM-4 组成，形成省内网状或环型骨干网结构，并辅以少量线型网络结构。由于 DXC4/1 有 2 Mb/s、

34 Mb/s 或 140 Mb/s 接口，因而原来的 PDH 系统也能纳入统一管理的二级干线网，并具有灵活调度电路的能力。

第三层面为中继网(即长途端局与市话局之间以及市话局之间的部分)，可以按区域划分成若干个环，可以是由 ADM 组成速率为 STM-4/STM-16 的自愈环，也可以是路由备用方式的两节点环。这些环具有很高的生存性，又具有业务量疏导功能。环型网主要采用复用段倒换环方式，选择四纤还是双纤取决于业务量和经济二者的比较。环间由 DXC4/1 沟通，完成业务量疏导和其他管理功能，同时 DXC4/1 也可以作为长途网与中继网之间以及中继网和用户网之间的关口网元或接口，还可以作为 PDH 与 SDH 之间的关口网元。

最低层面为用户网，又称接入网。由于用户网处于网络的边界处，业务容量要求低，且大部分业务量汇集于一个节点(端局)上，因而通道倒换环和星型网都十分适合于该应用环境，所需设备除 ADM 外还有光用户环路载波系统(OLC)，速率为 STM-1/STM-4，接口可以为 STM-1 光/电接口、PDH 体系的 2 Mb/s、34 Mb/s 或 140 Mb/s 接口、普通电话用户接口、小交换机接口、2B + D 或 30B + D 接口以及城域网接口等。

我国 SDH 网的主要设备有四类：STM-1/STM-4/STM-16 线路终端设备和线路中继设备；数字交叉连接设备；光用户环路载波系统；网络管理系统。

用户接入网是 SDH 网中最庞大、最复杂的部分，它占整个通信网投资的 50% 以上。用户网的光纤化是一个逐步的过程，我们所说的光纤到路边(FTTC)、光纤到大楼(FTTB)、光纤到家庭(FTTH)就是这个过程的不同阶段。目前在我国推广光纤用户接入网时必须要考虑采用一体化的 SDH/CATV 网，不但要开通电信业务，而且还要提供 CATV 服务，这比较适合我国国情。

2.3.2 SDH 设备的逻辑组成

1. SDH 网络的常见网元

SDH 传输网是由不同类型的网元通过光缆线路的连接组成的，通过不同的网元可以完成 SDH 网的传送功能，如上/下业务、交叉连接业务、网络故障自愈等。下面介绍 SDH 网中常见网元的特点和基本功能。

1) 终端复用器

终端复用器(TM：Terminal Multiplexer)是 SDH 网络的终端站点，完成终端用户的业务接入、复用与电光转换，其逻辑模型如图 2.12 所示。

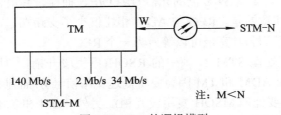

图 2.12　TM 的逻辑模型

TM 的作用是将各支路端口接入的多个低速信号复用到一个线路端口的高速信号 STM-N 中或反过来把一路高速信号分解成多路低速信号。支路信号通过交叉连接功能复用进 STM-N 帧中的指定位置。例如，将一个 STM-1 信号复用进 STM-16 线路上的 1～16 个

STM-1 的任意位置；将 2 Mb/s 信号复用到一 STM-1 中 63 个 VC12 的任一位置上。对于华为设备，TM 的线路端口(光口)一般默认的表示为西向端口。

2) 分/插复用器

分/插复用器(ADM：Add and Droup Multiplexer)用于 SDH 传输网络的转接站点处，例如，链的中间节点或环上节点是 SDH 网上使用最多、最重要的一种网元，它是一种三端口的器件。ADM 的模型如图 2.13 所示。

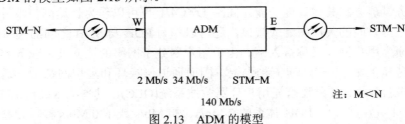

图 2.13　ADM 的模型

ADM 有两个线路端口和一组支路端口。两个线路端口各接一侧的光缆(每侧收/发共两根光纤)，通常将其命名为西(W)向、东(E)向两个线路端口。ADM 的作用是将低速支路信号交叉复用进东或西向线路上，或从东或西侧线路端口接收的线路信号中拆分出到本地终结的低速支路信号。另外，还可将东/西向线路侧的 STM-N 信号进行交叉连接，例如，将东向 STM-16 中的 3#STM-1 与西向 STM-16 中的 15#STM-1 相连接。另外，ADM 可等效成其他网元，例如，一个 ADM 可等效成两个 TM。

3) 再生中继器

再生中继器(REG)有两种：一种是纯光的再生中继器，主要进行光功率放大以延长光传输距离；另一种是用于脉冲再生整形的电再生中继器，主要通过光/电变换(O/E)、电信号抽样、判决、再生整形、电/光变换(E/O)，以达到不积累线路噪声，保证线路上传送信号波形的完好性。本节中的 REG 是指电再生中继器，REG 是双端口器件，只有两个线路端口——W、E，如图 2.14 所示。

图 2.14　电再生中继器

电再生中继器的作用是将 W/E 侧的光信号经 O/E、抽样、判决、再生整形、E/O 后从 E 或 W 侧发出。应该注意的是，REG 与 ADM 相比仅少了支路端口，所以 ADM 在本地不上/下话路(支路不上/下信号时完全可以等效为一个 REG。

真正的 REG 只需处理 STM-N 帧中的 RSOH(再生段开销)，且不需要交叉连接功能(W 和 E 直通即可)，而 ADM 和 TM 因为要将低速支路信号分/插到 STM-N 中，所以不仅要处理 RSOH，而且还要处理 MSOH(复用段开销)。另外 ADM 和 TM 都具有交叉复用能力(有交叉连接功能)，因此用 ADM 来等效 REG 有点大材小用了。

4) 数字交叉连接设备

数字交叉连接设备(DXC：Digital Cross-Connect)主要完成 STM-N 信号的交叉连接功能，它是一个多端口器件，实际上相当于一个交叉矩阵，完成各个信号间的交叉连接，其功能图如图 2.15 所示。

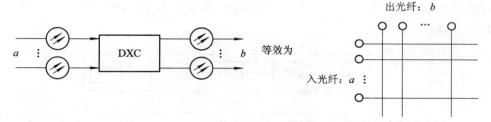

图 2.15　DXC 功能图

DXC 可将输入的 a 路 STM-N 信号交叉连接到输出的 b 路 STM-N 信号上，图 2.15 表示有 a 条入光纤和 b 条出光纤。DXC 的核心是交叉连接，功能强的 DXC 能完成高速(例如 STM-16)信号在交叉矩阵内的低级别交叉(如 VC12 级别的交叉)。

通常用 DXC m/n 来表示一个 DXC 的类型和性能($m \geqslant n$)，m 表示可接入 DXC 的最高速率等级，n 表示在交叉矩阵中能够进行交叉连接的最低速率级别。m 越大表示 DXC 的承载容量越大，n 越小表示 DXC 的交叉灵活性越大。m 和 n 的相应数值的含义见表 2.3。

表 2.3　m、n 数值与速率对应表

m 或 n	0	1	2	3	4	5	6
速率	64 kb/s	2 Mb/s	8 Mb/s	34 Mb/s	140 Mb/s 155 Mb/s	622 Mb/s	2.5 Gb/s

2. SDH 设备的逻辑功能块

我们知道 SDH 体制要求不同厂家的产品实现横向兼容，因而设备的研制必然要按照标准的规定，而不同厂家的设备千差万别，那么怎样才能实现设备的标准化，以达到互连的要求呢？

ITU-T 采用功能参考模型的方法对 SDH 设备进行规范，它将设备所应完成的功能分解为各种基本的标准功能块，功能块的实现与设备的物理实现无关(以哪种方法实现不受限制)，不同的设备由这些基本的功能块灵活组合而成，以完成设备的不同功能。通过基本功能块的标准化来规范设备的标准化，同时也使规范具有普遍性，叙述清晰简单。

下面我们以一个 SDH 设备的典型功能块组成来讲述各个基本功能块的作用，应该特别注意的是掌握每个功能块所检测的警告、性能事件及其检测机理。SDH 设备的逻辑功能构成如图 2.16 所示。

为了更好地理解图 2.16，对图中出现的各功能块名称说明如下：

SPI：SDH 物理接口　　　　　　TTF：传送终端功能

RST：再生段终端　　　　　　　HOI：高阶接口

MST：复用段终端　　　　　　　LOI：低阶接口

MSP：复用段保护　　　　　　　HOA：高阶组装器

MSA：复用段适配　　　　　　　HPC：高阶通道连接

PPI：PDH 物理接口　　　　　　OHA：开销接入功能

LPA：低阶通道适配　　　　　　SEMF：同步设备管理功能

LPT：低阶通道终端　　　　　　MCF：消息通信功能

LPC：低阶通道连接　　　　　　SETS：同步设备时钟源
HPA：高阶通道适配　　　　　　SETPI：同步设备定时物理接口
HPT：高阶通道终端

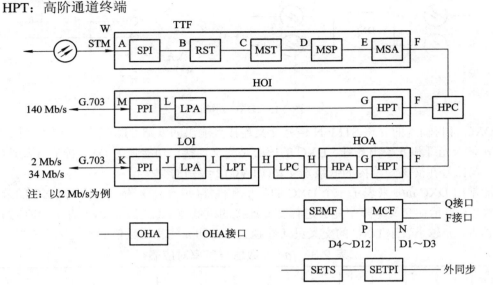

图 2.16　SDH 设备的逻辑功能构成

　　如图 2.16 所示，信号流程是线路上的 STM 信号从设备的 A 参考点进入设备，依次经过 A→B→C→D→E→F→G→L→M 拆分成 140 Mb/s 的 PDH 信号，经过 A→B→C→D→E→F→G→H→I→J→K 拆分成 2 Mb/s 或 34 Mb/s 的 PDH 信号(这里以 2 Mb/s 信号为例)，在这里将它们定义为设备的接收方向。相应的反方向就是沿这两条路径的反方向将 140 Mb/s 和 2 Mb/s、34 Mb/s 的 PDH 信号复用到线路上的 STM-N 信号帧中。设备的各项功能是由各个基本功能块共同完成的，多个基本功能块经过灵活组合可形成复合功能块，以完成一些较复杂的工作。复合功能块的不同连接又可构成各种 SDH 网元设备。下面介绍复合功能块的功能。

　　(1) 传送终端功能。SPI、RST、MST、MSA 一起构成了复合功能块的传送终端功能(TTF：Transport Terminal Function)，它的作用是在收方向对 STM 光线路进行光/电变换(SPI)、处理 RSOH(RST)、处理 MSOH(MST)、对复用段信号进行保护(MSP)、对 AUG 进行消间插并处理指针 AU-PTR，最后输出 N 个 VC-4 信号；发方向与此过程相反，进入 TTF 的是 VC-4 信号，从 TTF 输出的是 STM-N 的光信号。

　　(2) 高阶通道连接。高阶通道连接(HPC：Higher Order Path Connection)实际上相当于一个交叉矩阵，它完成对高阶通道 VC-4 进行交叉连接的功能。除了信号的交叉连接外，信号流在 HPC 中是透明传输的(所以 HPC 的两端都用 F 点表示)。HPC 是实现高阶通道 DXC 和 ADM 的关键，其交叉连接功能仅指选择或改变 VC-4 的路由，不对信号进行处理。一种 SDH 设备功能的强大与否主要是由其交叉能力决定的，而交叉能力又是由交叉连接功能块即高阶 HPC、低阶 LPC 来决定的。

　　(3) 高阶组装器。高阶组装器(HOA：Higher Order Assembler)的主要功能是按照映射复用路线将低阶通道信号复用成高阶通道信号(例如，将多个 VC-2 或 VC-3 组装成 VC-4)或做相反的处理，它是由高阶通道终端(HPT)和高阶通道适配(HPA)功能块组成的。

(4) 低阶通道连接。低阶通道连接(LPC：Lower Order Path Connection)与高阶通道连接(HPC)类似，低阶通道连接(LPC)也是一个交叉连接矩阵，不过它的功能是完成低阶VC(VC-12/VC-3)的交叉连接，可实现低阶 VC 之间的灵活分配和连接。一个设备若要具有全级别交叉能力，就一定要包括 HPC 和 LPC。例如，DXC4/1 就能完成 VC-4 级别的交叉连接和 VC-3、VC-12 级别的交叉连接，也就是说 DXC4/1 必须包括 HPC 功能块和 LPC 功能块。信号流在 LPC 功能块处是透明传输的。

(5) 高阶接口。高阶接口(HOI：Higher Order Interface)这一复合功能块由高阶通道中断(HPT)、低阶通道适配(LPA)和 PDH 物理接口(PPI)三个基本功能块组成。它完成的功能是将140 Mb/s 的 PDH 信号映射到 C-4 中，并加上高阶通道开销(POH)构成完整的 VC-4 信号，或者做相反处理，即从 VC-4 中恢复出 140 Mb/s 的 PDH 信号，并解读通道开销。

(6) 低阶接口功能块。低阶接口功能块(LOI：Lower Order Interface)主要完成将 VC-12信号拆包成 2 Mb/s 的 PDH 信号(收方向)，或将 2 Mb/s 的 PDH 信号打包成 VC-12 信号，同时完成设备和线路的接口功能——码型变换。LOI 是由低阶通道终端(LPT)、低阶通道保护(LPP)、低阶通道适配(LPA)和 PDH 物理接口(PPI)组成的复合功能块。

(7) 辅助功能块。SDH 设备要实用化，除了主信道的功能块之外，还必须含有定时、开销和管理等辅助功能块。辅助功能块的具体功能包括同步设备管理功能(SEMF：Synchronous Equipment Management Function)、消息通信功能(MCF：Message Communication Function)和同步设备定时源(SETS：Synchronous Equipment Function)。

2.3.3 SDH 网的物理拓扑

网络物理拓扑即网络节点和传输线路的几何排列，也就是将维护和实际连接抽象为物理上的连接。

SDH 网是由 SDH 网元设备通过光缆互连而成的，网络节点(网元)和传输线路的几何排列就构成了网络的拓扑结构。网络的有效性(信道的利用率)、可靠性和经济性在很大程度上与其拓扑结构有关。网络的逻辑拓扑使网络的结构变得灵活，网络描述变得容易。SDH网络的基本物理拓扑有线型、星型、树型、环型和网孔型，如图 2.17 所示。

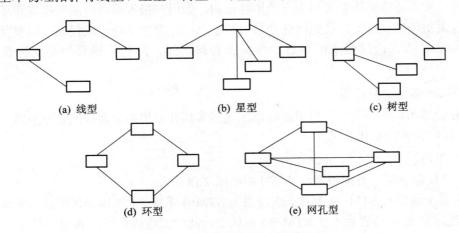

图 2.17　SDH 网络的基本物理拓扑

1. 线型网

将通信网的所有站点串联起来，并使首、末两个点开放，就形成了线型拓扑。在这种拓扑结构中，要使两个非相邻点之间完成连接，其间的所有点都必须完成连接功能。这是SDH网早期应用的比较经济的网络拓扑形式，首、末两端使用终端复用器(TM)，中间各点使用分插复用器(ADM)。这个结构主要用于专网(如铁路网)中。

2. 星型网

将网中的一个网元作为特殊节点与其他各网元节点相连，其他各网元节点互不相连，网元节点的业务都要经过这个特殊节点转接，这种网络即是星型网。这种网络拓扑的特点是可通过特殊节点来统一管理其他网络节点，利于分配带宽，节约成本，但存在特殊节点的安全保障和处理能力的潜在瓶颈问题。特殊节点的作用类似交换网的汇接局，此种拓扑多用于本地网(接入网和用户网)。

3. 树型网

将点到点拓扑单元的末端点连接到几个特殊点就形成了树型拓扑。树型拓扑可看成是线型拓扑和星型拓扑的结合，这种拓扑结构在特殊点也存在瓶颈问题和光功率预算限制问题，特别适用于广播式业务，但不适用于提供双向通信业务。

4. 环型网

环型网是指将线型拓扑首尾相连，从而使网上任何一个网元节点都不对外开放的网络拓扑形式。这是当前使用最多的网络拓扑形式，主要是因为它具有很强的生存性，即自愈功能较强。环型网常用于本地网(接入网和用户网)和局间中继网。

5. 网孔型网

将所有网元节点两两相连，就形成了网孔型网络拓扑。这种网络拓扑为两网元节点间提供多个传输路由，使网络的可靠性更强，不存在瓶颈问题和失效问题，但是由于系统的冗余度高，必然会使系统有效性降低、成本高且结构复杂。网孔型网主要用于长途网中，以提供网络的高可靠性。

每种拓扑各有优缺点，组网时应综合网络的生存性、网络配置及引进新业务等因素来做选择。实际通信网络多采用混合的拓扑结构，如用户接入网适合采用星型和环型，中继网适合采用环型和线型，长途网适合采用树型和网孔型的结合。现代通信最重要的任务是简化网络结构，通过强大的运行、维护和管理功能，降低传输费用并支持新业务的发展。

6. SDH 典型组网应用

SDH 设备组网十分灵活，可以组建由上述基本拓扑结构组合而成的复杂网络。下面介绍 SDH 典型组网的应用。

1) T 型网

T 型网实际上是一种树型网，其拓扑图如图 2.18 所示。

我们将干线设为 STM-16 系统，支线设为 STM-4 系统，T 型网的作用是将支路的业务 STM-4 通过网元 A 传送到干线 STM-16 系统上，此时支线接在网元 A 的支路上，支线业务作为网元 A 的低速支路信号，通过网元 A 进行分插。

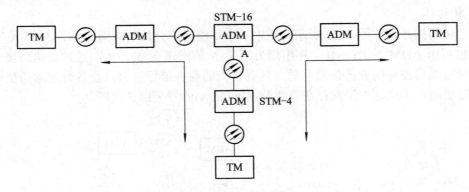

图 2.18　T 型网的拓扑图

2) 环带链

环带链的拓扑图如图 2.19 所示。环带链是由环网和链网两种基本拓扑形式组成的，链接在网元 A 处，链网的 STM-4 业务作为网元 A 的低速支路业务，并通过网元 A 的分插功能上/下环。STM-4 业务在链网上无保护，上环可享受环的保护功能。例如，网元 C 和网元 D 互通业务，A—B 光缆段断开，链上业务传输中断，A—C 光缆段断开，由于有环的保护功能，网元 C 和网元 D 的业务不会中断。

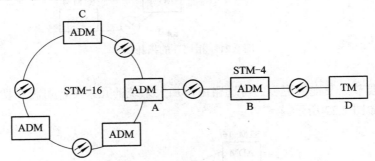

图 2.19　环带链的拓扑图

3) 环型子网的支路跨接

环型子网的支路跨接网络拓扑图如图 2.20 所示。两个 STM-16 环通过 A、B 两网元的支路部分连接在一起，两环中任何两个网元都可通过 A、B 之间的支路互通业务，而且可选路由多，系统冗余度高，但两环间的互通业务都要经过 A、B 两网元的低速支路传输，存在一个低速支路的安全保障问题。

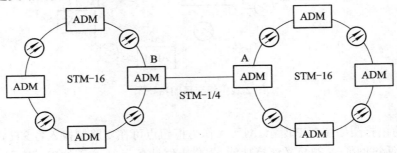

图 2.20　环型子网的支路跨接网络拓扑图

4) 相切环

相切环的拓扑图如图 2.21 所示。图中三个环相切于公共节点网元 A，网元 A 可以是 DXC，也可用 ADM 等效(环Ⅱ、环Ⅲ均为网元 A 的低速支路)。比起通过支路跨接环网，这种组网方式可使环间业务任意互通，具有更大的业务疏导能力，业务可选路由更多，系统冗余度更高。不过这种组网存在重要节点(网元 A)的安全保护问题。

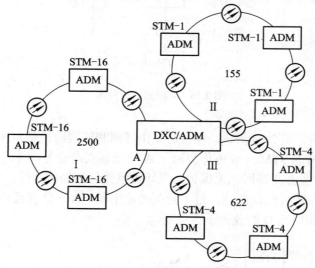

图 2.21 相切环的拓扑图

5) 相交环

为备份重要节点及提供更多的可选路由，加大系统的冗余度，可将相切环扩展为相交环，其拓扑图如图 2.22 所示。

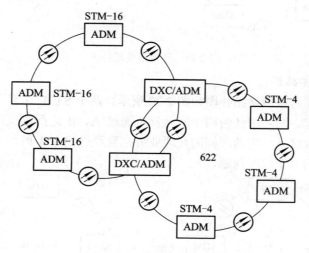

图 2.22 相交环的拓扑图

6) 枢纽网

枢纽网的拓扑图如图 2.23 所示。网元 A 作为枢纽点可在支路侧接入各 STM-1 或 STM-4 的链路或环，通过网元 A 的交叉连接功能，提供支路业务上/下主干线以及支路间业务互通。

支路间业务的互通经过网元 A 的分插,可避免在支路间铺设直通路由和设备,也不需要占用主干网上的资源。

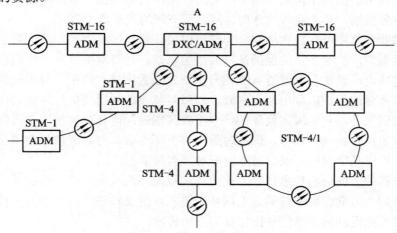

图 2.23 枢纽网的拓扑图

2.3.4 SDH 自愈网

1. 自愈网的概念

当今社会各行各业对信息的依赖程度越来越大,越来越要求通信网络能及时准确地传递信息,通信网络的生存性已成为至关紧要的问题。随着网络上传输的信息越来越多,传输信号的速率越来越快,一旦网络出现故障将对整个社会造成极大的损坏,因此网络的生存能力即网络的安全性是当下应首要考虑的问题。近年来,一种称为自愈网(Self-Healing Network)的概念应运而生。

所谓自愈网就是无需人为干预,网络就能在极短的时间内(ITU-T 规定为 50 ms 以内)使业务自动从故障中恢复传输,使用户几乎察觉不到网络出现过故障。其基本原理是网络要具备发现替代传输路由并重新建立通信的能力。自愈网的概念只涉及重新确立通信,具体失效元器件的修复或更换仍需人工干预才能完成。

2. 自愈网的类型和原理

按照自愈网的定义,可以有多种手段来实现自愈网,各种自愈网都需要考虑下面一些共同的因素:初始成本,要求恢复的业务量的比例,用于恢复任务所需的额外容量,业务恢复的速度,升级或增加节点的灵活性,易于操作、运行和维护,等等。下面分别介绍各种具体的实现方法。

(1) 线路保护倒换。 最简单的自愈网形式就是传统 PDH 系统采用的线路保护倒换方式。其工作原理是当工作通道传输中断或性能劣化到一定程度后,系统倒换设备将主信号自动转至备用光纤系统传输,从而使接收端仍能接收到正常的信号而感觉不到网络已出现故障。

(2) 环型网保护。将网络节点连成一个环形可以进一步改善网络的生存性和成本。网络节点可以是 DXC,也可以是 ADM,但通常环型网节点用 ADM 构成。利用 ADM 的分插能力和智能构成的自愈环是 SDH 的特色之一,也是目前研究工作十分活跃的领域。

3. 自愈环的分类

目前环型网络的拓扑结构用得最多,因为环型网具有较强的自愈功能。自愈环的分类可按保护的业务级别、环上业务的方向、网元节点间的光纤数来划分。

按保护的业务级别可将自愈环划分为通道倒换环和复用段倒换环两大类。通道倒换环属于子网连接保护,其业务量的保护是以通道为基础,是否倒换以离开环的每一个通道信号质量的优劣决定,通常利用通道 AIS 信号来决定是否应进行倒换。复用段倒换环属于路径保护,其业务量的保护以复用段为基础,以每对节点的复用段信号质量的优劣来决定是否倒换。通道倒换环与复用段倒换环的一个重要区别是:前者往往使用专用保护,即正常情况下保护段也在传输业务信号,保护时隙为整个环专用;而后者往往使用公用保护,即正常情况下保护段是空闲的,保护时隙由每对节点共享。

按环上业务的方向可将自愈环分为单向环和双向环两大类。正常情况下,单向环中所有业务信号按同一方向在环中传输。双向环中进入环的支路信号按一个方向传输,而由该支路信号分路节点返回的支路信号按相反的方向传输。

按网元节点间的光纤数可将自愈环划分为双纤环(一对收/发光纤)和四纤环(两对收/发光纤)。

按照上述各种不同的分类方法可以分出多种不同的自愈环结构。通常,通道倒换环主要工作在单向双纤方式,近来双向双纤方式的通道倒换环也开始应用,并在某些方面显示出一定的优点;而复用段倒换环既可以工作在单向方式或双向方式,又可以工作双纤方式或四纤方式。实用化的结构主要是双向方式,下面以四个节点的环为例,介绍四种典型的自愈环结构。

1) 双纤单向通道倒换环

双纤单向通道倒换环如图 2.24 所示。通常单向环由两根光纤来实现,S1 光纤用来携带业务信号,P1 光纤用来携带保护信号。这种环采用"首端桥接,末端倒换"结构。例如,在节点 A 进入环传送给节点 C 的支路信号(AC)同时馈入 S1 和 P1 向两个不同方向传送到 C点,其中 S1 光纤按逆时针方向,P1 光纤按顺时针方向,C 点的接收机同时收到两个方向传送来的支路信号,择优选择其中一路作为分路信号。正常情况下,S1 传送的信号为主信号。同理,在 C 点进入环传送至节点 A 的支路信号(CA)按上述同样的方法传送到节点 A,S1 光纤所携带的 CA 信号为主信号。

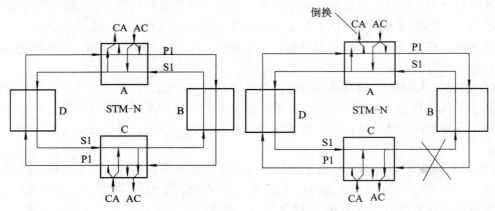

图 2.24　双纤单向通道倒换环

当 B、C 节点间的光缆被切断(两根光纤同时被切断)时，从 A 经 S1 光纤到 C 的 AC 信号丢失，节点 C 的倒换开关由 S1 转向 P1，节点 C 接收经 P1 光纤传送的 AC 信号，从而使 AC 间业务信号不会丢失，实现了保护作用。故障排除后，倒换开关返回原来的位置。

　　双纤双向通道环近来已开始应用。其中 1 + 1 方式与单向通道倒换环基本相同，只是返回信号沿相反方向返回而已。其主要优点是在无保护环或线形应用场合下具有通道再利用功能，从而使总的分插业务量增加。1∶1 方式需要使用 APS 字节协议，但可以用备用通道传输额外业务量，可选择较短路由，易于查找故障。最主要的是 1∶1 方式可以进一步演变发展成 $M∶N$ 双向通道保护环，由用户决定只对某些重要业务实施保护，无需保护的通道可以在节点间重现再用，从而大大提高了可用业务容量。其缺点是需要由网管系统进行管理，保护和恢复时间大大增加。

　　2) 双纤单向复用段倒换环

　　双纤单向复用段倒换环中节点在支路信号分插功能前的每一条高速线路上都有一个保护倒换开关，如图 2.25 所示。在正常情况下，S1 光纤传送业务信号，P1 光纤是空闲的。

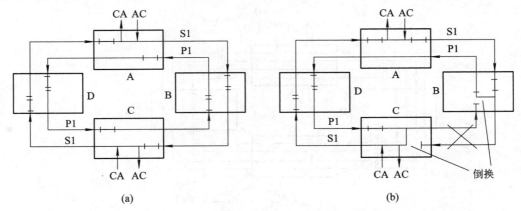

图 2.25　双纤单向复用段倒换环

　　当 B、C 节点间的光缆被切断(两根光纤同时被切断)时，与光缆切断点相邻的两个节点 B 和 C 的保护倒换开关将利用自动保护倒换(APS：Automatic Protection Switching)协议执行环回功能。例如，在 B 节点 S1 光纤上的信号(AC)经倒换开关从 P1 光纤返回，沿逆时针方向经 A 节点和 D 节点仍然可以到达 C 节点，并经 C 节点的倒换开关环回到 S1 光纤。故障排除后，倒换开关返回原来的位置。

　　3) 四纤双向复用段倒换环

　　前面讲的两种自愈方式，网上业务的容量与网元节点数无关，随着环上网元的增多，平均每个网元可上/下的最大业务随之减少，网络信道利用率不高。例如，双纤单向通道倒换环为 STM-16 系统时，若环上有 16 个网元节点，平均每个节点最大上/下业务只有一个 STM-1，这对资源是很大的浪费。为克服这种情况，出现了四纤双向复用段倒换环这种自愈方式，这种自愈方式的环上业务量随着网元节点数的增加而增加，如图 2.26 所示。

　　四纤双向复用段倒换环很像是由线性的分插链路自我折叠而成(一主一备)的，它有两根业务光纤(一发一收)和两根保护光纤(一发一收)。其中业务光纤 S1 形成一个顺时针业务信号环，业务光纤 S2 形成一个逆时针业务信号环，而保护光纤 P1 和 P2 分别形成与 S1 和

S2 反方向的两个保护信号环，在每根光纤上都有一个倒换开关作保护倒换用，如图 2.26(a) 所示。需注意的是，因为一个 ADM 只有东/西两个线路端口(一对收发光纤称之为一个线路端口)，而四纤环上的网元节点是东/西向各有两个线路端口，所以四纤环上每个网元节点的配置要求是双 ADM 系统。

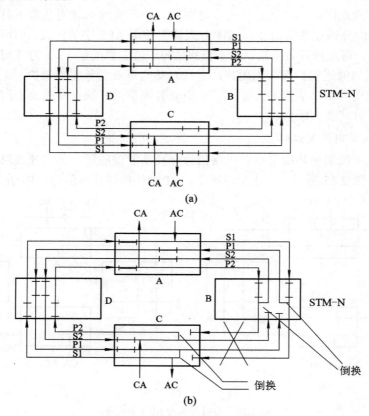

图 2.26 四纤双向复用段倒换环

在环网正常时，网元 A 到网元 C 的主用业务从 S1 光纤经网元 B 到网元 C，网元 C 到网元 A 的业务经 S2 光纤经网元 B 到网元 A(双向业务)。网元 A 与网元 C 的备用业务分别通过 P1 和 P2 光纤传送。网元 A 和网元 C 通过接收主光纤上的业务来互通两网元之间的主用业务，通过接收备用光纤上的业务来互通两网之间的备用业务。

当 B、C 间光缆段光纤均被切断后，在故障两端的网元 B、C 的光纤 S1 和 P1、S2 和 P2 有一个环回功能，见图 2.26(b)(故障端点的网元环回)。这时，网元 A 到网元 C 的主用业务沿 S1 光纤传到网元 B 处，在网元 B 执行环回功能，将 S1 光纤上的网元 A 到网元 C 的主用业务环回到 P1 光纤上传输，P1 光纤上的备用外业务被中断，经网元 A、网元 D 穿通(其他网元执行穿通功能)传到网元 C，在网元 C 处将 P1 光纤上的业务环回到 S1 光纤上(故障端点的网元执行环回功能)，网元 C 通过接收主光纤 S1 上的业务来接收到网元 A 到网元 C 的主用业务。网元 C 到网元 A 的业务先由网元 C 将其主用业务环回到 P2 光纤上，P2 光纤上的备用业务被中断，然后沿 P2 光纤经过网元 D、网元 A 的穿通传到网元 B，在网元 B 处执行环回功能将 P2 光纤上网元 C 到网元 A 的主用业务环回到 S2 光纤上，再由 S2

光纤传回到网元 A，由网元 A 下主光纤 S2 上的业务。通过这种环回、穿通方式完成了业务的复用段保护，使网络自愈。

四纤双向复用段倒换环的业务容量有两种极端方式：一种是环上有一个业务集中站，各网元与此站互通业务，并且无网元间的业务。这时环上的业务量最小为 2×STM-N(主用业务)和 4×STM-N(包括备用业务)。因为该业务集中站东西两侧均最多只可通 STM-N(主用业务)或 2×STM-N(包括备用业务)的业务量，这是由于光缆段的速率级别只有 STM-N。另一种情况是其环网上只备用存在相邻网元的业务，不存在跨网元业务。这时每个光缆段均为相邻互通业务的网元专用，例如，A—D 光缆段只传输 A 与 D 之间的双向业务，D—C 光缆段只传输 D 与 C 之间的双向业务等。相邻网元间的业务不占用其他光缆段的时隙资源，这样各个光缆段都最大传送 STM-N(主用业务)或 2×STM-N(包括备用业务)的业务量(时隙可重复利用)，而环上光缆段的个数等于环上网元的节点数，所以这时网络的业务容量达到最大，即 $n×STM-N$ 或 $2n×STM-N$。

尽管复用段倒换环的保护倒换速度要慢于通道倒换环，且倒换时要通过 K1、K2 字节的 APS 协议控制，使设备倒换时涉及的单板较多，容易出现故障，但由于双向复用段环最大的优点是网上业务容量大，业务分布越分散，网元节点数越多，它的容量也越大，且信道利用率要大大高于通道倒换环，所以双向复用段倒换环得以普遍的应用。

双向复用段倒换环主要用于业务分布较分散的网络，四纤环由于要求系统有较高的冗余度——四纤、双 ADM，其成本较高，故用得并不多。双纤双向复用段倒换环，即双纤共享复用段倒换环对该问题进行了改进。

4) 双纤双向复用段倒换环——双纤共享复用段倒换环

鉴于四纤双向复用段倒换环的成本较高，出现了一个新的变种——双纤双向复用段倒换环，它们的保护机理相类似，只不过它采用双纤方式，网元节点只用单 ADM 即可，所以得到了广泛的应用。

从图 2.26(a)中可看到光纤 S1 和 P2，S2 和 P1 上的业务流向相同，那么我们可以使用时分技术将这两对光纤合成为两根光纤——S1/P2、S2/P1。这时将每根光纤的前半个时隙(如 STM-16 系统为 1#—8#STM-1)传送主用业务，后半个时隙(如 STM-16 系统的 9#—16#STM-1)传送备用业务，也就是说，一根光纤的保护时隙用来保护另一根光纤上的主用业务。例如，S1/P2 光纤上的 P2 时隙用来保护 S2/P1 光纤上的 S2 业务，这是因为在四纤环上 S2 和 P2 本身就是一对主备用光纤。因此，在双纤双向复用段倒换环上无专门的主、备用光纤，每一条光纤的前半个时隙是主用信道，后半个时隙是备用信道，两根光纤上业务流向相反。双纤双向复用段倒换环如图 2.27 所示。

在网络正常情况下，网元 A 到网元 C 的主用业务放在 S1/P2 光纤的 S1 时隙(对于 STM-16 系统，主用业务只能放在 STM-N 的前 8 个时隙 1#—8#STM-1[VC-4]中)，备用业务放于 S1/P2 光纤的 P2 时隙(对于 STM-16 系统只能放于 9#—16#STM-1[VC-4]中)，沿光纤 S1/P2 由网元 B 穿通传到网元 C，网元 C 从 S1/P2 光纤上的 S1、P2 时隙分别提取出主用、备用业务。网元 C 到网元 A 的主用业务放于 S2/P1 光纤的 S2 时隙，额外业务放于 S2/P1 光纤的 P1 时隙，经网元 B 穿通传到网元 A，网元 A 从 S2/P1 光纤上提取相应的业务，见图 2.27(a)。

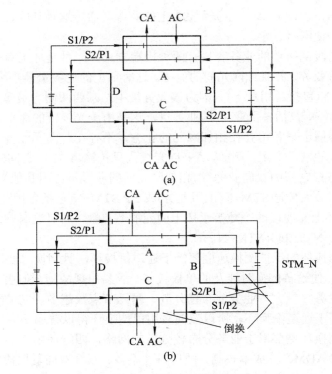

图 2.27　双纤双向复用段倒换环

在环网的 B、C 间光缆段被切断时，网元 A 到网元 C 的主用业务沿 S1/P2 光纤传到网元 B，在网元 B 处进行环回(故障端点处环回)，环回是将 S1/P2 光纤上 S1 时隙的业务全部环回到 S2/P1 光纤上的 P1 时隙上去(如 STM-16 系统是将 S1/P2 光纤上的 1#—8#STM-1[VC-4]全部环回到 S2/P1 光纤上的 9#—16#STM-1[VC-4]上)，此时 S2/P1 光纤 P1 时隙上的备用业务被中断，新环回的业务沿 S2/P1 光纤经网元 A、网元 D 穿通传到网元 C，在网元 C 执行环回功能(故障端点站)，即将 S2/P1 光纤上的 P1 时隙所载的网元 A 到网元 C 的主用业务环回到 S1/P2 的 S1 时隙，网元 C 提取该时隙的业务，完成网元 A 到网元 C 的主用业务的接收，见图 2.27(b)。网元 C 到网元 A 的业务先由网元 C 将网元 C 到网元 A 的主用业务 S2 环回到 S1/P2 光纤的 P2 时隙上，这时 P2 时隙上的备用业务被中断，然后沿 S1/P2 光纤经网元 D、网元 A 穿通到达网元 B，在网元 B 处执行环回功能——将 S1/P2 光纤的 P2 时隙业务环回到 S2/P1 光纤的 S2 时隙上去，再经 S2/P1 光纤传到网元 A。通过以上方式完成了环网在故障时业务的自愈。

双纤双向复用段倒换环的业务容量为四纤双向复用段倒换环的 1/2，即 $m/2 \times$ STM-N 或 $m \times$ STM-N(包括额外业务)，其中 m 是节点数。

4．常见自愈环的比较

当前组网中常见的自愈环只有双纤单向通道倒换环和双纤双向复用段倒换环两种，下面将二者进行比较。

(1) 业务容量(仅考虑主用业务)：双纤单向通道倒换环的最大业务容量是 STM-N；双纤双向复用段倒换环的业务容量为 $m/2 \times$ STM-N(m 是环上节点数)。

(2) 复杂性：双纤单向通道倒换环无论从控制协议的复杂性还是操作的复杂性来说，都是各种倒换环中最简单的，由于不涉及 APS 协议的处理过程，因而业务倒换时间也最短；双纤双向复用段倒换环的控制逻辑则是各种倒换环中最复杂的。

(3) 兼容性：双纤单向通道倒换环仅使用已经完全规定好了的通道 AIS 信号来决定是否需要倒换，与现行 SDH 标准完全相容，因而也容易满足多厂家产品兼容性的要求；双纤双向复用段倒换环使用 APS 协议决定倒换，而 APS 协议尚未标准化，也就是说复用段倒换环目前都不能满足多厂家产品兼容性的要求。

2.4 光 传 送 网

近年来，通信网络所承载的业务发生了巨大的变化：数据业务发展非常迅速，特别是宽带、IPTV、视频业务的发展对运营商的传送网络提出了新的要求。传送网络要能够提供适应这种增长的海量带宽，更重要的是要能进行快速灵活的业务调度和完善便捷的网络维护管理(OAM 功能)，以适应业务的需求。目前传送网使用的主要是 SDH 和 WDM 技术，但这两种技术都存在着一定的局限性。

SDH 技术偏重于业务的电层处理，它采用单通道线路，容量增长受到限制，无法满足业务的快速增长。目前的 WDM 网络主要采用点对点的应用方式，缺乏有效的网络维护管理手段。而 OTN 技术包括光层和电层的完整体系结构，各层网络都有相应的管理监控机制，光层和电层都具有网络生存性机制，从而可以解决上述存在的问题。OTN 设备基于 ODUk 的交叉功能使得电路交换容量由 SDH 的 155 M 提高到 2.5 G/10 G/40 G，从而实现了大业务的灵活调度和保护。OTN 设备还可以引入基于自动光交换网络(ASON)的智能控制平面，提高网络配置的灵活性和生存性。正因为如此，光传送网的发展与建设成为了世界各国运营商的一致选择。

2.4.1 OTN 的概念

光传送网(OTN：Optical Transport Network)是一种以 DWDM 与光通道技术为核心的新型传送网结构，由光分插复用器、光交叉连接、光放大器等网元设备组成，是面向 NGN 的下一代新型传送网。它能在光域内实现业务信号的传送、复用、路由选择、监控，并保证其性能指标和生存性。它吸收了 SDH 和 WDM 的优点，具备完善的保护和管理能力，将成为大颗粒宽带业务传送的主流技术。它同 SDH 传送网一样，满足传送网的通用模型，遵循一般传送网组织原理、功能结构的建模和信息的定义，采用了相似的描述方式，许多 SDH 传送网的功能和体系原理都可以用于光传送网。与 SDH 传送网技术相比，OTN 有以下几个特点：

(1) 所传送的数字信号完全透明。OTN 是按照信号的波长来进行信号处理的，因此它对所传送数字信号的传输速率、数据格式及调制方式完全透明，这意味着光传送网不仅可以透明传送今天已经广泛使用的 SDH、IP、以太网、帧中继(FR)和 ATM 等信号，而且也完全可以透明传送今后使用的新的数字业务信号。

(2) 具有极强的可扩充性。OTN 采用了 DWDM 传输技术，因此它不仅能实现超大容量的传输，更重要的是使光传送网具有极强的可扩充性，这使得光传送网可以不断地根据业务发展情况进行网络扩容。

(3) 具有极强的重新配置及保护、恢复特性。由于 OTN 采用了光交叉技术，因此光传送网具有极强的重新配置及保护、恢复特性。光传送网可以进行波长级、波长组级和光纤级灵活重组，特别是在波长级可以提供端到端的波长业务。OTN 的恢复时间可以降低到 50 ms 量级。

(4) 提高了网络的可靠性。OTN 简化了网络层次和结构，由于大量使用了光无源器件，因而简化了网络管理和规划难度，提高了网络的可靠性，大幅度降低了网络建设和运营维护的成本。

(5) 消除了电子瓶颈。光传送网主要在光域内传送和处理信号。

虽然 OTN 技术比起 SDH 传送网有很多优点，但 OTN 技术还不成熟完善。目前，光层处理还没有数字化，仍然停留在模拟信号处理的阶段，光层参数也都是模拟参数，没有解决光信号存储、变换、无损再生等关键技术，还缺乏光域内完整和足够的性能监测和故障管理能力，这是制约光传送网快速发展的重要因素。下面从光层处理和电层处理两个方面进行分析。

1) 光层的主要技术

(1) ROADM(灵活的波长分插复用)：目前主要由 WSS(波长选择器)实现，它有多种实现方式，目前成本较高，包括 MEMS 微机械系统、液晶薄膜折射等，实际上起到自动 ODF 架的作用。

(2) 以光层为主的调度方式：即"ROADM + 全网可调谐 OTU"的方式，其业务调度原理可概括为"ROADM 替代人工跳纤解决光层通道交叉，可调谐 OTU 解决波长冲突"，由于 ROADM 器件和可调 OTU 器件的反应时间是秒级的，所以估计业务调度时间可达小时级。

2) 电层的主要技术

(1) 大容量 ODUk 电交叉：目前大部分厂家已经实现了 360G 的容量，部分厂家可以实现 1.28T 的容量，交叉颗粒仍为 ODU1(2.5G 速率)，下一步各厂家将推出交叉颗粒 ODU0(GE 速率)的版本。

(2) 可调谐 OTU：在网络结构相对复杂的情况下，能降低投资浪费。在未来各环路的通道占用率较高时，可调谐 OTU 优势更加明显，能够解决波长冲突问题，明显提高波分环路的通道利用率。

(3) OUT 支线路分离(带宽池)：主要解决随着业务系统接口升级、变化，OTU 无法重用问题，还可缩短带宽扩容反应时间。

3) 其他值得关注的技术思路

(1) 光子集成技术：实质是将各类分立的光层器件、电层器件进行统一集成，把一个光方向的波分设备做成一块板子，从而降低功耗和成本。

(2) OUT 双彩光接口：将 OUT 的线路侧接口和支路侧接口都做成可插拔的彩光接口，主要解决接入层波分到汇聚层波分、汇聚层波分到核心层波分之间的业务无缝转接问题。

2.4.2　OTN 的分层结构

OTN 的主要特点是引入了"光层"的概念，在 SDH 传送网的电复用层和物理层之间加入了光层。OTN 处理的最基本的对象是光波长，客户层业务以光波长形式在光网络上复用、传输、选路和放大，在光域上分插复用和交叉连接，为客户信号提供有效和可靠的传输。光传送网的分层结构 OTN 被分解为若干独立的层网络，其中每个层网络可以进一步分割成子网和子网间链路，以反映该层网络的内部结构。OTN 是在传统 SDH 网络中引入光层发展而来的，其分层结构如图 2.28 所示。

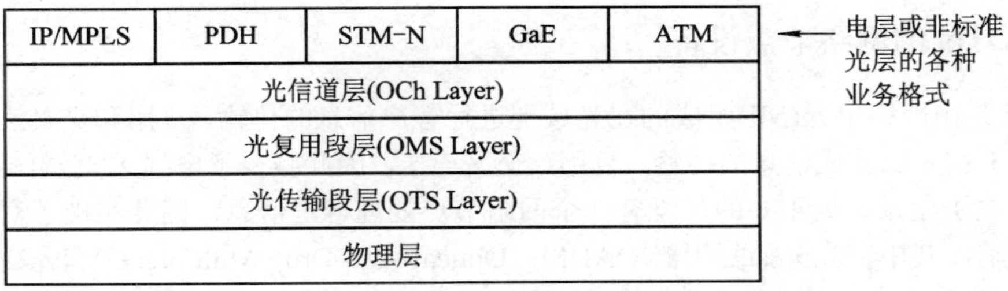

IP/MPLS	PDH	STM-N	GaE	ATM
光信道层(OCh Layer)				
光复用段层(OMS Layer)				
光传输段层(OTS Layer)				
物理层				

←—— 电层或非标准光层的各种业务格式

图 2.28　OTN 的分层结构

在 ITU-T 的 G.872 建议中，OTN 可被细分成三个子层，由上至下依次为：光信道层(OCh Layer：Optical Channel Layer)、光复用段层(OMS Layer：Optical Multiplexing Section Layer)、光传输段层(OTS Layer：Optical Transmission Section Layer)。OTN 允许在波长层面管理网络并支持光层提供的 OAM(运行、管理、维护)功能。为了管理跨多层的光网络，OTN 提供了带内和带外两层控制管理开销。相邻层之间遵循 OSI 参考模型定义的上、下层间的服务关系模式。

下面简单介绍 OTN 各子层的功能。

1. 光信道层

光信道层负责为各种不同格式的客户层信号选择路由、分配波长和安排连接，从而提供端到端的光通道联网功能。它包括以下功能：

(1) 为灵活的网络选路并重新安排光信道连接；

(2) 为保证光信道适配信息的完整性进行光信道开销；

(3) 为网络层的运行和管理提供光信道监测功能。

根据 G.709 的建议，OCh 层又可以进一步分为光信道的净荷单元(OPU)、数据单元(ODU)和传输单元(OTU)。

2. 光复用段层

光复用段层保证相邻两个波长复用设备之间多波长光信号的完整传输，为多波长信号提供网络功能。它包括以下功能：

(1) 为灵活的多波长网络选路并重新安排光复用段连接；

(2) 为保证多波长光复用段适配信息的完整性进行光复用段开销的处理；

(3) 为光复用段的运行和管理提供监测功能。

3. 光传输段层

光传输段层为光信号在不同类型的光媒质(如 G.652、G.653、G.655 光纤)上提供传输功能。它包括以下功能：

(1) 光传输段开销用来确保光传输段适配信息的完整性，同时实现光放大器或中继器的检测和控制功能。

(2) 光传输段监控功能用来实现传输段层上的操作和管理功能，诸如传输段的生存性等。

整个光传送网由最下面的物理介质层网络所支持，物理介质层网络是光传输段的服务者，其构成为各种规定类型的光纤。

2.4.3　OTN 的网络节点设备

OTN 是由网络单元(NE)组成的在光域上进行客户信息的传输、复用和交叉连接的光纤网络。由于在光域完成信息的传输、复用、交叉连接，因此减少了电/光和光/电转换，其容量突破了电子瓶颈。最重要的是没有一个网络节点处理客户信息，因此实现了对客户信息的透明传输。其中，光分插复用器(OADM：Optical Add-Drop Multiplexer)和光交叉连接设备(OXC：Optical Cross Connect)是 OTN 的主要节点设备，是构成骨干光传送网的必需设备。

1．光分插复用器

在 SDH 传送网中，分插复用器(ADM)的功能是对不同的数字通道进行分下(drop)与插入(add)操作。与此类似，在光网络中也存在光分插复用器，其功能是在波分复用光路中对不同波长信道进行分下与插入操作。

在 WDM 光网络的一个节点上，光分插复用器在从光波网络中分下或插入本节点的波长信号的同时，并不影响其他波长的向前传输，并且不需要把非本节点的波长信号转换为电信号再向前发送，因而简化了节点上的信息处理，加快了信息的传递速度，提高了网络组织管理的灵活性，降低了运行成本。特别是当波分复用的波长数很多时，光分插复用器的作用就显得特别明显。

光分插复用器可以分为光/电/光型光分插复用器和全光分插复用器。光/电/光型光分插复用器是一种采用 SDH 光端机背靠背连接的设备，在已铺设的波分复用线路中已经使用了这种设备，但是光/电/光这种方法不具备速率和格式的透明性，缺乏灵活性，难以升级，因而不能适应 WDM 光网络的要求。全光型光分插复用器是完全在光域中实现分插功能，具备透明性、灵活性、可扩展性和可重构性，因而完全满足 WDM 光网络的要求。

2．光交叉连接设备

光交叉连接设备是光网络中最重要的网元设备，OXC 的主要功能是光通道的交叉连接功能、本地上/下路功能、连接和带宽管理功能。除了实现这些主要功能外，端口指配、组播、广播和波长变换等也是通常需要具备的功能。性能优良的 OXC 应不仅能够满足光网络现有的需求，也能够使光网络方便、高效地进行升级和扩展。OXC 的结构正向多粒度的方向发展，可能的交换层次包括光纤束(多根光纤构成光纤束)级、光纤级、波带级、波长级以及时分级。

2.5　分组传送网

传统的传送网技术，特别是 SDH 技术是针对窄带 TDM 业务开发的，缺乏对宽带业务、数据业务的支持，带宽利用率低，自身能够对外提供的标准接口种类有限，难以高效地承载速率丰富的各种宽带业务。尽管这些年为了提高 SDH 技术传送数据业务的能力，提出了 VC 虚级联、链路容量调整方案(LCAS)、通用成帧规程(GFP)、弹性分组环技术(RPR)和 MPLS 等技术，形成了多业务传送平台(MSTP)，但它们所改善的只是 MSTP 设备的接口和传送能力。对于以太网业务而言，包长是变化的，流量是突发的，但 MSTP 设备的核心结构仍然为时隙交换，存在着诸如业务指配处理复杂、带宽效率低、成本高、网络扩展性差等缺点，不能有效地利用分组技术统计复用的优点。

由此可见，传统的传送网技术无法适应全 IP 网络发展趋势的需求，迫切需要新的基于分组的传送技术。为了更好地解决传送 IP 信号的问题，分组传送网(PTN)技术应运而生。

2.5.1 PTN 的概念

分组传送网(PTN：Packet Transport Network)是基于分组的、面向连接的多业务统一传送技术。它支持多种基于分组交换业务的双向点对点连接通道，具有适合各种粗细颗粒业务、端到端的组网能力。它具有以下优点：

(1) 它支持多种基于分组交换业务的双向点对点连接通道，具有适合各种粗细颗粒业务和端到端的组网能力，提供了更加适合于 IP 业务特性的"柔性"传输管道。

(2) 点对点连接通道的保护切换可以在 50 ms 内完成，可以实现传输级别的业务保护和恢复。

(3) 继承了 SDH 技术的操作、管理和维护机制，具有点对点连接的完整 OAM，保证网络具备保护切换、错误检测和通道监控能力。

(4) 完成了与 IP / MPLS 多种方式的互联、互通，能无缝承载核心 IP 业务。

(5) 网管系统可以控制连接通道的建立和设置，实现了业务 QoS 的区分和保证，具有灵活提供 SLA 等优点。

另外，它还可以利用各种底层传输通道(如 SDH/Ethemet/OTN)。总之，它具有完善的 OAM 机制、精确的故障定位和严格的业务隔离功能，能最大限度地管理和利用光纤资源，保证了业务的安全性。在结合 GMPLS 后，可实现资源的自动配置及网状网的高生存性。

2.5.2 PTN 的关键技术

PTN 分为两层：首先是传送网络，即要和传统的传送网一样能够支持 TDM 业务，同时能够保证业务的安全性、可靠性及 QoS；其次是分组化，即要能适应 IP 化的发展方向，逐步支持全 IP 架构。

支持 PTN 的技术有很多，目前比较流行的有传送/多协议标签交换(T-MPLS)、运营商骨干桥接/运营商骨干传输(PBB/PBT)两种技术。这两种技术很好地继承了原有传输网络的端到端连接和监控能力，并能提供快速的保护倒换，同时分组化的交换结构使其具有全 IP 的处理能力。

1. T-MPLS 技术

MPLS 技术可以很好地弥补 SDH 网络传送分组以太网业务的缺点，但若在传统 SDH 中完全引入复杂的 MPLS 技术，则会大大提高设备成本和网络的复杂度。为了适应分组交换和传送的需求，必须对 MPLS 技术进行简化修改，并与传送平面相关联(如 SDH、MSTP 或其他任何传送设备)，即发展成为 T-MPLS 技术。

T-MPLS 是一种基于 MPLS 技术的一个面向连接的包传送技术，是 MPLS 的一个子集。它是将数据通信技术同电信网络有效结合的一种技术。T-MPLS 抛弃了 IETF 为 MPLS 定义的复杂的控制协议族，简化了数据平面，只保留了交换功能，去掉了路由功能和不必要的转发处理，并增加了 ITU-T 传送风格的保护倒换和 OAM 功能。它不支持 PHP(倒数第二跳弹出)、精细的包丢弃算法、标签合并、ECMP(等价多路径)等。T-MPLS 技术利用 MPLS 伪线技术可以实现任何业务通过 MPLS 伪线进行传送，可以满足多业务传送要求，同时相对于伪线(PW)，吸收了多业务承载、TDM 业务仿真等技术，并增加了 ITU-T 面向连接的 OAM 和保护恢复的功能。T-MPLS 中定义了符合传送网特点的线性保护和环网保护机制，可实现小于 50 ms 的保护倒换。

T-MPLS 与它的客户信号和控制网络是完全独立的，它不限定使用某种特定的控制协议或管理方式。T-MPLS 承载的客户信号可以是 IP/MPLS，也可以是以太网。T-MPLS 的连接具有较长的稳定性，这使它可具有传送网络所必备的保护倒换和 OAM 等功能特性。它的主要优势是实现了基于真正分组交换内核的传送技术。

和经典传送网模型一样，T-MPLS 网络也分为层次清楚的三个层面：传送平面、管理平面和控制平面。T-MPLS 将数据平面从网络资源管理中分离出来，使传送平面可以完全独立于其业务网络和相关的控制网络，更加便于网络的建设和扩容。传送平面引入了面向连接的 OAM 和保护及恢复功能。控制面进行标签的分发，建立标签转发通道，可以和全光交换、TDM 交换的控制面融合，也可以实现类似目前基于 SDH 的自动交换光网络(ASON)业务的恢复和保护，体现了分组和传送的完全融合。

T-MPLS 传送平面也秉承了传送网络的分层架构。通常，一个传送网络的传送层功能至少需要由两个网络层面完成。第一个网络层面是为端到端业务的服务等级协议(SLA)和QoS 服务的，需要实现端到端的 OAM 和端到端的性能监控以及端到端的保护。它与业务层是一一对应的关系，如 SDH 传送平面中的低阶通道层。第二个网络层面是为汇聚和可扩展性服务的，需要实现段层、环网和链路的保护以及相关层面的 OAM 和保护恢复。它与上一个网络层面或客户层业务是一对多的关系，如 SDH 传送平面中的高阶通道层。这种逻辑管理还可以进一步递推。在 T-MPLS 传送层中，可以实现逻辑分层和嵌套，第一层属于T-MPLS 的通路层，它实现对网络业务层多点业务或点到点业务的逻辑映射、业务的端到端 OAM 和保护；同时，多个 T-MPLS 通路可以被复用至 T-MPLS 通道，在这个层面上实现汇聚层的 OAM 和保护恢复。因此，T-MPLS 是一种可扩展的网络架构。

T-MPLS 技术的标准框架已经逐步成形，但是在网络保护及业务承载方面还有很多不足之处。此外，由于商用情况还很少，即使有一些应用，也没有真正加载控制平面来使用，所以其成熟性及相关性能还有待进一步商用验证。

2. PBB/PBT 技术

PBB 又称为 MAC-in-MAC。IEEE 802.1ah 制订了 PBB 标准草案，定义了 MAC-in-MAC 规范，把核心以太网与边缘以太网隔离开来。它把双层以太网(Q-in-Q)帧再封装一层携带 PBB 源和目的媒体访问控制(MAC)地址信息的以太帧，形成两层 MAC 地址，实现 MAC 地址的层次化叠加与隔离，使 Q-in-Q 帧能够在核心以太网中桥接传送。核心区域的中心设备只需根据外层 MAC 地址来转发数据,其以太网转发表中不需要记录内层 MAC 地址,从而使两张叠加在一起的以太网实现各自以太网转发。内层和外层 MAC 地址的隔离提高了网络和业务扩展性,但 PBB 技术是把两张以太网简单叠加,没有解决传统以太网体系存在的可靠性问题。

PBT 技术则借用 PBB 帧格式,修改控制功能,关闭以太网 MAC 地址学习和生成树协议(STP),采用隧道方式转发和规划流量。ITU-T 的 G.PBT 定义了 PBT 的隧道转发模式,IEEE 802.1ag 定义了以太网连通性检测机制,两者配合起来即可实现 PBT。这两个协议目前均处于草案阶段。以太网核心区域关闭 STP 后,核心区域设备通过管理系统静态配置隧道路径,生成转发表,依据外层虚拟局域网(VLAN)标识(ID)和目的 MAC 地址确定下一跳。PBT 解决了 MAC-in-MAC 的可靠性问题,但目前标准还很不成熟,带宽效率低;核心区域采用静态配置方式规划流量,扩展性和灵活性很弱,无法组成大型网络。目前 PBT 只能提供点对点的隧道业务,即线性仿真(E-LINE)业务,不能提供一点对多点的树形仿真(E-TREE)和多点对多点的局域网仿真(E-LAN)业务。

PBT 技术的显著特点是:扩展性好,由于其转发信息由网管/控制平面直接提供,容易实现带宽预留和 50 ms 的保护倒换时间;具备多业务支持能力,安全性较好;特别是大量使用了交换机,消除了复杂的 ICP 和信令协议,大幅度降低了组网和运营维护成本。另外,它使用了大量的 ITU-T 定义的网管功能,故具有类似 SDH 的电信级网管功能。

目前,PBT 还存在一些亟待解决的问题,如:PBT 仅支持点到点以太网业务,不支持点到点的非以太网业务和多点到多点以太网业务;只能环型组网,灵活性受到影响;由于缺乏公平性算法,还不太适合流量大、突发性强的业务;PBT 的 OAM 和保护目前只是 Trunk层,不能实现中间节点的监测;PBT 的标签太长,增加了 MAC 地址开销且存在多层映射问题,势必增加硬件成本。

3. T-MPLS 和 PBT 对比与分析

T-MPLS 和 PBT 技术在网络原理上非常相似,都属于端到端、双向点对点的连接,并且都提供了中心管理和可以在 50 ms 内实现保护倒换的功能。两者都可以用来实现 SONET/SDH 向分组交换的转变。部署 PBT 和 T-MPLS 可以保护已有的传输资源,不需要改变工作习惯和组织方法,而且为满足未来带宽需求提供了以分组交换为基础的网络,为传统 SONET/SDH 向前发展提供了可能,为运营商能够利用现有网络和保护既有投资提供了解决方案。

从原理上看,它们在城域网的应用和路由器实现的 VPLS 技术上是相互竞争的关系。因为无论从技术角度讲,还是从投资角度讲,IP/TMPLS 或者 IP/PBB 都没有必要,也非常浪费,并且这种重复投资还会给运营维护带来很大的压力,但是从目前看来,由于 T-MPLS和 PBB 的技术还不太成熟,如果仅仅把它们作为 SONET/SDH 的替代品,或者作为 MSTP的替代品,不加载真正的 MPLS 控制,它们和 IP/MPLS 应该是共存关系。因为 T-MPLS/PBB还无法实现 IP/MPLS 的功能,而 IP/MPLS 也有很多安全可靠性的问题需要底层来解决,所以需要共存。但是随着各自技术的发展,两者应该是二选一的关系。

从传输和解决城域网的角度讲,PBT 和 T-MPLS 都是兼顾 TDM 业务向 IP 化发展很好的解决技术,是传输融合承载网的产品,考虑到运营商保护既有投资以及对网络可靠性要求的因素,直接全部采用 VPLS 不太可能。

总体来看，T-MPLS 着眼于解决 IP/MPLS 的复杂性，在电信级承载方面具有较大的优势，PBT 主要解决以太网的问题，在设备数据业务承载上成本相对低；PBT 与传统以太网技术的兼容性更好一些，但对 TDM 业务的支持更差一点，而 T-MPLS 在服务质量和流量工程上更具优势；从标准化的程度上看，T-MPLS 更成熟，具体如表 2.4 所示。

表 2.4　PTN 技术比较

性　能	T-MPLS	PBB-TE
可扩展性	层次化扩展能力与 VPLS/ MPLS 相同	基于 MAC 的技术。借助 DAMAC+SAMAC+VLAN (108 b/s)的层次化嵌套
QoS	支持丰富的 QoS 能力；支持面向连接和资源预留	支持基于 802.1p 的 QoS 能力
生存性	支持 1+1，1∶1 线型和环型保护	基于 DAMAC+VLAN 的端到端路径保护
OAM	支持强大的 OAM 功能(CC、LB、LT)和性能监控能力(LM、DM)	借助 Eth OAM
TDM 支持	PWE3CES 电路仿真；下层的传统 SDH 平台	PW 电路仿真
互通性	与现有 IP/ MPLS 网络可以通过控制平面互通	基于业务端口的互通

2.6　专用骨干传送网

　　大客户集团有线综合通信网是办公系统的重要组成部分，承载着语音、查勤、电视会议、办公、短波中继等各类业务，承担着日常办公等通信保障任务。本节以实际的大客户集团有线综合通信网为例分析网络的构架设计。

2.6.1　业务承载

　　大客户集团的业务相对稳定，主要业务类型为语音、查勤、电视会议、数据和短波中继等五类应用，主要业务需求如下：

　　(1) 语音业务由语音交换机承载，可以通过在语音交换机上配置 IP 中继板卡实现语音交换机的 IP 化承载，需要为语音交换机提供 IP 通道。

　　(2) 查勤系统支持 IP 化承载，随着技术的发展，查勤中的岗位监控系统的带宽需求将进一步提高。

　　(3) 电视会议系统基本都支持 H.323 协议，可以采用 IP 化承载，并且随着未来业务的发展，将逐步向高清视频发展。

　　(4) 数据业务为 IP 化系统，采用 IP 化承载相对于 IP over ATM 方式更具有效率优势。同时，由于办公自动化的发展，越来越多的应用移植到数据业务上，数据业务的带宽需求也越来越大。

(5) 短波中继业务在总部和分部间使用伪线(PW)为短波设备提供中继信道,实现两级机关短波设备的接力传输功能。

各业务带宽需求如表 2.5 所示。

表 2.5 带宽需求表

业务系统	技术标准	带宽需求(b/s)	备 注
查勤	标清/高清	2M/8M	按照标清设计
语音	VoIP	64 k	每路带宽
视频会议	标清/高清	2M/8M	按照标清设计
数据业务	办公应用等	2M 或更高	建议
短波中继	PWE3	2M	总部至分部

从上述分析可以得出,为保证语音、查勤、电视会议、数据业务等业务需求,各支局网络带宽至少需要 4 Mb/s。

2.6.2 网络安全和质量

大客户集团对安全具有较高要求,需要实现设备和链路的冗余备份。根据业务的需求情况,需要实现网络骨干节点和链路的备份。

对于有线网络承载的业务,需要区分业务优先级,保证不同业务的质量需求。根据大客户集团的业务情况和实际需要,按照网管、语音、电视会议、短波中继、查勤系统、数据业务的顺序,质量需求依次降低,优先保证语音业务和电视会议的需要。

2.6.3 网络结构设计

针对大客户集团对有线网网络结构的可靠性和可扩展性要求,其网络设计主要从以下几方面考虑架构设计:

(1) 层次化设计:增强网络扩展性并简化网络的复杂性。骨干传送网的核心层设备根据地理位置、传输资源实现总部连接;汇接层到核心层采用异地双归属连接,提高了原有的单归双联的可靠性;接入层和汇接层的分离,既通过使用专门的层次保证了业务流量的分类,又通过增加汇接层简化了核心层的压力,符合未来长期发展的需求并能适应战略目标定位。

(2) 冗余性设计:核心层使用冗余减少链路或设备失效的影响。核心层节点设备是成对设置的,确保不存在单点设备故障;同节点的两条省际、省内线路尽量分布在不同物理传输路由上。

(3) 简单化设计:采用的技术和设备尽量简单。采用高性能、大容量和大密度的设备,不需要对转发层面进行软调优化;总部核心层不单独设置汇接层。

(4) 科学化设计:网络节点设计需要考虑传输走向,尽量节约传输资源。网络节点的设计需考虑业务流量、流向,尽量减少流量迂回,让节点之间访问的跳数最少,降低网络时延,提升网络服务质量。

根据大客户集团业务的需求,专用骨干传送网采用路由器组成 IP 网络,综合承载大客户集团的语音、查勤、电视会议和数据等应用业务。网络采用专网形式，并租用运营商电路实现路由器之间的互通。

网络采用树型结构设计，具有以下优点：

① 结构清晰，不容易产生环路；

② 可扩展性强，可平滑升级；

③ 网络可管理性高，容易排查故障点，易于维护。

有线网络采用三级网络架构，连接大客户集团的四级单位，某专用网络的总体结构如图 2.29 所示。

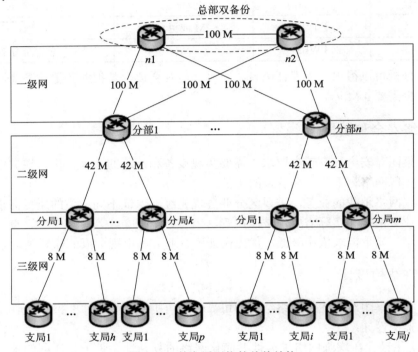

图 2.29　某专用网络的总体结构

一级网络由大客户集团总部和异地备份中心分别连接至各省大客户集团分部，大客户集团总部和异地备份中心为一级网络的中心汇聚节点；二级网络由各省大客户集团分部连接至各市大客户集团分局，各省大客户集团分部作为二级网络的中心汇聚节点；三级网络由各市大客户集团分局连接至各县大客户集团支局，各市大客户集团分部作为三级网络的中心汇聚节点，由此形成三级网络架构。

本 章 小 结

传送网是为各类业务网提供业务信息传送手段的基础设施。它负责将电话交换机、数据交换机、各类网络终端等业务节点连接起来，并提供任意两点之间信息的透明传输，同时也完成带宽的调度管理、故障的自动切换保护等管理维护功能，通常传送网技术包含传输介质、复用体制、管理维护机制和网元设备等。

传输介质是指传输信号的物理通信线路，可分为有线介质与无线介质两大类。有线介质目前常用的有双绞线、同轴电缆和光纤等；无线介质主要有无线电、微波、卫星、红外线等。

多路信道复用技术是指多路信号互不干扰地在同一信道上传输的技术，主要解决如何利用一条信道同时传输多路信号的问题。其目的是为了充分利用信道的频带或时间资源提高信道的利用率。实现多路信道复用的方式有频分复用(FDM)、时分复用(TDM)和波分复用(WDM)。

频分复用是一种按频率来划分信道的复用方式。在 FDM 中，信道的带宽被分成多个相互不重叠的频段(子通道)，每路信号占据其中一个子通道。

时分复用是将时间划分成若干片段，每路信号占用一个时间片共享同一传输介质，每路信号在属于自己的时间片中占用传输介质的全部带宽。

波分复用本质上是光域上的频分复用(FDM)技术。它将光纤的低损耗窗口划分成若干个信道，每一信道占用不同的光波频率(或波长)。在发送端，采用波分复用器(合波器)将不同波长的光载波信号复用；在接收端，由波分复用器(分波器)将不同的波长光载波信号分离。

一个电信网有两大基本功能群：一类是传送(Transport)功能群，它可以将任何通信信息从一个点传递到另一些点；另一类是控制功能群，它可实现各种辅助服务和操作维护功能。

为了便于网络的设计和管理，规范了一个合适的网络模型，它具有规定的功能实体，并采用分层(Layering)和分割(Partitioning)概念。

传送网可以从垂直方向分解为若干独立的传送网络层(即层网络)，即电路层、通道层和传输介质层。

SDH 网是由一些 SDH 的网络单元(NE)组成，在光纤上进行同步信息传输、复用、分插和交叉连接的网络。SDH 网中不含交换设备，它只是交换局之间的传输手段。

SDH 网的基本网络单元有四种，即终端复用器(TM)、分插复用器(ADM)、再生中继器(REG)和数字交叉连接设备(SDXC)。

SDH 传输网的基本结构有线型、环型、网型或网孔型、星型。

现阶段我国的 SDH 传输网分为四个层面：最高层面为长途一级干线网；第二层面为二级干线网；第三层面为中继网；最低层面为用户网，又称接入网。

所谓自愈网，就是无需人为干预，网络就能在极短的时间内(ITU-T 规定为 50 ms 以内)，使业务自动从故障中恢复传输，使用户几乎察觉不到网络出现了故障。

目前环形网络的拓扑结构用得最多，这是因为环型网具有较强的自愈功能。自愈环的分类可按保护的业务级别、环上业务的方向、网元节点间的光纤数来划分。按保护的业务级别可将自愈环划分为通道倒换环和复用段倒换环两大类。

光传送网(OTN)是一种以 DWDM 与光通道技术为核心的新型传送网结构，由光分插复用器、光交叉连接、光放大器等网元设备组成，是面向 NGN 的下一代新型传送网。

在 ITU-T 的 G.872 建议中，OTN 被细分成三个子层，由上至下依次为光信道层(OCh Layer)、光复用段层(OMS Layer)和光传输段层(OTS Layer)。

光分插复用器(OADM：Optical Add-Drop Multiplexer)和光交叉连接设备(OXC：Optical Cross connect)是 OTN 的主要节点设备，是构成骨干光传送网的必需设备。

分组传送网(PTN：Packet Transport Network)是基于分组的、面向连接的多业务统一传送技术，支持多种基于分组交换业务的双向点对点连接通道，具有适合各种粗细颗粒业务、端到端的组网能力。

　　支持 PTN 的技术有很多，目前比较流行的有传送/多协议标签交换(T-MPLS)、运营商骨干桥接/运营商骨干传输(PBB/PBT)两种技术。

复 习 题

1．传送网中的基本复用技术有哪些？

2．WDM 的技术优势有哪些？

3．什么是 SDH 传送网？描述 SDH 传送网的分层模型。

4．SDH 网的物理拓扑有哪些？

5．简述自愈环的保护机理及应用范围。

6．我国 SDH 网的结构是怎样的？

7．说明 OTN 的基本概念及特点。

8．画出 OTN(光传送网)的分层结构。

9．简述光分插复用器和光交叉连接设备的功能。

10．分组传送网的关键技术有哪些？分析它们的优缺点。

11．在现代电信网中，为什么要引入独立于业务网的传送网？

第 3 章

信 令 系 统

信令系统是通信网的重要组成部分。简单地说，信令是终端和交换机之间以及交换机和交换机之间传递的一种控制信息。这种信息可以指导终端设备、交换节点以及传输系统协同运行，在指定的终端之间建立或拆除临时的信息通道，并维护网络本身正常运行。

3.1 信令的概念和作用

为了保证通信网的正常运行，完成网络中各部分之间信息的正确传输和交换，以实现任意两个用户之间的通信，必须要有完整的信令系统。信令是通信网中各个交换局在完成各种呼叫接续时采用的一种通信语言。

3.1.1 信令的基本概念

为保证在通信业务的执行过程中相关的终端设备、交换设备、传输设备能够协调一致地完成必需的交换动作，通信网必须具备一套标准的控制系统，在相关设备之间交换控制信息，以协调完成相应的控制任务。我们将这些控制信息的语法、语义、信息传递的时序流程以及产生、发送和接收这些控制信息的软、硬件共同组成的集合体称为信令系统。为了区别于设备间传递的一般用户信息，引入了"信令"的概念。所谓信令，就是指在通信网络中为完成某一通信业务，节点(包括终端、交换节点、业务控制节点)之间要相互交换的控制信息。

3.1.2 信令的功能

信令系统的主要功能是：指导终端设备、交换节点和传输系统协同运行，按照需求在指定的终端之间建立通信连接，传递用户信息，传递结束后拆除连接；同时具有维护网络本身正常运行的功能，包括监视功能、选择功能和管理功能。各种功能简介如下：

(1) 监视功能：监视设备的忙闲状态和通信业务的呼叫进展情况。

(2) 选择功能：通信开始时，通过在节点间传递包含目的地地址的连接请求消息，使得相关交换节点根据该信息进行路由选择，进行入线到出线的交换接续，并占用局间中继线路。通信结束时，通过传递连接释放消息通知相关交换节点释放本次通信所占用的中继线路，并拆除交换节点的内部连接。

(3) 管理功能：进行网络的管理和维护，如检测和传送网络的拥塞信息、提供呼叫计费信息、提供远端维护信息等。

信令的概念最早起源于电话网，下面以图 3.1 所示的市话接续的信令传送过程为例说明信令的作用。

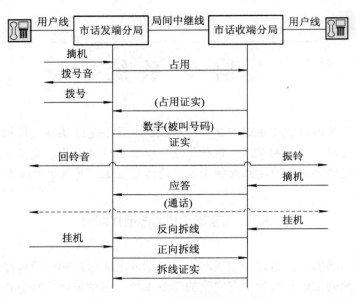

图 3.1　市话接续的信令传送过程

图 3.1 描述了市话网中一次成功的局间电话呼叫的接续过程。当主叫用户摘机时，用户线直流环路接通，向本地端局(发端交换机)送出"主叫摘机"信号，发端交换机识别到主叫摘机后，对主叫用户的登记数据进行分析，如果允许该用户发起呼叫，则根据其话机的类型选择一个空闲收号器并连接到该用户线上，然后向该主叫用户送拨号音，通知用户拨号。主叫用户听到拨号音后就可以拨打被叫用户号码，发端局收到被叫号码后，对被叫电话号码进行数字分析，当确定这是一个出局呼叫时，选择一条到指定目的端局(被叫用户所在的终端交换机)的空闲中继电路，接着发出"占用"信令，将为本次呼叫所预先占用的中继电路告知目的端局，然后再将被叫号码发送给目的端局。目的端局对被叫号码进行数字分析，当发现该号码所指定的被叫用户属于本地用户并且该用户当前空闲时，就向发端交换机回送"证实"信令，同时向被叫用户发送"振铃"信号，在预先占用的中继电路上向主叫用户发送回铃音。当被叫用户摘机后，被叫用户话机送出"应答"信号，终端交换机向发端交换机送"应答"信令，交换机将主被叫接通并启动计费，至此话路接续完毕，用户开始通话。

当用户通话结束后，假设被叫用户先挂机，被叫话机向被叫端局发出"挂机"信令。终端交换机发现被叫挂机时就向发端交换机发送"反向拆线"信令，告知发端交换机被叫已经挂机。发端交换机收到后，即向主叫送忙音，催促主叫挂机。

当主叫用户挂机时，发端交换机向终端交换机发送"正向拆线"信令，终端交换机收到后将话路释放并向发端交换机发送"拆线证实"信令。发端交换机收到"拆线证实"信令后将相关设备释放，该条中继线重新变为空闲状态。

由以上通话过程可以看到，从呼叫开始到通话结束的每一步动作都是通过在设备之间传送信令来实现的，信令是设备间相互协作所采用的一种"网络语言"。信令系统是通信网能够协调运转的神经，在物理上信令系统是嵌套在通信网内部的、逻辑上自成体系的信令网，信令系统出现问题或不畅通，通信网就不能工作。为了使不同厂家生产的设备可以协调工作，这种"通信语言"应该是可以相互理解的，因此通信网络中的设备在信令交互时需要遵循一定的规约，这些规约就是信令方式，信令方式包括信令的结构形式、信令的传送方式以及信令传送过程中使用的控制方式。信令系统则是指实现某种信令方式所必须具有的全部硬件和软件系统的总和。

3.2 信 令 的 分 类

信令的分类方法较多，常用的分类方法有以下几种。

3.2.1 按传送区域划分

按照信令的传送区域不同，可将信令分为用户线信令和局间信令。

1．用户线信令

用户线信令是在用户终端和交换机之间传送的信令，主要分为以下三类：

(1) 监视信令：即状态信令，主要反映用户线的忙闲状态，如用户线上的摘、挂机信令。

(2) 选择信令：这是用户终端向交换机发出的被叫号码，用于选择路由、接续被叫。选择信令有两种表达方式，一种是直流脉冲方式；另一种是双音多频(DTMF：Dual Tone Multi-Frequency)方式。

(3) 提示信令：交换机向用户终端发送的信号，如振铃信号、拨号音、忙音等，用来提示用户采取相应的动作或者通知用户当前接续所处的状态。

2．局间信令

局间信令是在交换机与交换机之间、交换机与网管中心/数据库之间的中继线上传送的信令。局间信令要比用户信令复杂得多，因此本章将着重讨论局间信令。

3.2.2 按信令的功能划分

按照信令的功能可将信令分为以下几种：

(1) 监视信令。其功能是反应用户线或中继线的状态变化。

(2) 选择信令。选择信令是由主叫用户发出的被叫用户号码，即被叫的地址信息，所以选择信令又称地址信令，它是交换机进行选择和接续的依据。

(3) 音信令。它是交换机通过用户线发给用户的各种可闻信令，包括拨号音、忙音、振铃信号、回铃音、催挂音等。

(4) 维护管理信令。这类信令仅在局间中继线上传送，在通信网的运行中起着维护和管理作用，以保证通信网能有效地工作，接续能可靠、顺利地进行。

3.2.3 按信令传输方式划分

按照信令传送通道与话音通道之间的关系来划分，可将信令分为随路信令(CAS：Channel

Associated Signaling)和公共信道信令(CCS：Common Channel Signaling)。

1．随路信令

随路信令是指用传送话音的通道来传送与该话路有关的各种信令的信令方式。在这种信令方式中，某一信令通道唯一地对应一条话音通道。图 3.2 是随路信令方式的示意图。目前我国在模拟网部分和一些专网中使用的中国 1 号信令就是随路信令。

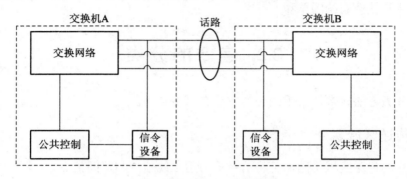

图 3.2　随路信令方式示意图

随路信令有两个基本的特征：伴随性，即信令与话音利用同一通道传送；相关性，即信令通道与话音通道在时间位置上有确定的对应关系。

2．公共信道信令

公共信道信令又叫共路信令，是指传送信令的通道与传送话音的通道分开，信令有专用的传送通道。图 3.3 为公共信道信令方式示意图。图中，用户的话音信息在交换机 A 和交换机 B 之间的话路上传送，信令在两个交换机之间的信令数据链路上传送，信令通道与话音通道分离。

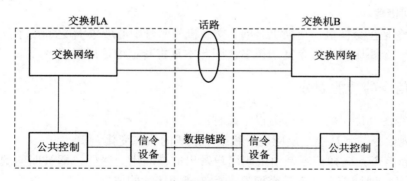

图 3.3　公共信道信令方式示意图

公共信道信令具有两个基本的特征：分离性，即信令和话音信息在各自的通道上传送；独立性，即信令通道与话音通道之间不具有时间位置的关联性。这种信令方式将信令和话音分开，并将成百上千条话路的信令放在一条专用的高速数据链路上传送，所以这是一种公共信道信令方式。

共路信令方式具有许多优点：信令传送速度快；信令容量大、可靠性高；具有改变和增加信令的灵活性；信令设备成本低；在通话的同时可以处理信令；可提供多种新业务等。No.7 信令是典型的公共信道信令，本章将在 3.4 节对其作详细讨论。

3.2.4 按信令的传送方向划分

按照信令传送方向的不同，可将信令分为前向信令和后向信令：凡是从主叫端局发向被叫端局的信令叫做前向信令；从被叫端局发向主叫端局的信令叫做后向信令。

3.3 中国 1 号信令

中国 1 号信令系统是国际 R2 信令系统的一个子集，用于电话网长途局间接续，可通过 2 线或 4 线传输。中国 1 号信令按信令传输方向，分为前向信令和后向信令；按信令功能，分为线路信令和记发器信令。

3.3.1 线路信令

线路信令主要用来监视中继线的占用、释放和闭塞状态，主要有以下几种类型：

(1) 占用(前向信令)：请求被叫端接收后续信令，通常会使被叫端由空闲状态变为忙状态。

(2) 占用确认(后向信令)：对占用信令的响应，表示被叫端已由空闲态变为忙态。

(3) 应答(后向信令)：表示被叫话机或终端已经应答。

(4) 前向释放(前向信令)：用于结束呼叫占用的所有交换和传输设备。

(5) 后向释放(后向信令)：表示被叫终端已经终止通信，释放了通信网络链路。

(6) 释放保护(后向信令)：对前向释放信令的响应，表示被叫端的线路及交换设备已经完全恢复到空闲状态。在被叫端尚未结束释放保护过程之前，系统将保护该线路不被再次占用。

(7) 闭塞(后向信令)：通知主叫端将该线路置于闭塞状态，禁止此后主叫端出局呼叫占用该线路。

(8) 示闲(前向、后向信令)：表示主叫端(被叫端)已处于空闲状态，可供新生的呼叫使用。

中国 1 号信令(No.1 信令)的线路信令分为模拟线路信令和数字线路信令。模拟线路信令又分为直流线路信令和交流线路信令，直流线路信令用于采用实线中继的纵横制市话局间，交流线路信令采用带内(带外)单频信号，通过持续长短不同的脉冲以及不同脉冲周期来表示不同信令内容。No.1 信令的模拟线路信令采用带内 2600 Hz 单频信令，现在已基本不用。目前，No.1 信令采用数字线路信令和模拟记发器信令。

No.1 信令的线路信令是在长途局间数字中继线上通过 64 kb/s 数字信道传送的数字信令，典型的 PCM30/32 数字中继线路信令的传送方式如图 3.4 所示。

由图 3.4 可见，中国 1 号数字线路信令为了在 TS_{16} 时隙传送 30 个话路的信令，采用了复帧结构。每复帧包含 16 帧，分别是 F_0、F_1、$\cdots$、F_{15}，每帧周期为 125 μs，因此复帧周期为 2 ms。在一个复帧内，F_0 帧的 TS_{16} 传送复帧同步信号，F_1 帧的 TS_{16} 分为前后两个 4 bit，分别传送第 1 时隙话路和第 17 时隙话路的信令数据，F_2 帧的 TS_{16} 分别传送第 2 和第 18 时隙话路的信令数据。以此类推，F_{15} 帧的 TS_{16} 自然就分别传送第 15 和第 31 时隙话路的信令数据。也就是说，在一个复帧周期 2 ms 内，每个话路只能传送 4 bit 信令数据，换言之，No.1 线路信号的传送周期为 2 ms。在复帧结构中，信令数据传送采用固定分配，例如，若假定某时刻该数字中继线上只有 TS$_1$ 在进行接续，则每个复帧中只有 F_1 的 TS$_{16}$ 的高 4 bit 在传送信息，其他帧的 TS$_{16}$ 空闲，这样会造成信道资源浪费。

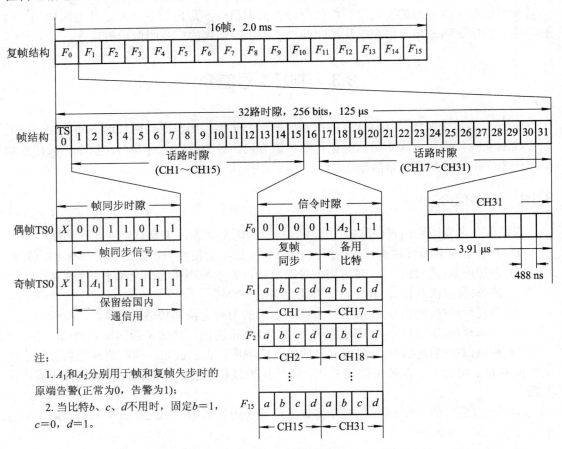

图 3.4 PCM30/32 数字中继线路信令的传送方式

复帧内的 F_1 ~ F_{15} 的 TS$_{16}$ 高四位和低四位分别为两个话路的信令数据——a、b、c、d，长途全自动呼叫通常只用前向 a_f 和后向 a_b、b_b，前后向各个信号的意义分别为：

前向

$$a_f = \begin{cases} 0 & \text{主叫摘机占用} \\ 1 & \text{主叫挂机拆线} \end{cases}$$

$$b_f = \begin{cases} 0 & \text{正常} \\ 1 & \text{故障} \end{cases}$$

$$c_f = \begin{cases} 0 & \text{话务员再振铃 / 强拆} \\ 1 & \text{否} \end{cases}$$

后向

$$a_b = \begin{cases} 0 & \text{被叫摘机} \\ 1 & \text{被叫挂机} \end{cases}$$

$$b_b = \begin{cases} 0 & \text{入局设备闲} \\ 1 & \text{忙} \end{cases}$$

$$c_b = \begin{cases} 0 & \text{话务员回振铃} \\ 1 & \text{否} \end{cases}$$

表 3.1 为 No.1 数字线路信令与线路状态之间的对应关系。根据以上信号意义不难理解表中的关系，例如，a_f $a_b b_b$ 由 "110" 变为 "010"，表示主叫发出占用中继线请求，再变为 "011" 时则表示被叫端局同意占用。表中列出了 No.1 数字线路信令所采用的主叫控制、被叫控制以及互不控制的三种接续方式。

表 3.1　No.1 数字线路信令与线路状态之间的关系

接续状态			编 码			
			前 向		后 向	
			a_f	b_f	a_b	b_b
示闲			1	0	1	0
占用			0	0	1	0
占用确认			0	0	1	1
被叫应答			0	0	0	1
复原	主叫控制	被叫先挂机	0	0	1	1
		主叫后挂机	1	0	1	1
					1	0
		主叫先挂机	1	0	0	1
					1	1
					1	0
	互不控制	被叫先挂机	0	0	1	1
			1	0	1	0
		主叫先挂机			0	1
			1	0	1	1
					1	0
	被叫控制	被叫先挂机	0	0	1	1
			1	0	1	0
		主叫先挂机	1	0	0	1
		被叫后挂机	1	0	1	1
					1	0

如图 3.5 所示的主叫控制线路接续的状态转换图描述了采用主叫控制时的线路接续过程。

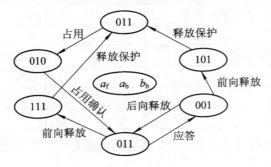

图 3.5　主叫控制线路接续的状态转换图

3.3.2　记发器信令

记发器信令主要完成主、被叫号码的发送和请求，主叫用户类别、被叫用户状态以及呼叫业务类别等信息的传送，分前向信令和后向信令。前向信令又分 I、II 两组，后向信令分 A、B 两组。它们的定义如表 3.2 所示。

表 3.2　记发器信令的基本含义

前　向　信　令			
组　别	名　称	基　本　含　义	容　量
I	KA	主叫用户类别	15
	KC	长途接续类别	5
	KE	长市(市内)接续类别	5
	数字信令	数字 0~9	10
II	KD	发端呼叫业务类别	6
后　向　信　令			
组　别	名　称	基　本　含　义	容　量
A	A 信令	收码状态和接续状态的回控证实	6
B	B 信令	被叫用户状态	6

1. 前向 I 组信令

前向 I 组信令由接续控制信令和数字信令组成，包括 KA、KC、KE 以及用户拨出的号码数字等信令内容。KA 信令是发端市话局向发端长途或发端国际局前向发送的主叫用户类别信号，提供本次接续的计费种类(定期、立即、免费)和用户等级(普通、优先)信息，这两种信息的相关组合用一位 KA 编码表示，因此，KA 信令为组合类别信令。KA 信令传送到发端长途局后，其中有关用户等级和业务类别信息由发端长途局译成相应的 KC 信令。KA 信令的含义如表 3.3 所示。

表 3.3　KA 信令含义

KA 信令编码	信　令　含　义	KA 信令编码	信　令　含　义
1	普通，定期	9	备用
2	普通，用户表，立即	10	优先、免费
3	普通，打印机，立即	11	备用
4	备用	12	备用
5	普通、免费	13	测试呼叫
6	备用	14	备用
7	备用	15	—
8	优先、定期		

KC 信令是长话局间前向发送的信令，具有保证优先用户优先通话，控制卫星电路段数等功能。其含义如表 3.4 所示。

KE 信令是终端长话局向终端市话局以及市话局间前向传送的接续控制信令。其含义如表 3.5 所示。

数字信令：数字信令"0~9"用来表示主、被叫用户号码。其中数字"15"信令表示主叫用户号码已发完。

表 3.4 KC 信令含义

KC 信令编码	信 令 含 义
11	备用
12	指定电路呼叫
13	测试呼叫
14	优先呼叫
15	控制卫星电路段数,表示已选用了一段卫星电路

表 3.5 KE 信令含义

KE 信令编码	信 令 含 义
11	语音邮箱通知用户留言
12	测试呼叫
13	备用
14	备用
15	语音邮箱取消通知用户留言

2. 后向 A 组信令

后向 A 组信令是前向 I 组信令的互控信令,起控制和证实前向 I 组信令的作用。其含义如表 3.6 所示。

表 3.6 A 组信令含义

A 组信令编码	信 令 含 义
1	A1: 发下一位号码
2	A2: 由第一位发起
3	A3: 转至 B 组信令
4	A4: 机键拥塞
5	A5: 空号
6	A6: 发 KA 信令和主叫用户号码

3. 前向 II 组信令

前向 II 组信令也叫 KD 信令,用于描述发端业务类别。其含义如表 3.7 所示。

表 3.7 KD 信令含义

KD 信令编码	信 令 含 义
1	长途话务员半自动呼叫
2	长途自动呼叫(电话通信或用户传真,用户数据通信)
3	市内电话
4	市内用户传真或用户数据通信、优先用户
5	半自动核对主叫号码
6	测试呼叫

4. 后向 B 组信令

后向 B 组信令也叫 KB 信令，是表示被叫用户状态的信令，起证实 KD 信令和控制接续的作用。其含义如表 3.8 所示。

表 3.8 KB 信令含义

KB 信令编码	信 令 含 义	
	长途接续或测试接续时 (KD = 1，2，6)	市话接续时 (KD = 3，4)
1	被叫用户空闲	被叫用户空闲，互不控制复原
2	被叫用户"市忙"	备用
3	被叫用户"长忙"	备用
4	机键拥塞	被叫用户忙或机键拥塞
5	被叫用户空号	被叫用户空号
6	备用	被叫用户空闲，主叫控制复原

5. 信令互控过程

所谓"互控"，是指信令传送过程中必须和对端发回来的证实信令配合工作。每一个信令的发送和接收都有一个互控过程，如图 3.6 所示。每一个互控过程都可分为以下四个节拍：

(1) 第一拍：去话记发器发送前向信令；

(2) 第二拍：来话记发器接收和识别前向信令后，发送后向信令；

(3) 第三拍：去话记发器接收和识别后向信令后，停发前向信令；

(4) 第四拍：来话记发器识别前向信令停发以后，停发后向信令。

当去话记发器识别后向信令停发以后，根据收到的后向信令要求，发送下一位前向信令，开始下一个互控过程。

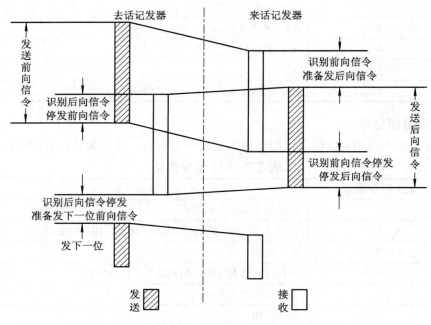

图 3.6 互控过程示意图

3.4 7 号 信 令

由于随路信令系统接续速度慢，信息容量小，在通话期间不能传送信令消息，无法扩展新的通信业务，因而难以满足现代通信网的应用需求，随着通信技术的发展，出现了公共信道信令技术。公共信道信令技术的基本特征是将通话信道和信令信道分离，在单独的数据链路上以信令消息单元的形式集中传送信令信息。7 号信令(SS7：Signaling System 7)就是典型的公共信道信令。在国内，7 号信令被称作 No.7 信令，SS7 和 No.7 在信令点编码和内容上有所不同。

SS7 信令系统是国际电信联盟(ITU)的标准，在国际上的大部分国家得到了应用，是目前通信领域应用最广的信令系统。

SS7 信令系统能满足多种通信业务的要求，当前的主要应用有：

- 传送电话网的局间信令；
- 传送电路交换数据网的局间信令；
- 传送综合业务数字网的局间信令；
- 在各种运行、管理和维护中心传递有关的信息；
- 在业务交换点和业务控制点之间传送各种控制信息，支持各种类型的智能业务；
- 传送移动通信网中与用户移动有关的各种控制登记信息。

3.4.1 SS7 信令的功能结构

功能结构实际上就是协议栈，协议是通过网络传送数据的规则集合。协议栈就是协议的分层结构。SS7 协议一开始就是按分层结构的思想设计的，但 SS7 协议在开始发展时，主要是考虑在数字电话网和采用电路交换方式的数据通信网中传送各种与电路有关的信息，所以 CCITT 在 80 年代提出的 SS7 技术规范黄皮书中对 SS7 协议的分层方法没有和 OSI 七层模型取得一致，对 SS7 协议只提出了四个功能级。如图 3.7 所示为 SS7 信令系统的功能结构。

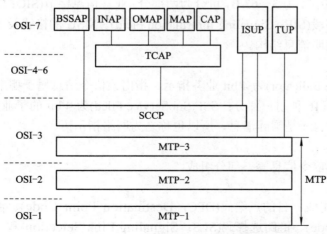

图 3.7 SS7 信令系统的功能结构

1. 第一级(MTP-1)

MTP-1 为信令数据链路级,对应于 OSI/RM 中的物理层,规定了数字信令链路的物理、电气和功能特性。物理接口的定义包括 E1、T1、DS1、V.35 和 DS0 等。

2. 第二级(MTP-2)

MTP-2 为信令链路级,对应于 OSI/RM 中的数据链路层,通过将信令消息转换成帧,为信令消息在信令网络中提供端到端的可靠传送。同时实现流量控制、消息排序和错误检查等功能。

MTP-2 所提供的帧也叫信令单元,信令单元的一般格式如图 3.8 所示:F(Flag)为帧标志,标志着一帧的开始与结束,长度为 1 B,固定为 01111110 八位码;BSN(Backward Sequence Number)为后向序号,在本方发送帧中表明本方待收,对方应发来的下一帧的帧号;BIB(Backward Indicator Bit)为后向指示比特,用于指示本方收到对方的信令单元的确认或否认,取反为否(NAK),不变为是(ACK);FSN(Forward Sequence Number)为前向序号,表明本方所发送帧的序号;FIB(Forward Indicator Bit)为前向指示比特,表明所发送的信令单元是新的信令单元还是因遭到对方否认而重发的信令单元;LI(Length Indicator)为 6 bit 长度指示,表明信息段的字节数,因信令单元类型不同长度也不同,所以 LI 同时也提供了信令单元类型指示功能,与结束标志 F 构成交叉检验;I(Information)为信息段,包含第三级或第四级的信息,长度为 0~63 B;CK(Check)为 16 bit 的差错检验,对一帧的起始 F 和结束 F 之间的信息进行保护。

图 3.8　信令单元的一般格式

信令单元有三种类型:携带第三级信息的消息信令单元(MSU: Message Signaling Unit),LI=3~63 B;反映链路状态的链路状态信令单元(LSSU: Link Status Signaling Unit),LI=1~2 B;用于空闲时保障链路同步的填充信令单元(FISU:Fill-in Signaling Unit),LI=0,没有信息段字节。

MSU 的信息段长度由 LI 指定,为 3~63 B,可分为两部分:业务信息字节(SIO: Service Information Octet)和信令信息字段(SIF:Signaling Information Field)。MSU 的格式及细节如图 3.9 所示。下面参照图 3.9 说明消息结构。

1) 业务信息字节

SIO = SI + SSF,SI(Service Indicator)为 4 bit 业务指示,指出该信令消息属于哪个用户部分,SI = DCBA,可表示 2^4 = 16 种用户部分;SSF(SubService Filed)为 4 bit 的子业务域,SSF = DC 指出该信令单元是国内还是国际消息,所以也称之为网络指示语。

2) 信令信息字段

SIF由路由标记、标题码和信令信息等三部分组成。

(1) 路由标记。

路由标记(Label)由四部分组成:目的点编码(DPC:Destination Point Code)、源点编码(OPC:Originating Point Code)、链路选择码(SLS:Signaling Link Selection)和电路标识码(CIC:Circuit Identification Code)。

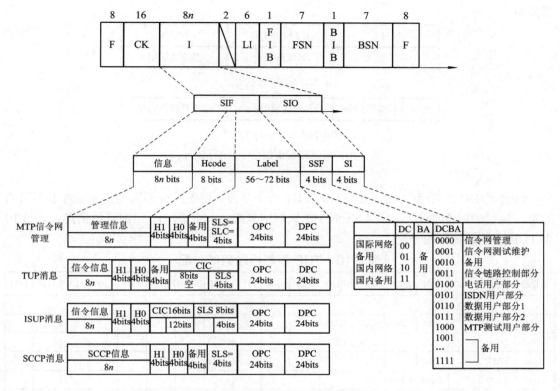

图 3.9 消息信令单元的格式及细节

DPC、OPC 编码：国际上采用 14 bit 编码，我国则采用 24 bit 编码。

SLS：对于不同的用户部分，其结构不同。对于信令网管理用户部分的信令消息，SLS 被 4 bit 的信令链路码(SLC：Signaling Link Code)代替，另外 4 bit 空闲以构成整字节；对于 TUP，Label = 64 bit(DPC 24 bit + OPC 24 bit + CIC 12 bti + 备用 4 bit)，12 bit 的 CIC 用于标识话路，表 3.9 说明了 CIC 标识话路的码位分配，同时 CIC 的低 4 bit 还兼任 SLS 功能；ISUP、SCCP 消息都具有单独的 SLS。

表 3.9 CIC 标识话路的码位分配

PCM	速率/Mb/s	PCM 系统号	PCM 时隙号
一次群	2	CIC 高 7 位	CIC 低 5 位
二次群	8	CIC 高 5 位	CIC 低 7 位
三次群	34	CIC 高 3 位	CIC 低 9 位

SIO 中的 SI 值标识了不同用户部分，如 SI=0100，表明 SIF 域中内容为电话用户部分的消息。国际和国内的信令点编码规则如图 3.10 所示。对于国际信令网，原 CCITT 在 Q.708 建议中规定：Label = 46 bit，其中 DPC = OPC = 14 bit，编码容量为 2^{14} = 16 384，分为大区 3 bit、区域 8 bit、信令点 3 bit，我国被分在第 4 大区第 120 区。我国于 1993 年颁布了《中国 No.7 信令网体制》，规定 Label = 56 bit，其中 DPC = OPC = 24 bit，编码容量为 2^{24} = 16 777 216，分为主信令区、分信令区和信令点，各占一个字节。国际和国内的 CIC 相同，CIC = 12 bit，占用两个字节的低 12 bit，CIC 低 4 bit 同时兼任信令链路选择码(SLS)，用于信令链路的负

荷分担。

N M L	K J I H F E D	C B A
大区识别	区域网识别	信令点识别

(a) 国际信令点编码方式

主信令区编码8 bits	分信令区编码8 bits	信令点编码8 bits

(b) 国内信令点编码方式

图 3.10　国际和国内的信令点编码规则

(2) 标题码。

标题码(HCODE)为 8 bit，分为 H0 和 H1 两个字段，用于区分不同的消息。对于不同的消息，执行的信令动作不同。4 bit 的 H0 识别消息组，4 bit 的 H1 识别具体消息。表 3.10 为 TUP 消息标题码的分配。

表 3.10　TUP 消息标题码的分配

信息组	H1 H0	0000	0001	0010	0011	0100	0101	0110	0111	1000	1001	1010	1011	1100	1101	1110	1111
	0000	国内备用															
FAM	0001		IAM	IAI	SAM	SAO											
FSM	0010		GSM		COT	CCF											
BSM	0011		GRQ														
SBM	0100		ACM	CHG													
UBM	0101		SEC	CGC	NNC	ADI	CFL	SSB	UNN	LOS	SST	ACB	DPN	MPR			EUM
CSM	0110	ANU	ANC	ANN	CBK	CLF	RAN	FOT	CCL								
CCM	0111		RLG	BLO	BLA	UBL	UBA	CCR	RSC								
GRM	1000		MGB	MBA	MGU	MUA	HGB	HBA	HGU	HUA	GRS	GRA	SGB	SBA	SGU	SUA	
	1001	备用															
CNM	1010		ACC	国际和国内备用													
	1011																
NSB	1100			MPM	国内备用												
NCB	1101		OPR														
NUB	1110		SLB	STB													
NAM	1111		MAL														

例如，前向地址消息组(FAM：Forward Address Massage)包含了携带全部或部分被叫号码的初始地址消息(IAM：Initial Address Message)、携带被叫地址的初始地址消息(IAI：Initial Address Message with Additional Information)、携带多位地址信息的后续地址消息(SAM：Subsequent Address Message)以及只携带一位地址信息的后续地址消息(SAO：Subsequent Address Message with One Signal)等。

(3) 信令信息。

在信令信息字段 SIF 中最后 $8n$ bit 是信令的具体信息内容。图 3.11 以 IAM 信息字节格式为例，$8n$ bit 中包含有 6 bit 的主叫类型 A～F，相当于 No.1 信令中的 KA 信号，KA 有 15 种，No.7 信令中用 6 bit 来编码，2 bit 备用；12 bit 的信令标志 A～L，反映被叫电路性质及信令要求，一般不使用，设为全 0；4 bit 的地址数字个数标识 Address 域携带的地址最多 15 位。

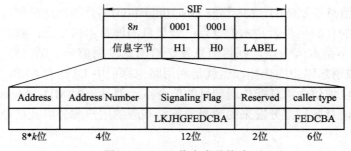

图 3.11 IAM 信息字节格式

链路状态信令单元 LSSU(LI = 1 或 2 B)和填充信令单元 FISU(LI = 0)的格式如图 3.12 所示。LSSU 的 SF 只用了最低 3 bit，产生于发端第三级，终结于收端第三级，无具体信令消息，在第三级中加上 SF(State Flag)，用于链路启用或链路故障时表示链路的状态，以便完成信令链路的接通和恢复。

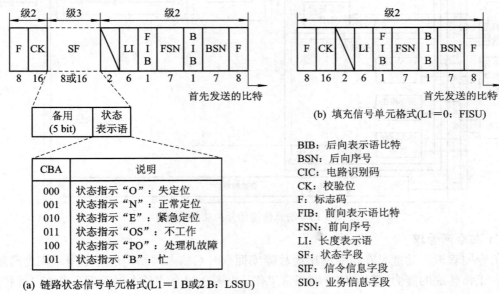

图 3.12 LSSU 和 FISU 的格式

FISU 产生于发端第二级，终结于收端第二级，用于链路空或拥塞时填补位置，不含具体消息。在模拟通道中没有内容可不传，但在数字通道中链路不能为空。在电话网(TUP)中，信令消息较少，故用很多 FISU 来填补 90% 的时间位置，使信令链路保持通信状态，同时可起到收到对方发来消息的证实作用。

3. 第三级(MTP-3)

MTP-3 为信令网络级，对应于 OSI 模型中的网络层，执行信令网功能。在信令网中，当信令链路和信令转接点发生故障时，为保证可靠地传递各种信令消息，规定在信令点之间传送管理消息的功能和程序，包括信令消息处理和信令网管理功能。

1) 信令消息处理

信令消息处理包括消息鉴别、消息分配和消息路由等模块，如图 3.13 中"信令消息处理模块"所示。消息鉴别(MD：Message Discrimination)部分的功能是接收来自第二级的消息，以确定消息的目的地是否是本信令点：如果目的地是本信令点，就将消息传送给消息分配部分；如果不是本信令点，则将消息发送给消息路由部分。消息路由(MR：Message Routing)部分完成消息路由的选择，也就是利用路由标记中 DPC 和 SLS，为信令消息选择一条信令链路，以使信令消息能传送到目的信令点。消息分配(MD：Message Distribution)部分的功能是将消息鉴别部分发来的消息分配给相应的用户部分以及信令网管和测试维护部分。

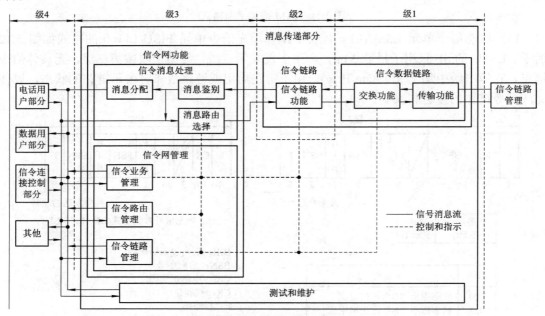

图 3.13 消息传递部分的功能结构

2) 信令网管理

信令网管理的功能是在信令网出现故障或拥塞时对信令网结构进行重组，恢复消息信令单元正常传递的能力，保证信令网正常工作。由图 3.13 的"信令网管理"模块也可看出，信令网管理包括信令业务管理、信令路由管理和信令链路管理等功能。

信令业务管理(STM：Signalling Traffic Management)的目的是在信令网发生故障时将信令数据从一条链路或路由转移到另一条或多条可用的链路或路由，或在信令点发生拥塞的情况下临时减少信令业务。

信令链路管理(SLM：Signalling Link Management)的目的是在信令网中恢复、启用和退出信令链路，并保证能够提供一定的预先确定链路群的能力，一般由人机命令创建信令数据链路和信令终端的连接关系。信令系统的操作不能自动变更上述连接关系。

信令路由管理(SRM：Signalling Route Management)的目的是保证可靠地在信令点间交换有关信令路由可用性的信息，以便对信令路由进行闭塞或解除闭塞，主要由禁止传递、允许传递、受控传递、受限传递、信令路由组测试、信令路由组拥塞测试等程序组成。这些程序仅用于发端信令业务通过信令转接点到目的地的情况。

4. 第四级(UP)

第四级为用户部分,对应于 OSI/RM 中的应用层,是执行呼叫建立和释放的功能实体,它们产生或解释信令消息要求的功能,常用的用户部分有电话用户部分(TUP: Telephone User Part)、数据用户部分(DUP: Data User Part)、综合业务数字网用户部分(ISUP: ISDN User Part)以及事务处理应用部分(TCAP: Transaction Capabilities Application Part)。

TCAP 为应用层扩充了用户部分的数量,后面会看到,MTP 只能提供 16 种用户部分。TCAP 包括移动应用部分(MAP: Mobil Application Part)、智能网应用部分(INAP: Intelligent Network Application Part)、CAMEL 应用部分(CAP: CAMEL Application Part)以及操作和维护应用部分(OMAP: Operation Maintenace Application Part)。TCAP 允许应用调用远端信令点的一个或多个操作,并返回操作的结果,例如,数据库访问、远端调用处理命令等使用 SCCP 无连接业务,TCAP 在两个用户应用之间提供事务处理对话。

ISUP 在交换局提供基于电路的连接,它直接和 MTP-3 级通信。ISUP 提供基础电信业务,包括连接建立、监视和释放。

在 ITU-TS 标准里,TUP 和 ISUP 的功能相似,提供相似的业务(呼叫建立和拆除),但 TUP 提供的业务比 ISUP 少,不支持 ISUP 中某些业务类别,比如非话音业务和补充业务,另外 TUP 不传递与电路无关的业务。

随着综合业务数字网和智能网的发展,不仅需要传送与电路有关的消息,而且需要传送与电路无关的端到端的消息,原来的四层结构已不能满足要求。在 1984 年和 1988 年的红皮书和蓝皮书建议中,CCITT 做了大量的努力,使 SS7 协议的分层结构尽量向 OSI 的七层模型靠近,增加了信令链接控制部分(SCCP: Signaling Connection Control Part),以弥补 MTP 的寻址能力的不足。

SCCP 位于 MTP 之上,为 MTP 提供附加功能,以便通过 SS7 信令网在信令点之间传递与电路相关和与电路无关的消息,提供无连接业务和面向连接的信令业务。SCCP 同时提供全局名称翻译的能力(GTT: Global Title Translation),SCCP 以全局码(GT: Global Tit)的形式扩展 SS7 协议的寻址能力和路由能力,这些扩展基于被叫号码的寻址信息。GT 实际上对应一个能被 SCCP 翻译的目的节点编码和子系统号码,如一个 800 号码、电话卡号码或者移动用户身份代码等。

3.4.2 信令网

SS7 信令网是用于传递信令消息的数据网络,它由多个信令点和连接信令点的信令链路连接构成。因此可以说,信令网是业务网中不可缺少的控制网,它控制着业务网的正常运行。在采用公共信道信令系统的通信网络中,信令网物理上与业务网一体,逻辑上与业务网分开,关系上是一种控制与被控制的关系。SS7 信令网的基本结构如图 3.14 所示。

在图 3.14 中有两个平面,下平面是信令网所在的物理网络,上平面是从物理网中抽象出来的信令网。由图可见,信令网中的转接点 STP 成对出现,它并不与物理网一一对应,一个交换中心可以包含不同方向的多个信令转接点。

信令网分为无级信令网和分级信令网。无级信令网是未使用 STP 的信令网,在无级信令网中,信令点间都采用直联方式,所有的信令点均处于同一等级。分级信令网是使用了

STP 的信令网，其特点是每个信令点发出的信令消息一般需要经过一级或 n 级 STP 的转接才能到达目的地。在分级信令网中，只有当信令点之间的信令业务量足够大时，才设置直达信令链路，以便使信令消息快速传递并减少信令转接负荷。

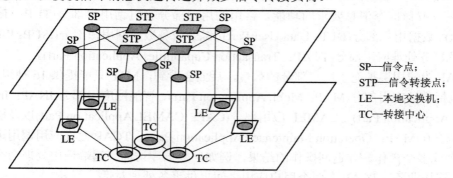

SP—信令点；
STP—信令转接点；
LE—本地交换机；
TC—转接中心

图 3.14　SS7 信令网的基本结构

我国 No.7 信令网采用三级分级结构：高级信令转接点(HSTP)、低级信令转接点(LSTP)和信令点。其基本结构如图 3.15 所示。

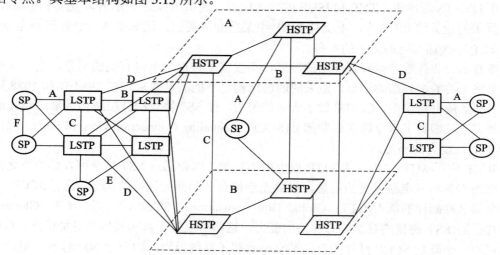

图 3.15　我国 No.7 信令网基本结构

现代通信网的智能业务不断增强，业务节点与交换节点分开，因此出现了业务控制部件和业务交换部件，使服务功能大大增强。由图 3.15 可见，信令网是由各种信令网节点经相应的信令链路(SL：Signalling Links)连接而成，除 HSTP 所在平面的 A、B 外，其他连线上的字母 A～F 表示链路，即 A 表示 A 链路，B 表示 B 链路，依此类推。信令网节点分为信令点(SP：Signalling Point)和信令转接点(STP：Signalling Transfer Point)。

SP 是信令消息的起源点和目的点，SP 可以是各种交换局和特服中心。在信令网中，交换局通常被称为业务交换点(SSP：Service Switching Point)，包括电话交换局、数据交换局、ISDN 交换局等；特服中心包括网管中心、维护中心、业务控制点(SCP：Service Control Point)等。

信令链路是连接两个信令网节点的链路，根据连接类型的不同，分为 A、B、C、D、E 和 F 等链路类型。

1. 信令网节点功能特性

业务交换点(SSP)是信令消息的发源地或终结点,SSP 把电路交换设备的呼叫信号转换成 SS7 信令,通过 SS7 网发送数据库查询命令,利用数据库调用远端功能。SSP 实质上就是本地交换中心,它发起呼叫或接收呼入。

业务控制点(SCP)实际上就是一种典型数据库系统,包含管理呼叫的软件和数据库,400 业务、800 业务等都是由 SCP 提供的。一个 SCP 总是要连接到一个 STP,数据库存储了用来将 SS7 询问变成 SS7 应答的数据。

信令转接点(STP)完成路由器的功能,它们一般不产生消息,而是接收 SSP 发来的消息,然后通过网络把消息交换到目的地。STP 将信令消息从一个信令点转发到另一个信令点。

2. 信令链路功能特性

A 链路:A 链路(Access Link)是连接一个信令终端结点(SCP 或 SSP)到一个 STP 的链路,显然 A 链路上传送的消息是源端点的消息或到目的端点的消息。

B 链路:B 链路(Bridge Link)是连接同级的两个 STP 之间的链路,如一个网络的 STP 到另一个网络的 STP 之间的链路。

C 链路:C 链路(Cross Link)是将功能相同的两个 STP 连接成配偶对的链路,C 链路通常不传送信息,只有当一个 STP 由于链路故障,没有可用的路由将信令消息传送到目的 SP 时才被使用。

D 链路:D 链路(Diagonal Link)即对角链路,是 1/4 配置中连接初级 STP 对与次级 STP 对的链路,在同一个网络中的次级 STP 之间也采用 1/4 D 链路连接。

E 链路:E 链路(Extended Link)为扩展链路,是连接一个 SSP 和备用 STP 的链路,如果一个 SSP 经 A 链路不能到达它的主用 STP,就提供自动替换。

F 链路:F 链路(Fully Associated Link)是连接两个信令终端结点(SCP 或 SSP)的链路,在没有 STP 的网络中,F 链路直接连接两个 SP。

3.5 Q 信 令

Q 信令是典型的用户网络接口信令,包含 1 号数字用户信令(DSS1:Digital Subscriber Signalling No.1)和专用信令系统 No.1(PSS1:Private Signalling System No.1)。DSS1 是不对称的协议结构,通常用于点对点连接,接口两端需分别设置成用户端(USER)和网络端(NET)。PSS1(又名 QSIG)是一种基于网络的协议,具有对称的协议结构,使用时需在整个网络上统一设置,如统一网络节点编号、统一功能设置等。

1. DSS1 信令

我国采用的是欧洲电信标准协会(ETSI:European Telecommunication Standards Institute)的标准,常用于企业专网接入公用电信网、专网中心局与分局之间、电话交换网与广域网路由器之间的点对点连接。DSS1 的基本结构分为三层,如图 3.16 所示。

网络层(Q.931)	DSS1
数据链路层(LAPD)	
物理层	

图 3.16 DSS1 结构示意图

第一层是物理层，定义了电器性能、信道结构、编码、速率和信道的管理等信息，包括基本接口和基群接口。

第二层为链路层，定义了 D 信道接入规程(LAPD：Link Access Procedures on the D-channel)，利用高级数据链路控制(HDLC：High-level Data Link Control)来检测和修正差错。此层也使用循环冗余码校验(CRC：Cyclic Redundancy Check)技术，提供传送和流量控制。为了在多个第三层实体之间交换信息，必须在第三层实体之间利用 LAPD 建立联系，依照端到端协议进行操作，这种联系就称为数据链路连接，如图 3.17 所示。

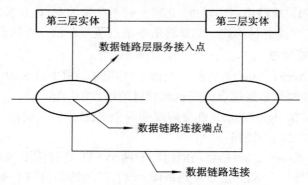

图 3.17　数据链路连接示意图

数据链路层的服务接入点(SAP：Server Access Point)是数据链路层为第三层提供服务的节点。每一个数据链路层信息的传送可以是点对点数据链路连接，也可以是经过广播的数据链路连接。在点对点信息传送中，帧被直接传送到单个端点；在广播式信息传送中，帧被传送到一个或多个端点。帧的传送格式有两种，一种不带信息字段，另一种包含信息字段。

第三层为网络层，使用的协议是 Q.931。Q.931 规定了用户与网络间的基本呼叫连接方式，这里所说的网络是指公网综合业务数字网(ISDN：Integrated Services Digital Network)，而用户可以是专网，也可以是用户交换机或普通 ISDN 终端。Q.931 还规定了基群速率接口(PRI：Primary Rate Interface)和基本速率接口(BRI：Basic Rate Interface)这两种标准接口。PRI 被定义为公用 ISDN 与专用 ISDN 之间的互连接口，故 PRI 主要用于专网交换机与公网交换机、用户交换机和公网交换机以及专网交换机之间的交换机节点连接。

Q.931 的主要功能是对呼叫的控制，呼叫过程主要分呼叫建立阶段和呼叫释放阶段。如图 3.18 所示为 Q.931 呼叫控制示意图。

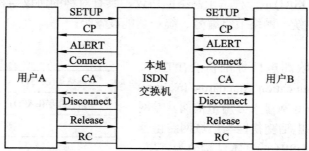

图 3.18　Q.931 呼叫控制示意图

下面介绍图 3.18 中出现的消息类型和功能：

(1) SETUP：由主叫发出的呼叫建立请求消息，通过网络层告知被叫，要求建立呼叫连接。

(2) Call Proceeding(CP)：由被叫发出的呼叫进展消息，通过网络层告知主叫，呼叫请求已被接收，且不再接受新的呼叫请求。

(3) ALERT：由被叫发出的觉醒消息，通过网络层告知主叫，被叫已做好接收呼叫的准备。

(4) Connect：由被叫发出的呼叫接收消息，通过网络层告知主叫，被叫已接收呼叫。

(5) Connect Acknowledge(CA)：由网络发出的呼叫建立成功消息，告知被叫呼叫已经建立。

(6) Disconnect：由用户或网络发出的拆线消息。此消息由用户发出时，请求网络将呼叫拆线；由网络发出时，通知用户呼叫将被拆线。

(7) Release：由用户或网络发出，告知发送消息的设备已释放信道，并准备拆除呼叫和信道。同时要求接收方在收到此信号后释放信道，并在发完 Release Complete 信号后，拆除呼叫。

(8) Release Complete(RC)：由主、被叫用户或网络发出，通知消息发送设备已经将信道和呼叫拆除，信道可被重新使用。接收设备在收到此信号后，应拆除呼叫。

具体接续过程：主叫摘机拨号，主叫终端向交换机发送 SETUP 消息。交换机收到此消息后，需要进行相应的兼容性检查。检查完毕后即向主叫终端发送 Call Proceeding 消息，表示号码已经收齐，并开始进行呼叫建立的处理。同时交换机用广播式的数据链路向被叫终端传递 SETUP 消息。相应的终端接收 SETUP 消息后经过兼容性检查，向交换机发出 ALERT 消息。被叫应答后，最先应答的被叫终端向交换机发送 Connect 消息，完成端到端通路的建立。当主叫和被叫任意一方挂机，首先结束呼叫的设备发送 Disconnect 消息，要求拆除端到端的连接，对端设备发送 Release 消息响应，随后首先结束呼叫的设备发送 Release Complete 消息结束呼叫，说明被释放的通路可以重新使用。

2. PSS1 信令

PSS1 信令是基于 ITU-T 的 Q.9XX 协议，不是私有标准，而是开放的、国际的标准，是全球性的专用通信网信令。PSS1 和 DSS1 在实现上很相似，但前者主要用于企业内部的电话系统的连接。PSS1 信令所支持的网络没有节点限制，可以根据企业的需要分配新节点，并与网络连接。支持网络采用各种结构，如链状网、星型网、树状网、环型网、网状网。PSS1 信令能够支持专用电话网络内部全自动接续，支持全网络统一编号，支持建立 VoIP 电话虚拟专网(VPN: Virtual Private Network)，支持网络化的 DECT(Digital Enhanced Cordless Telecommunications)制式微蜂窝移动通信系统，支持建立网络语音邮箱，支持全网络功能统一，支持与宽带网络路由器的连接，支持功能透明传输，可以和公网的 ISDN 配合，保证了公共 ISDN 和专网 ISDN 的服务兼容和支持附加网络功能。

PSS1 除了 DSS1 的常规电话接续功能外，还具有几十种专用通信网络的特殊附加功能，如基于网络的编号方案、姓名识别、呼叫插入、免打扰、路径置换、话务员服务、移动服务、无应答完成呼叫、主叫号码/主叫名称的传送、全网络呼叫转移、呼叫记录、语音寻呼、支持网络信息中心和 DECT 等。这些原本是在一台 PBX 上实现的功能，通过 PSS1 信令能将其扩展到整个专用电话通信网络。

本 章 小 结

　　信令是保证网络协调运行的语言，是网络设备共同遵守的规则，不同信令的网络互联需要由网关完成互相转换。

　　信令是以信令网的方式工作的，信令网与所控制的网络在物理上一体，逻辑上分开，关系上是一种控制与被控制的关系。

　　专网中通常采用 E1 数字中继组网，可以运行不同类型的信令，通常有随路信令和共路信令。目前应用中 No.1 信令包括数字线路信令和模拟记发器信令，No.7 信令是公路信令，这些信令都是数字信令，都可以在 E1 数字中继上运行，但在信令信道 TS_{16} 的用法上则完全不同。

　　Q 信令、DPNSS 信令都属于用户网络接口信令。

复 习 题

　　1. 简要说明信令的作用。

　　2. 信令有哪几种分类方法？

　　3. 什么是随路信令？什么是公共信道信令？

　　4. 简要说明 No.7 信令系统的主要特点。

　　5. 简要说明中国 1 号信令、Q 信令和 No.7 信令之间的区别。

　　6. 简述 SS7 号信令第三级的任务和各种功能。

　　7. 记发器信令 A 组信令中 A3，A4 和 A5 有互控和脉冲两种形式。它们分别用在什么情况下？试举例说明。

第4章

电　话　网

　　电话是人们进行信息交流的最常用工具之一，它的广泛应用使得电话网成为世界上形成最早、规模最大的通信网。电话网经历了从模拟网络到模数混合网再到综合数字网的发展过程。随着供给与需求的相互促进，电话网的发展速度不断加快，功能不断增强，设备不断更新，电话网已成为目前现代通信网的主要业务网络。

　　本章主要介绍电话网的概念、电话网的网络结构、电话交换机、程控交换机的维护和操作、路由选择、编号计划等内容。

4.1　电话网的概念

4.1.1　电话网的组成

　　从设备上讲，一个完整的电话网是由用户终端设备、交换设备和传输系统三部分组成的，如图4.1所示。

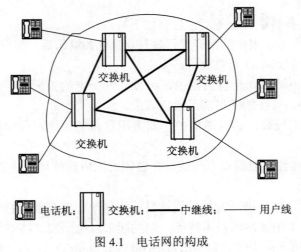

图 4.1　电话网的构成

1．用户终端设备

　　在电话网中，用户终端设备主要是指普通电话机，它用来将用户的声音信号转换成电信号或将电信号转换为声音信号。用户通过电话机拨号来发起呼叫，振铃音提示用户有电话呼入。话机的拨号信息可以是以模拟的脉冲序列或双音频信号表示的数字。另外，终端设备还有传真机、数字话机等。

2．交换设备

电话网中的交换设备称为电话交换机，主要负责用户信息的交换。它要按用户的呼叫要求在两个用户之间建立交换信息的通道，即具有连接功能。此外，交换机还具有控制和监视功能，比如，它要及时发现用户摘机、挂机，还要完成接收用户号码、计费等功能。

3．传输系统

传输系统是终端到交换设备或交换设备之间的连接媒质，是信息传输的通路。传输系统的实现方式有电缆、光缆、无线电波等，它除了信道部分外，还包括部分变换和反变换装置。

4.1.2　电话网的功能和特点

1．电话网的功能

随着电信网的发展，电话网的结构也逐渐向级数减少的方向演变，但不管结构如何，都应满足如下功能：

(1) 保证每个用户能够呼叫网内的任一其他用户；

(2) 根据用户需求建立、保持和释放呼叫；

(3) 提供透明的全双工信号传输；

(4) 保证一定的服务质量；

(5) 能够不断适应通信技术和通信业务的发展；

(6) 在电话通信的基础上适当开放非话音业务。

2．电话网的特点

1) 话音业务的特点

电话网的主要业务是话音业务，它具有如下特点：

(1) 速率恒定且单一。用户的话音经过抽样、量化、编码后，都形成了 64 kb/s 的速率，电话网中只有这单一的速率或其整数倍。

(2) 话音对丢失不敏感。话音通信中，可以允许一定的丢失存在，因为丢失部分信息的话音只要还是清晰、可懂的就可满足通信需求。

(3) 对实时性要求较高。话音通信中，双方用户希望像面对面一样进行交流，因而不能忍受较大的时延。

(4) 话音具有连续性。通话双方一般是在较短时间内连续地表达自己的通话信息。

2) 电话网的特点

从设计思路上看，电话网一开始的设计目标很简单，就是要支持话音通信，因此话音业务的特点也就决定了电话网的技术特征。归纳起来，电话网的特点有以下几个方面：

(1) 同步时分复用。同步时分复用(STDM)是时分复用(TDM)的一种方式，它将时隙预先分配给各个信道，并且固定不变，因此各个信道的发送和接收必须是同步的。

同步时分复用的示意图如图 4.2 所示。有 n 条信道复用到一条通信线路上，那么我们可以把通信线路的传输时间分成若干段。假定 $n=10$，传输周期 T 假定为 1 s，那么每个时间段为 0.1 s。在第一个周期内，将第一个时间段分给第一路信号，第二个时间段分给第二路信号，以此类推，将第十个时间段分给第十路信号。这样，在接收端只需要采用严格的时间同步，按照相同的时间接收，就能将多路信号分割、还原。同步时分复用采用了固定信道分配的方法，但没有考虑这些信道是否有信息传送，因而造成了通信资源的浪费，异步时分复用(ATDM)可以克服这一缺点。

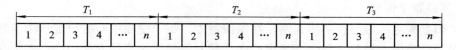

图 4.2　同步时分复用示意图

(2) 同步时分交换。进行话音交换时，直接将一个用户所在时隙的信息同步地交换到对方所在用户的时隙中，完成两用户之间话音信息的交换。

(3) 面向连接。面向连接是指在通信之前先要做一些准备工作(通常是分配一些资源或进行通信参数协商)，然后才能进行真正的数据传送。通信结束之后，还要释放占用的资源。电话网采用的是面向连接的工作方式。这样，在进行用户信息传输时，不需要再进行路由选择和排队，因此时延非常小。两个用户通信的过程包括呼叫建立、信息传输(通话)和连接释放三个阶段，如图 4.3 所示为电话通信过程示意图。

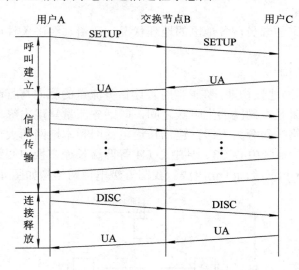

图 4.3　电话通信过程示意图

(4) 对用户数据进行透明传输。透明是指对用户数据不做任何处理，由于话音数据对丢失不敏感，因此网络中不必对用户数据进行复杂的控制(如差错控制、流量控制等)，可以进行透明传输。

4.2　电话网的网络结构

4.2.1　电话网的等级结构

网络的等级结构是指对网络中各交换中心的一种安排。从等级上考虑，电话网的基本结构形式分为等级网和无级网两种。等级网中，每个交换中心被赋予一定的等级，不同等级的交换中心采用不同的连接方式，低等级的交换中心一般要连接到高等级的交换中心。在无级网中，每个交换中心都处于相同的等级，完全平等，各交换中心采用网状网或不完全网状网相连。

1．等级制电话网

很多国家采用等级结构的电话网。在等级网中，每个交换中心被分配一个等级，除了最高等级的交换中心以外，每个交换中心必须接到等级比它高的交换中心。本地交换中心位于较低等级，而转接交换中心和长途交换中心位于较高等级。低等级的交换局与管辖它的高等级的交换局相连，形成多级汇接辐射网即星型网；最高等级的交换局间则直接相连，形成网状网。所以等级结构的电话网一般是复合型网。

在等级结构中，级数的选择以及交换中心位置的设置与很多因素有关，主要有以下几个方面：

(1) 各交换中心之间的话务流量、流向；

(2) 全网的服务质量，如接通率、接续时延、传输质量、可靠性等；

(3) 全网的经济性，即网络的总费用问题、交换设备和传输设备的费用比等；

(4) 运营管理因素。

另外还应考虑国家的幅员，各地区的地理状况，政治、经济条件以及地区之间的联系程度等因素。

2．我国电话网结构

早在 1973 年电话网建设初期，鉴于当时长途话务流量的流向与行政管理的从属关系一致，大部分的话务流量是在同区的上下级之间，即话务流量呈现出纵向的特点。原邮电部规定我国电话网的网络等级分为五级，包括长途电话网和本地网两大部分。长途网由大区中心 C1、省中心 C2、地区中心 C3、县中心 C4 等四级长途交换中心组成，本地网由第五级交换中心即端局 C5 和汇接局(Tm)组成。我国五级电话网结构如图 4.4 所示。

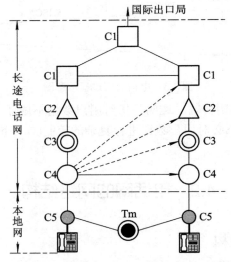

C1～C4—长途交换中心；C5—端局；Tm—汇接局

图 4.4　我国五级电话网结构图

这种结构在电话网中由人工到自动、模拟到数字的过渡中起到了很好的作用，但在通信技术快速发展的今天，其存在的问题也日趋明显。就全网的服务质量而言，其问题主要表现为如下几个方面：

(1) 转接段数多。如两个跨地区的县用户之间的呼叫，须经 C2、C3、C4 等多级长途交换中心转接，接续时延长，传输损耗大，接通率低。

(2) 可靠性差。一旦某节点或某段电路出现故障，将会造成局部阻塞。

随着社会和经济的发展，电话普及率的提高，非纵向话务流量日趋增多，电话网的网络结构也要进行相应的变化才能满足要求；同时电信基础网络的迅速发展使得电话网的网络结构发生变化成为可能，并符合经济合理性；电话网自身的建设也在不断地改变着网络结构的形式和形态。目前，我国的电话网已由五级网向三级网过渡，其演变推动力有以下两个：

(1) 随着 C1、C2 间话务量的增加，C1、C2 间直达电路增多，从而使 C1 局的转接作用减弱。当所有省会城市之间均有直达电路相连时，C1 的转接作用完全消失，因此，C1、C2 局可以合并为一级。

(2) 全国范围的地区扩大本地网已经形成，即以 C3 为中心形成扩大本地网，因此 C4 的长途作用也已消失。

三级网网络结构如图 4.5 所示。三级网也包括长途电话网和本地网两部分，其中：长途网由一级长途交换中心 DC1、二级长途交换中心 DC2 组成；本地网与五级网类似，由端局(DL)和汇接局(Tm)组成。

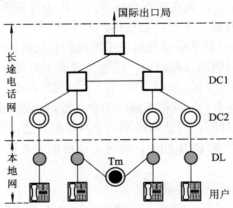

图 4.5　三级网网络结构图

4.2.2　国内长途电话网

长途电话网(简称长话网)由各城市的长途交换中心、市中继线和局间长途电路组成，用来疏通各个不同本地网之间的长途话务。长话网中的节点是各长途交换局，各长途交换局之间的电路即为长途电路。

1. 长途网等级结构

由于 C1、C2 间直达电路的增多，C1 的转接功能随之减弱，并且全国 C3 扩大本地网形成，C4 失去原有作用，趋于消失，我国的长途网正由四级向两级过渡。目前的过渡策略是：一、二级长途交换中心合并为 DC1，构成长途两级网的高平面网(省际平面)；将 C3 作为 DC2，构成长途两级网的低平面网(省内平面)。

我国两级长途电话网的等级结构如图 4.6 所示，两级长途电话网将网内长途交换中心分为两个等级，省级(直辖市)交换中心以 DC1 表示，地(市)级交换中心以 DC2 表示。DC1 之间以网状网相互连接，DC1 与本省各地市的 DC2 以星型方式连接；本省各地市的 DC2 之间以网状或不完全网状相连，同时辅以一定数量的直达电路与非本省的交换中心相连。

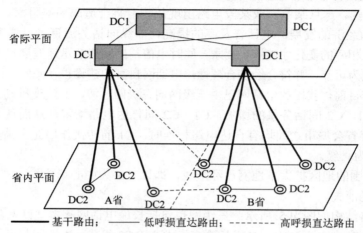

图 4.6　我国两级长途电话网的等级结构示意图

(1) DC1 为省级交换中心，设在各省会城市，汇接全省长途话务。在高平面上，DC1 局通过基干路由以网状网互连，主要功能包括：

① 疏通所在省的省际长话业务以及所在本地网的长话终端业务；

② 作为其他省 DC1 局间的迂回路由，疏通少量非本汇接区的长途转话业务。

省会城市一般设两个 DC1 局。

(2) DC2 为本地网交换中心，设在本地网的中心城市，用于汇接本地网长途终端话务。在低平面上，省内各 DC2 局间以网状网或不完全网状网互连，也可以选择迂回线路。各 DC2 局通过基干路由与省内的 DC1 相连，同时可以根据话务量的需求建设跨省的直达路由，其主要功能包括：

① 疏通所在本地网的长话终端业务；

② 作为省内 DC2 局间的迂回路由，疏通少量长途转话业务。

要说明的是，较高等级交换中心可具有较低等级交换中心的功能，即 DC1 可同时具有 DC1、DC2 的交换功能。

随着光纤传输网的不断扩容，减少网络层次、优化网络结构的工作需要继续深入。目前存在两种方案：第一，取消 DC2 局，建立全省范围的 DC1 本地电话网；第二，取消 DC1 局，全国的 DC2 本地网全互连。两个方案的目标都是要将全国电话网改造成长途网一级、本地网一级的二级网结构。网络的发展都是向级数减少的方向发展，无级网是网络发展的理想模式。

2. 长途交换中心的设置原则

长途交换中心用于疏通长途话务，一般每个本地网都有一个长途交换中心。在设置长途交换中心时应遵循以下原则：

(1) 省会(自治区、直辖市)本地网至少应设置一个省级长途交换中心，且采用可扩容的大容量长途交换系统。

(2) 地(市)本地网可单独设置一个长途交换中心，也可与省(自治区)内地理位置相邻的本地网共同设置一个长途交换中心，该交换中心应使用大容量的长途交换系统。

随着长途业务量的增长，为保证网络安全可靠和经济有效地疏通话务，允许在同一本地网设置多个长途交换中心。当一个长途交换中心汇接的忙时话务量达到 6000～8000 Erl (或交换机满容量时)，且根据话务预测两年内该长途交换中心汇接的忙时话务量将达到 12 000 Erl 以上时，可以设第二个长途交换中心；当已设的两个长途交换中心所汇接的长途话务量已达到 20 000 Erl 以上时，可安排引入多个长途交换中心。

直辖市本地网内设一个或多个长途交换中心时，一般均设为 DC1(含 DC2 功能)。省(自治区)级本地网内设一个或两个长途交换中心时，均设为 DC1(含 DC2 功能)；设三个及三个以上长途交换中心时，一般设两个 DC1 和若干个 DC2。地(市)级本地网内设长途交换中心时，所有长途交换中心均设为 DC2。

3．无级长途网简介

无级网是指网络中所有交换中心不分等级，完全平等。各交换机根据网络当前的工作状态，利用计算机控制，可以在整个网络中灵活选择最经济、最空闲的通路，即在任何时候都可以充分利用网络中的空闲电路疏通业务，而且在完成同样的接续中，可选择的路由及选择的顺序随时间或网中负荷的变化而变动。

无级网的优越性在于灵活性和自适应性，网络的利用率高，从而也大大地提高了接通率。同时，网络结构的简单使得设计和管理简化，能节省费用、降低投资，但它对网络的发达程度和设备之间的配合要求特别高，是网络运行的理想情况。

4.2.3　本地电话网

本地电话网(简称本地网)是指在同一个长途区号范围内，由若干个端局(或者若干个端局和汇接局)及局间中继、长途中继、用户交换机、用户线和终端话机等组成的电话网。本地网用来疏通本长途编号区内任意两个用户间的电话呼叫、长途发话和来话业务。

1．本地网的特征

本地网的特征有：

(1) 本地网不包含设在其地域内的长途交换中心；

(2) 本地网的电话接续具有封闭性，即本地网内用户之间的电话业务不允许从长途中心局迂回；

(3) 本地网电话号码采用等位制，即同一本地网内的号码位数相同。

2．本地网的交换等级划分

本地网可以仅设置端局，但它一般是由汇接局和端局构成的两级结构。汇接局为高一级，端局为低一级。

汇接局是本地网的第一级，它与本汇接区内的端局相连，同时与其他汇接局相连，它的职能是疏通本汇接区内用户的去话和来话业务，还可疏通本汇接区内的长途话务。有的汇接局还兼有端局职能，这类汇接局称为混合汇接局(Tm/DL)。汇接局可以有市话汇接局、市郊汇接局、郊区汇接局和农话汇接局等几种类型。

端局是本地网中的第二级，通过用户线与用户相连，它的职能是疏通本局用户的去话和来话业务。根据服务范围的不同，可以有市话端局、县城端局、卫星城镇端局和农话端局等，分别连接市话用户、县城用户、卫星城镇用户和农村用户。

3．本地网等级结构

依据本地网规模的大小和端局的数量，本地网结构可分为两种：网状网结构和二级网结构。

1) 网状网结构

网状网结构中仅设置端局，各端局之间两两相连组成网状网，相应的网络结构如图 4.7 所示。网状网结构主要适用于交换局数量较少，各局交换机容量大的本地电话网。现在的本地网中已经很少使用这种组网方式了。

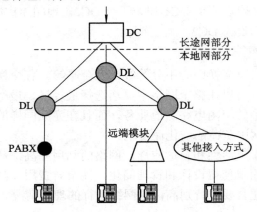

图 4.7　本地网的网状网结构

2) 二级网结构

本地电话网中设置端局和汇接局两个等级的交换中心，组成二级网结构。如图 4.8 所示的二级网结构中，各汇接局之间两两相连组成网状网，汇接局与其所汇接的端局之间以星型网相连。在业务量较大且经济合理的情况下，任一汇接局与非本汇接区的端局之间或者端局与端局之间都可设置直达电路群。

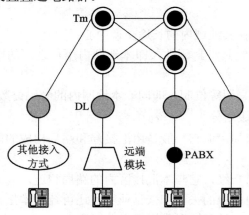

图 4.8　本地网的二级网结构

在经济合理的前提下，根据业务需要在端局以下还可设置远端模块、用户集线器或用户交换机，它们只和所从属的端局之间建立直达中继电路群。二级网中各端局与位于本地网内的长途局之间可设置直达中继电路群，但为了经济合理和安全、灵活地组网，一般在汇接局与长途局之间设置低呼损直达中继电路群，作为疏通各端局长途话务之用。

二级网的结构有分区汇接和全覆盖两种。

(1) 分区汇接。

分区汇接把本地网分成若干个汇接区，在每个汇接区内选择话务密度较大的一个局或两个局作为汇接局。

根据汇接局数目的不同，分区汇接有两种方式，即分区单汇接和分区双汇接。

分区单汇接的基本结构：每一个汇接区设一个汇接局，汇接局之间以网状网连接，汇接局与端局之间根据话务量大小可以采用不同的连接方式。在城市地区，话务量比较大，应尽量做到一次汇接，即来话汇接或去话汇接。在农村地区，由于话务量比较小，采用来、去话汇接。

分区单汇接的特点是汇接局间结构简单，但是网络可靠性差。本地网的分区单汇接局结构(来话汇接)如图 4.9 所示。

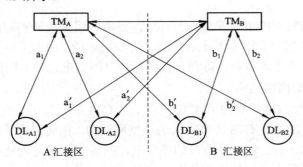

图 4.9　本地网的分区单汇接局结构(来话汇接)

分区双汇接的基本结构：每个汇接区内设两个汇接局，两个汇接局地位平等，均匀分担话务，汇接局之间以网状网相连；汇接局与端局的连接方式同分区单汇接结构，只是每个端局到汇接局的话务量一分为二，由两个汇接局承担。

分区双汇接比较适用于网络规模大、局所数目多的本地网。它比分区单汇接结构的可靠性有很大提高。本地网的分区双汇接局结构(来话汇接)如图 4.10 所示。

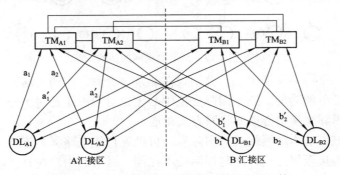

图 4.10　本地网的分区双汇接局结构(来话汇接)

(2) 全覆盖。

全覆盖的网络结构：在本地网内设立若干个汇接局，汇接局间地位平等，均匀分担话务负荷；汇接局间以网状网相连；各端局与各汇接局均相连；两端局间用户通话最多经一次转接。

全覆盖结构的可靠性高，但线路费用也较分区汇接提高很多。本地网的全覆盖网络结构如图 4.11 所示。

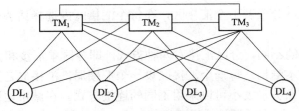

图 4.11　本地网的全覆盖网络结构

4.2.4　国际电话网

1．国际电话网

国际电话网由国际交换中心和局间长途电路组成，用来疏通不同国家之间的国际长途话务。国际电话网中的节点称为国际电话局，简称国际局。用户间的国际长途电话通过国际局来完成，每一个国家都设有国际局。各国际局之间的电路即为国际电路。

2．国际电话网的网络结构

国际交换中心分为 CT1、CT2 和 CT3 三级。各 CT1 局之间均有直达电路，形成网状网结构，CT1 至 CT2、CT2 至 CT3 为辐射式的星型网结构，由此构成了国际电话网的复合型基干网络结构。除此之外，在经济合理的条件下，在各 CT 局之间还可根据业务量的需要设置直达电路群。国际电话网的结构如图 4.12 所示。

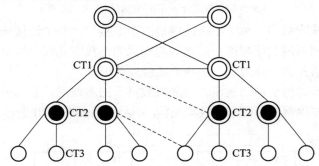

图 4.12　国际电话网的结构

目前我国有三个国际交换中心，分别设在北京、上海、广州，这三个国际交换中心均具有转接和终端话务的功能。三个国际交换中心无论对国内还是对国外均采取分区汇接的方式组网。三个国际交换中心以网状网方式相连。

国际局所在城市的本地网端局与国际局间可设置直达电路群，该城市的用户拨打国际长途电话时可直接接至国际局，而与国际局不在同一城市的用户拨打国际电话则需要经过国内长途局汇接至国际局。

4.3 电话交换机

4.3.1 硬件结构

电话交换机的硬件结构包括话路部分和控制部分，如图 4.13 所示为电话交换机的硬件结构图。

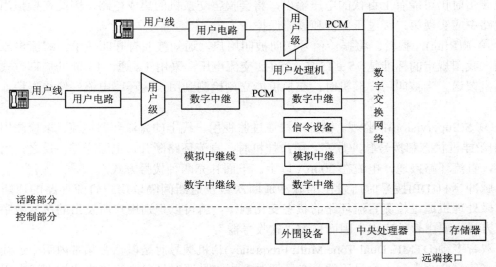

图 4.13　电话交换机的硬件结构图

1. 话路子系统(话路部分)

话路子系统包括用户模块、远端用户模块、中继模块、信令设备、交换网络等部件。

1) 用户模块

用户模块通过用户线直接连接用户的终端设备，主要功能是向用户终端提供接口电路，完成用户话音的模/数、数/模转换和话务集中以及对用户侧的话路进行必要的控制。

用户模块包括两部分：用户电路和用户级。

(1) 用户电路(LC：Line Circuit)是数字程控交换机连接模拟用户线的接口电路。目前电话网中绝大多数用户都是模拟用户，因此多采用模拟电路进行互连。

数字交换系统中的模拟用户电路必须使得内外两者相互匹配，因此，模拟用户电路应具有 BORSCHT 七项功能，如图 4.14 所示为模拟用户电路的 BORSCHT 功能图。

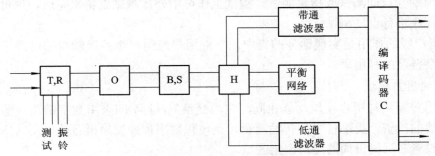

图 4.14　模拟用户电路的 BORSCHT 功能图

下面对图 4.14 中各字母对应的七项功能作简要解释。

① B(Battery Feed)：馈电。所有连接在交换机上的用户终端均由交换机馈电，馈电电压为 –48 V，电流在 20～100 mA。馈电方式有恒压馈电和恒流馈电两种。

② O(Over-voltage Protection)：过压保护。交换机用户接口连接电话机的用户线经常会暴露在室外，为防止雷电或高压线路侵袭用户线而影响交换机的安全，交换机采用二级保护措施。第一级是在用户线入局的配线架上安装保安器，用来防止雷电。但由于保安器在雷电袭击时仍可能有上百伏的电压输出，将会损害交换机的集成电路，因此在模拟用户接口电路中应实现第二级过压保护和过流保护。

③ R(Ring)：振铃。将振铃信号送向被叫用户，通知被叫有呼叫请求。铃流电压一般较高，我国规定的标准是 75 ± 15 V，25 Hz 交流电压，采用 1 s 通，4 s 断的周期方式向用户话机馈送。当被叫用户摘机时，交换机能立刻检测到用户的环路电流，停止振铃，接通话路。

④ S(Supervision)：监视。微处理机通过监视用户线上的直流环路电流，来检测用户话机的摘/挂机状态和拨号脉冲数字。用户挂机时，直流环路断开，电流为零；反之，用户摘机后，直流环路接通，电流在 20 mA 以上。下面补充两种拨号方式。

脉冲话机(DP)拨号时所发出的脉冲通断次数及通断间隔以用户直流环路的通断来表示。微处理机通过检测直流环路的状态变化规律，就可以识别用户所发出的拨号数字。该收号方式主要由软件实现，因而称为"软收号器"。

双音多频(DTMF: Dual-Tone Multi Frequency)话机拨号时是以话音频带内两个连续的模拟频率信号联合表示一位号码的，必须通过专用收号器对号码进行接收和识别。专用收号器也叫"硬收号器"。

⑤ C(Codec)：编译码。数字交换机只能对数字信号进行交换处理，而话音信号是模拟信号，因此在模拟用户电路中需要将模拟话音信号转换成数字信号，在网络中进行传递、交换和处理。反之，通过译码器将网络输出的数字话音信号转换成模拟信号传送给用户。

⑥ H(Hybrid)：混合电路。数字交换网络完成四线交换(接收和发送各一对线)，而用户传输线路上采用二线双向传送信号。因此，在用户话机和编/解码器之间应进行二/四线转换，把二线双向信号转换成收、发分开的四线单向信号，而相反方向需进行四/二线转换。同时根据每一用户线路阻抗的大小调节网络，达到最佳平衡效果。

⑦ T(Test)：测试。交换机运行过程中，用户线路、用户终端和用户接口电路可能发生混线、断线、接地、与电力线相碰、元器件损坏等各种故障，因此需要对内部电路和外部线路进行周期性自动测试或指定测试。测试工作可由外接测试设备来完成，也可利用交换机的测试程序进行自动测试。

(2) 用户级的作用是实现话务的集中，一群用户经用户级后以较少的链路接至交换网络，以提高链路的利用率。

2) 远端用户模块

远端用户模块与用户模块功能相同，它与交换局(母局)间采用数字链路传输信号，来降低用户线的投资，提高信号的传输质量，是现代数字程控交换机普遍采用的一种外围模块，通常设置在远离母局的用户密集区域。

3) 中继模块

中继模块是数字程控交换机与局间中继线的接口设备，可实现与其他交换设备的互连，从而组成整个电话通信网。根据连接中继线的类型，中继模块可分成模拟中继模块和数字中继模块。

(1) 数字中继模块是数字交换系统与数字中继线之间的接口电路，可适配一次群或高次群的数字中继线，具有码型变换、时钟提取、帧同步与复帧同步、帧定位、信令插入和提取、告警检测等功能。

(2) 模拟中继模块是数字交换系统为适应局间模拟环境而设置的终端接口，用来连接模拟中继线，具有监视、信令配合和编译码等功能。

目前，随着数字化进程的推进，数字中继设备已经普及应用，而模拟中继设备正在逐步被淘汰。

4) 信令设备

在电话交换机中，信令设备的功能就是收集来自各个接口的信令信号，并将其转换成适合交换控制系统处理的数据消息格式，或将控制系统送出的数据消息格式信令转换成适配各个接口操作的形式。根据功能的不同，信令设备可以分为 DTMF 收号器、随路记发器信令的发送器和接收器、信号音发生器和 No.7 信令终端等。

5) 交换网络

交换网络是话路系统的核心，其他模块均连接在交换网络上。交换网络在中央处理器控制下，能够在任意两个需要通话的终端之间建立一条通路，即完成接续功能。

2. 控制子系统(控制部分)

控制子系统包括中央处理器、存储器、外围设备和远端接口等，通过执行内部的软件，完成呼叫处理、维护和管理等功能。

(1) 中央处理器是控制子系统的核心，是程控交换机的"大脑"，主要功能是：处理交换机的各种信息，并对数字交换网络和公用资源设备进行控制；完成呼叫控制以及系统的监视、故障处理、话务统计、计费处理等；实现对各种接口模块，如用户电路、中继模块和信令设备等的控制。

(2) 存储器用来存储程序和数据，通常指内部存储器，分为程序存储器和数据存储器等，根据访问方式的不同又可分为只读存储器(ROM)和随机访问存储器(RAM)等。存储器的容量影响系统的处理能力。

(3) 外围设备包括计算机系统中所有的外围部件：输入设备，包括键盘、鼠标等；输出设备，包括显示设备、打印机等；各种外围存储设备，如磁盘、磁带和光盘等。

(4) 远端接口包括到集中维护操作中心(CMOC：Centralized Maintenance & Operation Center)、网管中心、计费中心等的数据传送接口。

4.3.2 软件组成

1. 运行软件的组成

在电话交换机中，运行软件又称联机软件，是指存储在交换机处理系统中，对交换机各种业务进行处理的程序和数据的集合。根据功能不同，运行软件分为操作系统、数据库管理系统和应用软件系统三部分，如图 4.15 所示。

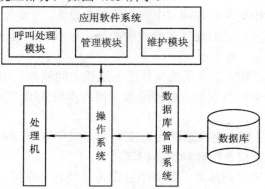

图 4.15　交换机运行软件组成图

1) 操作系统

操作系统是处理机硬件与应用程序之间的接口，其作用是对系统中的所有软硬件资源进行管理。程控交换机应配置实时操作系统，以便有效地管理资源和执行应用软件，完成任务调度、通信控制、存储器管理、时间管理、系统安全和恢复等功能。

2) 数据库管理系统

数据库管理系统对软件系统中的大量数据进行集中管理，实现各部分软件对数据的共享，并提供数据保护等功能。

3) 应用软件系统

应用软件系统通常包括呼叫处理、维护和管理模块。

呼叫处理模块主要用来完成呼叫处理功能，包括呼叫的建立、监视、释放和各种新业务的处理。在呼叫处理过程中，系统要监视主叫用户摘机，接收用户拨号并进行号码分析，接通通话双方，监视双方通话状态，直到全部挂机为止。

维护模块和管理模块的主要作用是对交换机的运行状况进行维护和管理，包括及时发现和排除交换机软硬件系统的故障、计费管理、管理交换机运行时所需的数据、统计话务数据等功能。

4) 数据库

在程控交换机中，所有交换机的信息都存储在数据库中，如交换机硬件配置、使用环境、编号方案、用户当前状态、资源(如中继、路由等)的当前状态、接续路由地址等。

根据信息存在的时间特性，数据库中的数据分为半固定数据和暂时性数据两类。

半固定数据用来描述静态信息，它有两种类型：一种是与每个用户有关的数据，称为用户数据；另一种是与整个交换局有关的数据，称为局数据。这些数据在安装软件时已经确定，一般很少变动，因此称为半固定数据。它可由操作人员输入一定格式的命令进行修改。

暂时性数据用来描述交换机的动态信息，这些动态信息随着每次呼叫的建立过程不断更新，如忙闲信息表、事件登记表等。

2．呼叫处理模块

呼叫处理模块包括用户扫描、信令扫描、数字分析、路由选择、通路选择和输出驱动等模块，作用是控制呼叫的建立和释放。

(1) 用户扫描。用户扫描是指软件按照一定的扫描周期，检测用户环路状态的变化，从状态的变化和用户原来的状态来判断事件的性质，如回路接通可能是主叫呼出，也可能是被叫应答。

(2) 信令扫描。信令扫描泛指对用户线进行收号扫描和对中继线或信令设备的扫描。前者包括对脉冲收号或 DTMF 收号的扫描；后者是指在随路信令方式下，对各类中继线和多频接收器的扫描。

(3) 数字分析。数字分析的作用是根据收到的地址信令或其前几位判别接续的性质，如判别本局呼叫、出局呼叫、汇接呼叫、长途呼叫和特种业务呼叫等。对于非本局呼叫，通过数字分析和翻译可以获得用于路由选择的相关数据。

(4) 路由选择。路由选择的主要功能是：确定对应于去话的中继线群，并选择一条空闲的出中继线；如果线路全忙，可以依次确定各个迂回路由并选择空闲中继线。

(5) 通路选择。在数字分析和路由选择完成后，软件根据存储器中链路忙闲状态的映像表进行通路选择，其功能是在交换网络指定的入端与出端之间选择一条空闲的通路。

(6) 输出驱动。输出驱动是软件与话路子系统中各种硬件的接口程序，用于使硬件执行相应的动作，例如，驱动数字交换网络的通路连接或释放，驱动用户电路中振铃继电器的动作等。

4.4 程控交换机的维护和操作

在运行过程中，由于气候、电压、人为操作等原因，程控交换机会出现暂时的故障，从而导致电话网无法实现正常通信，因此需要对交换机进行定期维护，使得交换机性能指标达到最优。

4.4.1 运行维护性指标

程控交换机系统的运行维护性指标包括故障定位准确度和再启动次数。

1. 故障定位准确度

交换机发生故障后，故障定位越准确，越容易排除故障。数字程控交换机具有较高的自动化和智能化程度，能够将故障可能发生的位置按概率大小依次输出，甚至有些简单的故障可以准确地定位到电路板或芯片。

2. 再启动次数

再启动是指当系统运行异常时，程序和数据恢复到某个起始点重新开始运行。再启动为软件的恢复提供了一种有效的措施，但是会影响交换机的稳定运行。按照对系统影响程度的不同，再启动分成若干级别，影响最小的再启动可能使系统只中断运行数百毫秒，对呼叫处理基本没有影响，而较高级别的再启动将造成所有的呼叫全部损失，所有的数据恢复初始值，全部硬件设备恢复为初始状态。

再启动次数是衡量电路交换机工作质量的重要指标，一般要求每月再启动次数在 10 次以下。尤其是高级别的再启动，其破坏性大，所以次数越少越好。

4.4.2　OM 指令

对于飞利浦公司的 SOPHO iS3000 系列交换机,可以通过人-机语言(MML)进行日常维护和设置,常用指令是 OM 指令。OM 指令(Operational Maintenance Command)可以对一个正在运行的系统执行维护功能。因此掌握好 OM 指令是交换机能够可靠运行的重要保障。

OM 指令可以通过 PC 或 OM 终端使用人—机语言键入,每条 OM 指令有六个字母。

OM 指令有两个等级,分别称为一线维护和二线维护。用户使用一线 MML OM 指令,二线维护的 MML OM 指令是供开发人员使用的。

1. OM 指令的主要用途

OM 指令的主要用途如下:

(1) 设置和修改与工程设计有关的数据,如外部编号和话务等级;

(2) 改变服务状态;

(3) 读出告警和系统状态记录;

(4) 对分机设置各种功能。

2. OM 指令的语法

每条 OM 指令有六个英文字母,一个冒号(:),一个或几个参数(其中有的必选,有的可选),这些参数分别用逗号(,)隔开,最后是分号(;)或感叹号(!)。命令字由六个字母组成,其意义如表 4.1 所示。如果使用分号结束 OM 指令,执行后屏幕上将显示:EXECUTED。

表 4.1　OM 语法指令说明

命令字	对应的英文单词	含　义
AS	assign	设置
CH	change	改变
CL	clear	清除
DE	delete	删除
DU	dump	转储
ER	erase	删除
GE	generate	产生
IN	insert	插入
LD	load	加载
SE	set	建立
STOP	stop	停止
STRT	start	启动

3. 参数

必选参数:<DNR>,表示必须键入分机号码;

可选参数:[<DNR>]。方括号内可能有几个参数或一个参数和一个逗号。方括号内的每个选项都必须输入或者都省略。

单元号:用[<UNIT>]表示。多点系统中需要键入单元号,单点系统必须省略。单元号

"0"被键入时表示此单元是与 OM 终端相连的单元。

4．参数格式

根据所使用的 OM 指令，参数可以是单参数、串参数或范围参数。

(1) 单参数：<DNR>，表示单个参数，例如：34078；

(2) 串参数：<DNR>s，表示串参数，并且规定两个、三个或四个参数间用&隔开，例如：34078&34079&34062，OM 指令会分别执行每个参数。

(3) 范围参数：<DNR>r，表示一个范围的参数，规定两个参数之间用&&隔开，例如：34070&&34079，OM 命令将从低位到高位执行，第一个参数必须小于第二个参数。

(4) 串/范围参数：<DNR>s/r，表示参数既可作为串参数也可作为范围参数，但是两种参数不能同时使用，如 34078&34079&&34100 为无效输入。对于一个 BSP-ID 参数的串/范围，当且仅当 BSP 相同时可以同时使用，例如，允许使用 2406-98&&2410-98，不允许使用 2406-97&&2410-98。

5．OM 指令的格式

一条 OM 指令可表示为：

    Change Abbreviated Number   124# !

    CHABNR:<ABBR-NUMBER>[,[<EXP-NUMBER>],[<TRFC>][,<AG>s/r]];

其中，标题给出该指令的说明，其后数码为该指令的权利级别标志，该标志被用于改变指令的权利级别，"#"意味着如果 journal 文件已打开，该命令将被写入 journal 文件，"!"表示只有 journal 打开时，该指令才能被执行，否则不能执行。

如果在终端上某些 OM 指令由于权利级别不够而不能执行，可使用以下指令显示出其需要的权利级别：

    DIRECT:LBU**:CHABNR.*./,U;

指令输入方法：

    CHABNR:33,0224978,4

该指令表示将 0224978 缩位为 33，并且使用该功能的分机级别——4 级。

该指令最后省了一个参数分析组[,<AG>s/r]，该功能被加到公共池中，表示系统任何分级均可用(够 4 级)。如果只想给某一分析组使用，则可将[,<AG>s/r]写入该分析组。

6．OM 指令的屏幕帮助

为了使用户能方便地使用 OM 指令，在操作期间，系统会提供帮助文档。帮助分为下列几种：

1) 全部 OM 指令的指南

在"<"后输入"？"即可在屏幕上显示全部可用的 OM 指令清单，但是这仅仅是无代码的 OM 操作，不适用于通过 PC 应用软件进行的 OM 操作。

2) 单条 OM 指令的指南

在 OM 指令的六个字母及冒号之后键入"?"即可在屏幕上显示出该 OM 命令的说明，系统最后重复显示键入的 OM 指令。例如：

    CHABNR:?

    Change abbreviated number

CHABNR:<ABBR-NUMBER>[,[<EXP-NUMBER],[<TRFC>][,<AG>s/r]];

If only the abbreviated number is entered, the erase function will be executed.

If the analysis group number is omitted, the common analysis group number is used.

CHABNR:

然后，可以使用参数指南。

3）单个参数的指南

在某条 OM 指令的某个参数位置上，键入"?"即可在屏幕上显示该参数的说明。例如：

CHABNR:**005,?

EXP-NUMBER: Expanded number(1…20 digits)

CHABNR:**005,

在 OM 指令的 6 个字母及冒号之后键入"?"即可在屏幕上显示该 OM 指令的说明。当重复显示指令的 6 个字母及冒号之后，再键入"?"即可显示第一个参数的指南。

4.5　路　由　选　择

在电话通信网中，当任意两个用户之间有呼叫请求时，网络需要为该用户分配一条端到端的话音通路。当该通路需要经过多个交换中心时，交换机要在所有可能的路由链路中选择一条最优通路进行接续，即进行路由选择。路由链路将呼叫从源端传送至目的端，是任何一个通信网络体系规划和运营的核心部分，因此路由选择是网络通信研究的核心问题。其主要功能是提供一条通信链路，将分组传送到正确的目的节点，具体功能包括：一是为不同的源节点和目的节点选择一条传输路径；二是在路由选择之后，将用户的消息正确地传送到目的节点。

4.5.1　路由的概念及分类

1．路由的概念

路由是指在电话网中，源节点和目的节点之间建立的一条传送信息的通路。它可以由单段链路组成，也可以由多段链路经交换局串联组成。链路是指两个交换中心节点间的直达电路或电路群。如图4.16 所示为三个用户的链路示意图，AB、BC 均为链路，交换局(A，B)和(B，C)之间的路由分别由单段链路 AB 和BC 组成，而 A、C 之间的路由则由链路 AB、BC 经交换局 B 串联而成。

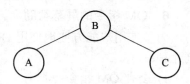

图 4.16　三个用户的链路示意图

2．路由的分类

电路网中的传输电路根据不同的呼损指标分为低呼损电路群和高效电路群。所谓呼损，简单来讲，是指在用户发起呼叫时，由于网络或中继的原因导致电话接续失败，这种情况叫做呼叫被损失，简称呼损。呼损可以用损失的呼叫占总发起呼叫数的比例来描述。

低呼损电路群上的呼损指标小于 1%，并且话务量不允许溢出至其他路由。所谓不允许溢出，是指在选择低呼损电路进行接续时，若该电路拥塞，则不能直接进行接续，并且不能选择其他电路进行接续，故该呼叫就被损失，即产生呼损。因此，在通信网络规划过程中，需要根据话务量计算所需的电路数，保证满足呼损指标，而对于高效电路群则没有呼损指标，其上的话务量可以溢出至其他路由，然后进行接续。

电话网中路由的几种分类方法：按照选择顺序分为首选路由和迂回路由；按照呼损可以分为低呼损路由和高效直达路由，其中低呼损路由包括基干路由和低呼损直达路由。

1) 基干路由

基干路由的组成有两种方式：一是由具有上下级汇接关系的相邻等级交换中心之间的低呼损电路群组成；二是由长途网和本地网的最高等级交换中心(指 C1 局、DC1 局或 Tm)之间的低呼损电路群组成。

基干路由中的低呼损电路群称为基干电路群，电路群的呼损指标应小于 1%，才能够保证全网的接续质量，且话务量不允许溢出至其他路由。

2) 低呼损直达路由

直达路由是由任意两个交换中心之间的电路群组成的，不经过其他交换中心转接。低呼损直达路由是由任意两个等级的交换中心的低呼损直达电路组成的，不仅可以疏通两个交换中心之间的终端话务，而且可以疏通交换中心转接的话务。

3) 高效直达路由

高效直达路由是由任意两个等级交换中心之间的高效直达电路组成的，对电路群没有呼损指标的要求，并且话务量可以溢出到其他路由。高效直达路由不仅可以疏通两个交换中心之间的终端话务，而且可以疏通交换中心转接的话务。

4) 首选路由与迂回路由

当某一交换中心呼叫另一交换中心时，对目标局的选择可以有多个路由，其中第一次选择的路由称为首选路由。当首选路由遇忙时，就迂回到第二路由或者第三路由，第二路由和第三路由称为首选路由的迂回路由。迂回路由一般是由两个或两个以上的电路群转接形成的。

对高效直达路由而言，由于话务量可以溢出，因此必须有迂回路由。

5) 最终路由

当一个交换中心呼叫另一交换中心，选择的低呼损路由连接不再溢出时，由这些无溢出的低呼损电路群组成的路由称为最终路由。最终路由可以是基干路由，也可以是低呼损直达路由，或二者的组合。

4.5.2 路由选择

1. 路由选择概述

路由选择也称为选路(Routing)，是指一个交换中心呼叫另一个交换中心时，在多个可能的路由中选择一个最优的链路。对一次呼叫而言，直到通话的建立完成，路由选择才结束。

电话网的路由选择分为等级制选路和无级选路两种结构。等级制选路是指在源节点到目的节点的一组路由中，依次按顺序选择路由，不考虑这些链路是否被占用。无级选路则是在路由选择时不按先后顺序，且可以互相溢出。

　　路由选择计划分为固定路由选择计划和动态路由选择计划两种。固定路由选择计划是指交换机的路由表一旦形成，在相当长的一段时间内将保持不变，交换机将在路由表中进行选路，若要改变路由表，须进行手工设置。动态路由选择计划则是指交换机的路由表可以根据时间、状态或事件动态改变，如每隔一段时间或一次呼叫结束后改变一次。这些变化可以是预先设置的，也可以是实时进行的。

　　2．路由选择原则

　　不论采用什么方式进行选路，都应遵循以下原则：

　　(1) 要保证数据传输质量和信令信息的可靠传输；

　　(2) 有明确的规律性，确保路由选择中不会出现死循环；

　　(3) 一个呼叫连接中的串联链路数量应尽量少；

　　(4) 尽量简化网络设计或交换设备；

　　(5) 能在低等级网络中疏通的话务量，尽量不在高等级交换中心疏通。

4.5.3　固定等级制选路规则

　　在等级制网络中，一般采用固定路由选择计划和等级制选路结构，即固定等级制选路。下面以我国电话网为例，介绍固定等级制选路规则。

　　1．长途网路由选择

　　我国长途网采用等级制结构，而选路采用的是固定等级制选路。二者的不同之处在于，等级制结构是指交换中心的设置级别，而等级制选路则是指按照路由表中的顺序依次进行路由选择。依据体制要求，我国长途网实行的路由选择规则为：

　　(1) 网中任一长途交换中心呼叫另一长途交换中心时所选路由数量最多为三个。

　　(2) 路由选择顺序为先选直达路由，再选迂回路由，最后选最终路由。

　　(3) 在选择迂回路由时，先选择直接到达受话端的迂回路由，后选择发话端的迂回路由。迂回路由的选择具有方向性，在发话端是从低级向高级进行(即自下而上)，而在受话端则是从高级向低级进行(即自上而下)。

　　(4) 在经济合理的条件下，应保证同一汇接区的主要话务在该汇接区内疏通。在路由选择过程中遇到低呼损路由时，不再溢出至其他路由，即终止路由选择。

　　如图 4.17 所示的网络为一个路由选择实例，按照上述的选路规则，B 局到 D、C 局的路由选择过程分别如下：

　　(1) B 局到 D 局有如下的路由选择顺序：

　　① 先选直达路由：B 局→D 局；

　　② 若直达路由全忙，再依次选迂回路由：B 局→C 局→D 局；

　　③ 最后选最终路由：B 局→A 局→C 局→D 局，路由选择结束。

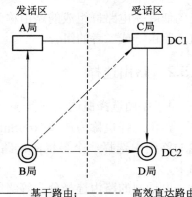

图 4.17　路由选择实例

(2) B 局到 C 局有如下的路由选择顺序：

① 先选直达路由：B 局→C 局；

② 若直达路由全忙，再选迂回路由：B 局→A 局→C 局，路由选择结束。此时，只有一条迂回路由，则该迂回路由为最终路由。

最后得到 B 局的路由表如表 4.2 所示。

表 4.2　B 局的路由表

终端局	直达路由	第一迂回路由	第二迂回路由
D	B→D	B→C→D	B→A→C→D
C	B→C	B→A→C	—

2．本地网路由选择

1) 本地网路由选择规则

本地网路由选择规则为：

(1) 先选直达路由，遇忙后再选迂回路由，最后选基干路由。在路由选择中，当遇到低呼损路由时，不再溢出到其他路由，即结束路由选择。

(2) 数字本地网中，原则上端到端的最大串联链路数不超过三段，即端到端呼叫最多经过两次汇接。当汇接局之间不能同时相连时，端到端的最大串接链路数可以增加至四段。

(3) 一次接续最多可选择三个路由。

2) 本地网的路由结构分类

通常本地网的路由结构分为网状结构和二级网结构。

(1) 网状结构：网状结构中，各端局之间都有低呼损直达电路相连，因此，端到端的来去话务都由两端局间的低呼损直达路由疏通。

(2) 二级网结构。

如图 4.18 所示的网络为本地网路由选择示意图，端局 A 呼叫端局 B 时，路由有如下选择顺序：

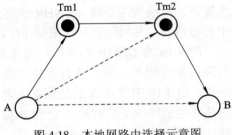

图 4.18　本地网路由选择示意图

① 先选高效直达路由：A→B；

② 直达路由全忙时，选迂回路由：A→Tm2→B；

③ 选最终路由：A→Tm1→Tm2→B，选路结束。

4.5.4　其他选路方法

1．固定无级选路

根据相关技术体制，并结合我国电话网组织和运行管理的实际情况，在长途二级网中分别在省际交换中心 DC1 之间(省际平面)以及省内的 DC2 之间(省内平面)引入"固定无级"选路方式。"固定无级"是指选路计划采用"固定"，选路结构在同一平面采用"无级"的一种选路规则。于是在平面内选路时，任一交换中心在满足一定原则的条件下，均可作为其他两个交换中心之间迂回路由的转接点，并且呼叫在同一平面上所经的路由串联段数最多为两段。

在省际平面内，各省的 DC1 可作为其他省的 DC1 之间迂回路由的转接点，发话局至目标局间的呼叫可以通过其他 DC1 局进行迂回，并且迂回路由已经预先确定，固定不变；在省内平面内，DC2 可作为省内其他 DC2 之间迂回路由的转接点，疏通少量的省内转接话务，省内平面内发话局至目标局间的呼叫可以通过其他 DC2 局进行迂回，该迂回路由同样是预先确定的，是固定的。

实施无级固定选路的基本条件是同一平面上各交换节点互连形成网状。目前省际平面已经具备了这个条件，有望在近期实现固定无级选路。省内平面的大部分省份目前还不具备这个条件，只有个别经济发达的省份，实现了 DC2 之间的网状相连，有望实现省内平面无级固定选路。

2．动态选路

动态路由选择是根据网络当前的状态信息进行选路的。这种状态信息可以是提前预设的，也可以是对网络进行测量的结果。前者的路由表是周期的，每隔一段时间(如一小时或10 分钟等)改变一次，后者的路由表是由交换机根据测量结果进行实时改变的。

目前，比较典型的动态路由选择方法有动态无级选路(DNHR：Dynamic Non-Hierarchical Routing)、实时网络选路(RTNR：Real Time Network Routing)、动态迂回选路(DAR：Dynamic Alternate Routing)和动态受控选路(DCR：Dynamically Controlled Routing)等，这里我们仅对前三种选路方法作简要介绍。

1）动态无级选路(DNHR)

美国 AT&T 公司于 1987 年在美国长途网中使用动态选路取代了固定选路，使得网络效率提高，网络费用下降。DNHR 实现的前提是存在无级网(如二级网的高平面)，它采用集中的路由表，并利用公共信道信令(CCS)从全网各个节点收集和分配路由信息。

图 4.19 为 DNHR 示意图，表 4.3 为 A 局到 B 局的路由表。每一个交换机到其他节点的路由都有两类，即一条直达路由和若干条迂回路由。图 4.19 中节点 A 的迂回路由表中列出了当直达路由故障或全忙时从 A 点到 B 点可选的双链路迂回路由 A→C→B，A→D→B 等，最多可以有14 个迂回路由。在路由选择时，首先选择直达路由，若直达路由全忙，再按顺序选择表中的迂回路由。当第一条路由阻塞时，溢出到第二条路由，再次阻塞时，溢出到第三条路由，以此类推，直至选到一条可用的路由。

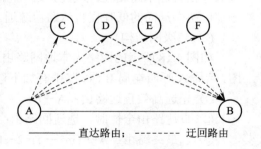

——— 直达路由；------- 迂回路由

图 4.19　DNHR 示意图

表 4.3　A 局→B 局的路由表

直达路由	第一迂回路由	第二迂回路由	…
A→B	A→C→B	A→D→B	…

DNHR 的网络具有迂回控制的能力。迂回是指公共信道信令的一种消息功能，它允许将已阻塞的呼叫返回给发端交换机，以便在其他路由上进行选路。在选择某一条路由时，若中间节点发现链路阻塞，不能进行接续，可通知网络，网络再将该消息通知发端交换机，发端交换机选择路由表中的下一条路由对该呼叫进行接续。

路由表中迂回路由的顺序是动态变化的，路由表的更新可以每小时进行一次。路由表中迂回路由顺序的设置原则为尽量把业务分配给负荷较轻的路由。该方法依赖于网络对当时业务负荷的预测。显然，选路成功与否与业务量的预测是否准确有很大关系。对于小网络，业务量预测比较简单，而对于大型网络，业务量预测是非常困难的，这正是该方法的缺点和问题所在。

　　2) 动态迂回选路(DAR)

　　英国电信公司(BT：British Telecom)使用的是动态迂回选路的方法。动态迂回选路是一种自适应的选路策略，路由选择是随机的，并不是事先确定的。在 DAR 中，首选直达路由，当直达路由全忙或故障时，溢出的话务量由迂回路由进行迂回。先选上一次接续成功的迂回路由，若成功，则由该迂回路由进行接续，并且在下次选择时仍先选择该路由；若该迂回路由阻塞，再随机选择一个新的路由。

　　由此可见，在用 DAR 进行路由选择时，正常情况下始终锁定在一个成功的迂回路由上，直到这个路由失败。一旦该路由失败，立即搜索其他路由。因此可以将 DAR 看做是一种带学习的选路策略：若选择成功，则下次被选择的概率为 1；若不成功，则下次被选择的概率为 0。经过一段足够长的时间后，每一个迂回路由都会以同样的次数被选中。

　　3) 实时网络选路(RTNR)

　　RTNR 是一种自适应的选路方法，1991 年 AT&T 公司在网络中实现了 RTNR，取代了DNHR，进一步改善了网络性能，从而产生了更大的经济效益。RTNR 不再进行集中选路，但公共信道信令仍然在网络中起着重要的作用。RTNR 中路由表的变化都是实时的。

　　与前两种方法相同，RTNR 首选直达路由，当直达路由不能实现此次接续时，发端交换机通过 CCS 和终端交换机交换信息，终端交换机把所有与其相连链路的忙闲情况发送到发端交换机，发端交换机与本身所连的链路进行比较，从中选择一条到终点的最小负荷路由(LLR：Least Loaded Route)。

4.5.5　典型组网工程设计

　　一些特殊的大客户需要专门的电路交换网支持高层指挥者的电话服务。下面以某机构总部含多个下属分部组成的长途自动拨号多向 DDI 电话网为例，来说明异地互联中不同信令对接实现自动汇接与自动转接的组网功能，其结构如图 4.20 所示。

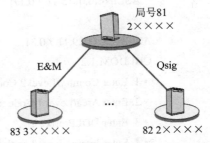

图 4.20　某机构的长途自动拨号多向DDI 电话网结构

　　总部设置方案：本地局号(81)+2 ××××

　　1. 到分部 2(QSIG)的中继设置 82 2 ××××

TAC: 82 → D1 → RT1 → R1 → B1

　　　　└─→ DDO61　　└─── DDI31

ASBRDS:11,7,18,5D21;　　　　QSIG 网络端 DTU-G

　SETINS:11,7;

　SETINS:11,7,0;

　ASINTN:0,82,2,21,1;　　　　中继码(TAC)：82；局向：0

```
    ASINTN:1,82,2,21,1;
    ASINTN:2,82,2,21,1;
    ASINTN:5,82,2,21,1;
    CHDSTC:1,61,00,1,0,1,2;
```
　　　　　　　　　　　　　　　　1：路由表；**0**：TAC 不重发；**1**：被叫号码成组发送

　　　　　　　　　　　　　　　　2：专网号码方案(PNP：Private Numbering Plan)

```
    ASEXTN:61,2,2,3,20,0;                     2：外部号码
                       ;
    ASEXTN:60,5,2,3,20,0;                     5：外部号码
                       ;
    CRROUT:0;
    CHROTA:0;
              0,1,2;
              ;
    CHRTCG:0,0110000000000,550550;            0：不计费
    CHRTCI:0,10100000000,012299999,31;        1：允许入局汇接
                                              2：入局话务等级
                                              31：入局树
    ASBLCK:31,2,1,5,10;                       2：入局树分析本局内部分机号
    ASINTN:31,83,2,21,0;                      83：汇接至总队 3 的 TAC
    CHRTCO:0,000100,0;                        1：允许出局汇接
    ASBNDL:0,0;
    CHBNDC:0,22,0000000000000000,420;         420：数字专网 QSIG-A 端
    ASLINE:0,0000,11,7,0,1;                   分配 30B 中继线
        …
    ASLINE:0,0014,11,7,0,15;
    ASLINE:0,0015,11,7,0,17;
            …
    ASLINE:0,0029,11,7,0,31;
    CHLDOM:1,2;                               定义 PNP 域
    • 1. Enter Country/Level 2 Code :-;
    • 2. Enter Area/Level 1 Code :81;         本局区号
    • 3. Enter DDI Prefix :-;
    • 4. Enter International/Level 2 Prefix :-;
    • 5. Enter National/Level 1 Prefix :-;
    • 6. Enter Special Services Prefix :-;
    • 7. Enter Trunk Access Code :-;
    • 8. Enter Preferred TON for Called Party Number :1;  被叫号码类型：局号 + 分机号
    • 9. Enter Preferred TON for Calling/Connected Party Number:2;
    •                                         主叫/连接方号码类型：区号 + 局号 + 分机号
```

- 10. Insert Trunk Access Code for CLI/COL with TON unknown :0;
- 11. Route defines call back Trunk Access Code for CLI/COL :0;

CHRTLD:1,1;   至总队的 1 号路由属于 1 号域

CHDNRL:20000&&20003,1;   分机号码属于 1 号域

CHLODD:2,1,81%,%;   移除主叫局发至本局的局号

2. 到分部 3(E&M)的中继设置 83 3xxxx

TAC: 83 → D0 → RT0 → R0 → B0
     └─→ DDO60 ←─ DDI30

ASBRDS:11,4,22,3604;   板型 22，E&M 信令 3604

SETINS:11,4;

SETINS:11,4,0&&3;

ASINTN:0,83,2,21,0;   中继码(TAC)：83；局向：0

ASINTN:1,83,2,21,0;   中继码(TAC)：83；局向：1

ASINTN:2,83,2,21,0;

ASINTN:5,83,2,21,0;

CHDSTC:0,60,00,0,**0,1,2**;   **0**：TAC 不重发   **1**：被叫号码成组发送

                                     2：专网号码方案

ASEXTN:60,3,**2**,3,20,0;   **2**：外部号码

              ;

ASEXTN:60,**5**,2,3,20,0;   **5**：外部号码

              ;

CRROUT:0;

CHROTA:0;

        0,1,2;

            ;

CHRTCG:0,011**0**000000000,550550;   **0**：不计费

CHRTCI:0,101**0**0000000,012299999,**30**;   **1**：允许入局汇接

                                     2：入局话务等级

                                     30：入局树

ASBLCK:30,**81**,2,2, 10;   **81**：入局树分析本局局号为内部分机号

ASDGCV：0，**81**,,;   **81**：去除局号

ASBLCK:30,**2**,2,5,10;   **2**：入局树分析本局内部分机号

ASINTN:30,**83**,2,21,0;   **83**：汇接至总队 3 的 TAC

CHRTCO:0,000**1**00,0;   **1**：允许出局汇接

ASBNDL:0,0;

CHBNDC:0,22,0000000000000000,**420**;   **420**：数字专网 QSIG-A 端

ASLINE:0,0000,11,7,0,1;   分配 30B 中继线

        …

ASLINE:0,0014,11,7,0,15;

ASLINE:0,0015,11,7,0,17;

　　　…

ASLINE:0,0029,11,7,0,31;

3．分部 2[3030(2)]对上设置方案 82 2xxxx

分部 2 到总部及其他分部的中继设置。

```
TAC:  8 → D0 → RT0 → R0 → B0
        └──→ DDO60 ←── DDI30
```

ASBRDS:12,9,18,5D20;　　　　　　　　QSIG 用户端

SETINS:12,9;

SETINS:11,9,**0**;　　　　　　　　　　QSIG 只开 **0** 号电路

ASINTN:0,8,2,21,0;　　　　　　　　　TAC：8；局向：0

ASINTN:1,8,2,21,0;

ASINTN:2,8,2,21,0;

ASINTN:5,8,2,21,0;

CHDSTC:0,60,00,0,**1,1**,2;　　　　　　1：TAC 重发 1 位；**1**：被叫号码成组发送

　　　　　　　　　　　　　　　　　2：Private Numbering Plan (PNP)

ASEXTN:60,**8**,2,3,20,0;　　　　　　　**8**：外部号码

　　　　　　;

CRROUT:0;

CHROTA:0;

　　　　0,1,2;

　　　　　　;

CHRTCG:0,011**0**000000000,550550;　　**0**：不计费

CHRTCI:0,10**1**00000000,012299999,30;　**1**：允许入局汇接

ASBLCK:30,**2**,2,5,10;　　　　　　　　**2**：入局树分析本局内部分机号

CHRTCO:0,000**1**00,0;　　　　　　　　**1**：允许出局汇接

ASBNDL:0,0;

CHBNDC:0,22,0000000000000000,**421**;　　**421**：专网 QSIG-B 端

ASLINE:0,0000,12, 9,0,1;

　　　　　…

ASLINE:0,0014,12,9,0,15;

ASLINE:0,0015,12,9,0,17;

　　　　　…

ASLINE:0,0029,12,9,0,31;

CHLDOM:1,2;　　　　　　　　　　　定义 PNP 域

• 1. Enter Country/Level 2 Code :-;

• 2. Enter Area/Level 1 Code :83;　　　本局区号

• 3. Enter DDI Prefix :-;

- 4. Enter International/Level 2 Prefix :-;
- 5. Enter National/Level 1 Prefix :-;
- 6. Enter Special Services Prefix :-;
- 7. Enter Trunk Access Code :-;
- 8. Enter Preferred TON for Called Party Number :1;　　　　被叫的号码类型
- 9. Enter Preferred TON for Calling/Connected Party Number :2;　　主叫/连接方号码类型
- 10. Insert Trunk Access Code for CLI/COL with TON unknown :0;
- 11. Route defines call back Trunk Access Code for CLI/COL: 0;

CHRTLD:0,1;　　　　　　　　　　　至总部的 0 路由属于 1 号域

CHDNRL:20000&&20003,1;　　　　分机号码属于 1 号域

CHLODD:2,1,82%,%;　　　　　　　移除主叫局发至本局的区号

4. 分部 3 对上(E&M)中继的设置 83 3 ××××

TAC: 83 → D0 → RT0 → R0 → B0

　　　　　　└→ DDO60 └── DDI30

ASBRDS:11,4,22,3604;　　　　　　板型 22，E&M 信令 3604

SETINS:11,4;

SETINS:11,4,0&&3;

ASINTN:0,83,2,21,0;　　　　　　　中继码(TAC)：83；局向：0

ASINTN:1,83,2,21,0;

ASINTN:2,83,2,21,0;

ASINTN:5,83,2,21,0;

CHDSTC:0,60,00,0,**0,1,2**;　　　　　**0**：TAC 不重发；**1**：被叫号码成组发送

　　　　　　　　　　　　　　　　2：专网号码方案

ASEXTN:60,**3**,2,3,20,0;　　　　　　**3**：外部号码

　　　　　　　;

ASEXTN:60,**5**,2,3,20,0;　　　　　　**5**：外部号码

　　　　　　　;

CRROUT:0;

CHROTA:0;

　　　0,1,2;

　　　　;

CHRTCG:0,0110000000000,550550;　　**0**：不计费

CHRTCI:0,10100000000,012299999,**30**;　**1**：允许入局汇接

　　　　　　　　　　　　　　　　2：入局话务等级

　　　　　　　　　　　　　　　　30：入局树

ASBLCK:30,**81**,2,2, 10;　　　　　　**81**：入局树分析本局局号为内部分机号

ASDGCV: 0，**81**，;　　　　　　　　**81**：去除局号

ASBLCK:30,**2**,2,5,10;　　　　　　　**2**：入局树分析本局内部分机号

```
ASINTN:30,83,2,21,0;                    83：汇接至总队 3 的 TAC
CHRTCO:0,000100,0;                      1：允许出局汇接
ASBNDL:0,0;
CHBNDC:0,2,0000000000000000,02;         2：双向线束；连接和信令类型 PQ=02
                                        0：四线专网中继，2：DTMF 入、DTMF 出
ASLINE:0,0000,11,7,0,1;                 分配 30B 中继线
        …
ASLINE:0,0014,11,7,0,15;
ASLINE:0,0015,11,7,0,17;
        …
ASLINE:0,0029,11,7,0,31;
```

4.6 编号计划

一个电信网，无论是电话网，还是电报网或数据网，要能实现网中任意两个用户或终端之间的呼叫连接就必须对网中每一用户或终端分配一个唯一的号码。通过拨号可以很方便地呼叫网中的其他用户或终端。

电话网中的编号计划就是完成对网中各个用户、终端局及长途局的号码分配。电话网的编号计划是由 ITU-TE.164 建议规定的。

4.6.1 编号原则

电话网的编号原则如下：

(1) 编号计划应给本地电话与长途电话的发展留有充分余地；

(2) 应合理安排编号计划，使号码资源得到充分利用；

(3) 编号计划应符合 ITU-T 的建议，即从 1997 年开始，国际电话用户号码的最大长度为 15 位，我国有效电话用户号码的最大长度为 13 位，目前采用长度为 11 位的编号计划；

(4) 编号计划应具有相对的稳定性；

(5) 编号计划应使长途、市话自动交换设备及路由选择的方案简单。

4.6.2 编号方案

1．第一位号码的分配使用

第一位号码的分配规则如下：

(1) "0" 为国内长途全自动冠号；

(2) "00" 为国际长途全自动冠号；

(3) "1" 为特种业务、新业务及网间互通的首位号码；

(4) "2~9" 为本地电话首位号码，其中，"200"、"300"、"400"、"500"、"600"、"700"、"800" 为新业务号码。

2．本地网编号方案

在一个本地电话网内，应采用统一的编号，一般情况下采用等位制编号，号长根据本地网的长远规划容量来确定，国内本地网号码加上长途区号的总长不超过 11 位。

本地电话网的用户号码包括两部分：局号和用户号。其中局号可以是 1～4 位，用户号为 4 位。如一个 7 位长的本地用户号码可以表示为

$$PQR \quad + \quad ABCD$$

局号　　　　　　用户号

在同一个本地电话网范围内，用户之间呼叫时拨打统一的本地用户号码，如直接拨 PQRABCD 即可。

3．长途网编号方案

1) 长途号码的组成

长途呼叫即不同本地网用户之间的呼叫，呼叫时需在本地电话号码前加拨长途字冠"0"和长途区号，即长途号码的构成为

长途电话字冠(0) + 长途区号(2～3 位) + 本地电话号码(6～8 位)

长途电话字冠固定为"0"，用来表示此次呼叫为长途电话。长途区号是长途电话用户所在长途交换中心城市的地区代码，一个长途区号的服务范围就是一个本地网。长途区号加本地电话号码的总位数不超过 11 位(不包括长途字冠"0")。

2) 长途区号编排

长途区号的编排是将全国划分为若干个长途编号区，每个长途编号区都编上固定的号码。长途区号可以采用等位制和不等位制两种。等位制适用于大、中、小城市的总数在一千个以内的国家，不等位制适用于大、中、小城市总数在一千个以上的国家。我国幅员辽阔，各地区通信的发展很不平衡，因此采用不等位制编号，长途区号由 2～3 位组成，根据城市的政治、经济地位、电话业务条件等分别给予不同长度的长途区号。具体分配原则如下：

(1) 北京市：区号占用以"1"为首的两位号码，目前使用"10"，"11～19"备用，即北京长途电话号码的本地网号码最长可以为 9 位。

(2) 大城市及直辖市：区号为两位，编号为"$2X$"，X 为 0～9，共 10 个号，分配给 10 个大城市，如上海为"21"，西安为"29"等，这类城市的本地网号码最长可以为 9 位。

(3) 省中心、省辖市及地区中心：区号为 3 位，编号为"$X_1X_2X_3$"，X_1 为 3～9(6 除外)，X_2 为 0～9，X_3 为 0～9。如郑州为"371"，兰州为"931"，这类城市的本地网号码最长可以为 8 位。

(4) 首位为"6"的长途区号除 60、61 留给台湾外，其余号码为 $62X$～$69X$ 共 80 个号码作为 3 位区号使用。

长途区号采用不等位制编号方式，不但可以满足我国号码容量的需求，而且可以使长途电话号码的长度不超过 11 位。显然，若采用等位制编号方式，如采用两位区号，则只有 100 个容量，满足不了我国的要求；若采用三位区号，区号的容量是够了，但每个城市的号码最长都只有 8 位，满足不了一些特大城市的号码需求。

4．国际长途电话编号方案

国际长途呼叫时需在国内电话号码前加拨国际长途字冠"00"和国家号码，即

00 + 国家号码 + 国内电话号码

其中国家号码加国内电话号码的总位数最多不超过 15 位(不包括国际长途字冠 "00"),国家号码由 1～3 位数字组成。根据 ITU-T 的规定,世界上共分为 9 个编号区,我国在第 8 编号区,国家代码为 86。

5. E.164 协议

用于地理区域的 ITU-T 国际 E.164 号码由国家编码(CC)和国内号码(N(S)N)两个编码域中的十进制数字组成。国内号码域可根据国内需要再进一步细分为国家目的地码和用户号码域。图 4.21 是用于地理区域的 ITU-T 国际 E.164 号码结构,图中各个号码域的内容和意义为:CC——用于地理区域的国家码;NDC——国家目的地码(可选);SN——用户号码;n——国家码中的号码位数。

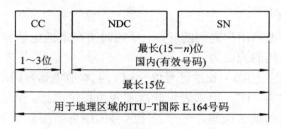

图 4.21 用于地理区域的 ITU-T 国际 E.164 号码结构

本 章 小 结

电话网是由用户终端设备、交换设备和传输系统三部分组成的。电话网的特点有:同步时分复用、同步时分交换、面向连接。

等级结构的电话网就是把全网的交换局划分成若干个等级:低等级的交换局与管辖它的高等级的交换局相连,形成多级汇接辐射网即星型网;最高等级的交换局间则直接互连,形成网状网。所以等级结构的电话网一般是复合型网。

长途电话网(简称长话网)是长途交换机经长途电路合理链接构成的整体网络。

本地电话网(简称本地网)是指在同一个长途区号范围内,由若干个端局(或者若干个端局和汇接局)及局间中继、长途中继、用户交换机、用户线和终端话机等所组成的电话网。

数字程控交换机的硬件结构包括话路子系统和控制子系统两部分。话路子系统包括用户模块、远端用户模块、中继模块、信令设备、交换网络等部件。控制子系统包括中央处理器、存储器、外围设备和远端接口等,通过执行内部的软件,完成呼叫处理、维护和管理等功能。

路由存在多种分类方法:按照选择顺序分为首选路由和迂回路由;按照呼损可以分为低呼损路由和高效路由,其中低呼损路由包括基干路由和低呼损直达路由。

路由选择是指一个交换中心呼叫另一个交换中心时,在多个可能的路由中选择一个最优的链路。对一次呼叫而言,直到通话的建立完成,路由选择才结束。

电话网的每一个号码对应一个用户,这就要求对每一个用户进行合理编号。我国根据地域差异，采用不等位制 11 位数字对每个用户进行编号，实现了国内电话通信用户的覆盖。

本地电话网的用户号码包括两部分：局号和用户号。其中局号可以是 1～4 位，用户号为 4 位。

长途号码的构成为：长途电话字冠(0) + 长途区号(2～3 位) + 本地电话号码(6～8 位)。

国际长途呼叫时需在国内电话号码前加拨国际长途字冠"00"和国家号码，即国际长途号码的构成为：00 + 国家号码 + 国内电话号码。

复 习 题

1．电话网的组成要素有哪些？各个要素的作用是什么？
2．电话网的特点有哪些？
3．电话网的结构有哪几种，各自的优缺点是什么？
4．简述交换机的硬件结构。
5．交换机软件包括几部分？各部分的功能是什么？核心部分是什么？
6．电话网中的路由选择方案分为哪几种？分类依据是什么？
7．如图 4.22 所示为长途网实例，写出从 A 局到 C 局所有可能的路由选择顺序。

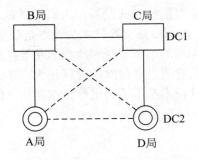

——基干路由；------高效直达路由

图 4.22　长途网实例

8．简述程控交换机系统的运行维护性指标。
9．目前国内电话网的编号方案是什么？解释各个参数的含义。

第5章

分 组 交 换 网

分组交换是一种成熟且近乎完美的技术，它实现了信息在劣质媒质中的可靠传输。虽然分组交换现在使用得较少，但很多新技术都是由它派生而来的。本章重点介绍分组交换的原理、分组交换网的结构以及目前使用最广泛的分组交换协议 X.25 协议，最后简要介绍路由选择、流量控制与拥塞控制技术。

5.1 分组交换原理

分组交换(PS：Packet Switching)技术的研究始于 20 世纪 60 年代，当时电路交换技术已经得到了极大的发展。随着计算机技术的发展，人们希望多个计算机之间能够进行资源共享，即进行数据业务的交换。然而电路交换技术的特点是带宽恒定分配、线路利用率低、无差错校验、通信双方必须以相同的速率发送和接收信息等；报文交换线路利用率高，但"存储—转发"的通信机制使信息通过通信网的时延加大，不适合需快速响应的通信或实时通信。所有这些都表明这两种技术都不适合进行数据通信，因此人们开始研究一种新的适用于远距离数据通信的技术——分组交换。

5.1.1 分组交换的概念

分组交换是把用户信息分成若干个小数据块，即分组(Packet)。这些分组长度较短，并具有统一的格式。每个分组有一个分组头，包含用于控制和选路的有关信息。这些分组以"存储—转发"的方式在网内传输，即每个交换节点首先对收到的分组进行暂时存储，检测分组传输中有无差错，分析该分组头中有关选路的信息，进行路由选择，并在选定路由上进行排队，等到有空闲信道时转发给下一个交换节点或用户终端。

采用分组交换时，同一个报文的多个分组可以同时传输，多个用户的信息也可以共享同一物理链路(统计复用)，因此分组交换可以达到资源共享。分组交换技术被广泛用于数据通信和计算机通信中。它结合了电路交换和早期的存储—转发交换方式——报文交换的特点，克服了电路交换线路利用率低的缺点，同时又不像报文交换那样时延非常大。它较符合计算机通信的特点，因此，当前已开通了世界范围的分组交换数据传送业务，分组交换网得到了很大的发展。

分组交换的设计是为了进行数据通信，它的特点有以下几个方面：

(1) 动态统计时分复用。为了适应数据业务突发性强的特点，分组交换在线路上采用了动态统计时分复用的技术传送各个分组，每个分组都有控制信息，使多个终端可以同时按需进行资源共享，提高了线路利用率。

(2) 存储—转发。在数据通信中，通信双方往往是异种终端。为了适应这种特点，分组交换中采用了存储—转发方式，因此不必像电路交换那样，通信双方的终端必须具有相同的速率和控制规程，从而可以实现不同类型(不同的传输速率、不同的代码或不同的通信控制规程等)的数据终端设备之间的通信。

(3) 差错控制和流量控制。数据业务的可靠性要求较高，因此分组交换在网内中继线和用户线上传输时采用了逐段独立的差错控制和流量控制，使得网内全程的误码率可达 10^{-11} 以下，提高了传送质量，可以满足数据业务的可靠性要求。

分组交换的缺点：信息传送时延大，传送需经历存储、排队和转发三个阶段，时延在数百 ms；附加的分组头增加了开销；协议和控制比较复杂，分组吞吐能力和中继线的速率受到了限制等。

5.1.2 分组交换方式

在分组交换网中，来自各个用户的数据被分成一个个分组，这些分组将沿着各自的逻辑信道，从源点出发，经过网络达到终点。分组在通过数据网时有两种方式：虚电路方式(VC：Virtual Circuit)和数据报方式(DG：DataGram)。两种方式各有其特点，可以适应不同业务的需求。

1. 虚电路方式

在虚电路方式中，数据传送之前必须先在源点与目的地之间建立一条端到端的逻辑上的虚连接，即虚电路。一旦这种虚电路建立以后，属于同一呼叫过程的数据均沿着这一虚电路传送，当数据发送完毕时，清除该虚电路。在这种方式中，通信过程需要经历连接建立、数据传输和连接拆除三个阶段，也就是说，它是面向连接的方式。

虚电路和电路交换中建立的电路不同：分组交换以统计时分复用的方式在一条物理线路上可以同时建立多个虚电路；两个用户终端之间建立的是虚连接，仅仅是确定了信息所走的端到端的路径，但并不一定要预留带宽资源。我们之所以称这种连接为虚电路，正是因为每个连接只有在发送数据时才排队、竞争和占用带宽资源。电路交换是以同步时分方式进行复用的，两用户终端之间建立的是实连接。建立实连接时，不但确定了信息所走的路径，同时还为信息的传送预留了带宽资源。

虚电路示意图如图 5.1 所示，交换网中已建立了两条虚电路 VC1 和 VC2，其中 VC1 为 A→1→2→3→B，VC2 为 C→1→2→4→5→D。所有 A→B 的分组均沿着 VC1 从 A 到达 B，所有 C→D 的分组均沿着 VC2 从 C 到达 D。在节点机 1 和 2 之间的物理链路上，VC1、VC2 共享资源。若 VC1 暂时无数据可传送时，网络会将所有的传送能力和交换机的处理能力交给 VC2，此时 VC1 并不占用带宽资源。

虚电路的特点如下：

(1) 路由选择仅发生在虚电路建立的时候，在以后的传送过程中，路由不再改变，这样可以为节点减少不必要的通信处理。

(2) 分组将以原有的顺序到达目的地，终端不需要重新排序，传输时延较小。

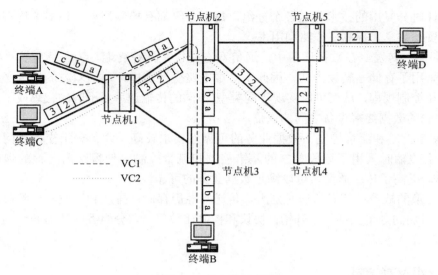

图 5.1　虚电路示意图

(3) 一旦建立了虚电路，每个分组头中不再需要有详细的目的地址，只需有逻辑信道号就可以区分每个呼叫的信息，这样可以减少每一个分组的额外开销。

(4) 虚电路是由多段逻辑信道构成的，每一个虚电路在它经过的每段物理链路上都有一个逻辑信道号，这些逻辑信道级联构成了端到端的虚电路。

(5) 网络中的线路或设备故障可能导致虚电路中断，必须重新建立连接。

(6) 虚电路适用于长时间传送数据的场合，如文件传送、传真业务，其持续时间显著大于呼叫建立的时间。

虚电路分为两种：交换虚电路(SVC：Switching Virtual Circuit)和永久虚电路(PVC：Permanent Virtual Circuit)。

SVC 是指用户终端在通信之前建立虚电路，通信结束后就拆除虚电路。如果应用户预约，由网络运营者为之建立固定的虚电路，就不需要在呼叫时再临时建立虚电路，而可以直接进入数据传送阶段了，这种方式称为 PVC。PVC 一般适用于业务量较大的集团用户。

2．数据报方式

数据报是指自带寻址信息的独立数据分组。在数据报分组交换中，每个分组的传送是被单独处理的。每个分组称为一个数据报，每个数据报自身携带足够的地址信息。一个节点收到一个数据报后，根据数据报中的地址信息和节点所存储的路由信息，找出一个合适的出路，把数据报按原样发送到下一节点。同一用户的不同分组可能沿着不同的路径到达终点，在网络的终点需要重新排队，组合成原来的用户数据信息。由于各数据报所走的路径不一定相同，因此不能保证各个数据报按顺序到达目的地，有的数据报甚至会中途丢失。

如图 5.2 所示为数据报方式的示意图，终端 A 有 a、b、c 三个分组要送给终端 B。在网络中，分组 a 通过节点 2 进行转接到达节点 3，分组 b 通过节点 1、3 之间的直达路由到达节点 3，分组 c 通过节点 4 进行转接到达节点 3。由于每条路由上的业务情况(如负荷量、时延等)不尽相同，三个分组不一定按照顺序到达，因此在节点 3 要将它们重新排序，再送给终端 B。

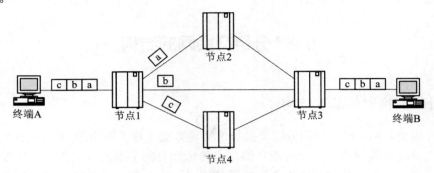

图 5.2　数据报方式示意图

数据报的特点有:

(1) 通信不需要建立连接和清除连接,可以直接传送,短报文通信效率比较高。

(2) 每个节点自由地选路,可以避开网中的拥塞部分,网络的健壮性较好。分组的传送方式比虚电路更为可靠,如果一个节点出现故障,分组可以通过其他路由传送。

(3) 到达不按顺序,在终点需重新排队,并且每个分组的分组头要包含详细的目的地址,开销比较大。

(4) 适用于短报文的传送,如询问/响应型业务等。

3. 虚电路与数据报的比较

下面从如下几个方面对虚电路和数据报进行比较:

(1) 分组头:数据报方式的每个分组头都包含详细的目的地址信息;虚电路分组头中只需含有虚电路的逻辑信道标识即可。

(2) 选路:虚电路方式有预先建立过程,存在一定的处理开销,但是虚电路一旦建立,分组不再需要进行复杂的选路;数据报方式不需要建立过程,对每个分组都要独立地进行选路。

(3) 分组顺序:虚电路方式不会产生失序现象;数据报方式会引起失序。

(4) 故障敏感性:虚电路方式对故障较敏感;数据报方式可靠性较高。

(5) 应用:虚电路方式适用于较连续的数据流传送;数据报方式适用于面向事务的询问/响应型数据业务。

注意区别虚电路与逻辑信道的概念:

· 虚电路是在 DTE-DTE 之间建立的虚连接,存在于端到端之间;逻辑信道是 DTE-DCE 接口或中继线上可分配的资源,存在于点到点之间。

· 一条线路上可以存在多个逻辑信道;一条虚电路是由多个逻辑信道连接而成的。

· 每条线路的逻辑信道号是独立分配的;同一条虚电路在不同线路上的逻辑信道号可能是不相同的。

· 逻辑信道是一直存在的,它分为占用和空闲两种状态,但不会消失;虚电路(不包括永久虚电路)随着通信的开始而建立,通信结束后就被清除。

· 虚电路是主叫 DTE 到被叫 DTE 之间建立的虚连接;而逻辑信道号在用户至交换机或交换机之间的网内中继线上是可以分配的,它代表子信道的一种编号资源,每一条线路上逻辑信道号的分配是独立进行的。

5.2　分组交换网的结构

5.2.1　分组交换网的基本结构

所谓分组交换网,就是采用分组交换技术实现数据在连入网络的 DTE 间传输、处理的通信网。在分组交换网中,一个分组从源节点传送到目的节点的过程中,不仅涉及该分组在网络内所经过的每个节点交换机之间的通信协议,还涉及发送 DTE、接收站与所连接的节点交换机之间的通信协议。ITU-T 为分组交换网制定了一系列通信协议,其中最著名的标准是 X.25 协议,因此通常将分组交换网简称为 X.25 网。

公用分组交换网由分组交换机(PS)、分组集中器(PCE)、网络管理中心(NMC)、数据终端和传输线路及相关协议组成。其基本结构如图 5.3 所示。

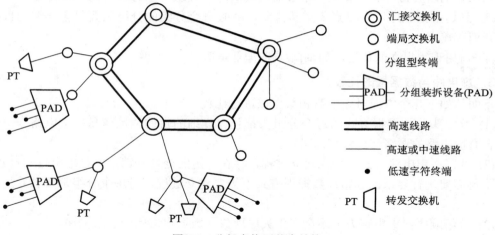

图 5.3　分组交换网基本结构

1. 分组交换机

分组交换机是分组交换网的枢纽设备。根据分组交换机在网络中所处地位的不同,可将其分为转接分组交换机(PTS)、本地交换机(PLS)、本地和转接合一交换机(PTLS)等。PTS 仅用于局间的转接,不接用户,通信容量大,每秒能处理的分组数多,路由选择能力强,能支持的线路速率高;PLS 大部分端口用于用户终端的接入,只有少数端口作为中继端口与其他交换机相连,其通信容量小,每秒能处理的分组数少,路由选择能力弱,能支持的线路速率较低;PTLS 既具有转接功能,又具有本地接入功能。另外,国际出入口局交换机用于与其他国家分组交换网的互连。

分组交换机的主要功能如下:

(1) 实现网络的基本业务即交换虚电路、永久虚电路及可选补充业务等,在完成对用户服务的同时,收集呼叫业务量、分组业务量、资源利用率等数据。

(2) 进行路由选择,以便在两个终端之间选择一条合适的路由,并生成转发表;进行流量控制和差错控制，以保证分组的可靠传送。

(3) 进行转发控制，在数据传输时按交换机中的转发表进行分组的转发。

(4) 可实现 X.25、X.75 等多种协议。

(5) 完成局部的维护运行管理、故障报告与诊断、计费与一些网络的统计等功能。

(6) 实现自身控制功能。交换机可对自身的各个部分进行测试，如发生故障，即把故障信息存入硬盘，由网络管理中心对交换机系统进行重新配置。

2．分组集中器

分组集中器(PCE：Packet Concentrate Equipment)又称用户集中器，大多是既有交换功能又有集中功能的设备。它将多个低速的用户终端进行集中，用一条或两条高速的中继线路与节点机相连，这样可以大大节省线路投资，提高线路利用率。分组集中器适用于用户终端较少的城市或地区，也可用于用户比较集中而线路比较紧缺的大楼或小区。

3．网络管理中心

网络管理中心(NMC：Network Management Center)是管理分组交换网的一系列软、硬件的集合，其管理功能包括：

(1) 网络故障管理：提供对网络设备故障的快速响应和预防性维护能力，包括跟踪和诊断故障、测试网络设备和部件、故障原因提示和对故障的查询及修复。

(2) 网络配置管理：生成用户端口，定义和管理网络拓扑结构、网络软/硬件配置和网络业务类型，并对它们进行动态控制。

(3) 网络性能管理：收集和分析网络中数据流的流量、速率、流向和路径的信息。

(4) 网络计费管理：收集有关网络资源使用的信息，用于网络的规划、预算，并提供用户记账处理系统所需的计费数据。

(5) 网络安全管理：建立、保持和加强网络访问时所需的网络安全级别和准则。

4．数据终端

数据终端也就是用户使用的通信终端，包括计算机、打印机、电传机、传真机、可视图文终端和显示终端等。分组交换网的数据终端有两类：分组型终端和非分组型终端。

(1) 分组型终端(PT)。PT 是具有 X.25 协议接口的分组型终端，具有分组处理能力，可以直接接入分组交换网。

(2) 非分组型终端(NPT)。NPT 不具有 X.25 协议接口，不具有分组处理能力，不能直接接入分组交换网，必须经过分组装拆设备(PAD)转换才能接入分组交换网。

5．传输线路

传输线路是构成分组交换网的主要组成部分之一。交换机之间的中继传输线路主要有两种形式：一种是 PCM 数字信道；另一种是模拟信道通过调制解调器转换的数字信道，速率为 9.6 kb/s、48 kb/s 和 64 kb/s 等。用户线路也有两种形式，一种是数字数据电路，另一种是模拟电话用户线加装调制解调器。

6．相关协议

分组交换网的协议包括 X.25、X.75 等协议。其中 X.25 协议是数据终端设备(DTE)与数据电路终接设备(DCE)之间的接口协议。X.75 协议是分组交换网之间互连时的网间接口协议。对于分组交换网的内部协议，没有统一的国际标准，而是由各个厂家自行规定。

5.2.2　分组交换网的编址方式

公用分组交换网的编址方式由 ITU-T 的 X.121 建议规定。X.121 地址(又称国际数据号码(IDN))是可变长的,每个网络地址用不大于 40 位的十进制数表示。我国目前使用的分组交换网的网络地址采用 15 位十进制数表示,每位十进制数占用 4 个二进制位。公用分组网编号格式如图 5.4 所示,在建立虚电路前呼叫设置采用 X.121 协议全局寻址。

网络地址 = P(1) + DNIC(4) + NTN(10)

其中,P(国际前缀)用 1 位十进制数表示,目前取值为 0;DNIC(4) = 国家代码(3) + 网络编号(1);NTN(10) = 节点机编号(4) + 节点机端口号(4) + 子地址号(2)。

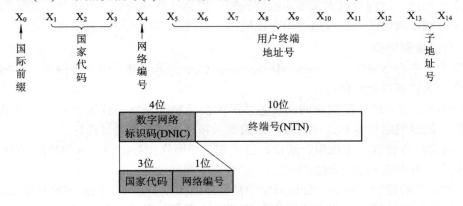

图 5.4　公用分组网编号格式

DNIC(数据网络识别码)用 4 位十进制数表示,其中 X_1、X_2、X_3 为国家或地区代码,X_4 为网络编号。分配给我国的国家代码为 460~479,目前仅使用 460。网络编号由国家自行分配。

NTN(网络用户号码)用 8 位或者 10 位十进制数表示,由网络主管部门分配;X_5、X_6 表示公用分组网编号区,X_7、X_8 表示同一编号区所属节点机号,X_9、X_{10}、X_{11}、X_{12} 表示同一节点机内的不同端口号,X_{13}、X_{14} 为子地址,由用户自行分配,子地址直接对应着自行购置的交换设备的端口。

因为 PVC 没有呼叫建立阶段,所以 X.121 地址只在 SVC 中使用。

5.2.3　分组交换网的特点

1．分组交换网的优点

分组交换网有如下优点:

(1) 传输质量高。分组交换网采取存储—转发机制,提高了负载处理能力,数据还能以不同的速率在用户之间相互交换,所以网络阻塞几率小。同时,分组交换网不仅在节点交换机之间传输分组时采取差错校验与重发功能,而且对于某些具有装拆分组功能的终端,在用户线上也同样可以进行差错控制。分组交换网还具有很强的差错控制功能,因而大大降低了分组在网内信息传送的差错率。

(2) 网络可靠性高。在分组交换网中，"分组"在网络中传送时的路由选择是采取动态路由算法，即每个分组可以自由地选择传送途径，由交换机计算出一个最佳路径。由于分组交换机至少与另外两个交换机相连接，因此，当网内的某一交换机或中继线发生故障时，分组能自动避开故障地点，选择另一条迂回路由传输，不会造成通信中断。

(3) 线路效率高。在分组交换中，由于采用了"虚电路"技术，使得在一条物理线路上可同时提供多条信息通路，可有多个呼叫和用户动态的共享，即实现了线路的统计时分复用。

(4) 业务提供能力较强。分组网提供可靠传送数据的永久虚电路(PVC)和交换虚电路(SVC)基本业务，还提供众多用户可选业务，如闭合用户群、快速选择、反向计费和集线群等。另外，为了满足大集团用户的需要，还提供虚拟专用网(VPN)业务，从而使用户可以借助公用网资源，将属于自己的终端、接入线路、端口等模拟成自己的专用网，并可设置自己的网管设备对其进行管理。

2. 分组交换网的缺点

分组交换网有如下缺点：

(1) 传输速率低。最初设计的分组交换网主要是在模拟信道的基础上进行工作的，所提供的用户端口速率一般不大于 64 kb/s，主要适用于交互式短报文，如金融业务、计算机信息服务和管理信息系统等，不适用于多媒体通信，也不能满足专线速率为 10 Mb/s、100 Mb/s 的局域网的互联需要。

(2) 平均传送时延较高。分组交换网的网络平均传送时延较高，一般在 700 ms 左右，再加上两端用户线的时延，用户端的平均时延可达秒级并且时延变化较大，比帧中继的时延要高。

(3) 传输 IP 数据包效率低。这是由于 IP 包的长度比 X.25 分组的长度大得多，要把 IP 分割成多个块封装于多个 X.25 分组内传送，并且 IP 包的字头可达 20 B，开销较大。

5.2.4　中国分组交换网

我国组建的第一个公用分组交换网简称为 CNPAC，于 1989 年 11 月正式投入使用。由于该网络的覆盖面不大，端口数较少，无法满足信息量较大、分布较广的企业和部门的需求，原邮电部决定扩建我国的公用分组交换网，扩建的公用分组数据交换网简称为 CHINAPAC，于 1993 年建成并投入使用。

1. CHINAPAC 的网络组成

CHINAPAC 由骨干网和地区网两级构成，其骨干网结构如图 5.5 所示。骨干网使用加拿大北方电信公司的 DPN-100 分组交换机，由全国 31 个省、市、自治区的 32 个交换中心组成(北京 2 个)，网管中心设在北京。

骨干网以北京为国际出入口局，上海为辅助国际出入口局，广州为港澳出入口局。以北京、上海、沈阳、武汉、成都、西安、广州及南京等八个城市为汇接中心。汇接中心采用全网状结构，其他交换中心之间采用不完全网状结构。网内每个交换中心都有两个或两个以上不同汇接方向的中继电路，从而保证网路的可靠性。交换中心间根据业务量大小和可靠性的要求可以设置成高效路由。

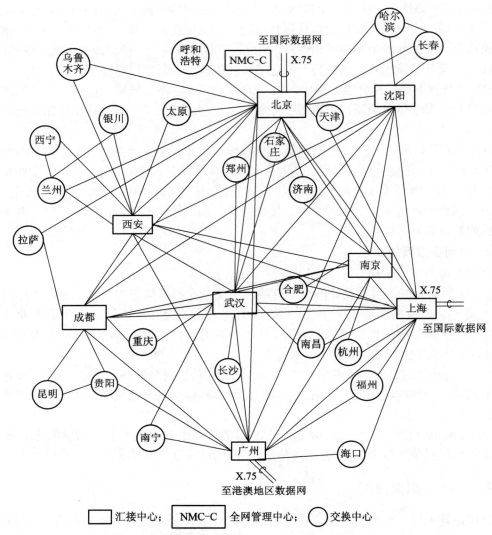

图 5.5　中国公用分组交换网(CHINAPAC)的骨干网结构

地区网由各省、市地区内的交换中心组成。各省、市骨干网交换中心与本省、市地区内各交换中心之间采用不完全网状连接，地区内每个交换中心可具有两个或两个以上不同方向的中继线。

各地的本地分组交换网也已延伸到了地、市和县，并且与中国公众计算机互联网(CHINANET)、中国公用数字数据网(CHINADDN)、帧中继网(CHINAFRN)等网络互联，以达到资源共享，优势互补。

2. CHINAPAC 可提供的业务

CHINAPAC 可与公用电换交换网、VSAT 网、CATV 网、各地区分组交换网、国际及港澳地区分组交换网及局域网相连，也可与计算机的各种主机及终端相连，可通过 PAD 与非分组型终端相连。CHINAPAC 除可以提供永久虚电路(PVC)和交换虚电路(SVC)等基本业务外，还可提供以下新业务：虚拟专用网、广播业务、帧中继、SNA 网络环境、令牌环形局域网的智能桥功能，异步轮询接口功能及中继线带宽的动态分配等功能。另外，CHINAPAC 还可以开放电子邮件系统和存储—转发传真系统等增值业务。

5.3 X.25 协议

5.3.1 协议概述

X.25 协议是作为公用数据网的用户-网络接口协议提出的，它的全称是"公用数据网络中通过专用电路连接的分组式数据终端设备(DTE：Data Terminal Equipment)和数据电路终接设备(DCE：Data Circuit Terminating Equipment)之间的接口"。它于 1976 年颁布，后进行了多次修改，是目前使用最广泛的分组交换协议。这里的 DTE 是用户设备，即分组型数据终端设备(执行 X.25 协议的终端)，具体的可以是一台按照分组操作的智能终端、主计算机或前端处理机。DCE 实际上是指与 DTE 相接的网络分组交换机(PS)，如果 DTE 与交换机之间的传输线路是模拟线路，那么 DCE 还包括用户连接到交换机的调制解调器。

X.25 协议定义了：帧(Frame)和分组(Packet)的结构；数据传输通路的建立和释放，数据的传输等过程；顺序控制、差错控制和流量控制等机制；分组交换提供的基本业务和可选业务等。

X.25 属于接口协议，没有定义路由选择算法，这是因为路由选择算法属于分组交换网的网络内部控制功能，由各个厂家决定。图 5.6 为 X.25 协议的应用环境示意图，其中 PT 表示分组型终端，PS 表示分组交换机。由图 5.6 可以看出，X.25 协议主要实现的是将分组型终端接入分组交换网。

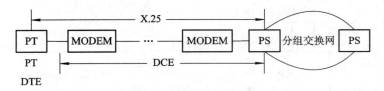

图 5.6 X.25 协议的应用环境示意图

X.25 协议是分组型终端与网络节点之间的接口，分组交换网也允许非分组数据终端(NPT)接入网络(这是由于有大量终端不使用 X.25 协议)。为此，分组交换网为其提供了分组装拆设备(PAD)。PAD 一般属于节点交换机的一部分，是节点交换机的功能部件。

PAD 的功能是将 NPT 所使用的用户协议与 X.25 协议进行转换。发送时，将 NPT 发出的字符通过 PAD 组装成 X.25 的分组形式，送入交换机；接收时，将来自交换机的 X.25 的分组进行拆卸，以用户终端所要求的字符形式送给终端。ITU-T 专门对 PAD 制定了一组建议，称为 X.3/X.28/X.29，即 3X 建议。图 5.7 为分组交换网的结构和通信协议，图中列出了部分通信协议和它们的使用对象，其中，X.3 描述 PAD 功能及其控制参数，X.28 描述 PAD 到本地字符终端的协议，X.29 描述 PAD 到远端 PT 或 PAD 的协议。

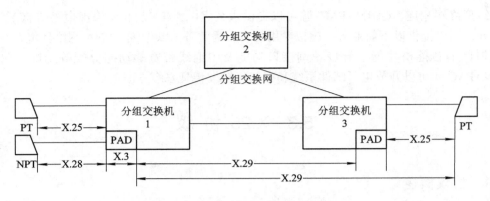

图 5.7　分组交换网的结构和通信协议

5.3.2　分层结构

X.25 协议分为三层，即物理层、数据链路层和分组层，分别和 OSI 的下三层一一对应，各层在功能上互相独立，相邻层之间通过界面发生联系。每一层接收来自下一层的服务，并且向上一层提供服务。来自上层的应用报文在 X.25 分组层被分成长度为 8 B 或 128 B 的字段，在字段前加上分组标题(分组头)便形成了一个分组，再做适当处理后发送给 X.25 的数据链路层。

采用 X.25 协议，用户就能在 DTE 和 DCE 之间使用一条物理链路建立多路同时的虚呼叫(VC)。X.25 从第 1 级到第 3 级数据传送的单位分别是"bit"、"帧"和"分组"。当 DTE 向 DCE 传送信息时，第 2 级(数据链路层)接收到其上一级(分组层)的信息后，加上标志后通过下一级，即物理层所提供的接口将信息传送出去。分组层以上的更高级都称为用户级。X.25 的协议结构如图 5.8 所示。

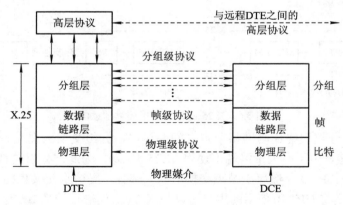

图 5.8　X.25 的协议结构

1．物理层

X.25 协议的物理层规定采用 X.21 协议。物理层定义了 DTE 和 DCE 之间建立、维持和释放物理链路的过程，包括机械、电气、功能和过程特性，相当于 OSI 的物理层。常用接口有：RS-232C、RS-449、RS-422、RS-423、V.24、V.28、V.35、X.21 和 X.21bis 等。

X.21 协议的规定如下：

(1) 机械特性：采用 ISO4903 规定的 15 针连接器和引线分配，通常使用 8 线；

(2) 电气特性：平衡型电气特性；

(3) 同步串行传输；

(4) 点到点全双工；

(5) 适用于交换电路和租用电路。

X.25 的物理层就像是一条输送信息的管道，它不执行重要的控制功能，控制功能主要由数据链路层和分组层来完成。

2．数据链路层

数据链路层规定了在 DTE 和 DCE 间的线路上交换 X.25 帧的过程。数据链路层规程用来在物理层提供的双向信息传送管道上实施信息传输的控制。数据链路层的主要功能有：

(1) 在 DTE 和 DCE 之间有效地传输数据；

(2) 确保接收器和发送器之间信息的同步；

(3) 监测和纠正传输中产生的差错；

(4) 识别并向高层协议报告规程性错误；

(5) 向分组层通知数据链路层的状态。

数据链路层处理的数据结构是帧，X.25 的数据链路层采用高级数据链路控制规程(HDLC：High-Level Data Link Control)帧结构，并用它的一个子集平衡型链路接入协议(LAPB：Link Access Procedures Balanced)作为它的数据链路层的规程。

1) HDLC 简介

HDLC 是由 ISO 定义的面向比特的数据链路协议的总称。面向比特的协议是指传输时以比特作为传输的基本单位。HDLC 是重要的数据链路控制协议。

为了满足各种应用的需要，它定义了三种类型的链路层实体(即站)、两种链路配置及三种数据传输模式。HDLC 的结构如图 5.9 所示。

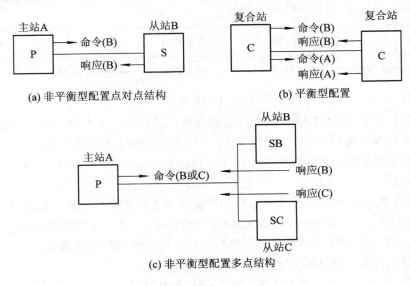

图 5.9　HDLC 的结构

(1) 站点类型：

① 主站(Primary Station)：负责控制链路的操作。主站只能有一个，由主站发出的帧称为命令。

② 从站(Secondary Station)：接收命令帧，向主站发送响应帧，并配合主站进行链路控制。从站可以有多个，由从站发出的帧称为响应。主站为链路上的每个从站维护一条独立的逻辑链路。

③ 复合站(Combined Station)：兼具主站和从站的特点。复合站发出的帧可能是命令，也可能是响应。

(2) 链路配置：

① 非平衡配置：由一个主站和一个或多个从站组成，可以是点到点链路，也可以是点到多点链路。

② 平衡配置：由两个复合站组成，只能是点到点链路。

(3) HDLC 定义了三种数据传送方式：

① 正常响应方式(NRM：Normal Response Mode)：适用于非平衡配置，只有主站才能启动数据传输，从站只有在收到主站发给它的命令帧时，才能向主站发送数据。

② 异步平衡方式(ABM：Asynchronous Balanced Mode)：适用于平衡配置，任何一个复合站都可以启动数据传输过程，而不需要得到对方复合站的许可。

③ 异步响应方式(ARM：Asynchronous Response Mode)：适用于非平衡配置，在主站没有发来命令帧时，从站可以主动向主站发送数据，但主站仍负责对链路的管理。

HDLC 具有几种主要的子集，如链路访问规程(LAP)、平衡型链路访问规程(LAPB)以及 ISDN 的 D 信道链路访问规程(LAPD)等。X.25 推荐使用 LAPB 作为链路层规程。LAPB 采用平衡配置方式，用于点到点链路，采用异步平衡方式来传输数据。

2) LAPB 的帧结构

LAPB 的帧结构如图 5.10 所示，所有帧均包含标志 F、地址字段 A、控制字段 C、帧检验序列 FCS，部分帧还包含信息字段 I。

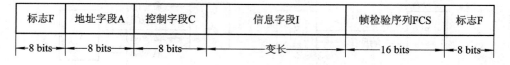

标志F	地址字段A	控制字段C	信息字段I	帧检验序列FCS	标志F
8 bits	8 bits	8 bits	变长	16 bits	8 bits

图 5.10 LAPB 的帧结构

(1) 标志 F：用于标志 LAPB 帧的开始和结束，用来从连续的字节流中识别一个 LAPB 帧。它是一个特别的编码"01111110"，发送一个帧时做透明操作(在每连续的 5 个 1 之后插入一个 0，接收端做相反的操作将 5 个连 1 之后的 0 删掉)，使一个帧之中不可能出现与定界符相同的编码。

(2) 地址字段 A：用来区分发送或接收的帧是命令帧还是响应帧。X.25 采用两个链路层地址，标识 DTE(A：00000001)和 DCE(B：00000011)。注意 DTE 链路层地址与 DTE 网络层地址的区别。在 DTE 和 DCE 之间交换的帧有命令帧和响应帧两种，命令帧用于发送信息或产生某种操作，响应帧用于对命令帧的响应。

由于 X.25 接口为全双工工作方式，因此 DTE 和 DCE 都可以同时发送命令帧或响应帧。

DTE 和 DCE 设备都具有主站(Primary)和从站(Secondary)的功能。主站用于发送命令和接收响应，从站用于接收命令和发送响应。

(3) 控制字段 C：用于区分帧类型和流量控制。在 X.25 中共定义了三类帧，即信息帧(I 帧)、监控帧(S 帧)和无编号帧(U 帧)。LAPB 的帧类型对应的控制字段如表 5.1 所示。

表 5.1 LAPB 的帧类型对应的控制字段

控制字段(bit)	1	2 3 4	5	6 7 8
信息帧(I 帧)	0	$N(S)$	P	$N(R)$
监控帧(S 帧)	1 0	S S	P/F	$N(R)$
无编号帧(U 帧)	1 1	M M	P/F	M M M

① 信息帧(I 帧)：由帧头、信息字段 I 和帧尾组成，用于传输在分组层之间交换的分组，分组包含在 I 帧的信息字段中。I 帧 C 字段的第 1 个比特为 "0"，这是识别 I 帧的唯一标志，第 2～8 比特用于提供 I 帧的控制信息，包括发送顺序号 $N(S)$、接收顺序号 $N(R)$、探询位 P，其中：$N(S)$ 是所发送帧的编号，供双方核对有无遗漏及重复；$N(R)$ 是下一个待正确接收帧的编号，发送 $N(R)$ 的站用它表示已正确接收编号为 $N(R)$ 以前的帧，即 $N(R)-1$ 帧已全部正确接收。

② 监控帧(S 帧)：没有信息字段，用于确保 I 帧的可靠传送。S 帧 C 字段的第 1 位为 "1"，第 2 位为 "0"，第 3、4 位用来进一步区分监控帧的类型。其余的 4 位中用 3 位表示接收顺序号 $N(R)$，用 1 位表示 P/F 位(探询/最终位)。监控帧有三种：接收准备好(RR)、接收未准备好(RNR)和拒绝帧(REJ)。

● RR 帧：表示接收端已准备好，期待接收下一帧，其帧序号为 $N(R)$，允许对方继续发送；

● RNR 帧：表示因为忙(如来不及处理收到的帧或缓冲器已满等因素)，希望对方暂停发送；

● REJ 帧：表示拒绝了 $N(R)$ 指示的帧，要求重发，但同时确认了 $N(R)-1$ 及以前的帧。

③ 无编号帧(U 帧)：不是用于实现信息传输的控制，而是用于实现链路建立和断开过程的控制。U 帧的识别标志是 C 字段的第 1、2 位为 "11"。其余 6 位中，第 5 位为 P/F 位，第 3、4、6、7、8 位用于区分不同的无编号帧。其中包括：

● SABM(置异步平衡方式)：此命令用于在两个方向上建立链路，接收方可以用 UA 帧作肯定的响应，用 DM 帧作否定的响应。

● DISC(断开)：此命令用于通知对方断开链路的连接，对方可以用 UA 帧表示同意断开连接。

● DM(已断开方式)：是一个响应帧，它表明本方已与链路处于断开状态，并用它对 SABM 命令作否定应答。

● UA(未编号确认)：是一个响应帧，它表示对未编号命令帧的肯定应答。

● FRMR(帧拒绝)：是一个响应帧，用它来向对方报告出现了用重发帧的办法不能恢复的差错状态。

三种帧的控制字段 P/F 位功能较多，在命令帧中是探询位(P 位)，在响应帧中是停止位(F 位)。探询位用于引导对端发送响应；停止位用于对探询位为 "1" 的命令帧作出响应，即收到探询位为 "1" 的命令帧后，应尽快发送终止位为 "1" 的响应帧。

表 5.2 列出了 X.25 数据链路层的帧类型及作用。

表 5.2　X.25 数据链路层的帧类型及作用

分类	名称	编写	命令/响应帧(C/R)	作　用
信息帧	—	I帧	C/R	传输用户数据
监控帧	接收准备好	RR	C/R	向对方表示已经准备好接收下一个I帧
	接收未准备好	RNR	C/R	向对方表示"忙"状态,这意味着暂时不能接收新的I帧
	拒绝帧	REJ	C/R	要求对方重发编号从 $N(R)$ 开始的I帧
无编号帧	置异步平衡方式	SABM	C	用于在两个方向上建立链路
	断开	DISC	C	用于通知对方断开链路的连接
	已断开方式	DM	R	表示本方已与链路处于断开状态,并对SABM作否定应答
	未编号确认	UA	R	对 SABM 和 DISC 的肯定应答
	帧拒绝	FRMR	R	向对方报告出现了用重发帧的办法不能恢复的差错状态,将引起链路的复原

(4) 信息字段 I:装载数据分组,长度可变($n \times 8$ bit)。

(5) 帧校验序列 FCS:每个帧的尾部包括了一个 16 bit 的帧检验序列,用于检测帧在传送过程中是否有错。

3) 数据链路操作过程

数据链路层的操作分为三个阶段:链路建立、数据传输和链路断开。

(1) 链路操作过程。

DTE 和 DCE 都可以启动链路的建立过程,但通常认为链路由 DTE 启动建立。DTE 发送 SABM/SABME 命令启动链路的建立过程。DCE 接收到正确的 SABM/SABME 命令之后,如果能够进入信息传输阶段,它就发送 UA 响应帧予以应答,而且认为链路已经建立。当 DTE 接收到 UA 帧之后,表示链路建立成功。链路建立过程如图 5.11 所示。

LAPB 链路规程只需要一个命令 SABM/SABME 和一个 UA 响应帧就可以完成链路的建立。当链路建立之后,在 DTE 和 DCE 之间交换 I 帧和 S 帧。

链路断开是一个双向过程,任何一方均可启动拆链操作,可以是由于高层用户的请求,也可能是由于 LAPB 本身因某种错误而引起的中断。链路断开过程如图 5.12 所示,如果 DTE 要求断开链路,它要向 DCE 发送 DISC 命令帧,DCE 用 UA 帧确认,即完成链路的断开过程(如果原来处于信息传输阶段),或者 DCE 用 DM 帧响应(如果原来已经处于断开阶段)。通常建议采用 P=1 的 DISC 命令,UA 或 DM 帧的 F 位也为"1"。拆链后要通知第三层用户,说明该连接已经中止。所有未被确认的 I 帧都会丢失,而这些帧的恢复工作则由高层负责。

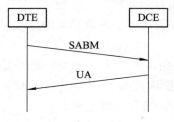

图 5.11　链路建立过程

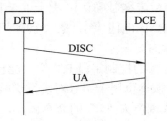

图 5.12　链路断开过程

(2) 链路复位。

链路复位是指在信息传送阶段，任意一方收到协议出错或帧拒绝(FRMR)时，将使链路恢复初始状态，两端发送的 I 帧和 S 帧的 $N(S)$ 和 $N(R)$ 值恢复为 0。

(3) 差错控制和流量控制。

利用 I 帧和 S 帧提供的 $N(S)$ 和 $N(R)$ 字段实现网络的差错控制和流量控制。

● 差错控制：采用肯定/否定证实、重发纠错的方法；发现非法帧或出错帧予以丢弃；发现帧号跳号，则发送 REJ 帧通知对端重发。为了提高可靠性，协议还规定了定时重发功能，即在超时未收到肯定证实时，发端将自动重发。

● 流量控制：采用滑动窗口控制技术，控制参数是窗口尺寸 t，其值表示最多可以发送多少个未被证实的 I 帧。设最近收到的 I 帧或监控帧的证实帧号为 $N(R)$，则本端可以发送的 I 帧的最大序号为 $N(R) + t - 1(\mathrm{mod}\ 8)$，称为窗口上沿。其中，$1 \leqslant t \leqslant 7$。$t$ 值的选定取决于物理链路的传播时延和数据的传送速率，应保证在连续发送 t 个 I 帧之后能收到第 1 个 I 帧的证实。对于卫星电路等长时延链路，t 值将大于 7，此时应采用扩充的模 128 帧结构。窗口机制为 DCE 和 DTE 提供了十分有效的流量控制手段，任一方可以通过延缓发送证实帧的方法强制对方延缓发送 I 帧，从而达到控制信息流量的目的。还有一种更为直接的拥塞控制方法是：当任一方出现接收拥塞(忙)状态时，可向对方发送监控帧 RNR；对方收到此帧后，将停止发送 I 帧；"忙"状态消除后，可通过发送 RR 或 REJ 帧通知对方。

3. 分组层

X.25 分组层利用数据链路层提供的服务在 DTE-DCE 接口处交换分组。它将一条逻辑链路按照动态时分复用的方法划分成多个子逻辑信道，允许多个用户终端或进程同时使用一条逻辑链路，以充分利用逻辑链路的传输能力和交换机资源。

分组层的主要功能包括：

(1) 在 X.25 接口为每个用户的呼叫提供一个逻辑信道，通过逻辑信道群号(LCGN)和逻辑信道号(LCN)来区分与每个用户呼叫有关的分组；

(2) 为每个用户的呼叫连接提供有效的分组传输，包括顺序编号、分组的确认和流量控制过程；

(3) 提供交换虚电路(SVC)和永久虚电路(PVC)的连接，提供建立和清除交换虚电路连接的方法；

(4) 监测和恢复分组层的差错。

1) X.25 的分组格式

分组的种类主要分为两大类：数据分组，即真正承载用户信息的分组；控制分组，用于虚呼叫连接的建立、清除和恢复。数据链路层通过 I 帧来承载分组信息，不管何种类型的分组均放在 I 帧的信息字段中，每一个 I 帧包含一个分组。如图 5.13 所示为分组与 I 帧的关系。分组由分组头和分组数据两部分组成，其格式如图 5.14 所示。

图 5.13　分组与 I 帧的关系

(1) 通用格式识别符(GFI)：由分组头的第一个字节的5～8位组成，共4个比特，它定义了分组的一些通用功能。其格式如图5.15所示。

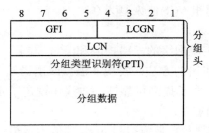

图 5.14　分组格式

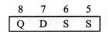

图 5.15　GFI 的格式

其中：Q 用于区分分组包含的是用户数据还是控制信息，"0"为用户数据，"1"为控制信息。D 用于区分数据分组的确认方式，"0"表示本地确认(在 DTE-DCE 接口上确认)，"1"表示端到端(DTE-DTE)确认。SS 为模式比特，指示分组的顺序号是模8还是模128，"01"表示按模8方式工作，"10"表示按模128方式工作。

(2) 逻辑信道群号(LCGN)和逻辑信道号(LCN)：共12 bit，用于区分 DTE-DCE 接口上许多不同的逻辑信道，可以提供4095个逻辑信道号(1～4095，"0"被保留用作特殊用途)。

(3) 分组类型识别符(PTI)：由8 bit 组成，用来区分各种不同的分组。X.25 的分组层共定义了四大类30个分组。X.25 定义的分组类型如表5.3所示。

表 5.3　X.25 定义的分组类型

类　型		DTE→DCE	DCE→DTE	功　能
呼叫建立分组		呼叫请求 呼叫接受	入呼叫 呼叫连接	在两个 DTE 之间建立 SVC
数据传送 分组	数据分组	DTE 数据	DCE 数据	两个 DTE 之间传送用户数据
	流量控制分组	DTE　RR DTE　RNR DTE　REJ	DCE　RR DCE　RNR	流量控制
	中断分组	DTE 中断 DTE 中断证实	DCE 中断 DCE 中断证实	加速传送重要数据
	登记分组	登记请求	登记证实	申请或停止可选业务
恢复分组	复位分组	复位请求 DTE 复位证实	复位指示 DCE 复位证实	复位一个 SVC
	重启动分组	重启动请求 DTE 重启动证实	重启动指示 DCE 重启动证实	重启动所有 SVC
	诊断分组	—	诊断	请断
呼叫清除分组		清除请求 DTE 清除证实	清除指示 DCE 清除证实	释放 SVC

2) 分组层处理过程

分组层定义了在 DTE 和 DCE 之间传输分组的过程。SVC 要在每次通信时建立虚电路，而 PVC 是由运营商设置好的，不需要每次都建立。因此，对于 SVC 来说，分组层的操作包括呼叫建立、数据传输、呼叫清除三个阶段；而对于 PVC 来说，只有数据传输阶段的操作，无呼叫建立和清除过程。

(1) SVC 的呼叫建立过程。

当主叫 DTE 想要建立虚呼叫时,它就在至交换机 A 的线路上选择一个逻辑信道,发送"呼叫请求"分组。该"呼叫请求"分组中包含了可供分配的高端 LCN 和被叫 DTE 的地址。呼叫请求/入呼叫分组的一般格式如图 5.16 所示,前三个字节为分组头,其中 GFI、LCGN、LCN 的意义如前所述,分组类型识别符为 00001011,表示这是一个呼叫请求分组。在数据部分包含有详细的被叫 DTE 地址和主叫 DTE 地址。呼叫接受和呼叫连接分组使用与呼叫请求分组相同的格式,但是内容有些不同。

GFI				LCGN			
LCN							
0	0	0	0	1	0	1	1
主叫DTE地址长度				被叫DTE地址长度			
被叫DTE地址							
被叫DTE地址				0	0	0	0
主叫DTE地址							
主叫DTE地址				0	0	0	0
其他信息							

图 5.16　呼叫请求/入呼叫分组的一般格式

SVC 的呼叫建立过程如图 5.17 所示。主叫 DTE 想要建立虚电路时,它就发送"呼叫请求"分组,该"呼叫请求"分组包含可供分配的高端 LCN 和被叫 DTE 地址。该分组发送到本地 DCE,由 DCE 将该分组转换成网络规程格式,并通过网络路由交换到远端 DCE。远端 DCE 将网络规程格式的"呼叫请求"分组转换为"入呼叫"分组,并发送给被叫 DTE,该分组中包含了可供分配的低端的 LCN。"呼叫请求"分组和"入呼叫"分组分别从高端和低端选择 LCN 是为了防止呼叫冲突。远端 DCE 选择的 LCN 和主叫 DTE 选择的 LCN 可以不同。

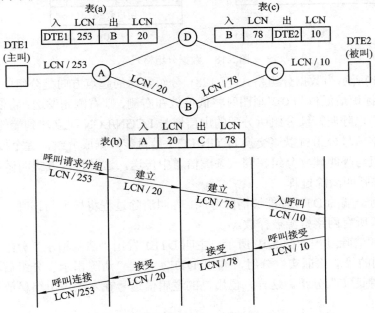

图 5.17　SVC 的呼叫建立过程

被叫 DTE 通过发送"呼叫接受"分组表示同意建立虚电路，该分组中的 LCN 必须与"入呼叫"分组中的 LCN 相同。被叫端 DCE 接收到"呼叫接受"分组之后，通过网络规程将其传送到主叫端 DCE。主叫端 DCE 发送"呼叫连接"分组到主叫 DTE，表示网络已完成虚电路的建立过程。"呼叫连接"分组中的 LCN 与"呼叫请求"分组的 LCN 相同。主叫 DTE 接收到"呼叫连接"分组之后，表示主叫 DTE 和被叫 DTE 之间的虚呼叫已建立，可以进入数据传输阶段。

(2) 数据传输阶段。

X.25 分组层的数据传输和链路层的信息传输非常相似。数据分组相当于链路层的信息帧，流量控制分组相当于监控帧，$P(S)$ 相当于 $N(S)$，而 $P(R)$ 相当于 $N(R)$。分组层也采用了分组的顺序编号、确认机制和超时重发等控制机制。确认机制也是采用了滑动窗口机制，实现了流量控制。

当主叫 DTE 和被叫 DTE 之间完成了虚呼叫的建立之后，就开始进行数据传输。在两个 DTE 之间交换的分组包括数据分组、流量控制分组和中断分组。无论是 SVC 还是 PVC 都有数据传输阶段。

图 5.18(a)给出的是数据分组格式(模 8)，它只有逻辑信道号，无主/被叫终端地址号。它仅用 12 bit 表示逻辑信道号(LCN)，以示去向，省去了最少 32 bit 长的被叫 DTE 地址，减小了分组的开销，提高了传输效率。每次通信前要先建立虚电路，然后通过虚电路传输数据分组，直至本次通信完成。交换机利用 LCN 寻址比利用被叫终端地址寻址要简单得多。

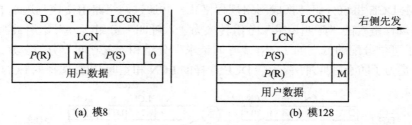

(a) 模8　　　　　　　　　(b) 模128

图 5.18　数据分组格式

如图 5.18(b)所示为数据分组格式(模 128)，分组发送的起点方向是分组中各字节的低位先发(分组类型标识最低位为 0)。画图时将低位放在右侧，则右侧先发送；将低位放在左侧，则左侧先发送。以呼叫接续分组所分配的虚信道号 LCGN/LCN 建立端到端的三层虚电路。此后，用户数据信号分组就以该交换 LCGN/LCN 号封装数据成分组，逐个投入网络发送，即用户数据分组与呼叫建立分组在同一条虚信道中传送，这种传送方式叫做虚电路 CCS。

(3) SVC 的呼叫清除过程。

虚电路任何一端的 DTE 都能够清除呼叫。呼叫清除过程将导致与该呼叫有关的所有网络信息被清除，所有网络资源被释放。

SVC 的呼叫清除过程如图 5.19 所示。主叫 DTE1 发出"清除请求"分组，然后就收到本地 DCE 发回的"清除证实"分组，被叫 DTE2 收到"清除指示"分组后，就发给本地 DCE 一个"清除证实"分组。这样，已用过的逻辑信道号在本次虚电路释放后可供以后建立的虚电路使用。

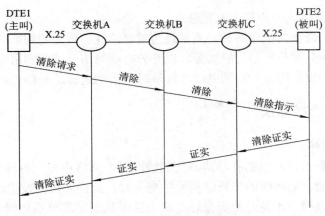

图 5.19 SVC 的呼叫清除过程

(4) 分组层恢复规程。

X.25 定义了在呼叫建立和数据传输阶段发生问题时所使用的一组恢复规程。有的规程只影响到一个虚呼叫，有的规程会影响到所有的呼叫。恢复规程包括复位规程、再启动规程、诊断分组规程和清除规程。下面只介绍前两种规程。

① 复位规程。复位指的是出现协议错误、终端不相容等无法通过重发校正的差错时，使虚电路回到其刚刚建立时的状态，此时 $P(S) = P(R)=0$。虚呼叫的复位通常只是在出现严重差错的情况下使用，因为它有可能导致两个方向上的虚电路数据丢失。

② 再启动规程。再启动指的是 DTE 或网络发生严重故障时清除接口上所有 SVC，复位所有 PVC。此时该接口上所有虚电路成为准备状态。

5.4 路 由 选 择

5.4.1 基本概念

在分组网中，路由选择就是在呼叫建立过程中，在多条路由中选择一条较好的路由。获得较好路由的方法称为路由算法。

所谓较好的路由，就是应该使报文通过网络的平均时延较短，并具有平衡网内业务量的作用。路由选择问题不只是考虑最短的路由，还要考虑通信资源的综合利用以及网络结构变化的适应能力，从而使全网的业务通过量最大。

选择路由方法应考虑的问题有：

(1) 路由选择准则。路由选择准则即以什么参数作为路由选择的基本依据，可以分为两类：以路由所经过的跳数为准则和以链路的状态为准则。

(2) 路由选择协议。依据路由选择准则，在相关节点之间进行路由选择信息的收集和发布的规程和方法称为路由选择协议。

(3) 路由选择算法。路由选择算法即如何获得一个准则参数最小的路由，可由网络中心统一计算，然后发送到各个节点(集中式)，也可由各节点根据自己的路由信息进行计算(分布式)。

分组交换网中路由选择的基本原则是：

(1) 应选择性能最佳的传送路径，通常最为重要的性能就是端到端的传送时延；

(2) 应使网内业务量分布尽可能均衡，以充分提高网络资源的利用率；

(3) 应具有故障恢复能力，当网络出现故障时可自动选择迂回路由。

5.4.2　常见路由选择算法

1．固定路由选择

固定路由选择是指在网络拓扑结构不变的情况下，网络中每一对源节点和目的节点之间的路由都是固定的，当网络的拓扑结构发生变化时，路由才可能发生改变。

使用固定路由选择，不论是数据报还是虚电路，从指定源节点到指定目的节点的所有分组都沿着相同的路径传送。

固定路由选择策略的优点是处理简单，在可靠的、负荷稳定的网络中可以很好地运行。它的缺点是缺乏灵活性，无法对网络拥塞和故障做出反应。一般在小规模的专用分组交换网上采用固定路由选择策略。固定路由选择方法主要有以下几种：

(1) 洪泛式(Flooding)路由选择。

洪泛式路由选择由 RAND 公司提出，用于军用分组网。其基本思想是当节点交换机收到一个分组后，只要该分组的目的地址不是其本身，就将该分组转发到全部(或部分)邻接节点。目的节点接收最先到达的副本，后到的副本将被丢弃。

洪泛式分为完全洪泛式和选择洪泛式。完全洪泛式除了输入分组的那条链路之外，向所有输出链路同时转发分组。选择洪泛式仅在满足某些事先规定条件的链路上转发分组。

洪泛式路由选择的优点是具有很高的可靠性，所有与源节点直接或间接相连的节点都会被访问到，所以洪泛式可以被应用于广播。其缺点就是产生的通信量负荷过高，额外开销过大，导致分组排队时延加大。洪泛式路由选择一般只用在可靠性要求特别高的军事通信网中。

(2) 随机路由选择。

随机路由选择是当节点收到一个分组后，除了输入分组的那条链路之外，按照一定的概率从其他链路中选择某一链路发送分组。选择第 i 条链路的概率 P_i 如下：

$$P_i = \frac{C_i}{\sum_j C_j} \tag{5.1}$$

式中，C_i 是第 i 条链路的容量，$\sum_j C_j$ 是所有候选链路的容量总和。

随机路由选择方法的优点是比较简单，稳健性也较好。随机路由选择是根据链路的容量进行的，这有利于通信量的平衡，但所选的路由一般并不是最优的，因此应用范围不广。

2．自适应路由选择

自适应路由选择是指路由选择过程中所用的路由表要考虑网内当前的业务量情况、线路畅通情况，并随网络结构变化及时更新，以便在新情况下仍能获得较好的路由。为做到自适应，必须及时测量网内业务量、交换机处理能力和线路畅通情况等，并把测量结果通知各相关交换机，以便各交换机计算出新的路由表。

自适应路由算法按工作方法可分为分布式、集式和混合式。

(1) 集式自适应路由算法：由一个网路管理中心(NMC)定时收集全网情况，按一定算法分别计算出当时各交换机的路由表，并通过网路分别通知各交换机的路由选择方法。这种算法传送路由信息的开销少，实现较简单，但功能过于集中，所以可靠性较差。

(2) 分布式自适应路由算法：每个交换机定时把本身的处理能力及与其相连的线路通畅情况等向全国或相邻交换机报告，各交换机根据其他交换机送来的情况，按一定的算法定时计算出本交换机的路由表。

(3) 混合式自适应路由算法：综合了集式和分布式的优点，既有集中控制部分，又有分布控制部分。

从用户的角度来看，自适应路由选择策略能够提高网络的性能。自适应路由选择策略趋向于平衡负荷，有助于拥塞控制，能够延迟严重拥塞事件的发生。事实上在所有的分组网中，都使用了某种形式的自适应路由选择技术。

3. 最短路由算法

最短路由是指通信信息经过的节点数最少，或任意两节点间传输延迟最小或费用最小的通路。

(1) 最短路由选择算法的思想。

最短路由选择算法通常有两种情况可供考虑：一种是从网络的源节点到其他各节点的最短路径；另一种是一个给定节点到目的节点的最短距离。

(2) 最短路由选择算法的实现。

首先，最短路由选择算法要标记通信网以及相邻节点链路长度的拓扑结构图，并按照最短路由选择算法的约定，标记全部相邻节点间的最短距离；其次，根据具体节点标记的大小，寻找相邻节点间的最短距离，连接从源节点到目的节点间的所有最短距离，这就完成了最短路由选择的过程。

5.5 流量控制与拥塞控制

分组交换网中各个节点交换机的处理能力和各条线路的传输容量是一定的，但是用户终端发送分组的时间和数量具有随机性，如果不对数据流进行控制，有可能造成网内数据流的分布不均匀，部分节点和线路上的数据流超过其处理能力或传输容量，造成网络的拥塞。严重时，分组在网络中无法传送，不断被丢弃，源节点无法发送新的数据，目的节点也收不到分组，造成死锁。这就需要采取流量控制和拥塞控制来实现数据流量的平滑均匀，提高网络的吞吐能力和可靠性。因此，流量控制和拥塞控制是分组交换网中必不可少的重要功能，其控制机理也相当复杂。

5.5.1 流量控制

流量在通信网中是指通信量，在数据通信网中是指网中的数据流或分组流的大小。流量控制实际上是指通过控制网中的通信量，使通信网工作在吞吐量允许的范围内。

流量控制可以使网络的数据发送和处理速度平滑均匀，是解决网络拥塞的一个有效手段，是分组交换的重要技术之一。

1．流量控制的作用

　　流量控制的作用包括以下几个方面：

　　(1) 防止网络因过载而引起通信信息的吞吐量下降和传输时延增加。

　　拥塞将会导致网络吞吐量的迅速下降和传输时延的迅速增加，严重影响网络性能。如图 5.20 所示为吞吐量和分组时延与输入负载的关系。在理想情况下，网络吞吐量随着负荷的增加而线性增加，直到达到网络的最大容量时，吞吐量将不再增大，成为一条直线。实际上，当网络负荷比较小时，各节点分组的队列都很短，节点有足够的缓冲器接收新到达的分组，使得相邻节点中的分组输出也较快，网络吞吐量和负荷之间基本保持了线性增长的关系。当网络负荷增大到一定程度时，节点中的分组队列加长，造成时延迅速增加，并且有的缓存器已占满，节点将丢弃继续到达的分组，造成分组的重传增多，从而使吞吐量下降。因此，吞吐量曲线的增长速率随着输入负载的增大而逐渐减小。当负载增大到一定程度时，吞吐量下降为零，这种现象称为网络死锁(Deadlock)。此时分组的时延将无限增加。

　　如果有流量控制，吞吐量将始终随着输入负载的增加而增加，直至饱和，不再出现拥塞和死锁现象。从图 5.20 中可以看出，由于采用流量控制要增加一些系统开销，因此，其吞吐量将小于理想曲线的吞吐量，分组时延也将大于理想情况，这点在输入负载较小时表现得尤其明显。可见，流量控制的实现是有一定代价的。

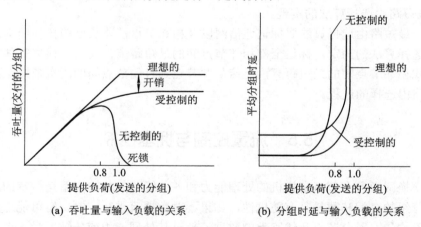

(a) 吞吐量与输入负载的关系　　　　(b) 分组时延与输入负载的关系

图 5.20　吞吐量和分组时延与输入负载的关系

　　(2) 避免网络死锁。

　　网络面临的一个严重的问题是死锁，实际上，它也可能在负荷不重的情况下发生，这可能是由于一组节点没有可用的缓冲器而无法转发分组引起的。死锁有直接死锁、间接死锁和装配死锁三种类型。

　　(3) 网络及用户之间的速率匹配。

　　分组网络中，当两个要互传分组数据的终端速率不同时，低速终端来不及处理接收的数据，会导致数据的丢失，所以必须限制高速终端的分组流入速率。

2．流量控制的层次

一般来说，流量控制可以分成以下几个层次来进行，如图 5.21 所示为流量控制的级别划分。

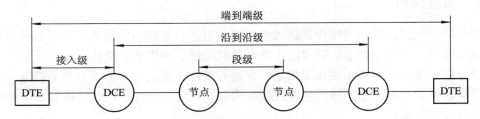

图 5.21 流量控制的级别划分

(1) 段级。段级是对相邻节点之间的点到点的流量控制。其目的是防止出现局部的节点缓冲区拥塞和死锁。段级还可划分为链路段级和虚电路段级：前者是对相邻两个节点之间总的流量进行控制，由数据链路层协议完成；后者是对其间每条虚电路的流量分别进行控制，由分组层协议完成。

(2) 沿到沿级。沿到沿级是指网络的源节点和目的节点之间的流量控制。其作用是防止目的节点缓冲区出现拥塞，这类流量控制由分组层协议完成。

(3) 接入级。接入级是指从 DTE 到网络源节点之间的流量控制。其作用是控制从外部进入网络的通信量，防止网络内产生拥塞，这类流量控制由数据链路层协议完成。

(4) 端到端级。端到端级是指源用户终端和终点终端之间的流量控制。其目的是保护目的端，防止用户级进程的缓冲器溢出，这类流量控制由高层协议完成。

3．流量控制的方法

流量控制方法有如下几种。

1) 滑动窗口机制(证实法)

滑动窗口机制是指发送方发送一个分组之后不再继续发送新的分组，接收方收到一个分组之后会向发送方发送一个"证实"，发送方收到这个"证实"之后再发送新的分组。这样接收方可以通过暂缓发送证实来控制发送方的发送速度，从而达到控制流量的目的；发送方可以连续发送一组分组并等待接收方的证实。滑动窗口证实机制既提高了分组的传输效率，又实现了流量的控制。这种方式可用于点到点的流量控制和端到端的流量控制。X.25 的数据链路层和分组层均采用了这种流量控制方法。

2) 缓冲区预约方式

缓冲区预约方式用于源节点到目的节点之间的流量控制。源节点在发送数据之前，要为每个报文在目的节点预约缓冲区，只有目的节点有缓冲区时，源节点才可发送。在预约的缓冲区用完后，要等到接收节点再次分配缓冲区后，源节点才能继续发送数据。

3) 许可证法

许可证法就是在网络内设置一定数量的"许可证"。许可证的状态分为空载和满载，不携带分组时为空载，携带分组时为满载。每个许可证可以携带一个分组。满载的许可证在到达终点节点时卸下分组变成空载。分组需要在节点等待得到空载的许可证后才能被发送。通过在网内设置一定数量的许可证，可达到流量控制的目的。由于存在分组等待许可证的时延,所以这种方法会产生一定的额外时延。许可证法适用于 DTE 到网络源节点之间的流量控制。

5.5.2　拥塞控制

在某段时间内,若对网络中某资源的需求超过了该资源所能提供的可用部分,网络的性能就要变差,即产生拥塞。拥塞的本质是荷载超过了网络的承受能力。

流量控制是对一条通信路由上的通信量进行控制,但它并不能完全避免拥塞的发生。也就是说,流量控制并不能替代拥塞控制。因此,在这里要特别把拥塞控制方法提出来。

拥塞控制方法:

(1) 从拥塞节点向所有或部分源节点发送控制分组,告诉源节点停止或延缓发送分组的速率,从而限制网络分组的总数量;

(2) 根据路由选择信息调整新分组的产生速率;

(3) 利用端到端的探测分组控制拥塞;

(4) 允许节点在分组经过时在分组上添加拥塞指示信息。

本 章 小 结

分组交换是把用户信息分成若干个小数据块,即分组(Packet)。这些分组长度较短,并具有统一的格式。每个分组有一个分组头,包含用于控制和选路的有关信息。这些分组以"存储—转发"的方式在网内传输。

分组在通过数据网时有两种方式:虚电路方式(VC)和数据报方式(DG)。两种方式各有其特点,可以适应不同业务的需求。

在虚电路方式中,数据传送之前,必须先在源端与目的地之间建立一条端到端的逻辑上的虚连接,即虚电路。

数据报是指自带寻址信息的独立数据分组。在数据报分组交换中,每个分组的传送是被单独处理的。每个分组称为一个数据报,每个数据报自身携带足够的地址信息。一个节点收到一个数据报后,根据数据报中的地址信息和节点所存储的路由信息,找出一个合适的路由,把数据报按原样发送到下一节点。同一用户的不同分组可能沿着不同的路径到达终点,在网络的终点需要重新排队,组合成原来的用户数据信息。

所谓分组交换网就是采用分组交换技术实现数据在连入网络的 DTE 间传输、处理的通信网。

公用分组交换网由分组交换机(PS)、分组集中器(PCE)、网络管理中心(NMC)、数据终端和传输线路及相关协议组成。

CHINAPAC 采用国家骨干网、省内网和本地网的三级结构。

X.25 协议是作为公用数据网的用户-网络接口协议提出的,它的全称是"公用数据网络中通过专用电路连接的分组式数据终端设备(DTE)和数据电路终接设备(DCE)之间的接口"。

X.25 协议分为三层,即物理层,数据链路层和分组层,它们分别和 OSI 的下三层——

对应。

　　X.25 协议定义了帧(Frame)和分组(Packet)的结构，数据传输通路的建立和释放、数据的传输等过程，顺序控制、差错控制和流量控制等机制以及分组交换提供的基本业务和可选业务等。

　　物理层定义了 DTE 和 DCE 之间建立、维持和释放物理链路的过程，包括机械、电气、功能和过程特性，相当于 OSI 的物理层。

　　数据链路层规定了在 DTE 和 DCE 间的线路上交换 X.25 帧的过程。链路层规程用来在物理层提供的双向信息传送管道上实施信息传输的控制。

　　数据链路层的操作分为三个阶段：链路建立，数据传输和链路断开。

　　X.25 分组层利用数据链路层提供的服务在 DTE-DCE 接口交换分组。它将一条逻辑链路按照动态时分复用的方法划分成多个子逻辑信道，允许多个用户终端或进程同时使用一条逻辑链路，以充分利用逻辑链路的传输能力和交换机资源。

　　在分组网中，路由选择就是在呼叫建立过程中，在多条路由中选择一条较好的路由。获得较好路由的方法称为路由算法。

　　常见的路由选择算法：固定路由选择(洪泛式路由选择、随机路由选择)，自适应路由选择，最短路径算法。

　　流量在通信网中是指通信量，在数据通信网中是指网中的数据流或分组流的大小。流量控制实际上通过控制网中的通信量，使通信网工作在吞吐量允许的范围内。

　　流量控制的方法：滑动窗口机制(证实法)，缓冲区预约方式，许可证法。

　　当通信量超过一定限度时，网络性能会降低，这种现象就叫拥塞。拥塞的本质是荷载超过了网络的承受能力。

复 习 题

1．分组交换的原理是什么？特点有哪些？

2．分组交换的方式有哪两种？试从优点、缺点、适用场合等方面进行比较。

3．虚电路方式下的数据分组中是否含有目的地址？这样有什么优点？

4．什么是逻辑信道？什么是虚电路？二者有何区别与联系？

5．PAD 的功能是什么？什么类型的终端接入分组网时需要 PAD？

6．X.25 网络分为几层？请说明每层的功能及各层之间信息流的关系。

7．LAPB 帧分为哪几种类型？各自的作用是什么？

8．LAPB 帧中的 $N(S)$、$N(R)$ 起什么作用？举例说明二者在帧传输时的控制作用。

9．分组层的主要功能有哪些？

10．画图说明 X.25 分组的格式。

11．常见的路由选择方法有哪些？

12．流量控制的目的是什么？有哪几个层次？

13．分组网中常用的流量控制和拥塞控制方法有哪些？

14．简述 X.25 的发展背景、设计思路和优缺点。

第 6 章

帧 中 继 网

　　帧中继(FR: Frame Relay)网是 X.25 分组交换网的一种简化的通信网。在新型终端设备的智能化不断提高，传输网络可靠性和带宽不断优化的情况下，原来由网络实现的大量而复杂的处理可以交给终端设备来完成，从而达到简化网络操作、提高传输效率和满足综合业务传送的目的，适应急剧增长的 LAN 互连的需求。FR 是在用户-网络接口之间提供用户信息流的双向传送，并保持信息顺序不变的一种承载业务网。帧中继对通信协议进行了简化，实现了快速分组交换的通信方式，与 X.25 相比，它具有传输速率高、时间响应快、吞吐量大等优点，是一种应用较好的数据通信方式。本章主要介绍帧中继的基本概念、帧中继协议、帧中继网的基本结构以及帧中继的网络管理。

6.1　帧中继的基本概念

　　20 世纪 80 年代以来，随着计算机的应用和局域网技术的急剧发展，分布于不同地域的局域网(LAN)之间需要互连，大量的具有更大的带宽和更强的突发的数据业务需要传输；光纤通信的大容量和低误码率(10^{-8})使得原来传输过程中的差错控制等机制的简化成为可能；计算机终端的智能化和处理能力不断提高，使得在传输过程中由分组网络所完成的功能完全可以由终端来完成。正是由于这些需求和支持，促进了新的传输技术的发展。

　　1986 年，AT&T 首先在其关于 ISDN 的技术规范中提出帧中继业务；1988 年，国际电信联盟 ITU-T (原 CCITT)公布第一个有关帧中继业务框架的标准 I.122；1989 年，美国国家标准委员会(ANSI)开始研究帧中继技术标准；1990 年，帧中继产品生产厂家 CISCO、DEC、NT 和 Stratacom 联合创建了帧中继委员会；1991 年帧中继委员会改名为帧中继论坛(FR Forum)，并开始着手标准的制定工作，对产品的相关技术进行研究，以保证不同厂家产品的相互兼容；1992 年 ITU-T 和 ANSI 有关帧中继各方面的标准相继出台，FR Forum 的成员也有所增加，并公布有关帧中继的 UNI 和 NNI 的协定；1993 年 FR Forum 的成员增加到 100 多个，公布了相应的帧中继标准系列；1994—1995 年帧中继技术更加成熟，标准日趋完善。

　　综上所述，制定帧中继标准的国际组织主要有 ITU-T、ANSI 和 FR Forum，这三个组织目前已制定了一系列帧中继标准。

　　帧中继是在开放系统互联(OSI)模型的第二层(数据链路层)上以帧的形式传送数据单元的一种数字传输技术，故称为帧中继。所谓中继，意味着节点交换机对帧透明传送。帧中继网是由多个帧中继交换机通过优质传输媒体连接组成的宽带传输网络，在用户-网络接口之间建立虚电路连接，向用户提供面向连接的多媒体数据传送，数据包顺序不变，使用 ISDN

标准中 LAPD(Q.921)链路接入规程的扩展版本 LAPF(Q.922)的核心子层 DL-CORE,实现信道统计复用和虚电路转接,完全不用网络层。只有当用户准备好数据时,才占用虚电路的带宽;无数据传输时,虚电路保持连接,但带宽资源出让。

帧中继网具有以下特点:

(1) 采用公共信道信令。承载呼叫控制信令的逻辑连接和用户数据是分开的。例如,Ansi T1.603 和 ITU-T 附件 A 都以 DLCI=0 作为信令信道。逻辑连接的复用和交换发生在第二层,从而减少了处理的层次。

(2) 简化机制。帧中继精简了 X.25 协议,取消第二层的流量控制和差错控制,仅由端到端的高层协议实现。对用户-网络接口以及网络内部处理的功能大大简化,从而得到了低延迟和高吞吐率的性能。帧中继对帧进行简单处理,然后转发,处理功能包括:检验帧头中 DLCI 是否有效,有效则传帧,无效则删除;检验帧是否正确,正确则传帧,错误则删除。因此它是一种检而不纠的传丢机制。

图 6.1 给出了分组交换和帧中继的传输机制的比较。图 6.1(a)为 X.25 数据传输机制,反映的是一般分组交换的情况,每个节点在收到一帧后都要回送确认信息,而目的节点收到一帧后向源节点回送端到端的确认时也要逐段回送确认信息。图 6.1(b)是帧中继数据传输机制,帧传送到每个节点只转发不确认,目的节点收到帧后向源节点发回端到端的确认时也只转发不确认。可见帧中继不需要逐段校正、存储转发,所以没有第三层。

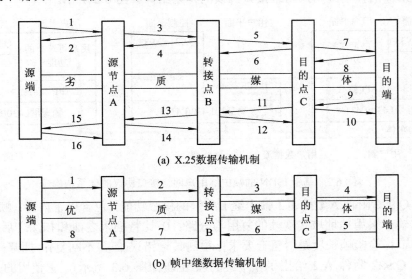

图 6.1 分组交换和帧中继传输机制的比较

(3) 采用高速虚电路。帧中继取消了第三层,将复用移交到第二层,在一条物理连接上建立多条二层逻辑信道,实现了带宽的统计复用和动态分配,从而提高了效率和吞吐量,降低了时延。

(4) 大帧传送,适应突发。FR 的帧长度远比 X.25 分组长度大,使用大帧传送、帧长可变,交换单元(帧)的信息长度比分组交换长,达 1024~4096 字节,预约帧长度至少达到 1600 字节,适合于封装局域网的数据单元,适合传送突发业务(如压缩视频业务、WWW 业务等)。

(5) 硬件转发,超速传送。DLCI 是一种标签,短小定长,便于硬件高速转发。

6.2　帧中继协议

6.2.1　帧中继协议

帧中继协议以 OSI 参考模型为基础，定义了在公共数据网上传送数据的高性能数据链路层协议，协议模型仅包含数据链路层的核心功能和物理层。帧中继网络没有第三层处理，将差错控制和流量控制交给端到端的高层，网络只进行 CRC 校验，丢掉出错的帧。

在 ISDN 的环境中，采用帧方式的数据链路层接入规程(LAPF：Link Access Procedures to Frame Mode Bearer Services)，在用户—网络接口的 B、D 或 H 通路上承载业务。数据链路层有两个在逻辑上分开的平面，即控制平面和用户平面。

控制平面：即 C 平面，在用户和网络之间通过 D 信道的 Q.931/Q.933 信令建立和释放物理信道中的逻辑信道连接，实现用户数据业务的虚电路传送。

用户平面：即 U 平面，链路层采用 LAPF，包含两个子层，即数据链路控制子层 DL-Control 和核心子层 DL-CORE。帧中继也使用了这一概念，并将其用于非 ISDN 的实现中，但提供帧中继业务时，仅用了 LAPF 的核心功能 DL-CORE。

基于 ISDN 的帧中继用户网络接口协议的体系结构如图 6.2 所示。

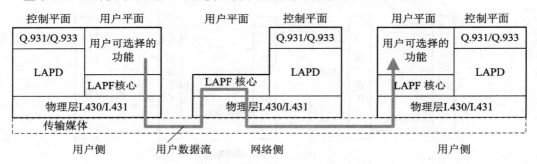

图 6.2　基于 ISDN 的帧中继用户网络接口协议的体系结构

ITU-T Q.922 附件 A.1 描述了帧中继 LAPF 的核心功能，包含以下内容：帧的定位、对齐与透明传输；采用地址域实现帧的复用与分路；0 比特插入之前和扣除之后，检验帧是否为整数字节；检验帧长度是否符合要求；检测传输错误(但并不回复)；拥塞控制功能。

ITU-T Q.922 附件 A.2 给出了帧中继的帧结构(如图 6.3 所示)，它使用的是 LAPF 的 DL-CORE 功能。DL-CORE 仅使用 LAPF 中的未编号帧中的非确认帧 UI 传送信息。UI 帧的控制字段为 1 字节，内容为帧标识码 0x03H，并且规定该字段为可选内容，帧中继传输时并不关注它，因此，帧格式就简化了。

标志	地址	信息	帧校验序列	标志
F	A	I	FCS	F

图 6.3　帧中继的帧结构

由图 6.3 可知，帧中继的帧由四个字段组成：标志字段 F、地址字段 A、信息字段 I 和帧校验序列字段 FCS。帧中继的帧结构没有控制字段。各字段的含义及作用如下：

(1) 标志字段 F 是一个特殊的比特组 01111110，它的作用是标志一帧的开始和结束。一个帧的首端和末端的标志字段使用特殊的位序列定界帧。

(2) 地址字段 A 的主要用途是标识同一通路上的不同数据链的连接。它的长度默认为 2 B，可以扩展到 3 B 或 4 B，其格式如图 6.4 所示。

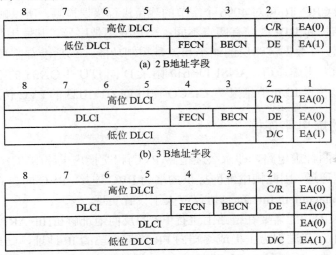

8	7	6	5	4	3	2	1
高位 DLCI						C/R	EA(0)
低位 DLCI			FECN	BECN	DE	EA(1)

(a) 2 B 地址字段

8	7	6	5	4	3	2	1
高位 DLCI						C/R	EA(0)
DLCI			FECN	BECN	DE	EA(0)
低位 DLCI						D/C	EA(1)

(b) 3 B 地址字段

8	7	6	5	4	3	2	1
高位 DLCI						C/R	EA(0)
DLCI			FECN	BECN	DE	EA(0)
DLCI							EA(0)
低位 DLCI						D/C	EA(1)

(c) 4 B 地址字段

图 6.4　帧结构中地址字段 A 的格式

地址字段 A 中所包含的信息字段有以下内容：

① DLCI：数据链路连接标识符(DLCI：Data Link Connection Identifier)，标识帧的逻辑链路号，在多路复用中唯一地区分不同的业务。

② C/R：命令/响应(Command/Response)指示比特，帧中继不使用。

③ EA：地址扩展(Address field Extension)比特。EA=0，表示后续有地址；EA=1 表示地址结束。

④ FECN：前向显示拥塞通告(Forward Explicit Congestion Notification)，通知目的地路由器该帧在所经通路上发生过拥塞。

⑤ BECN：后向显示拥塞通告(Backward Explicit Congestion Notification)，这一比特由网络拥塞节点设置，它指出该帧传送方向的相反方向出现拥塞，通知用户发起拥塞避免规程。该比特设置为 "1"，向接收端指示该帧遇到了资源拥塞，告诉收方的终端系统，让其进行发送速率调整。

⑥ DE：丢弃允许(Discard Eligibility)指示，指示当拥塞发生时一个帧能否被丢弃。

⑦ D/C：DLCI/DL-Control 控制指示比特，仅用于 3 B 或 4 B 的地址字段内。当 D/C=0 时，表示最后字节的高位 6 bit 为 DLCI 值；当 D/C=1 时，表示最后字节的高位 6 bit 为 DL-CORE 的控制信息。

(3) 信息字段 I 包含的是用户数据。它可以是任意的比特序列，但其长度必须是整数个字节。发送实体对帧的开始标志与结束标志之间的内容进行寻 "1" 检验，在连续 5 个 "1" 后插入一个 "0"，保证帧内不出现与帧标志相同的比特流结构，接收方实体收到帧后进行相反处理。

(4) 帧校验序列 FCS 字段是一个 16 bit 的 CRC 校验序列，该值由发送方计算并填写，用以检测数据传输过程中的差错。在接收方，帧将被重新计算，得到一个新的 FCS 值，并与帧中携带的 FCS 值比较，如果它们不匹配，该帧就被丢弃，因此端站必须解决分组丢失的问题。这种简单的"检而不纠，错者丢弃，对者传"的处理就是帧中继交换机所做的全部工作。两个字节的 CRC-16 可对 4096 个字节的载荷进行错误检测，所以帧中继的帧长较大。

帧中继的帧结构和 HDLC 帧有两点不同：一是帧不带序号，其原因是帧中继不要求接收"证实"，也就没有数据链路层的纠错和流量控制功能；二是没有监视(S)帧，因为帧中继的控制信令使用专用虚通道，ANSI T1-617 附录 D 同 ITU-T Q.933 的附录 A 一样，都使用 DLCI=0 的 PVC 传送 LMI 消息报文，CISCO 使用 DLCI=1023 的 PVC 传送 LMI 消息报文。

6.2.2　帧中继的虚电路连接

帧中继可提供两种虚电路，即永久虚电路(PVC)和交换虚电路(SVC)。帧中继为计算机用户提供高速数据通道，因此帧中继网提供的多为 PVC 连接。PVC 的建立通过本地管理接口(LMI：Local Management Interface)协议或人工设置实现。

实现 LMI 协议的功能需要在链路上进行 FR 的反向地址解析(In-ARP：Inverse Address Resulotion Protocol)，其过程为主机或终端向 FR 广播自己的 IP 地址，结果被 FR 的其他用户获取，在它们的端口实现某一 DLCI 与该 IP 地址的绑定。下面举例说明如图 6.5 所示的反向 ARP 实现 LMI 协议的过程。

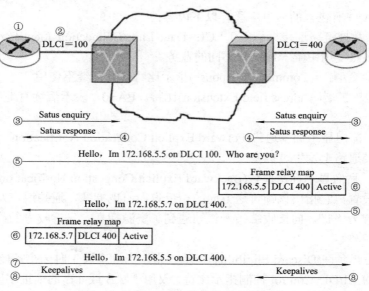

图 6.5　反向 ARP 实现 LMI 协议的过程

路由器之间每隔一段时间(60s)就会相互交换携带自己协议地址的 In-ARP 信息，对方收到后，将 In-ARP 所携带的协议地址与本端接口收到 In-ARP 的 DLCI 实现绑定，这就是帧中继的地址映射(MAP)，映射过程使路由器自动学习到对方的协议地址。之后，路由器每隔一段时间(默认 10 s)，会给帧中继交换机发送一个维持信息，以验证帧中继交换机是否处于正常工作状态。

帧中继提供 SVC 业务时，用户端控制平面第三层实体 Q.931 发送 SETUP 信令与网络中帧处理模块建立 B 信道连接，然后 Q.933 实体再通过所建立的 B 信道发送 SETUP 信令，建立端到端的虚电路连接，建立后以帧格式传送业务。传送完毕后，先释放虚电路，然后再释放 B 信道。

实际当中大多数应用是采用 PVC 传送，PVC 通过本地管理接口协议实现，采用 PVC 的帧中继信令协议结构如图 6.6 所示。

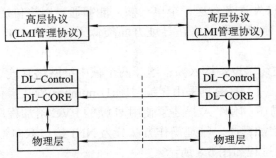

图 6.6 采用 PVC 的帧中继信令协议结构

例 1 在图 6.7 所示的帧中继网络中，NET1 发送的三个帧，根据当前的网络连接状况，分析它们分别被帧中继发送到哪个目的网络？

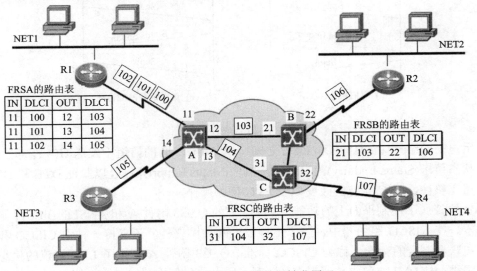

图 6.7 帧中继虚电路数据转发原理

解 由交换节点 A 的转发表可知 DLCI=100 的帧被转发到 12 端口，转发前，帧中的 DLCI 被替换成 103，该端口经中继电路连接节点 B 的 21 号端口进入节点 B，由 B 的转发表可知该帧被转发到 22 口，DLCI 被替换成 106。由此可见，NET1 发送的 DLCI=100 的帧最终被发送到 NET2 网络。同理，DLCI=101 的帧最终被发送到 NET4 网络，DLCI=102 的帧最终被发送到 NET3 网络。

6.2.3 本地管理接口协议

在永久虚电路方式中，无论是网络设备还是用户设备，都需要知道 PVC 的当前状态(可用/不可用)。因此，帧中继提供了一种在帧中继交换机和帧中继 DTE(路由器)之间的简单信令。这个信令就是本地管理接口协议。LMI 消息提供链路完整性校验和 PVC 的增加、删除及状态通知等。LMI 协议包括以下机制：

(1) Keepalive 机制：即保活机制，用于检验路由器到网络的链路状态。

(2) 状态机制：用于提供网络和用户设备间的通信和同步，它们定期报告 PVC 的新增和删除情况。通常还提供关于 PVC 的完整性信息。

(3) 多播机制：允许发送者发送一个单一帧，能够通过网络传递给多个接收者。

(4) 全局寻址：它使帧中继网络在寻址方面类似于一个 LAN，赋予连接标识符全局意义。

LMI 协议可应用在终端设备接入帧中继、两个帧中继网络互连以及两个不同厂家的帧中继交换机互连的情况。LMI 消息采用无编号帧(U-number)确认操作方式传送。执行标准由 Q.933 附件 A 和 B 描述：附件 A 描述了使用 U 帧的 PVC 附加程序；附件 B 描述了使用确认操作方式的 PVC 附加程序。管理操作方法分为 NNI 接口双向管理规程和 UNI 接口单向管理规程，LMI 操作过程如图 6.8 所示。

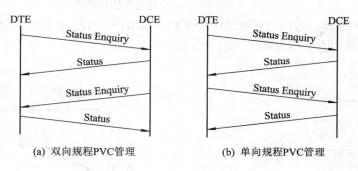

(a) 双向规程PVC管理　　　　　　　　　(b) 单向规程PVC管理

图 6.8　LMI 操作过程

在用户—网络接口处(DTE 和 DCE 之间)，以 DLCI＝0 的信道中发送 UI 帧，实现周期性发送状态请求(Status Enquiry)消息和状态响应(Status Report)消息，以验证 DTE 和 DCE 接口的链路完整性、PVC 状态的改变以及 PVC 增删操作。

LMI 协议属于控制平面上的功能，有 ITU-T 的 Q.933 附件 A 和 ANSI 的 T1.617 附件 D 两种版本。在 CISCO 路由器中，除了支持以上两种协议外，还支持一种由 CISCO 和另外几家公司联合制定的标准，称为 CISCO 标准。Q.933 附件 A 规定了 LMI 协议的信息单元和实现规程，是 LMI 协议中使用最多的一种，因此，我们主要以 Q.933 附录 A 的标准来介绍 LMI，另外两种标准的 LMI 与之大同小异，可参考相关协议标准。

LMI 模块的功能是管理永久虚电路 PVC，包括 PVC 的增加/删除、PVC 的链路完整性检测以及 PVC 的状态等。LMI 协议规程包括：增加 PVC 的通知，删除 PVC 的探测，已设置的 PVC 的可用(激活)或不可用(未激活)状态的通知，链路完整性检验。

LMI 协议的消息(Message)类型有两种：状态请求(Status Enquiry)消息和状态(Status)消息。Status Enquiry 消息由 DTE 端发送，用来向 DCE 端请求虚电路的状态或验证链路完整性，其组成要素如表 6.1 所示；Status 消息是当 DCE 端收到 Status Enquiry 消息后，向 DTE 端发送的应答消息，用于传送虚电路的状态或验证链路完整性，其组成要素如表 6.2 所示。

Q.933 附录 A 使用 DLCI=0 的虚电路传送 LMI 消息。

表 6.1 STATUS ENQUIRY 消息组成要素

信息单元名称	字节号	信息单元值	
Protocol Discriminator (1 B)	1	0x08H	
Call Reference(1 B)	2	0x00H	
Message Type(1 B)	3	0x75H	报文类型信息单元
Report Type(3 B)	4	0x51H	
Length of Report Type Contents	5	0x01H	
Type of Report	6	0~2 中取值	
Link Integrity Verification(4 B)	7	0x53H	链路完整性校验信息单元
Length of Link Integrity Verification Contents	8	0x02H	
Send Sequence Number	9	x	
Receive Sequence Number	10	y	

表 6.2 STATUS 消息组成要素

信息单元名称	字节号	信息单元值
Protocol Discriminator (1 B)	1	0x08H
Call Reference(1 B)	2	0x00H
Message Type(1 B)	3	0x7DH
Report Type(3 B)	4	0x51H
Length of Report Type Contents	5	0x01H
Type of Report	6	0~2 取值
Link Integrity Verification(4 B)	7	0x53H
	8	0x02H
	9	发送序号
	10	接收序号
PVC Status(5~7 B)	11	0x57H
	12	内容长度
	13	DLCI 高 6 位
	14	DLCI 低 4 位
	15	状态值

由表可见，LMI 消息由 1 字节的协议标识符(取值为 0x08H)、1 字节的呼叫参考值(取值为 0x00H)、1 字节的消息类型(0x75H=STATUS ENQUIRY 消息类型，0x7DH=STATUS 消息类型)和如下一些信息单元组成：

(1) 第一个信息单元是 3 个字节的报文类型(Report Type)：第 4 字节为 0x51H，标识 Report Type 的开始；第 5 字节为 0x01 H；第 6 字节就是报文类型的具体内容 Type of Report。

对于 STATUS ENQUIRY 消息，Type of Report=0 为全状态报文，要求对方报告链路完整性和所有 PVC 的状态；Type of Report=1 为链路完整性验证报文，只要求报告链路的完整性，不含 PVC Stauts 内容；Type of Report=2 表示为异步 PVC 状态报文，只要求 PVC 状态改变信息。

(2) 第二个信息单元为 4 个字节的链路完整性校验(Link Integrity Verification)：第 7 字节为 0x53H，表示该信息单元的开始；第 8 字节为 0x02H，标识内容长度为 2 B；第 9、10 字节分别为发送序号和接收序号。

(3) 第三个信息单元为 5 个字节 PVC 状态(PVC Status)，由第 11 至第 15 字节组成，用于标识 PVC 的状态。只有 STATUS 消息包含该信息单元，STATUS ENQUIRY 消息没有该信息单元。

在表 6.2 中，当 Type of Report = 0 时，STATUS 消息报告链路完整性校验和所有 PVC 状态(Full Status)信息；当 Type of Report = 1 时，STATUS 消息仅报告链路状态信息，不含 PVC Status 信息单元；当 Type of Report = 2 时，则报告单个 PVC 状态和链路状态信息。

三种主要信息单元的格式如图 6.9 所示。

Report Type 信息单元的格式

Information Element Identifier	0x51H
Length of Report Type Contents	0x01H
Type of Report	0～2中取值

Type of report取值：
0＝Full Status(承载信道中所有PVC状态)
1＝Link Integrity Verification Only
2＝Single PVC Asynchronous Status

(a) 报文类型信息单元格式

Link Integrity Verification 信息单元的格式

Information Element Identifier	0x53H
Length of Link Integrity Verification Contents	0x02H
Send Sequence Number	x
Receive Sequence Number	y

(b) 链路完整性校验信息单元格式

PVC Status信息单元格式

0	1	0	1	1	1	1	1
PVC状态内容长度(3)							
0	0	数据链路连接标识					
1	数据链路连接标识				0	0	0
1	0	0	0	New	Delete	Active	0 Reserved

(c) 链路完整性校验信息单元格式

图 6.9 三种主要信息单元的格式

状态请求消息的帧结构如图 6.10 所示，帧中具有 1 个字节的控制字段，内容为 0x03H，表示为未编号帧 UI；协议标识符为 0x08H，标识该帧是 LMI 消息；呼叫参考值为 0x00H，标识为 PVC 管理；消息类型 0x75H 为状态请求消息，若为 0x7DH 则为状态(STATUS)消息；报告类型指示信息单元的第一个元素，用于识别信息单元的开始。

8 7 6 5 4 3 2 1	
0 1 1 1 1 1 1 0	0x7EH
0 0 0 0 0 0 0 0	DLCI = 0(高6位)，C/R = 0，EA = 0
0 0 0 0 0 0 0 1	DLCI = 0(高4位)FECN = 0，BECN = 0，EA = 1
0 0 0 0 0 0 1 1	0x03H = UI帧
0 0 0 0 1 0 0 0	Protocol Discriminator = 0x08H
0 0 0 0 0 0 0 0	Call Reference = 0x00H
0 1 1 1 1 1 0 1	Message Type：0x7DH = 状态消息；0x75H = 状态请求消息
0 1 0 1 0 0 0 1	0x51H Report Type
0 0 0 0 0 0 0 1	0x01H
0 0 0 0 0 0 0 1	0x01H
0 1 0 1 0 0 1 1	0x53H Link Integrity Verification
0 0 0 0 0 0 1 0	0x02H
0 0 0 0 0 0 0 1	发送序号
0 0 0 0 0 0 1 1	接收序号
FCS	两字节帧校验
FCS	
0 1 1 1 1 1 1 0	0x7EH

图 6.10　状态请求消息的帧格式

ANSI T1-617 附录 D 和 Q933 附录 A 的相同之处：DLCI=0 的 PVC 传送 LMI 消息，Protocol Discriminator =0x08H，Report Type=0x01H，LIV= 0x03H，PVC Status =0x07H。不同之处：ANSI 的 LMI 报文在 Message Type 后面比 Q933 多一个信息单元 Locking Shift，值为 0x95H。

CISCO 使用 DLCI=1023 的 PVC 传送 LMI 消息，Protocol Discriminator=0x09H，Report Type、LIV 及 PVC Status 的值与 ANSI 相同。

6.3　帧中继网的基本结构及其网络接入

帧中继网是一种高速数据传输网络，用户要通过帧中继实现异地数据业务传输，必须通过相应的接入设备接入帧中继网络。本节介绍帧中继网的基本结构和接入方法。

6.3.1　帧中继网的基本结构

根据网络的运营、管理和地理区域等因素，帧中继网一般采用分级结构。我国帧中继网的拓扑结构分为国家骨干网、省内网和本地网三级，如图 6.11 所示。

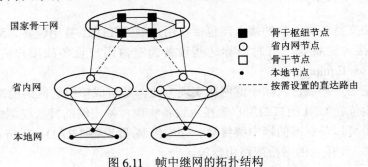

图 6.11　帧中继网的拓扑结构

第一级为国家骨干网，由设置在各省、自治区和直辖市的帧中继骨干节点构成，覆盖全国 31 个城市。其中，北京、上海、沈阳、广州、武汉、成都、南京和西安八个节点为骨干枢纽节点，采用全网状结构，提供国内和国际长途电路，负责汇接和转接骨干节点的业务和省内网、本地网的出口业务。中国公用帧中继网使用北电网络的 DPN-100 分组交换机、美国凯讯(CASCADE)通信公司的 B-STDX 9000 帧中继交换机和 ATM 交换机 CASCADE 500 组网。

其他非枢纽节点一般采用局部网状结构，每个骨干节点至少与两个其他骨干节点相连，并且其中至少有一个是枢纽节点。随着业务的不断扩展，骨干网的结构可逐渐过渡到全网状结构。全网在北京、上海建立国际出入口局，在广州建立港澳地区出入口局，负责国际业务和港澳业务的转接。国家骨干网应具备以下主要功能：

(1) 汇接功能；

(2) 帧中继 PVC 业务功能；

(3) 网络间接口(NNI)功能；

(4) 动态带宽分配功能；

(5) 拥塞管理功能。

第二级为省内网，由设置在省内地市的节点组成，节点之间采用不完全网状连接，提供省内和出入省的长途电路，负责汇接从属于它的本地网业务和转接省内节点间的业务，同时可提供用户接入业务。其主要功能如下：

(1) 汇接功能；

(2) 帧中继 PVC 业务功能；

(3) 用户网络接口功能；

(4) 动态带宽分配的功能；

(5) 拥塞管理功能。

帧中继应设置全国和各省两级网络管理控制中心(NMC)，以对本节点的配置、运行状态和业务情况进行监视和控制。

第三级为本地网，在省会、地区和县等可根据需求组建本地网，一般采用不完全网状连接，主要负责用户接入业务，转接本地网节点之间的业务，其节点功能与省内网的节点功能一样。

6.3.2　帧中继的网络接入

帧中继网络支持各类用户的接入，包括在用户侧的 T1/E1 复用设备、路由器、前端处理机和帧中继接入设备等，有时也称这些设备为室内用户设备或用户前端设备(CPE：Customer Premises Equipment)。

用户接入是用户终端进入帧中继网的实现方法，是组成帧中继网络的基本要素之一。用户接入通过定位在 UNI 接口的用户侧接入设备实现，帧中继的接入模型如图 6.12 所示。帧中继接入设备可以是标准的帧中继终端、帧中继装/拆设备(FRAD：Frame Relay Access Device)或提供 LAN 接入的网桥或路由器等。

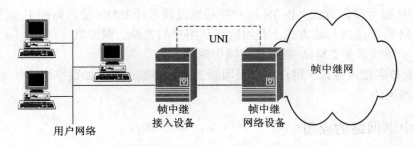

图 6.12 帧中继的接入模型

用户接入规程是指帧中继接入设备接入到帧中继网络应具有的规程协议。ITU-T、ANSI和帧中继论坛各自制定了有关用户-网络接口的帧中继接入规程标准，如表 6.3 所示。用户设备接入帧中继网络时，应选择与帧中继网络运行标准相同的规程。

表 6.3 帧中继接入规程标准

ITU-T	ANSI	FRF
Q.922	T1.617	FRF.1
Q.933	T1.618	FRF.4

1．接入规程

物理层规程描述物理接口的名称、物理结构、电气指标等，可应用的接口标准如下：

(1) X 系列接口，如 X.21 和 X.21bis 接口；

(2) V 系列接口，如 V.35、V.36、V.11 和 V.24 等接口；

(3) G 系列接口，如 G.703，速率可为 2 Mb/s、8 Mb/s、34 Mb/s 或 155 Mb/s；

(4) I 系列接口，如支持 ISDN 基本速率接入的 I.430 和一次群接入的 I.431 接口。

数据链路接入实体必须支持 Q.922 附件 A 中规定的帧中继链路层协议。三层实体仅存在于控制平面，包括实现 SVC 的 Q.931/Q.933 协议和实现 PVC 的 LMI 协议。

2．接入参数

接入参数包括接入速率(AR)、承诺速率(CIR)、允许突发量(B_c)、超越突发量(B_e)、测量间隔(T_c)以及一些误传、丢失、错帧、失步数等带宽和服务质量参数。

对于 PVC，用户在申请入网时，需与网络运营者共同协商，确定上述参数，此外还应协调帧长度、DLCI 等参数；对于 SVC，上述参数以及丢帧率、帧长度等应在呼叫建立阶段在 UNI 处协商或使用缺省值。

3．接入方式

帧中继网的用户接入方式有：

(1) 二线/四线话带调制解调传输方式：适用于速率较低、距帧中继网络较远的用户，目前的最高速率为 56 kb/s。

(2) 基带传输方式：用户速率通常为 16 kb/s、32 kb/s、64 kb/s。这种基带传输设备还可具有时分复用功能，为多个用户入网提供连接。

(3) 2B + D 线路终端(LT)传输方式：采用 ISDN 的数字用户环路技术，在一对线上进行双向数字传输，可为多个用户提供入网，适用于距帧中继网络设备较近(6 km)的用户。

(4) ISDN 拨号接入方式：ISDN 用户终端通过拨号经 ISDN 接入到帧中继网络。

(5) PCM 数字线路传输方式：利用附设到用户的光缆、微波数字电路，并与其他业务合用，占用一条或多条 2 Mb/s 链路接入帧中继网。

(6) 其他数字接入方式。用户可以采用新的数字传输设备，如数字用户环路设备 xDSL 接入到帧中继网络。

6.3.3　帧中继网络的应用

帧中继网络为适应局域网互联而产生，它以高吞吐量、低价格、低延时以及高效而吸引人，帧长最多可以达到 4096 字节，其中只有两个字节的地址开销，应用非常广泛。其主要应用有以下几点：

(1) 局域网间互联。帧中继可以应用于：银行、大型企业、政府部门的总部与其他地方分支机构的局域网之间互联，远程计算机辅助设计(CAD)，计算机辅助设计(CAM)，文件传送，图像查询业务，图像监视及电视会议等。

(2) 组建虚拟专用网。帧中继只使用了物理层和链路层的核心部分来执行其交换功能，有着很高的网络利用率。所以，利用它构成的虚拟专用网，不但具有高速和高吞吐量，而且费用也相当低廉。

(3) 电子文件传送。由于帧中继使用的是虚拟电路，信号通路及带宽可以动态分配，特别适用于突发性业务，因而它在远程医疗、金融机构及 CAD/CAM 的文件传输、计算机图像、图表查询等业务方面有着特别好的适应性。

6.3.4　帧中继网络的构成

帧中继网的网络构成和其他网络一样，既要适应发展需求，又要考虑现有资源的保护。因此，帧中继的一种构建方式是对原有分组数据网交换节点进行升级，增加帧中继功能软件或硬件配置来提供帧中继业务，典型的应用有法国电信的 Transpac 网、德国原邮电部的 Framelink 及美国的 Telenet 等。

这种创建方式的优点是节省费用，实现容易，能够有效地保护现有资源。但是由于原有设备的设计理念是以分组交换为目的，随着应用需求的拓展，在网络升级、扩容以及管理调度上将会受到限制。

另一种构建方式是采用专用帧中继节点进行独立建网，典型的应用有芬兰、美国的 AT&T、Sprint 和 Wiltel 等公司的帧中继网。芬兰的全国公用帧中继骨干网由七个帧中继节点构成，两两相连，采用新桥公司的 36120 节点机设备。下面是一些帧中继网的构成实例：

1) 基于 DDN 的帧中继网

数字数据网(DDN：Digital Data Network)中的 TDM 专线具有传输质量高、误码低等优点，通过在它的数字交叉连接设备上增加帧中继的软/硬件功能，可以向用户提供帧中继业务。这样，运营商就可以满足不同层次用户对传输可靠消息、实时信息及费用等的要求，灵活地调整帧中继业务和 TDM 专线业务之间的带宽分配，充分利用网络资源。

2) 基于 X.25 的帧中继网

X.25 分组交换网本身就是提供数据业务传送的网络，只不过它的设计思想是着眼于劣质媒体、低智能终端的时代，完善的机制使其具有较大的时延，已经不能适应当今的应用需求。但是它的链路层机制 LAPB 和 LAPF 都属于 HDLC 体系，对 X.25 进行了简化和升级，提供帧的中继业务具有实现容易，硬件更新少等优点。在建设初期帧中继网一般采用这种方式，例如，我国就是对原有的北电 DPN100 设备组成的分组交换网进行软件升级，将已有的帧中继软件加载到相应的硬件上，提供帧中继业务的。

3) 基于 ATM 的帧中继网

基于 ATM 技术提供帧中继的方式，实际上是在始发和终接两侧的交换机上进行相应的协议转换，完成帧中继与 ATM、ATM 与帧中继的互通功能。

需要说明的是交换机在实施这些协议变换时，应按照相应的国际标准来实现，否则难以保证业务的连通。FR-SSCS 应符合 I.365.1 建议，CPCS 和 SAR 应符合 I.362 建议中的 AAL5 的规范，ATM 应符合 I.361 建议。

6.4　帧中继的网络管理

由于帧中继采用两层虚电路转发业务，提供面向连接的服务，因此帧中继的网络管理实际上是一种网络连接管理。具体来说，对帧中继的网络管理主要分为三个方面：带宽管理、PVC 管理以及拥塞管理。

6.4.1　网络管理

1．带宽管理

帧中继网络通过为用户分配带宽控制参数，对每条虚电路上传送的用户信息进行监视和控制，实施带宽管理，以合理地利用带宽资源。合理地利用带宽资源就是要对每一个端口上的所有虚电路实现带宽资源的动态分配，在某些用户不传送数据时，允许其他用户占用其带宽，最终实现对全网的带宽进行控制和管理。

2．PVC 管理

PVC 管理通过在 UNI 接口或 NNI 接口处交换 LMI 协议的状态询问和状态信息帧来实现，以使双方了解对方的 PVC 状态情况。基本操作在 6.2 节的 LMI 协议中已做了较详细的介绍，这里不再赘述。

3．拥塞管理

帧中继网络的拥塞管理包括三种策略：拥塞控制、拥塞恢复和终端拥塞管理。拥塞管理由用户和网络共同完成，

1) 拥塞控制策略

在网络发生轻微拥塞的情况下，为了防止网络性能进一步恶化，使网络恢复正常运行状态所采取的控制方法即为拥塞控制策略。其基本过程是通过显式信令机制及时使拥塞控制过程开始工作，包括终点控制和源点控制。

(1) 终点控制：帧在网络中传送时，若在某节点遇到拥塞，该节点即将帧的 FECN 置"1"，向目的 DTE 指示在该帧的传送方向上发生了拥塞，建议目的 DTE 设备启动拥塞避

免程序。此时，目的 DTE 应采取相应措施，以缓解拥塞状态。

(2) 源点控制：帧在网络中传送时，若在某节点发现该虚电路的反方向(目的 DTE 发送方向)出现拥塞，即将该帧的 BECN 置 1，向目的 DTE 指示该虚电路的反方向出现拥塞，建议目的 DTE 设备启动拥塞避免程序，目的 DTE 应减少或停止发送，以缓解拥塞状态。

2) 拥塞恢复策略

拥塞恢复策略是指在网络发生严重拥塞的情况下，为减少数据流量，避免网络崩溃，使网络恢复到正常状态的策略。网络内节点机除采用源点或终点控制策略发出拥塞通知外，还要将 DE 位为"1"的帧丢弃，丢帧可直接减少网络流量，同时也使端点高层停止帧的发送。

3) 终端拥塞管理

终端拥塞管理是指当用户终端在接收到拥塞通知后，采取措施降低其发送速率，这样在减轻网络负荷的同时，也减少自己在传送的信息中因拥塞而造成的帧丢失，从而提高了信息的传输效率。

6.4.2　帧中继拥塞控制的目标和方法

ITU-T 的建议书 I.370 中定义的帧中继拥塞控制的具体目标如下：

(1) 使帧的丢弃最少；

(2) 以高的概率和小的方差维持一个商定的服务质量；

(3) 在各个用户之间公平地分配网络资源；

(4) 限制拥塞向其他网络和这些网络中的元素扩散的速率；

(5) 对帧中继网络中其他系统的交互和影响最小；

(6) 在发生拥塞时，对每一条帧中继连接来说，服务质量的变化应最小。例如，在发生拥塞时，个别的逻辑连接服务质量不应突然变坏。

因为帧中继节点没有流量控制，而且帧中继协议着眼于尽量提高网络的吞吐量和效率，帧处理模块无法控制从用户或从相邻的帧处理模块发来的帧的数量，也不能使用典型的滑动窗口技术进行流量控制。所以，帧中继的拥塞控制是通过网络和用户共同来负责实现的。网络负责监视全网的拥塞程度，用户则根据网络的拥塞程度有效地限制通信。

1. 拥塞控制参数

为了进行拥塞控制，帧中继运营商为每个虚电路提供一种确保速率，即许诺的信息速率(CIR：Committed Information Rate)，其单位为 b/s。CIR 是用户和网络共同协商确定的用户信息传送速率的阈值。只要数据传输速率超过了 CIR，在网络出现拥塞时就会遭受帧的丢弃；CIR 值越高，用户向服务提供商所交的费用也越多。虽然使用了"许诺"这一名词，但当数据传输速率不超过 CIR 时，网络并不保证一定不发生帧的丢弃；当拥塞非常严重时，网络可以对某个连接只提供比 CIR 还差的服务；当网络必须将一些帧丢弃时，首先选择超过 CIR 值的那些连接上的帧来丢弃。

每一个节点的所有连接的 CIR 总和不应超过该节点的容量，即不能超过该节点的总接入速率(AR：Access Rate)。AR 是在用户与网络接口上的实际数据率。

对于 PVC，每一个连接的 CIR 应在连接建立时予以确定。对于 SVC，CIR 的参数应在呼叫建立阶段协商确定。

当拥塞发生时,应当丢弃什么样的帧呢?这就要检查一个帧的丢弃指示(DE)位。若数据的发送速率超过 CIR,节点的帧处理模块就将收到的帧的 DE 位置"1"后转发。这样的帧可能会通过网络,但也可能在网络发生拥塞时被丢弃。

实际上,帧处理模块会在一定时间间隔内对连接上的通信量进行测量,因此还需要两个参数:许诺的突发量和超越突发量。

(1) 许诺突发量(B_c: Committed Burst size):在正常情况下,在测量时间间隔 T_c 内,网络允许传送数据的最大数据量。数据可以是连续或断续的。

(2) 超越突发量(B_e: Excess Burst Size):在正常情况下,在测量间隔 T_c 内,网络试图在 B_c 的基础上再额外传送的最大数据量。显然,这种数据交付的概率比在 B_c 以内的数据交付概率要小。

B_c 应等于时间间隔 T_c 乘以许诺的信息速率(CIR),即 $B_c = T_c \times$ CIR。

图 6.13 是根据 ITU-T 的 I.370 建议画出的在一个给定连接上帧传输过程中帧转发与各参数的关系。粗实线表示在 $t = 0$ 以后该连接上累计的传送比特数。标有"接入速率"的虚线表示包含这一连接的信道速率。标有 CIR 的虚线表示在测量时间间隔 T_c 内的许诺的信息速率。由图 6.13 可见,当一个帧正在发送时,由于整个信道都用来传送这个帧,因此实线与接入速率线平行。当没有帧发送时,实线是水平的。

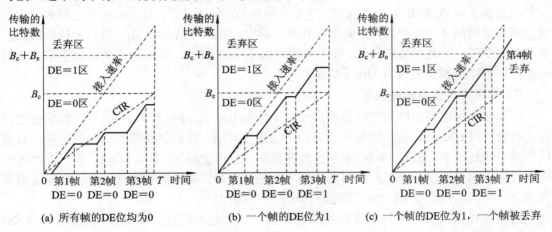

(a) 所有帧的DE位均为0　　　　　(b) 一个帧的DE位为1　　　　(c) 一个帧的DE位为1,一个帧被丢弃

图 6.13　帧转发与各参数的关系

图 6.13(a)表示发送的 3 个帧的总比特数在许诺的突发量 B_c 以下,因此 3 个帧的 DE 都是零。虽然在第 1 帧发送的过程中实际的发送速率暂时超过 CIR,但这并没有什么影响,因为帧处理模块是检查在整个 T 内的累计数据量是否超过 B_c。图 6.13(b)表示第 3 帧在发送的过程中使累计数据量超过了 B_c,因此帧处理模块就将该帧的 DE 置"1"。图 6.13(c)表明第 3 帧的 DE 应置为"1",而第 4 帧应丢弃。

综上所述,帧中继连续转发帧时应遵循以下规则:

(1) 若数据速率小于 CIR,则在一般情况下传输是有保证的。

(2) 若数据速率大于 CIR,但小于所设定的最高速率,则在可能的情况下进行传送。

(3) 若数据速率大于所设定的最高速率,则应立即丢弃。

上述规则实际上就是著名的漏桶算法(Leaky Bucket Algorithm)的一种特例，如图 6.14 所示为漏桶算法示意图。数据到达一个节点相当于数据不断地流入桶内。数据从节点转发出去相当于数据不断地从漏桶下面的漏孔流出。漏桶算法有三个重要参数：

① C：表示桶内不断变化着的数据量。

② B_c 是许诺突发量。当桶内的数据量 C 小于 B_c 时，帧处理模块按正常方式转发所收到的帧，并且帧的 DE 位为零。

③ B_e 是附加突发量。桶内数据量不允许超过极限值 $B_c + B_e$。若超过就会溢出。

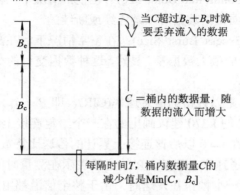

图 6.14 漏桶算法示意图

当数据量在 B_c 至 $B_c + B_e$ 之间时，就要将帧的 DE 位置 "1"。只要桶内有足够多的数据量，则每隔时间 T，由于数据不断地被转发，桶内的数据量就减少 B_c。但由于桶内的数据量不能为负值，因此每隔时间 T，桶内的数据量减少的值为 C 和 B_c 这两个数值中的最小的一个，即数据量减少的值为 Min $[C, B_c]$。

2. 利用显式信令避免拥塞

前面已介绍过帧中继的两种显式信令 FECN 和 BECN。FECN = 0，表示在帧的传送方向上畅通；FECN = 1，表示在帧传送方向上出现了拥塞，此时需要用户通知该连接的对等用户减小发送速率。BECN = 0，表示在帧传送的反方向上畅通；BECN = 1，表示在帧传送的反方向出现了拥塞，当用户收到 BECN = 1 的信令时，需要降低发送速率，如果路由器在当前时间间隔内收到 BECN，则需将传输速率降低 25%。

网络可以根据节点中待转发的帧队列的平均长度是否超过门限值来判断拥塞。ANSI T1.618 建议的计算帧队列平均长度的方法是：当队列从空变为非空的时刻即为一个周期的开始，从一个周期的开始到队列再次从空变为非空时就是本周期的结束和下一个周期的开始。一连计算两个周期的帧队列长度平均值才能判断网络是否出现了拥塞。计算两个周期是因为偶然出现的队列过长不一定会导致网络拥塞。

用户也可以根据收到的显式拥塞通知采取相应的措施。当收到 BECN = 1 时，处理方法比较简单，用户只要降低数据发送的速率即可。但当用户收到一个 FECN 时，情况就较复杂，因为这需要用户通知该连续发送过程的对等用户来减少帧的流量。帧中继协议所使用的核心功能并不支持这样的通知，因此需要在高层来进行相应的处理。

需要注意的是，帧中继用户通过一条虚电路进行通信，双方用户可能单向传送，也可能双向传送，不管何种情况，虚电路都是双向非对称连接。因此，需要两个显式信令通知一个连接上的两个方向的拥塞情况，表 6.4 说明了 FECN 和 BECN 设置对应的拥塞情况。

表 6.4 FECN 和 BECN 设置对应的拥塞情况

帧传输方向	拥塞状态	FECN 值	BECN 值
A→B	无拥塞	0	0
B→A	无拥塞	0	0
A→B	拥塞	1	1
B→A	拥塞	1	1
A→B	拥塞	1	0
B→A	无拥塞	0	1
A→B	无拥塞	0	1
B→A	拥塞	1	0

3．利用隐式信令避免拥塞

当网络丢弃帧时，就产生了隐式信令(Implicit Signalling)。在这种情况下就需要使用端用户的高层端到端协议进行检测。一旦检测出帧丢失，就可以判断出此时网络发生了拥塞。当检测到网络发生拥塞时，协议就使用流量控制使网络从拥塞中恢复过来。LAPF 建议用户使用改变流量控制窗口大小的机制来响应这种隐式信令。设窗口范围为[Wmin，Wmax]，初始值设置为 Wmax，当拥塞发生时就使用流量控制逐步减少窗口，以此逐渐减少在网络中传送的帧的数量。

LAPF 推荐以下自适应策略：

(1) 当出现拥塞时，就将流量控制窗口 W 减半，但窗口值不能小于 Wmin。因此应将窗口值设置为 max[0.5W，Wmin]。

(2) 当连续有 W 个帧都成功地通过网络传输时，就要逐渐将窗口增大，即将窗口值设置为 min[W+1，Wmax]。

本 章 小 结

大量的局域网互联需求和光纤传输、信息处理技术的支持促使了帧中继的产生。制定帧中继标准的国际组织主要有 ITU-T、ANSI 和 FR Forum，它们制定了一系列帧中继标准。1994～1995 年帧中继技术更加成熟，标准日趋完善。

帧中继是在 OSI 模型的数据链路层上以帧的形式传送数据单元的一种数字传输技术。它使用 ISDN 标准中 LAPD(Q.921)链路接入规程的扩展版本 LAPF(Q.922)的核心子层 DL-CORE，实现信道统计复用和虚电路转接，完全不用网络层，只有当用户准备好数据时，才占用虚电路的带宽，无数据传输时，虚电路连接保持，但带宽资源出让。帧中继是一种高效的数据业务传输技术。

ITU-T Q.922 附件 A.2 给出的帧中继的帧结构具有 LAPF 的 DL-CORE 功能，采用 U 帧中非确认帧(UI)传送信息，U 帧的 C 字段为 1 字节的帧标识码 0x03H，该字段可选，帧中继不操作它，因此，帧格式得到简化。

帧中继可提供两种虚电路：永久虚电路(PVC)和交换虚电路(SVC)。PVC 的建立通过本地管理接口(LMI)协议或人工设置实现。LMI 协议通过状态询问和状态消息提供链路完整性校验、PVC 的增加、删除及 PVC 状态信息。

帧中继网一般分为三级：国家骨干网、省内网和本地网。国家骨干网由设置在各省、自治区和直辖市的骨干节点构成，其中：骨干枢纽节点采用全网状连接，提供国内、国际长途电路，负责汇接和转接骨干节点的业务及省内网和本地网的出口业务；骨干节点采用局部网状连接，提供国内长途电路，负责汇接、转接省内网和本地网的业务。省内网由设置在省内地市的节点组成，采用局部网状连接，提供省内和出入省的长途电路，负责汇接从属于它的本地网的业务，转接省内节点间的业务，同时可提供用户接入业务。本地网在省会、地区、县等根据需求组建，一般采用非网状连接，主要负责用户接入业务，转接本地网节点之间的业务。

ITU-T、ANSI 以及 FRR 都制定了用户接入帧中继网络的物理层、链路层以及网络层的规程，接入帧中继时应与网络具有相同的规程。

帧中继网络的管理包括带宽管理、PVC 管理和拥塞管理。带宽管理通过给用户分配的带宽控制参数对每条虚电路实时监控，合理利用带宽资源；PVC 管理通过 LMI 协议实现；拥塞管理通过用户和网络共同实现。

复 习 题

1. 试说明帧中继的概念及其发展的必要条件。
2. 帧中继的特点有哪些？
3. 为什么说帧中继是分组交换的改进方式？
4. 试画出帧中继的协议结构。
5. 说明帧中继的帧结构中 DLCI 的含义。
6. 图 6.15 是一个 LMI 消息帧，试分析各字段的含义、消息类型和报文类型。

	8 7 6 5 4 3 2 1
1	0 1 1 1 1 1 1 0
2	0 0 0 0 0 0 0 0
3	0 0 0 0 0 0 0 1
4	0 0 0 0 0 0 1 1
5	0 0 0 0 1 0 0 0
6	0 0 0 0 0 0 0 0
7	0 1 1 1 0 1 0 1
8	0 1 0 1 0 0 0 1
9	0 0 0 0 0 0 0 1
10	0 0 0 0 0 0 0 1
11	0 1 0 1 0 0 1 1
12	0 0 0 0 0 0 1 0
13	0 0 0 0 0 0 1 1
14	0 0 0 0 0 1 0 0
15	FCS
16	FCS
17	0 1 1 1 1 1 1 0

图 6.15　LMI 消息帧

7. 表 6.5 给出了一个帧传输后的不同显式信令(FECN、BECN)的不同状态值,试填写该帧的虚电路的拥塞情况。

表 6.5 帧的不同显式信令的拥塞情况

显式通告值		拥塞状态	
FECN	BECN	A→B	B←A
0	0		
0	1		
1	0		
1	1		

8. 图 6.16 是一个帧中继网络,各节点当前传输的转发表和路由器 R1 的路由表已列出,试根据转发表分析网络提供了哪些通信连接。

R1

IP	DLCI	STATUS
128.2	43	A
128.3	44	A
128.4	48	A

A

INPUT		OUTPUT	
PORT	DLCI	PORT	DLCI
a_1	43	d_1	76
	44	b_1	32
	48	c_1	50

B

INPUT		OUTPUT	
PORT	DLCI	PORT	DLCI
b_2	76	a_2	43

C

INPUT		OUTPUT	
PORT	DLCI	PORT	DLCI
b_3	50	a_3	9

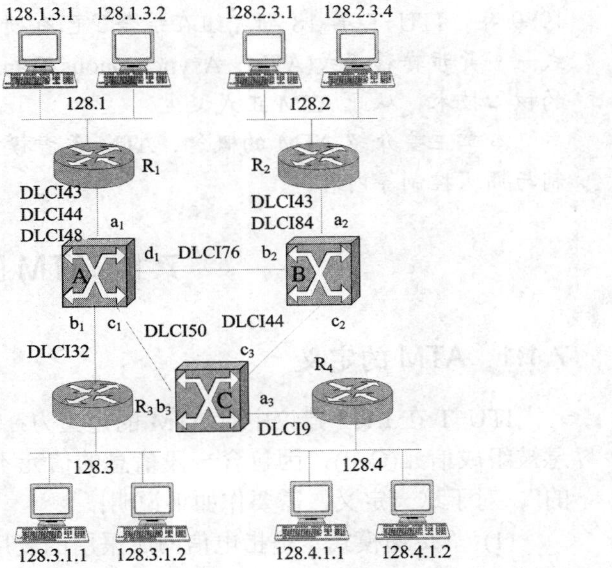

128.1.3.1 128.1.3.2   128.2.3.1 128.2.3.4

128.1   128.2

R_1 R_2

DLCI43   DLCI43
DLCI44   DLCI84 a_2
DLCI48 a_1

A d_1 DLCI76 b_2 B

b_1 c_1 DLCI50 c_3 R_4

DLCI32   DLCI44

R_3 b_3 C a_3

DLCI9

128.3   128.4

128.3.1.1   128.3.1.2   128.4.1.1   128.4.1.2

图 6.16 某帧中继网络

第7章

ATM 网 络

20 世纪 70 年代初，数字交换与数字传输技术的广泛运用促进了 IDN 的发展。IDN 为 ISDN 的发展提供了有利条件，ITU-T 在 1972 年提出 ISDN 的概念，1980 年又对 ISDN 做出明确定义，从而引发了 N-ISDN 的研究和应用高潮。但是 N-ISDN 只实现了业务综合，在终端和网络技术上仍然是针对不同业务采用相应的技术处理；另外，大量新业务的出现需要更高的带宽，N-ISDN 所提供的接入带宽有限。因此，人们开始寻求新的网络技术。1989 年，ITU-T 第 18 研究组在综合了已有研究成果的基础上正式提出了一种新的传递模式——异步转移模式(ATM: Asynchronous Transfer Mode)，并将这种模式作为实现 B-ISDN 的核心技术，从此 ATM 正式诞生。

本章主要介绍 ATM 的概念、ATM 参考模型和协议、ATM 信令以及 ATM 网的流量控制与拥塞控制等内容。

7.1　ATM 的 概 念

7.1.1　ATM 的定义

ITU-T 在 I.113 建议中对 ATM 的定义为："ATM 是一种传递模式，在这一模式中，信息被组成信元(Cell)，因包含一段信息的信元不需要周期性地出现，这种传递模式是异步的"。对于这一定义，需要作如下说明：

(1) "传递模式"是指电信网所采用的复用、交换、传输技术，即信息从源点传递到目的点所采用的传递方式。

(2) "信元"是 ATM 所特有的分组，语音、数据、视像等所有的数字信息均被分成长度固定的数据块。ITU-T 规定 ATM 的信元长度为 53 B，这种短小定长的数据块便于采用硬件实现高速转发，因此，ATM 的带宽可达 25～625 Mb/s。

(3) "异步"主要是指异步时分复用，即要传送的信元不必周期地出现，这与同步时分复用(STM)不同：STM 的信息是以它在一帧中的时间位置(时隙)来区分的，一个时隙对应一条信道，并总是周期的出现；而 ATM 的信元在传输线上不与固定时隙对应，信息和它在时域中的位置无关，其信息按信头中的标志来区分，即信道是动态占用的。

7.1.2　ATM 的信元

1. 信元结构

ATM 的交换是根据信头中的信道标识进行的，所以 ATM 信元结构与信头格式的标准化至关重要。ITU–T 在 I.361 建议中有明确的规定：ATM 的信元长度为 53 B，前 5 B 为信头(Header)，后 48 B 为信息域(Information Field)。用户—网络接口(UNI)和网络—节点接口(NNI)的信头格式有所不同。ATM 的信元结构如图 7.1 所示。下面对信头中的各字段予以说明。

(1) 一般流量控制(GFC：General Flow Control)：占 4 bit，仅用于 UNI 接口，是 UNI 信头中第一字节的高 4 位。GFC 域未使用时，缺省值为全 0。GFC 机制帮助控制 ATM 连接流量，对消除网络中常见的短期过载现象十分有效。GFC 的具体功能在 ITU–T 的 I.150 建议中有相应的规定。

(2) 虚通路标识符(VPI：Virtual Path Identifier)：该字段在 UNI 中由 8 bit 组成，用于路由选择；在 NNI 中为 12 bit，以增强网络中的路由选择功能。

(3) 虚信道识别符(VCI：Virtual Channel Identifier)：它由 16 bit 组成，用于 ATM 虚信道路由选择。

(4) 净荷类型标识(PTI：Payload Type Indication)：长度为 3 bit，标识信元负载域的信息类型。净荷类型标识的意义见表 7.1。

(5) 信元丢失优先级(CLP：Cell Loss Priority)：该字段为 1 bit，用于标识信元丢弃的等级，"1" 先丢失。

(6) 信头差错控制(HEC：Header Error Control)：长度为 8 bit，用于信头差错控制与信元定界。

表 7.1　净荷类型标识的意义

PTI	意　　义
000	用户数据，未拥塞，SDU 类型 0(SAR–SDU 数据始、中)
001	用户数据，未拥塞，SDU 类型 1(SAR–SDU 数据末)
010	用户数据，拥塞，SDU 类型 0(SAR–SDU 数据始、中)
011	用户数据，拥塞，SDU 类型 1(SAR–SDU 数据末)
100	管理数据，链路管理
101	管理数据，端到端管理
110	管理数据，资源管理
111	管理数据，预留

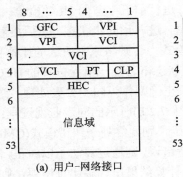

图 7.1　ATM 的信元结构

2. 信头功能

从信元结构可见，信头的信息至关重要，包含入口流量控制、路由选择、拥塞管理以及业务管理等重要信息。因此，应对信头做相应的保护，具体算法为：

(1) 发端：将信头前四字节构成的莫尔多项式乘以 x^8，再除以生成多项式 $p(x) = x^8 + x^2 + x + 1$，其余数加上 01010101 作为 HEC 放入第 5 字节 B5，即

$$\frac{B_1 B_2 B_3 B_4 \times x^8}{x^8 + x^2 + x + 1} + 01010101 = B5$$

(2) 收端：接收器不断扫描连续的 5 字节，寻找信头。如果某 5 字节除以生成多项式，余数再和 0x55H 相加为 0，则认为可能是信头；隔 48 字节再检测，反复多次均成功，则认

为同步；否则，移动 1 bit 重复以上检测，即

$$\frac{B_1B_2B_3B_4B_5 \times x^8}{x^8 + x^2 + x + 1} + 01010101 = 0$$

信头的另一重要作用是实现信元同步，由于 ATM 没有专门的信元定界标志，ITU-T 的 I.432 建议规定借助于信元头部校验序列 HEC 通过 HEC 算法来定界。

信元同步是 ATM 传送信息必须保证的先决条件，信元同步包括信元定界和同步保持，如图 7.2 所示。信元定界是 ATM 节点之间进入同步前的同步搜索过程；同步保持是节点之间同步状态下的同步监视与保护过程。两者的规程都以 HEC 算法来实现。

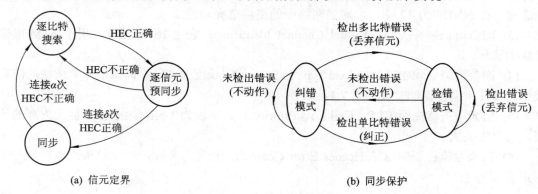

(a) 信元定界   (b) 同步保护

图 7.2 信元定界与同步保护

信元定界即为图 7.2(a)所示的同步搜索过程：接收端在比特流中任选一个比特位置作为信元的开始位置，进行前五字节的 HEC 检验。若计算结果正确，说明所选择的位置可能是一个信元的第一位，进入预同步状态。然后接着逐信元进行 HEC 计算，若连续 δ 次计算正确，则进入同步模式；否则将原来所选的比特位置后移一位，再重复以上搜索过程，直到同步为止。在同步状态下若某一信元位置的 HEC 计算结果出错，则要接着继续以 HEC 检验 α 个信元，若仍不正确则作为同步丢失处理，进入同步搜索状态，重新进行同步过程。

同步保护即为图 7.2(b)所示的同步监视过程：在同步状态下，若接收端每个信元头的 HEC 计算结果都正确，则始终处于纠错模式(CM: Correction Mode)；若某一信元的 HEC 计算结果出现单比特错误，则通过算法予以纠正，同时进入检错模式(DM: Detection Mode)；若某一信元的 HEC 计算结果出现多比特错误，则直接进入 DM 模式；在 DM 模式下，若继续检验出错误信头，则将这些信元直接丢弃；若没有检测到错误，则认为是突发干扰，直接返回纠错模式。

3. 信元分类

ATM 的信元具有不同的类型，可分为两类：一类是用户信元，携带用户信息；另一类是网络产生的管理信元，用于实现同步、呼叫建立等功能。

这些管理信元集中在 VPI=0 的通道中，并且采用 VCI=0～15 范围的信道传送，具体类型和功能如下：

(1) 空闲信元(VPI=0，VCI=0，CLP=1，净荷为 48 个 "01101010")：物理层产生的空信元。

(2) 未分配信元(VPI=0，VCI=0，CLP=0)：ATM 层产生的空信元。

(3) 物理层 OAM 信元(VCI=3，4)：用于物理层的操作维护。

(4) 元信令信元(VCI=1)，通用广播信令信元(VCI=2)，点对点信令信元(VCI=5)：信令信元，用于呼叫控制和建立连接等。

(5) 普通信元(VCI≠0~15)：传送用户信息。

7.1.3 ATM 的信道

在 ATM 网络中，ATM 层采取了两级信道复用，即虚通道(VP：Virtual Path)和虚信道(VC：Virtual Channel)。物理链路是连接 ATM 交换机的物理线路。每一条物理线路都可以根据需要建立多条 VP，而每条 VP 又包含多条 VC。物理链路好比是高速公路，虚通道好比是不同车速的车道组(A 组 2 个 100 码车道，B 组 3 个 80 码车道，C 组 2 个 60 码车道等)，而虚信道相当于每组中的某一车道，信元是公路上行驶的一辆辆汽车。物理链路、虚通道和虚信道之间的关系如图 7.3 所示。

图 7.3 物理链路、虚通道和虚信道之间的关系

1) 虚通道

在虚通道层，相邻两个 ATM 设备之间的链接被称为虚通道链路(VPL)，而两个 ATM 端用户之间建立的端到端连接被称为虚通道连接(VPC)，如图 7.4 所示。一条 VPC 是由多段 VPL 串接而成的。

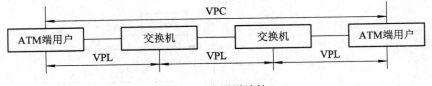

图 7.4 虚通道连接

每一段 VPL 都由虚通道标识符(VPI)来标识。由信元头结构可知：UNI 接口的 VPI 字段为 8 bit，所以一个用户最多可接入 256 个 VPC；NNI 接口的 VPI 为 12 bit，所以 NNI 接口同时可提供 4096 条 VPC。VPC 可以是永久的，也可以是交换式的，可以有单向或双向的数据流。ATM 支持不对称的数据速率，即允许两个方向的数据传输具有不同的速率。

2) 虚信道

在虚信道层，两个 ATM 端用户之间建立的连接被称为虚信道连接(VCC)，而两个 ATM 设备之间的链路被称为虚信道链路(VCL)。一条 VCC 由多段 VCL 首尾串接而成。VCL 用虚信道标识符(VCI)来标识。虚信道连接如图 7.5 所示。

虚信道分为两类，即永久虚电路(PVC)和交换虚电路(SVC)。PVC 一般是由网管工程师手工配置的；SVC 则是根据用户的需要，通过信令来建立的。

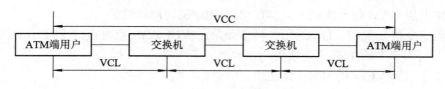

图 7.5　虚信道连接

VCC 中的数据流可以是单向的，也可以是双向的。双向传输时，两个方向的通信参数可以不同。VPL 与 VCL 都是用来描述信元传输路由的。由信元头结构可以看出，VCI 长度为 16 bit，所以，每个 VPL 可以包含 $2^{16}=65\ 536$ 条 VCL。属于同一 VCL 的信元，具有相同的 VCI。当源端 ATM 主机要和目的端 ATM 主机通信时，源端发出连接建立请求，目的端接收到该请求，并同意建立连接，一条通过 ATM 网络的虚连接就建立起来了。这条虚连接通过逐段的 VPI/VCI 标识和沿途各节点映射关联。

7.1.4　ATM 交换

ATM 交换、复用都在 ATM 层进行，本地有业务在传输时通过 ATM 层上面的 AAL 层适配成信元净荷，然后进入 ATM 层，加上信头进行复用和传送。图 7.6 是两个直连 ATM 端局之间的通信过程：用户 A 的数据经终端转换成 VPI = 3、VCI = 39 的信元，经 ATM 交换机 A 的 Port 2 处理后进入 ATM 层；ATM 层按照建立的信道，以该信元 VPI = 3 选择路由为 Port1，并对该信元进行标签替换 VPI = 1、VCI = 51，然后交付 Port 1，经传输到达 ATM 交换机 B 的 Port 2；经 ATM 层交换处理，以 VPI = 2、VCI = 37 替换标签后交付 Port 1 输出，经用户 B 的 ATM 终端转换成用户数据后交付用户 B。

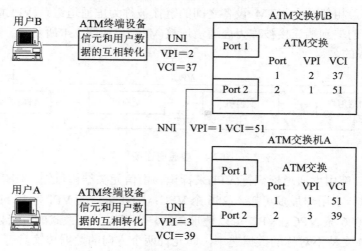

图 7.6　直接 ATM 端局的通信过程

由以上过程可以看出，两个直连 ATM 端局的信元交换是 VC 交换，VC 交换是在 VP 交换的前提下进行的。因此，VC 交换时，信元的 VPI、VCI 同时改变。

图 7.7 是具有转接局的 ATM 网络通信过程。图中省去了各局的转发表，用户 A 至用户 B 已建立了一条端到端的虚信道，用户 A 的信息数据经终端 A 分段并以 VPI/VCI = 1/1 封装成一系列信元，经端局 A 交换，标签替换成 VPI/VCI = 26/44，经转接局 C 交换，标签替

换成 VPI/VCI = 2/44, 再经端局 B 交换, 标签替换成 VPI/VCI = 20/30, 经终端 B 转换成用户信息数据后交付给用户 B。

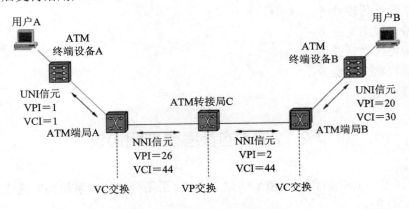

图 7.7　具有转接局的 ATM 网络通信过程

由以上过程可以看出, 在具有转接局的 ATM 网络中, 信元交换分为 VP 交换和 VC 交换两种。在 ATM 端局, 信元要进行 VC 交换, 同样 VC 交换必须先进行 VP 交换。在转接局之间一般只进行 VP 交换, VP 交换时, VPI 改变, VCI 不变。VPI 和 VCI 仅在两个相邻节点间有局部意义。ATM 的交换本质上是分组交换。

7.1.5　ATM 业务

ATM 业务分为承载业务和用户终端业务。承载业务是指网络运营者为用户提供承载的连接属性和传递能力; 用户终端业务是业务提供商在网络业务的基础上向用户提供的高层业务, 包括视频会议、VOD 以及远程教育等。另外, ATM 网络也能够为用户提供附加业务。

1. 承载业务

ATM 承载业务的定义主要基于源和宿之间是否需要定时关系、速率是否可变, 是否面向连接等参数。根据这些参数, ITU-T 建议的承载业务分为 A、B、C 和 D 四种类型。

1) 业务类型

承载业务分为面向连接实时恒比特率(CBR: Constant Bit Rate)业务、面向连接实时变比特率(rt-VBR: real time Variable Bit Rate)业务、面向连接非实时变比特率(nrt-VBR: non-real time VBR)业务以及面向无连接业务。

2) 业务属性

承载业务可由一些属性来描述, 一种承载业务由唯一的一组属性来定义, 属性分为三类:

(1) 传递属性: 包括传递方式、速率、能力、信息结构、对称性等;

(2) 接入属性: 包括接入信道、接入协议等;

(3) 一般属性: 包括提供的补充业务、服务质量、互通能力等。

2. 用户终端业务

在宽带通信中, 用户终端业务分为交互型业务和分配型业务两类。常用的宽带用户终端业务分为以下几种:

(1) LAN 互联业务；

(2) LAN 仿真业务；

(3) 高效数据传输业务；

(4) 宽带可视图文业务；

(5) 宽带可视电话业务；

(6) 宽带视频会议业务；

(7) HDTV 业务。

7.2　ATM 的参考模型和协议

ATM 协议遵循 OSI 协议七层模型的建立方法，采用分层的体系结构来描述和定义有关的功能和接口性能。

ITU-T 在 I.321 建议中定义的 ATM 参考模型如图 7.8 所示。它包括三个平面：用户平面 U、控制平面 C 和管理平面 M。

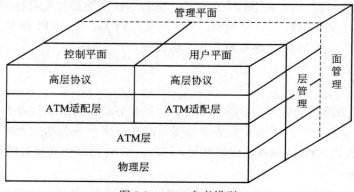

图 7.8　ATM 参考模型

三个平面分别完成不同的功能：

(1) 用户平面：采用分层结构，提供用户信息流的传送，同时也具有一定的控制功能，如流量控制、差错控制等；

(2) 控制平面：采用分层结构，完成呼叫控制和连接控制功能，利用信令完成呼叫和连接的建立、监视和释放；

(3) 管理平面：包括层管理和面管理。其中层管理采用分层结构，完成与各协议层实体的资源和参数相关的管理功能，同时还处理与各层相关的 OAM 信息流；面管理不分层，完成与整个系统相关的管理功能，并对所有平面起协调作用。

ATM 网络只提供下三层功能，即物理层、ATM 层和 AAL 层。下面分别介绍各层的基本功能。

7.2.1　物理层

物理层主要完成信元和传输系统之间的比特流适配功能、信号定时以及传输媒体相关的特性。为此，将物理层又分为传输汇聚(TC：Transmission Convergence)子层和物理媒体相关(PMD：Physical Media Dependent)子层。物理层向上提供的与 ATM 层交互的业务数据单元(SDU)是 53 字节的信元，对下提供适配不同媒体的能力。TC 子层执行与物理媒体无关的协议功能，向 ATM 层提供业务接入点 SAP；PMD 子层位于 TC 下面，执行与物理媒体相关的功能。

1．PMD 子层

PMD 子层在发送时的基本功能是在物理链路上透明地传输比特流，在接收时从物理媒体检测和恢复比特流。ITU-T 为 UNI 接口定义了电接口和光接口。电接口相关参数由 G.703 定义，速率为 155.520 Mb/s 的电接口采用符号变换码(CMI：Coded Mask Running Inversion)。光接口速率为 155.520 Mb/s 和 622.080 Mb/s，都采用全占空比不归零码(NRZ：Non-Return to Zero)。

2．TC 子层

TC 子层对下发送时执行传输帧的生成，接收时对接口进来的帧进行解封恢复，这种适配功能与具体的物理媒体及传输格式有关，ITU-T 分别就 SDH、PDH 以及信元中继等传输系统制定了相应的转换协议。TC 子层与传输媒体无关的操作功能有：

(1) 信头差错控制。

(2) 信元定界和扰码：扰码(Scrambling)是为了保证 HEC 信元定界的可靠性，使信元信息字段出现与信头相同的概率降至最低。

(3) 信元速率去耦：在发送端物理层为适配媒体速率插入空闲信元，在接收端将其删除。

(4) 传输帧的产生、恢复与适配。

7.2.2　ATM 层

ATM 层的主要功能包括：将上层 AAL 提供的 48 B 的 SDU 加上信头，构成信元，并通过添加标识实现复用功能；对 TC 送上来的信元识别信头中的 VPI/VCI，当其值表明当前业务属于本地业务时，去除信头后向指定端口交付 SDU，属于转接业务时进行标识替换执行交换功能；通过 CLP 区分服务质量；通过 PTI 标识负载类型，并在发生拥塞时标识拥塞指示；在 UNI 接口通过 GFC 标识流量控制。具体完成的操作包括：

(1) 信元交换；

(2) 服务质量保证；

(3) 信元头的插入/移除；

(4) 净荷类型的有关功能；

(5) 不同连接的信元在物理线路上的复用/去复用。

7.2.3　AAL 层

为了能够承载各种不同业务，在 ATM 层上面增加了 AAL 层。ITU-T I.362 建议书定义了 AAL 层功能的基本概念和分类，其业务类别的属性取决于三个要素：① 信源和信宿之间要求的定时关系；② 比特率是均匀的还是可变的；③ 连接模式是面向连接的还是无连接的。在这三个要素中，每个要素有两种选择，可以形成八类业务。但实际上某些组合是不可能实现的业务，如面向无连接的实时恒比特业务就是不可能实现的业务。

要注意的是：只有在有用户业务上/下接入的端系统中，才需要 AAL 层；在中转系统实现的是信元中继，不需要 AAL。ITU-T 定义了 ATM 承载的 A、B、C、D 四类业务，如表 7.2 所示。

表 7.2　ATM 的承载业务类型

业务种类	A	B	C	D
信源与信宿同步	要		不要	
信源速率	固定		可变	
连接方式	面向连接			面向无连接
AAL类型	AAL1	AAL2	AAL3/4	AAL5
业务举例	话音、图像	话音、数据	分组数据、多媒体、会议电视	数据互联

　　除 ITU-T 定义的四类业务外，"ATM 论坛"又提出 X 类和 Y 类业务。X 类业务为未指定比特率(UBR)的业务，Y 类业务为可用比特率(ABR)业务。它们都是比特率可变的、面向连接的非实时信息传送业务的一部分。

　　为了支持以上各类业务，ITU-T 提出了四种 AAL：AAL1、AAL2、AAL3 和 AAL4，分别支持 A、B、C、D 四类业务。"ATM 论坛"定义了六种 AAL，分别是 AAL0～AAL5，其中：AAL0 表示 AAL 为空，主要用于信元中继业务，表示信元中继应用与 ATM 层的信息表示形式之间无需任何适配；AAL5 又称 SEAL(Simple and Efficient Adaptive Layer)，主要用于 ATM 网上帧中继业务或 TCP/IP 数据报传输，以及其他面向连接的数据传输业务。

　　由于 AAL3 用于帧中继、TCP/IP 等面向连接的数据传输，AAL4 用于支持 CLNS(无连接业务)、SMDS(交换多兆比数据业务)等无连接的数据传输，二者唯一的不同体现在对一个特定域的使用上，因此一般将 AAL3、AAL4 融合成一个综合协议类型 AAL3/4。而 AAL3/4 开销很大，AAL5 简单高效，所以 AAL3/4 更少用于 C 类业务中。

1) AAL1

　　AAL1 分为 CPCS 和 SAR：(CS 只有 CPCS，无 SSCS)各种应用在 CPCS 形成长度不等的 CS-PDU，交付 SAR，SAR 将其分成 47 B 定长的 SAR-SDU，然后在前加一字节 SAR-PDU 头开销，构成 SAR-PDU。AAL1 适配层的功能实现过程如图 7.9 所示。

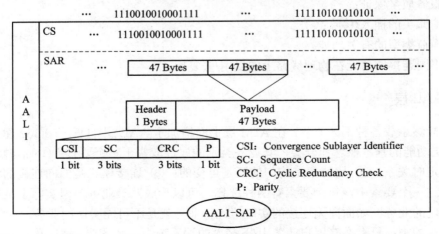

图 7.9　AAL1 适配层的功能实现过程

CSI: 汇聚子层标识。CSI = 1，CPCS-PDU 有 1 B 指针，共(1 + 46)B；CSI = 0，CPCS-PDU 为 47 B 净荷，无 1 B 指针。

SC：次序号，3 bit;

CRC：序号保护(SNP: Sequence Number Protect)，将信头前四位乘以 x^3 ，再除以 $p(x) = x^3 + x + 1$ 所得余式即为该 CRC 值。

P：1 bit 偶校验。

例1 在 AAL1 传输中，若 SAR-PDU 报头信息为"10001100"，试对该报头进行 CRC 计算，根据计算结果判断是否有错误，若有予以纠正。

解 接收端收到的 SAR-PH 为 B = 10001100，差错判断多项式为 $p(x) = x^3 + x + 1$。

计算 CRC(7,4)码，先写出四个方程构成的矩阵 $\boldsymbol{G}(x)$：

$$\boldsymbol{G}(x) = \begin{bmatrix} p(x)x^3 \\ p(x)x^2 \\ p(x)x \\ p(x) \end{bmatrix} = \begin{bmatrix} x^6 + x^4 + x^3 \\ x^5 + x^3 + x^2 \\ x^4 + x^2 + x \\ x^3 + x + 1 \end{bmatrix}$$

从上式得出生成矩阵：

$$\boldsymbol{G}(x) = \begin{bmatrix} 1011000 \\ 0101100 \\ 0010110 \\ 0001011 \end{bmatrix} \cdot \begin{bmatrix} x^6 \\ x^5 \\ x^4 \\ x^3 \\ x^2 \\ x \\ 1 \end{bmatrix}$$

其中，

$$\boldsymbol{G} = \begin{bmatrix} 1011000 \\ 0101100 \\ 0010110 \\ 0001011 \end{bmatrix}$$

对 $\boldsymbol{G}$ 进行变换：

$$\boldsymbol{G} = \begin{bmatrix} 1011000 \\ 0101100 \\ 0100110 \\ 0001011 \end{bmatrix} \overset{3+1\to1}{=} \begin{bmatrix} 1001110 \\ 0101100 \\ 0010110 \\ 0001011 \end{bmatrix} \overset{4+1\to1}{=} \begin{bmatrix} 1000101 \\ 0101100 \\ 0010110 \\ 0001011 \end{bmatrix} \overset{4+2\to2}{=} \begin{bmatrix} 1000101 \\ 0100111 \\ 0010110 \\ 0001011 \end{bmatrix}$$

从而有：

$$\boldsymbol{G} = \begin{bmatrix} 1000101 \\ 0100111 \\ 0010110 \\ 0001011 \end{bmatrix} = [\boldsymbol{I}_k \boldsymbol{Q}]$$

其中，

$$I_k = \begin{bmatrix} 1000 \\ 0100 \\ 0010 \\ 0001 \end{bmatrix}, \quad Q = \begin{bmatrix} 101 \\ 111 \\ 110 \\ 011 \end{bmatrix}$$

k 表示信息码位长度，其中 I_k 为一个 $4(k=4$，信息位为 4 位)阶单位矩阵，Q 为 k 行 $n-k$ 列矩阵(四行三列)。

$$P = Q^T = \begin{bmatrix} 1110 \\ 0111 \\ 1101 \end{bmatrix}$$

则监督矩阵为

$$H = [P I_r] = \begin{bmatrix} 1 & 1 & 1 & 0 & 1 & 0 & 0 \\ 0 & 1 & 1 & 1 & 0 & 1 & 0 \\ 1 & 1 & 0 & 1 & 0 & 0 & 1 \end{bmatrix}$$

校正子 S 与接收码组之间的关系由监督矩阵确定：

$$S = BH^T = [1000110] \begin{bmatrix} 101 \\ 111 \\ 110 \\ 011 \\ 100 \\ 010 \\ 001 \end{bmatrix} = [0\ 1\ 1]$$

$$S = [011] = h_4 \quad (h_4 \text{ 为 } H \text{ 矩阵的第四列})$$

所以 $E = [0001000]$。

接收端纠错后得出正确的码组为

$$B \oplus E^T = [1000110] \oplus \begin{bmatrix} 0 \\ 0 \\ 1 \\ 0 \\ 0 \\ 0 \\ 0 \end{bmatrix} = [1001110]$$

最后加上偶校验位得到正确的七位码：10011100。与接收码组 10001100 相比，能发现第四位由 1 错为 0，接收端通过以上运算对七位中任一位的错误均可纠正。

2) AAL2

1998 年 6 月，ITU-T I.362.2 规定了 AAL2 的 CPS 格式：用户层采用低速可变长短分组，加三字节的首部构成 CPS-PDU，克服了由于 AAL1 装满一个信元才发送对低速数据造成时延的这一缺点。AAL2 适配层的功能实现过程如图 7.10 所示。

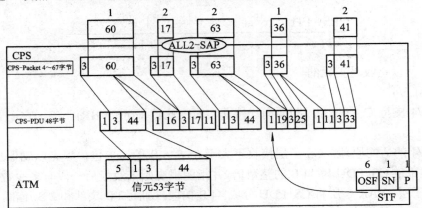

图 7.10　AAL2 适配层的功能实现过程

图 7.10 中，CPS-Packet = CPS-PH + CPS-PP。

CPS-PH(Packet Header)分为以下四个字段：

(1) CID：Channel Identifier，信道标识符，8 bit，标识 AAL2 层的双向复用信道 0～255 个，0 不用(CPS-PAD 用全 0 填充)，1 用于层管理实体通信，2～7 保留，8～255 可被 CPCS 使用。

(2) LI：Length Identifier，长度标识，6 bit，CPS-PP 长度为 1～64 B，默认最大长度为 45 B，LI = CPS-PP 的长度 −1。

(3) UUI：User to User Identifier，用户-用户标识，5 bit，0～27 为 CPCS，30 和 31 为 LM 实体通信，28 和 29 保留。

(4) HEC：Header Error Control，CPS 头差错控制，5 bit，对前三个字段(19 bit)做 CRC 运算，实现 24 位差错控制，生成多项式为 $P(x) = x^5 + x^2 + 1$。

例 2　设 AAL2 的某分组头码序列如图 7.11 所示，试通过 CRC 运算判断其正确性。

	CPS-Packet			
	CPS-PH			CPS-PP
00001000	101011	00000	10010	65
CID 8 bit	LI 6 bit	UUI 5 bit	HEC 5 bit	

图 7.11　CPS 分组及其头结构

解　假定该码序列是正确的，那么它就是发送端发送的码流，因此应符合发送端算法。将该码流中三个被保护字段写成莫尔多项式 $M(x) = x^{14} + x^{10} + x^8 + x^6 + x^5$。

发送时左移 5 位后为

$$x^5 M(x) = x^{19} + x^{15} + x^{13} + x^{11} + x^{10}$$

所采用的生成多项式为

$$P(x) = x^5 + x^2 + 1$$

则 $x^5 M(x)/P(x)$ 的余数为 $CRC = x^4 + x = 10010$，这正是 HEC 域中的五位代码，所以以上假设是正确的，证毕。

从接收端也可以证明，假定以上码流是接收端收到的 CPS 分组，则其中的 CPS 分组头为

$$CPS\text{-}PH = x^5 M(x) + HEC = x^{19} + x^{15} + x^{13} + x^{11} + x^{10} + x^4 + x$$

$$\frac{CPS - PH}{p(x)} = \frac{x^{19} + x^{15} + x^{13} + x^{11} + x^{10} + x^4 + x}{x^5 + x^2 + 1}$$

余数为 0，所以接收是正确的。

3) AAL3/4

AAL3/4 支持 C 类业务，即面向连接非实时变比特率(nrt-VBR)业务。它还支持丢失敏感业务。

AAL3/4 的适配原理：CS 子层接收不大于 65 535 B 的用户包，填充以确保加上 4 B 头部和 4 B 尾部的 CS-PDU 为 44 B 的整数倍，并指明报文始末及最后一段有多少数据和填充，交付 SAR 子层；SAR 子层将 CS-PDU 分成 44 B 的段，加上 2 B 头部和 2 B 尾部，构成 48 B 的 SAR-PDU，并指明始终末段位，复用多用户的 CS-SDU，交付 ATM 层。AAL3/4 的适配原理如图 7.12 所示。

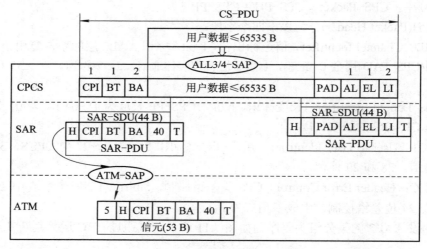

(a) AAL3/4适配

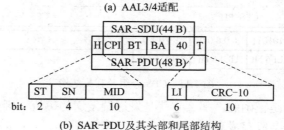

(b) SAR-PDU及其头部和尾部结构

图 7.12　AAL3/4 的适配原理

CS-PDU 中各字段的意义如下：

(1) CPI：Common Part Indicator，公共部分指示，8 bit，目前取 0。

(2) BT&ET：Begin Tag & End Tag，开始标签和结束标签，各 8 bit，同一 CS-PDU 的 BT&ET 取相同值，顺序发送的 CS-PDU 使用不同的 BT&ET 值。

(3) BA：Buffer Allocation Size，缓存分配尺寸，2 B，向接收端指示缓冲区的大小。

(4) PAD：Padding，0～43 B，使 CS-PDU 为 44 B 的整数倍。分以下三种情况：

① 最后一段为 40 B，PAD = 0 B，加尾部构成一个 SAR-SDU；

② 最后一段为 0～39 B，PAD = 1～40 B，加尾部构成一个 SAR-SDU；

③ 最后一段为 41～43 B，PAD = 41～43 B，加尾部构成两个 SAR-SDU。

(5) AL：Alignment，8 bit，恒为 0 值，使尾部为 4 B。

(6) LI：Length Indication，16 bit，指示 CS-PDU 的净荷区长度。

SAR-PDU 中各字段意义如下：

(1) ST：ST = 10，表示该 SAR-PDU 净荷为 CS-PDU 的开始 1 段；

　　　　ST = 00，表示该 SAR-PDU 净荷为 CS-PDU 的中间各段；

　　　　ST = 01，表示该 SAR-PDU 净荷为 CS-PDU 的最后 1 段。

(2) SN：模 16，对 SAR-PDU 进行编号。

(3) MID：使 SAR 子层将 210 个 AAL 用户消息复用到一个 ATM 的 VC 上，同一个用户的所有 CS-PDU 的 SAR-PDU 使用同一个 MID 值。

(4) LI：一个 CS-PDU 中最后一个 SAR-PDU 的 LI = 1～43，其他所有 SAR-PDU 都装满净荷，LI = 44。

CRC 的生成多项式为 $P(x) = x^{10} + x^9 + x^5 + x^4 + x + 1$。

4) AAL5

AAL5 支持 D 类业务，即面向无连接的 nrt-VBR 业务。AAL5 克服了 AAL3/4 的 SAR-PDU 开销过大、低效，CRC-10 检错能力有限、频繁操作、时间开销大以及 4 bit 序号丢插检验范围小等缺点。它还能降低 SAR 层的开销，满足高速传送需要，强检错高效；高层复用(取消 MID)；ATM 层 PT 标识 CS-PDU 的分段；支持消息流、确保/非确保传送。因此，称其为简单高效的适配层(SEAL：Simple Efficient Adaptation Layer)。AAL5 的适配方式如图 7.13 所示。

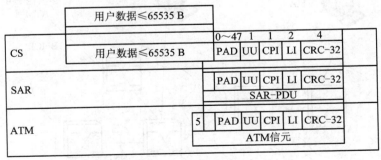

图 7.13　AAL5 的适配方式

CS-PDU 尾部(8 B)各字段意义如下：

UU：CS 用户间指示，透明传送 CS 用户信息，由 CS 的上层定义；

CPI：CS 公共部分指示，目前为尾部填充；

LI：CS-PDU 用户数据长度指示；

CRC-32：$P(x) = x^{32} + x^{26} + x^{23} + x^{22} + x^{16} + x^{12} + x^{11} + x^{10} + x^8 + x^7 + x^5 + x^4 + x^2 + x + 1$；

PAD：0～47B，使 CS-PDU 为 48 B 的整数倍。

CS-PDU 在 SAR 层被分成 n 个 48 B 的 SAR-PDU，为使最后一段加尾部正好也为 48 B，提供了填充字段 PAD。填充字段满足以下条件：

(1) 当用户数据最后一段为 40 B 时，PAD = 0；

(2) 最后一段为 0～39 B 时，PAD = 1～40 B；

(3) 最后一段为 41～47 B 时，PAD = 41～47 B，加尾部构成两个 SAR-PDU；

原理：CS 子层接收用户包后，添加 0～47 B，确保在加上 8 B 尾部的 CS-PDU 为 48 B 的整数倍，交付 SAR 子层；SAR 子层将 CS-PDU 分成 48 B 的段，交付 ATM 层，ATM 层用 PT = 001 标识 CS-PDU 尾部字段。

CS 的功能包括：

- CS-PDU 保护，利用 SDU 类型指示，提供 CS-SDU 的分割和透明性；
- CS-PDU 用户保护，CS-PDU 的 UU 接口透明传送用户信息；
- 差错检验：$P(x) = x^{32} + x^{26} + x^{23} + x^{22} + x^{16} + x^{12} + x^{11} + x^{10} + x^8 + x^7 + x^5 + x^4 + x^2 + x + 1$；
- 撤消部分 CS-PDU 传递；
- 拥塞处理：在 CS 以上各层和两端的 SAR 之间传送拥塞信息；
- 丢失优先级处理：在 CS 以上各层和两端的 SAR 之间传送丢失优先级信息。

SAR 的功能包括：

- SAR-SDU 保护定界；
- 拥塞处理：在 SAR 以上各层和两端的 ATM 之间传送拥塞信息；
- 丢失优先级处理：在 SAR 以上各层和两端的 ATM 之间传送丢失优先级信息。

7.2.4　ATM 网络模型

ATM 网络的基本结构如图 7.14 所示。它主要由以下要素组成。

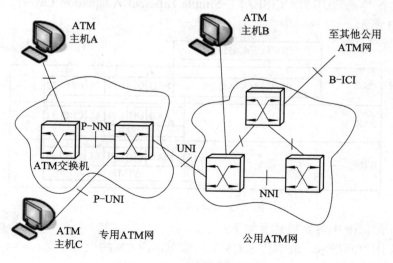

图 7.14　ATM 网络的基本结构

1) ATM 交换机

ATM 交换机是 ATM 宽带网络中的核心设备，它完成物理层和 ATM 层的功能。对于物理层，它的主要工作是完成对不同传送介质电器特性的适配；对于 ATM 层，它的主要工作是完成 ATM 信元的交换，也就是 ATM 信头中 VPI/VCI 的交换。

2) ATM 端系统

ATM 端系统有两类：在纯 ATM 网络中，端系统就是各种终端设备；在互联的网络中，端系统就是互连设备，也叫虚终端，用于连接不同或相同结构的网络。

3) ATM 通信网接口

ATM 网络接口主要有三类：用户—网络接口(UNI)、网络节点接口(NNI)和宽带互连接口(B-ICI)。

(1) UNI。UNI 完成用户接入网络时连接接口的信令处理和 VP/VC 交换操作。根据 ATM 网络的类型，UNI 分为公用网 UNI 和专用网 UNI。专用网用户经过专用网 UNI 与专用网 ATM 交换机连接。用户或专用网与公用网的连接通过公用网 UNI 接口实现。公用网 UNI 和专用网 UNI 的相关参数如表 7.3 和表 7.4 所示。

表 7.3　公用网 UNI 的相关参数

帧格式	比特流(Mb/s)	传输介质
DS1	1.544	双绞线
DS3	44.736	同轴
STS-3C，STM-1	155.52	单模光纤
E1 待定	2.048	双绞线，同轴
E3 待定	34.368	同轴
J2	6.312	同轴
C 待定	Nx1.544	双绞线
NxE1	Nx2.048	双绞线

表 7.4　专用网 UNI 的相关参数

帧格式	比特流(Mb/s)/波特率(Mbaud/s)	传输介质
信元流	25.6/32	UTP-3
STS-1	54.84	UTP-3
FDDI	100/125	MMF
STS-3C，STM-1	155.52	UTP-5，STP
STS-3C，STM-1	155.5	SMF，MMF，同轴
信元流	155.52/1994.4	MMF/STP
STS-3C，STM-1	155.52	UTP-3，待定
STM-12，STM-4	622.08	SMF，MMF，待定

(2) NNI。NNI 完成不同网络节点间的信令处理和 VP/VC 交换。NNI 是公用网中交换机之间的接口，PNNI(Private NNI)是专用网中交换机之间的接口。

(3) B-ICI。B-ICI 用于实现 ATM 网之间的互联。其技术规范包含各种物理接口、ATM 层接口、管理接口和高层功能接口。高层功能接口用于 ATM 和各种业务的互通。

7.3 ATM 信 令

ATM 信令系统用于 ATM 连接的建立、维持及释放，在 ATM 网络中占有重要的地位。由于 ATM 网络要支持综合业务，因此对信令提出了更高的要求。ATM 信令应具备以下功能：

(1) 为 ATM 网络的数据通信建立、维持和释放 VCC。这种连接可以是按需建立的，也可以是永久的或半永久的；

(2) 在建立连接时，为这些连接预先分配网络资源；

(3) 支持点到点和点到多点通信；

(4) 对于已经建立的连接，还可以重新协商、分配网络资源；

(5) 支持对称和非对称呼叫，两个方向带宽可相等或不等；

(6) 可以为一个呼叫建立多个业务连接，在一个已建立的呼叫中加上或去掉连接；

(7) 支持多方呼叫，在多个端点间建立连接，可以在一个多方呼叫中加上或去掉一个通信端点；

(8) 支持与非 B-ISDN 网络的呼叫连接和互通。

7.3.1 ATM 信令系统的体系结构

根据呼叫控制的位置不同，ATM 信令可以分为 UNI 接入信令和局间信令两种。ATM 信令系统的体系结构如图 7.15 所示。

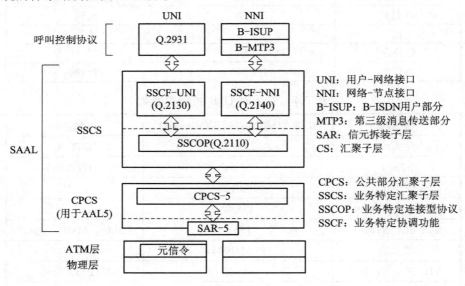

图 7.15 ATM 信令系统体系结构图

当用户接入网络时，利用 SAAL(信令 ATM 适配层)将高层协议适配成信令信元。高层信令协议为 ITU-T Q.2931 协议(仅支持点对点呼叫)以及增加的 Q.2971 协议(支持点对多点呼叫)。

在 NNI 接口处，高层的局间信令协议是 ITU-T 制定的 B-ISUP(B-ISDN 用户部分)。它源于 No.7 信令的 ISUP。根据连接交换局的不同，有两种支持 B-ISUP 的方式：一种是基

于 ATM 链路，利用 SAAL 和 MTP-3 支持 B-ISUP；另一种是基于 No.7 信令网，经过 MTP
支持 B-ISUP。

1．ATM 信令的传输

在 ATM 网络中，信令与用户数据都以信元的方式在同一个物理链路上传输，只不过 ATM
信令使用一个约定的 VPI/VCI = 0/5 的 PVC 传送。ATM 网络信令的传输信道如图 7.16 所示。

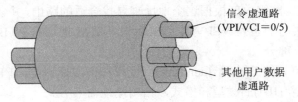

信令虚通路
(VPI/VCI＝0/5)

其他用户数据
虚通路

图 7.16　ATM 网络信令的传输信道

图 7.17 是 ATM 网络的信令协议栈及其链接关系示意图，由图能清楚地看到，在 UNI
接口使用的是 Q.2931 信令，在 NNI 接口使用的是 B-ISUP 信令，在端局需要实现 UNI 信
令与 NNI 信令(网络内部)之间的转换。这种信令的协议思想和 N-ISDN 信令是类似的。

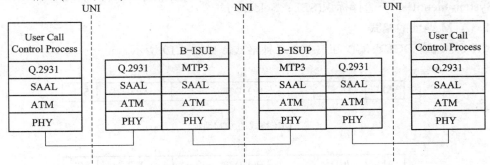

图 7.17　ATM 网络的信令协议栈及其链接关系示意图

2．ATM 信令协议栈中各层的基本功能

(1) SAAL：信令 ATM 适配层，专门为信令虚连接设计的 AAL 层协议，对于变长分组
的信令消息提供可靠的、面向连接的传输。

(2) Q.2931：ITU-T 对 ATM 的 UNI 信令消息格式和信令过程的定义。

(3) MTP3：在继承传统 No.7 信令网中的 MTP-3 层的基础上设计而成，完成信令网的
网络层功能，主要涉及信令网的编址方案和路由等功能。

(4) B-ISUP：由 No.7 信令中面向 N-ISDN 的 ISUP 层演变而来，是 ITU-T 对 NNI 信
令消息格式和信令过程的定义。

3．SAAL 的结构

SAAL 以 AAL5 为基础，并加上信令消息传输所需的面向连
接的特性，包括业务特定面向连接部分(SSCOP)和业务特定协调
功能(SSCF)。SSCOP(Service Specific Connection-Oriented Part)保
证实现信令消息顺序、无误的传输；SSCF(Service Specific
Coordination Function)完成流控制和链路状态的验证。SAAL 的
结构如图 7.18 所示。

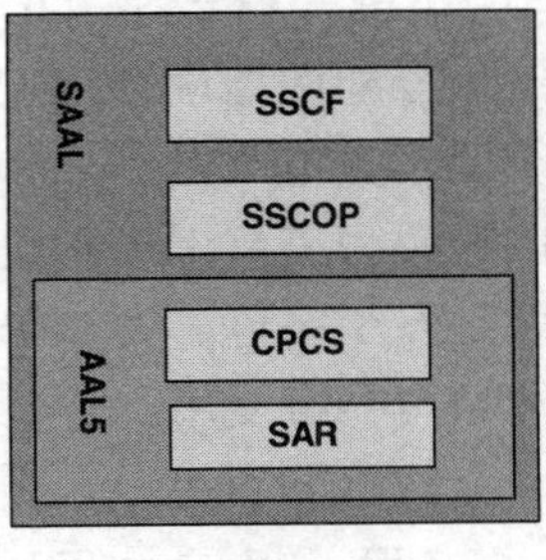

图 7.18　SAAL 的结构

7.3.2　ATM 地址

ATM 是面向连接的通信，通信之前首先要建立虚电路。建立虚连接时，源站点必须指明目的站点的地址。ATM 地址是 ATM 论坛根据 OSI 的网络服务访问点(NSAP：Network Service Access Point)的地址格式定义的专用于 UNI 接口的地址。ATM 地址在呼叫建立过程中通过 UNI 信令确定，网络内部根据这个地址来寻找合适的路由，并建立端到端的 VCC(虚信道连接)，这个连接由一系列 VPI/VCI 值来标识。ATM 地址由 20 B(用 40 个十六进制数表示)组成，包括三个部分：

(1) AFI(Authority and Format Identifier)：授权和格式标识符，1 B(两位十六进制数)，用于指出起始域标识符(IDI)的类型和格式，指明地址命名方式。

(2) IDI (Initial Domain Identifier)：起始域标识，占 2 B(或 8 B)，指明地址的位置和管理权限。

(3) DSP (Domain Specific Part)：域描述部分，指明专用网 UNI 的识别信息。DSP 又包括三个字段：高阶域描述部分(HO-DSP：High-Order Domain Specific Part)、端系统标识(ESI：End System Identifier)和选择标识(SEL：Selector)。

1．ATM 地址的格式

ATM 地址有 DCC、ICD 和 E.164 三种格式，如图 7.19 所示。

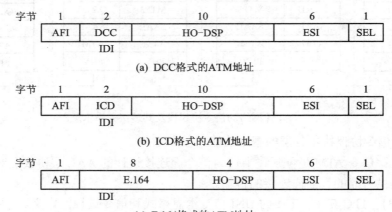

图 7.19　ATM 地址的三种格式

1) DCC 格式

AFI = 39 表示 IDI 域的值是数据国家代码格式(DCC：Data Country Code Format)，是按国家分配的地址。DCC 格式指定了注册地址的国家，在两个字节长度的 DCC 域采用 BCD 编码，数值靠左侧，右边填充了四位二进制数"1111"(半字节的十六进制数"F")，显然国家码为三位十进制数。DSP 域的三个字段的特征为：HO-DSP 长度为 10 个字节；ESI 长度是 6 个字节，为 48 bit 的 MAC 地址，与 LAN 地址兼容；SEL 长度为 1 个字节，用于终端站内多路复用。

2) ICD 格式

AFI = 47 表示 IDI 域的值是国际码格式(ICD：International Code Designator Format)，是

按国际组织分配的地址。ICD 格式指定一个国际组织(负责管理 ICD 注册授权的英国标准协会),两个字节的 ICD 域也采用 BCD 编码,数值靠左侧,右边填充了四位二进制数"1111",显然 ICD 码也为三位十进制数。DSP 的三个字段的特征与 DCC 格式的 DSP 特征相同。

3) E.164 格式

AFI = 45 表示 IDI 域的值是 E.164 地址格式,E.164 格式是一种包含普通电话号码的综合业务数字网号码。国际 ISDN 号码长度为 15 位。因此,在这种格式中,IDI 域的长度为 8 字节,E.164 地址采用 BCD 编码,地址描述格式定义了一种半字节(二进制数"0000")的前导码,以便达到地址的最大长度 15 位,在此格式的最后是半字节(二进制数"1111")填充码,以便填满 8 个字节。相应地,HO-DSP 字段长度减少为 4 字节,ESI、SEL 的特征与前面相同。

2．地址注册过程

在呼叫建立过程中,终端系统和 ATM 交换机之间的 UNI 通过过渡性本地管理接口(ILMI: Interim Local Management Interface)协议完成地址注册。ILMI 基于 SNMP,并将 SNMP 消息用 AAL5 适配到 VPI/VCI=0/16 的 PVC 上传输。ATM 地址的注册过程如图 7.20 所示。终端系统将自己的 MAC 地址告诉 ATM 交换机,ATM 交换机将其放入 ESI 域,加上 IDP 和 HO-DSP 部分拼成完整的 ATM 地址,再回送给终端系统。

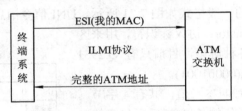

图 7.20　ATM 地址的注册过程

7.3.3　UNI 信令消息

UNI 信令消息由一个个有特定语义并带有具体信息单元(可理解为参数)的消息组成,根据其功能可以将消息归为以下几类:

(1) 呼叫建立消息:

- SETUP：呼叫发起消息,由用户发向网络或网络发向被呼叫用户,表示请求建立连接;
- CALL PROCEEDING：由网络发向主叫用户或被叫用户发向网络,表示已收到 SETUP 消息;
- CONNECT：由网络发向主叫用户或被叫用户发向网络,表示被叫用户已经应答;
- CONNECT ACK：由主叫用户发向网络或网络发向被叫用户,表示对 CONNECT 消息的确认;
- RELEASE：由用户发向网络请求拆除连接,或网络发向用户表示这次连接将被拆除;
- RELEASE COMPLETE：用户或网络通过此消息表示自己已经完成此次连接中相关资源的释放。

(2) 点到多点呼叫消息:

● ADD PARTY: 由点到多点连接的根节点发向网络,请求在此次连接中再加入一个叶子节点;或由网络发向用户,表示根节点邀请该用户加入此次连接成为一个叶子节点。

● ADD PARTY ACK: 由收到 ADD PARTY 消息的实体发向对方,表示对此请求的确认。

● ADD PARTY REJECT: 由收到 ADD PARTY 消息的实体发向对方,表示拒绝此请求的。

● DROP PARTY: 由点到多点连接的根节点发向网络,请求在此次连接中去掉一个叶子节点;或由网络发向一个叶子节点,表示根节点希望该叶子节点退出连接。

● DROP PARTY ACK: 由收到 DROP PARTY 消息的实体发向对方,表示对此请求的确认。

(3) 全局相关消息(Global Call-Reference):

● RESTART: 由用户或网络发出,告诉对方重新启动某条 SVC 或这个信令 VC 控制的所有 SVC。

● RESTART ACK: 对 RESTART 消息的确认并表示已完成重启。

(4) 其他消息:

● STATUS ENQUIRY: 由用户或网络发向对方,请求对方报告一些状态信息。

● STATUS: 对 STATUS ENQUIRY 请求的响应,报告一些对方请求的状态信息。

1. UNI 信令消息的格式

ATM UNI 信令消息的一般格式如图 7.21 所示。UNI 信令消息由以下字段构成:

(1) Protocol Discriminator: 协议标识符,用来区分在信令 VC 中传输的各种协议,目前只有 Q.2931 消息,其标识值为 0x09H(00001001)。

(2) Call Reference: 呼叫参考值,共有 4 字节。第 1 个字节表示呼叫参考值的长度(指后面包含的字节数),缺省值为"3"。第 2 个字节的最高位是呼叫参考值标志,用于识别消息是发送端的(设为"0"),还是接收端的(设为"1")。其余部分为呼叫参考值,用来标识呼叫类型,以便区分呼叫处理过程,这是因为 UNI 上可能有多个呼叫同时被处理。呼叫参考值为全"0"时,代表全局呼叫,表示所收到的消息属于对应的信令虚信道相关的所有呼叫。

(3) Message Type: 消息类型标识,占两个字节。第 1 个字节表示该消息的类型,即该消息所具备的功

图 7.21　UNI 信令消息的一般格式

能,如 SETUP、CONNECT 等。第 2 个字节为"一致性指令",用来指明当收到一个不能识别的消息类型时如何处理。ATM 的 UNI 消息类型的机器编码如表 7.5 所示。

(4) Message Length: 消息长度,也占两个字节,表示信息单元(不包含协议鉴别符、呼叫参考值、消息类型和消息长度本身)的长度。第 1 个字节 1~7 位表示消息长度,第 8 位用于扩展消息长度字段,"1"表示消息长度字段只占 1 B,"0"表示消息长度字段占 2 B。

(5) Variable Length Information Element: 可变长信息单元,仅仅说明无论是什么消息一般都不能充分地表达这个消息的语义,还需要一些附加信息,这些附加信息称为信息单元(Information Element)。

表 7.5 ATM 的 UNI 消息类型的机器编码

消 息 名 称	意 义	功 能	消息类型编码
呼叫建立消息		为一次呼叫请求建立相应的虚电路连接	000……
ALERTING	警戒	表示被叫用户已开始处理呼叫	00000001
CALL PROCEEDING	呼叫进程	证实呼叫建立已经开始	00000010
PROCEEDING	进程	呼叫建立正在进行中	00000011
SETUP	建立	呼叫建立请求	00000101
CONNECT	连接	表示被叫用户已接受呼叫	00000111
SETUP ACKNOWLEDGE	建立证实	证实已接受呼叫建立请求	00001101
CONNECT ACKNOWLEDGE	连接证实	证实呼叫已被接受	00001111
连接通报消息		用来释放相应的虚电路连接	001……
SUSPEND-REJECT	暂停拒绝	网络拒绝呼叫暂停	00100001
RESUME-RRJECT	恢复拒绝	网络拒绝恢复请求	00100010
SUSPEND	暂停	用户请求呼叫暂停	00100101
RESUME	恢复	用户请求恢复暂停的呼叫	00100110
SUSPEND-ACKNOWLEDGE	暂停证实	网络证实已完成呼叫暂停	00101101
呼叫释放消息		用来释放相应的虚电路连接	010……
DISCONNECT	拆除连接	请求拆除连接	01000101
RESTART	再启动	用户请求重新开始建立连接	01000110
RELEASE	释放	释放请求	01001101
RESTART ACKNOWLEDGE	再启动证实	网络同意重新开始建立连接	01001110
RELEASE COMPLETE	释放完成	通知释放完毕	01011010
状态消息		用来完成一些辅助功能	011……
NOTIFY	通知	发送与呼叫和连接有关的信息	01101110
STATUS ENQUIRY	状态询问	询问网络当前状态	01110101
STATUS	状态	响应状态询问	01111101
INFORMATION	信息	提供附加信息	01111011

ATM 的 UNI 信令规范中定义了一组有固定格式和语义功能的信息单元类型，并规定了每一种消息必须携带的信息单元类型和可选的信息单元类型。

2．UNI 信息单元的格式

信息单元(也叫信息元素)是可变长度的，不同消息的信息单元长度不同。UNI 信令信息单元的一般格式如图 7.22 所示。每种信息单元

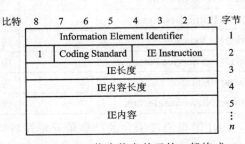

图 7.22 UNI 信令信息单元的一般格式

都有信息单元标识符(2 B)、信息单元内容的长度(2 B)、信息单元内容(不定长)几部分。

信息单元标识符占两个字节。第1个字节表示各种信息单元,ITU-T Q.2931 建议的 ATM UNI 消息的信息单元及其标识符参见表 7.6。第 2 个字节表示的含义与消息类型中的情形类似,用"一致性指令"指明当收到一个不能识别的消息类型时如何处理。信息单元内容长度占两个字节,表示信息单元内容(不包含信息单元标识符、信息单元内容长度本身)的长度。

表 7.6 ATM UNI 消息的信息单元及其标识符

信 息 元 素	意 义	信息元素标识符
ATM Adaptation Layer Parameter	AAL 参数	01011000
ATM Traffic Descriptor	ATM 流量描述器	01011001
Broadband Bearer Capability	宽带承载能力	01011110
Broadband High Layer Information	宽带高层信息	01011101
Broadband Low Layer Information	宽带低层信息	01011111
Broadband-Locking Shift	宽带锁定移位	01100000
Broadband-Non-Locking Shift	宽带非锁定移位	01100001
Broadband-Repeat Indicatior	宽带重复指示器	01100011
Broadband-Sending Complete	宽带发送结束	01100010
Call State	呼叫状态	00010100
Called Party Number	被呼叫方号码	01110000
Called Party Subaddress	被呼叫方子地址	01110001
Calling Party Number	呼叫方号码	01101100
Calling Party Subaddress	呼叫方子地址	01101101
Cause	原因	00001000
Connection Identifier	连接标识符	01011010
End-to End Transmit Delay	端到端传输延迟	01000010
Expand Exchange Code	扩展换码	11111111
Narrowband Bearer Capability	窄带负荷能力	00000100
Narrowband High Layer Compatibility	窄带高层兼容性	01111101
Narrowband Low Layer Compatibility	窄带低层兼容性	01111100
Notification Indicator	通知指示符	00100111
OAM Traffic Descriptor	OAM 流量描述器	01011011
Progress Indicator	进度指示符	00011110
Quality of Service Parameter	服务质量参数	01011100
Restart Indicator	再启动指示器	01111001
Transit Network Selection	传输网络选择	01111000

UNI 消息通过所含的信息单元描述呼叫的各种必要的特性,例如:Called Party Number 描述被呼叫用户的 ATM 地址;Calling Party Number 描述主叫的 ATM 地址,用于实现来电

显示；ATM User Cell Rate 是对本次连接的流量描述；QoS Parameter 用于请求网络必须保证的 QoS 参数等。

3．呼叫建立

为了对 ATM UNI 信令的建立和释放过程有一个整体的认识，下面以图 7.23 所表示的一次成功的呼叫建立与释放过程为例，说明信令的接续原理：主叫用户向网络发送 SETUP 消息，请求建立连接；网络判断该呼叫请求，可以接受则向主叫用户发送一个 CALL PROCEEDING 消息，并向被叫用户发送 SETUP 消息；被叫用户进行地址检验和进行一致性检查，确认接收该呼叫并向网络发送 ALERTING 消息；网络向主叫用户发送 ALERTING 消息；被叫用户确定可接通相应的连接，向网络发送 CONNECT 消息，建立被叫用户链路；网络向主叫用户发送 CONNECT 消息，建立主叫用户链路；主叫用户收到 CONNECT 消息后，向网络发送 CONNECT ACKNOWLEDGE 消息；网络向被叫用户发送 CONNECT ACKNOWLEDGE 消息。连接建立成功，双方进入通信阶段；通信完毕，主叫用户向网络发送 RELEASE 消息，请求释放链路；网络向被叫用户发送 RELEASE 消息，准备释放链路；被叫用户向网络发送 RELEASE COMPLETE 消息，释放被叫用户链路；网络向主叫用户发送 RELEASE COMPLETE 消息，释放主叫用户链路。

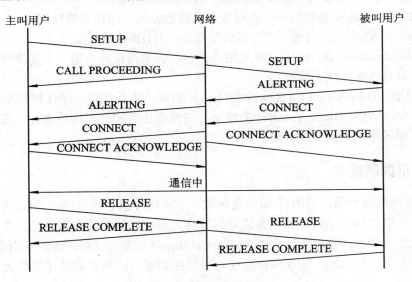

图 7.23 一次成功的呼叫建立与释放过程

7.4 ATM 网的流量控制与拥塞控制

7.4.1 ATM 业务分类

ATM 是支持多业务的技术，在网络边缘选择合适的 AAL，可以满足不同的业务需求。而对于 ATM 层，早期的研究仅为每一个连接分配固定的带宽，一般按峰值信元速率(PCR：Peak Cell Rate)分配，该方式只能提供一个等级的 QoS。事实上，ATM 层的性能应该独立于 AAL 协议和高层协议，当多业务混合流进入网络时，ATM 层应该能够为每一个业务流分配网络资源，以增加网络的灵活性、公平性，提高网络资源利用率，因此要对 ATM 层业务进行分类。分类的另一个目的是减少网络和终端的复杂度。

ATM 论坛流量管理标准(4.0 版)和 ITU-T I.371 建议定义的 ATM 业务类型(ITU-T 称其为 ATM 传送能力)如表 7.6 所示。

表 7.6　ATM 业务类型

ATM 论坛	ITU-T(传送能力)	特　点
固定比特率(CBR)	确定比特率(DBR)	实时 QoS，确保
实时可变比特率(RT-VBR)	待定	统计复用，实时
非实时可变比特率(NRT-VBR)	统计比特率(SBR)	统计复用
可用比特率(ABR)	可用比特率(ABR)	尽可能使用资源，反馈控制
不定比特率(UBR)	无	尽力而为，QoS 不确保
无	突发传送(ABT)	突发，反馈控制

ATM 网络根据业务类型分配带宽，其一般原则如下：

(1) CBR 和 DBR 业务对每一个连接按最大带宽分配，即使是静默期；

(2) VBR 和 SBR 业务对每一个连接按平均速率分配网络资源；

(3) ABR(Available Bit Rate)业务采用"弹性"带宽指配，为每一个连接分配的资源随时间变化，具体方案取决于网络；

(4) 对 UBR(Unspecified Bit Rate)业务不分配资源，不保证每一个连接带宽和 QoS。

(5) 对 ABT(ATM Block Transfer)突发块、资源的协商和分配按块进行，而不是按连接进行分配，即采用无连接方式传送信息。

7.4.2　流量控制技术

ATM 采用统计复用，网络资源(信道带宽、节点缓存器容量等)决定网络所能支持的业务流量。当网络中的连接数目和业务流量超过最大限度，网络的服务质量会变差，如时延增加、信元丢失增加。业务流量控制(Traffic Control)就是要对网络资源的利用率加以控制，使网络处于正常工作状态，即使网络负荷超过网络容量，网络的服务质量仍处于可接受的水平。

1．基本的流量控制功能

呼叫接纳控制(CAC：Call Admission Control)和用法参数控制(UPC/NPC)是 ATM 网络中实现流量管理和控制的基本方法。

1) CAC

CAC 是网络在呼叫建立阶段执行的操作，用以接受或拒绝一个 ATM 连接。用户在呼叫时，需要将自己的业务流特性和参数以及要求的服务质量告知网络，网络根据资源被占用情况和用户提供的信息，在不降低已建立连接的服务质量的前提下，决定是否接纳这个呼叫。描述业务流量的参数有：峰值信元速率(PCR：Peak Cell Rate)、平均信元速率(SCR：Sustainable Cell Rate)、突发度(Burstiness)、峰值持续时间(Peak Duration)等。

连接所涉及的 QoS 参数有呼叫控制参数和信元转移参数。呼叫控制参数包括连接建立时间、连接释放时间、呼叫阻塞概率等；信元转移参数包括误码率(CER：Cell Error Ratio)、信元丢失率(CLR：Cell Loss Ratio)、信元转移时延(CTD：Cell Transfer Delay)、信元时延变化(CDV)等。

2) 用法参数控制和网络参数控制

用法参数控制(UPC：Usage Parameter Control)和网络参数控制(NPC：Network Parameter Control)分别在 UNI 和 NNI 上进行，它们是通信过程中网络执行的一系列操作。ATM 网络在接纳呼叫入网后，为该呼叫分配了一定的带宽。该带宽是所有连接共享的，加上各个业务速率变化很大，因此实际入网的业务流量可能超过分配的带宽。于是 ATM 网需要对业务流量进行监视和控制，保证业务流特性和网络分配的带宽相一致。常用流量控制算法包括漏桶算法和跳变窗技术。

2. 附加的流量控制功能

附加的流量控制功能有优先级控制(CLP Control)、业务流整形(TS：Traffic Shaping)、网络资源管理(NRM：Network Resource Management)、反馈控制(FC：Feedback Control)及其组合等，可以补充 CAC 和 UPC/NPC 的功能。

1) 优先级控制

当一个 ATM 连接用户要求使用 CLP 功能时，网络资源被分配给 CLP=0(高优先级)和 CLP=1(低优先级)的业务流。通过对这两种不同业务流的控制，分配足够的资源并做出适当的路由选择，网络可以提供两种 QoS 类型。

如果网络侧选用优先级控制功能，那么在 CLP=0 业务流上由 UPC/NPC 控制识别出的不一致的信元被转换成 CLP=1 的信元，并与原 CLP=1 的业务流合并。对已合并的 CLP=1 的业务流，由 UPC/NPC 将不一致的信元丢掉。

2) 业务流整形

根据排队理论，一个排队系统的服务性能不仅与服务时间分布、服务规则、缓存器长度有关，还与顾客到达的分布密度有关。在其他系统参数固定的情况下，顾客到达的统计特性越平滑，服务质量越好。在 ATM 网络中，业务流是高度突发的，其业务速率变化很大。因此，如果能适当地改善业务流进入网络的统计特性，无疑会改善业务的服务质量，业务流整形就是要完成这样的功能。

可见业务流整形是一种机制，它能改变一个 VCC 或 VPC 上信元流的业务流量，使得业务流穿过 UNI 或 NNI 时与用户网络或网络内要求的流量保持一致，最大程度地提高 ATM 网络的带宽利用率。业务流整形控制必须保证 ATM 连接的信元顺序完整性。

3) 网络资源管理

ATM 网络节点中最重要的资源是缓冲空间和中继线带宽。简化中继线带宽管理的一种方法是利用虚通道 VP。由于 VP 包含多个 VC，VP 信元只在 VPI 部分的基础上进行中继。如果网络中的每个节点都是通过 VPC 相连的，那么在 CAC 决策中只需考虑可利用的 VPC 带宽。VPC 可将多个 VCC 作为一个整体进行管理，这比管理单个 VCC 要容易得多。

两种带宽管理和资源缓冲的方法是：带宽预留和缓冲器预留。带宽预留是在端到端路由的每个中间节点上，逐节点申请预留带宽。所有中间节点带宽预留成功，并给出证实响应后，才可传送业务。

对中间节点的缓存器资源管理是通过确保整个突发能够在节点缓冲，进而保证整个突发不被丢失。当每个突发到达节点时，节点检测和比较信元所要求的缓冲器(REQ BUF)长度和可利用的缓冲器空间。如果请求的缓冲器长度大于可利用的缓冲器空间，则不受理整个突发；反之，受理整个突发。

4) 反馈控制

反馈控制是网络和用户所采取的一套操作，这套操作根据网络单元的状态来调节 ATM 连接的业务流量，反馈控制过程与业务类型有关。反馈控制的方法有前向拥塞通知(FCN：Forward Congestion Notification)和反向拥塞通知(BCN：Backward Congestion Notification) 两种。

7.4.3　拥塞控制技术

拥塞是一种非正常状态，在拥塞发生时，用户提供给网络的负载接近或超过了网络的设计极限，从而不能保证用户所需的服务质量(QoS)，这种现象是由于网络资源受限或突然出现故障所致。造成 ATM 网络拥塞的资源一般包括交换机输入/输出端口、缓冲器、传输链路、ATM 适配层处理器和呼叫接纳控制(CAC)器等，发生拥塞的资源也称为瓶颈或拥塞点。

拥塞发生时的直接影响是服务质量严重下降。如图 7.24 所示的拥塞区域和崩溃示例显示：当提供的负载增加到轻度拥塞区间，网络实际承载的负载因受限于带宽和缓冲资源而到达最大值；当负载继续增加到严重拥塞区间，网络承载的负载因丢失或超长时延而引起重传，造成网络性能严重下降。网络负载在严重拥塞区间的下降程度被称为拥塞崩溃现象。

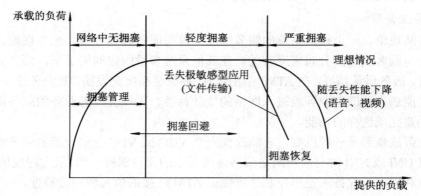

图 7.24　拥塞区域和崩溃示例

ATM 网络既要处理由于大于系统处理能力的通信量而引起的长期拥塞，又要处理由于突发性传输而引起的短期拥塞。理想的拥塞控制(Congestion Control)机制是：在不发生拥塞的情况下，使网络负载增加到瓶颈资源的边缘并维持不变，从而最大限度地利用网络资源。

根据拥塞程度不同，拥塞控制包括三个层次：拥塞管理、拥塞回避和拥塞恢复。

(1) 在非拥塞区域，拥塞管理的目的是确保网络负载不进入拥塞区域。这种控制策略包括资源分配、废弃型 UPC、完全预约或绝对保证的 CAC 等。

(2) 拥塞回避是一种实时的控制机制，它能够在网络过载期间避免拥塞和从拥塞中恢复。例如，某些节点或链路出现故障时，便需要这种机制。拥塞回避程序通常工作在非拥塞区域和轻度拥塞区域之间，或整个轻度拥塞区域内。拥塞回避机制包括前向拥塞通知(ECN)、UPC、过预约 CAC、阻塞式 CAC 和基于窗速率信誉的流量控制。

(3) 拥塞恢复程序可以避免降低网络已向用户承诺的业务质量。当网络因拥塞而开始经受严重的丢失或急剧增加时延时，启动拥塞恢复程序。拥塞恢复包括选择性信元废弃、UPC 参数的动态设置、严重丢失驱动的反馈或断连(Disconnect)等。

总之，流量控制使网络工作在正常服务范围内，能获得更高的网络效率；拥塞控制通过降低网络效率或 QoS 以确保拥塞不会发生。流量控制和拥塞控制功能概要如图 7.25 所示。

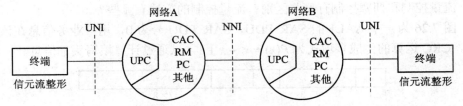

图 7.25　流量控制和拥塞控制功能概要

本 章 小 结

ATM 是"异步传输模式"(Asynchronous Transfer Mode)的简称。它是 20 世纪 70 年代末和 80 年代初为实现 B-ISDN 开发的一种信元交换技术。信元具有短小定长、易于实现高速转发的特点，在 90 年代中后期兴起。ATM 的初衷是提供一种统一的数字化网络，实现 B-ISDN 的承载现有全部和将来可能的一切业务的构想。

ATM 在设计上吸取了分组交换信道利用率高、电路交换实时性强的两种技术优点，综合优化，取长补短，在资源利用和服务质量上获取了双赢。

ATM 从应用角度出发，力求完美，包揽一切，结果是自己本身变得复杂，没有达到预期目标，但在广域网和局域网主干层以其良好的服务质量，为 IP 的推广铺平了道路。

ATM 支持 IP，很好地弥补了 IP 网络的服务质量的缺陷。目前，ATM 支持 IP 的方法有叠加模式和集成模式。叠加模式是将 IP 直接放置在 ATM 层上面，需要将 IP 地址解析成 ATM 地址，利用 ATM 实现单跳远程传送，典型应用有局域网仿真 LANE、基于 ATM 的多协议 MOAP 等；集成模式是去除 ATM 信令，利用 IP 的路由直接控制 ATM 交换机构，发挥 IP 路由的灵活性与 ATM 交换的高效性，典型应用有 IP SWITCH、MPLS 等技术。

ATM 采用信令技术实现基于 VPI/VCI 标签的面向连接的虚电路服务，定长分组异步时分复用，具备电路交换的实时性和分组交换的信道利用率的优点；标签具有短小定长、硬件转发、局部有效、高效映射等特点。

ATM 尽管存在信元首部开销过大、技术复杂、价格昂贵等缺点，但其高速转发、提供综合业务的能力、良好的服务质量保证等优点为当今信息时代基于 IP 的种种业务提供了令人满意的服务。

复 习 题

1. 什么是 ATM 网络？简述它的特点。
2. ATM 参考模型包括哪些部分？各部分功能是什么？
3. 什么是 VP 和 VC？它们的关系和功能各是什么？
4. 简述 ATM 信元的格式及各部分的功能。
5. AAL 层的作用是什么？分为哪几类？每类的特征是什么？
6. ATM 网络为什么要进行流量控制和拥塞控制？
7. 流量控制和拥塞控制有哪些区别？流量控制的方法有哪些？
8. 图 7.26 为一个 AAL1 的 SAR-PDU，SAR-PDU 号为 0，用户业务信息在该段无结构信息，CRC 运算的生成多项式为 $P(x) = x^3 + x + 1$，试通过计算填写头部信息。

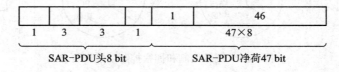

图 7.26

第 8 章

综合业务数字网及智能网

随着社会的发展，人们对通信业务的需求剧增，传统的一种网络提供一种业务的通信方式已逐渐显得力不从心。因此，一种由单一的网络提供综合通信业务的解决方案被提出。1972 年，ITU-T(原 CCITT)在 G.702 建议中首次提出将数据、话音、视频等多种信息综合在一个网络中的构想，即建立综合业务数字网(ISDN)。本章主要介绍 ISDN 的基本概念、体系结构、接口性能、网络功能以及推广与发展 ISDN 的基本方法。

8.1 ISDN 的基本概念

8.1.1 ISDN 的发展背景

1972 年，原 CCITT 首次提出了综合业务数字网的概念，人们预言它将成为网络主流；1980 年，CCITT Ⅰ系列建议对 ISDN 进行了明确定义；1984 年，CCITT 正式公布了关于 ISDN 的Ⅰ系列建议书；1988 年，CCITT 又对Ⅰ系列建议书进行了大量的补充和修订。

自 1984 年起，一些发达国家，如日本、德国、英国、法国和美国等先后建立了 ISDN 实验网，并于 1988 年部分地实现了商用化，开始提供 ISDN 商用业务。近年来，随着 Internet 的发展，一度受冷落的 ISDN 作为一种用户接入技术又重新投入了使用。

ISDN 逐渐发展壮大，廉价的终端设备，低成本、高带宽的 Internet 接入，使它越来越受欢迎。电信局称 ISDN 为"一线通"，通过几个标准多用途用户网络接口，一个网络可同时实现语音、视频、数据等多种业务的通信解决方案。经过 20 多年在全球的推广，ISDN 已经成为一种技术成熟、标准统一的电信服务。业界认定的 ISDN 推广规划是：在电话网实现 IDN 的基础上，研究开发标准化的多用途用户网络接口，解决各种用户接入 ISDN 和各种通信网与 ISDN 互通的问题，提供多业务综合交换，实现由单一业务向综合业务过渡，逐步实现 N-ISDN；然后引入宽带业务，利用宽带数字交换与传输技术，逐步实现 N-ISDN 向 B-ISDN 的过渡。

8.1.2 ISDN 的定义

CCITT 对 ISDN 的定义是："ISDN 由电话综合数字网(IDN)演变而成，可提供端到端的数字连接，以支持一系列广泛的业务(包括话音和非话业务)，它为用户进网提供一组有限的标准多用途的用户—网络接口。"

图 8.1 描述了 IDN 的基本结构，由图可见，IDN 的传输和交换都是数字化的，在 IDN 网络中对任意两个用户终端设备之间的通信都提供端局到端局之间的数字连接，它并不涉及用户终端设备到端局用户接口之间的线路设施。

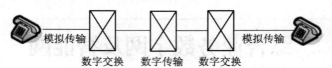

模拟传输　　　　　　　　　　　　　　　　　　模拟传输

数字交换　　数字传输　　数字交换

图 8.1　IDN 网络示意图

IDN 主要提供电话业务。20 世纪 70 年代后期，各种非话业务需求激增，传真(Fax)、用户电报(Telex)、智能用户电报(Teletex)、可视图文(Videotex)、数据通信(Data Communication)、遥控和遥测(Telemetry & Telecontrol)、可视电话(Videophone)、电视会议(Videoconference)等各种新业务的出现，形成了不同的业务通过相应的通信网来提供的局面，这种局面的弊端是重复建设，投资大，不利于维护和运营，用户接入网络的设施复杂。ISDN 的推出，很好地解决了这种问题。

ISDN 的构想是将多种信息业务的传输和交换综合在一个网络内，向用户提供一组标准的用户—网络接口(UNI)，用户只需提出一次申请，使用一条用户线就可将多种业务终端接入网内，按统一的规程进行通信，实现业务的综合。需要明确的是，基于 IDN 构建的 ISDN 虽然能够提供综合业务，但一般最高速率不超过 2.048 Mb/s。ISDN 不是一个新建的网络，而是在电话 IDN 的基础上改进形成的。传输线路仍然采用电话线路，ISDN 交换机是在 IDN 的程控交换机上增加几个功能模块，并对用户—网络接口处加以改进或更新。

从 ISDN 的定义可以看出，它有以下四个基本特性：

(1) 以电话网、IDN 为基础发展而成。

(2) 支持端到端(End-to-End)的数字连接：端到端数字连接是指主叫用户终端与被叫用户终端之间传输的都是数字信号。IDN 实际上实现了发端局至收端局之间的数字化，在用户环路仍采用模拟传输，而在 ISDN 网络中，将数字化延伸到用户终端设备，提供端到端的数字连接，实现高效的数字通信。

(3) 支持话音和各种非话通信业务：ISDN 支持话音、数据、文字、图像等各种业务，任何形式的原始信号，只要能够转变成数字信号，都可以利用 ISDN 进行传送和交换，实现用户之间的通信。ISDN 的业务不仅覆盖了现有各种通信网的全部业务，而且包括了多种多样的新型业务。

(4) 提供一组标准的用户—网络接口，使用户接入 ISDN 具有互移性和灵活性。

8.2　ISDN 的结构

8.2.1　网络结构

ITU-T 在 I.300 建议中对 ISDN 网络的结构进行了描述，其基本结构如图 8.2 所示。由此图可以看出，ISDN 网络由用户—网络接口、网络功能以及 ISDN 的信令系统等所构成。

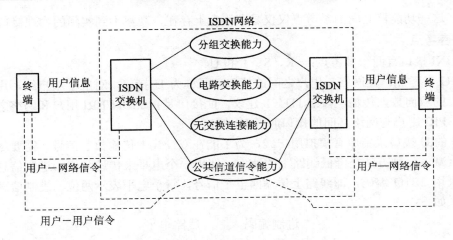

图 8.2　ISDN 的基本结构

ISDN 具有多种能力，用以承载不同业务，包括电路交换能力、分组交换能力、无交换连接能力以及公共信道信令能力。一般情况下，ISDN 网络只提供一到三层功能。当一些增值服务需要网络内部高层功能时，这些高层功能可以在 ISDN 内部提供，也可以由单独的服务中心提供。

ISDN 具有三种信令能力：用户—网络信令、网络内部信令以及用户—用户信令。三种信令各自工作范围不同：用户—网络信令是用户终端设备与网络之间的控制信号；网络内部信令是交换机之间的控制信号；用户—用户信令透明地穿过网络，在用户之间传送，是用户设备之间的控制信号。ISDN 的全部信令都采用公共信道信令方式传送，所以，在用户—网络接口以及网络内部，都采用单独的信令信道，和用户信息完全分开传送。

8.2.2　UNI 接口

ISDN UNI 接口的参考配置如图 8.3 所示,它是 ITU-T 对用户—网络接口进行标准化而建立的一种抽象的接口安排，它给出了需要标准化的参考点和功能群。

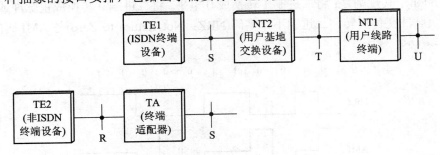

图 8.3　ISDN UNI 参考配置

（1）功能群(Functional Group)：图 8.3 中的方框表示功能群，它是 ISDN 用户—网络接口上可能需要的各种功能组合和安排，实际当中，若干个功能可能由一个设备来完成。

（2）参考点(Reference Point)：图 8.3 中的十字叉表示参考点，是用来分割功能群的概念性的参照点，它可以是用户接入中各设备之间的物理接口。当多个功能群合在一个设备中实现时，这些功能群之间的参考点仅仅是在概念上存在，观察不到实际的物理接口。

1. 参考点

在 UNI 接口有四个参考点：R、S、T 和 U。

(1) U 参考点：是网络与用户之间的接口，又称为 U 接口，对应于用户线，用于描述用户线上的双向数据传输。按照 ITU-T 建议，U 接口是指 ISDN BRI 用户和网络之间的线路接口，PRI 用户与网络之间的接口叫做 E1 接口。

BRI 的 U 接口采用原有模拟用户线，为了能在双绞线上传输数字信号，需要尽可能降低传输衰减，一种方法是降低线路上的速率，即用一个电平来传递两位二进制信息，我国 U 接口采用 2B1Q 编码，即线路上传输四电平信号，每个电平表示两位二进制信息。具体编码关系如下：

二进制编码	线路电平
1　　0	+3
1　　1	+1
0　　1	−1
0　　0	−3

这种四进制调制将线路速率降低了一半，减少了传输损耗。采用 2B1Q 编码，线路速率降到 80 kb/s，对应信息带宽为 160 kb/s：2 B 信道 = 128 kb/s，D 信道 = 16 kb/s，开销 = 16 kb/s。

(2) T 参考点：是 NT1 与 NT2 之间的线路接口，又称为 T 接口。T 参考点是用户设施与网络的分界点，T 右侧归网络运营者所有，左侧归用户所有。ITU-T 制定的 T 接口和 S 接口的规范相同。

(3) S 参考点：是 TE1(或者 TA)与网络终端 NT 之间的接口，又称为 S 接口。它将用户终端设备和与网络有关的功能分开，是标准 ISDN 终端入网的接口(如标准 ISDN 终端、ISDN 适配器、数字电话机、数字传真机等)。

在 NT2 不存在时，S、T 合并为 S/T 参考点，又称为 S/T 接口。

S/T 接口采用四线数字传输，伪三进制编码，又称为极性交替反转码(AMI：Alternative Mark Inversion)，其规则是：将二进制 1 转换成 0 电平，将二进制 0 转换成正脉冲或负脉冲，前后的正负脉冲交替反转。二进制不归零码(NRZ：Not Return to Zero)与 AMI 码的对应关系如图 8.4 所示。

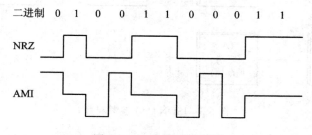

图 8.4　AMI 编码波形图

图 8.5 是 BRI 接口 S/T 参考点 RJ45 水晶头的标准连线结构。由图可见，该接口通常连接四根线，其中 3、6 引脚为 TE—NT 的发送口，4、5 引脚为 NT—TE 的接收口，由电源 1 向 TE 供电。

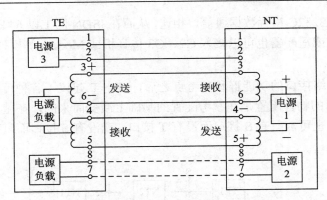

图 8.5　BRI 接口 S/T 参考点连线标准

(4) R 参考点：是非标准 ISDN 终端的接口，又称为 R 接口，位于 TA 和 TE2 之间。非标准 ISDN 终端通过适配器接入 ISDN(如 PC 的 RS-232、X.25 接口等)。

T 和 S 参考点是承载业务的接入点，R 参考点使非标准 ISDN 终端能够经过终端适配器接入 ISDN 的承载业务接入点。

2. 功能群

TE1：标准 ISDN 终端。TE1 以四线数字链路连接到 ISDN，线路传输采用 AMI 编码。

TE2：非标准 ISDN 终端，经 TA 连接到 ISDN。如 IBM 3270 终端、HP SUN 工作站、用户电报机等。

TA：终端适配器，用于非 ISDN 终端接入 ISDN 线路的一种设备。TA 在用户侧通常使用 EIA-232-E 或 V 系列规范的常规物理层接口。

NT2：智能设备。如一个 PBX 或局域网，支持分组交换，包含下三层协议功能，可执行集线、复用和交换功能，例如将 30 个 B 信道信号复用成一个 30B + D、总速率为 2.048 Mb/s 的基群速率。NT1 和 NT2 可以结合成单个设备，称做 NT12，以执行物理、数据链路和网络层的功能。

NT1：网络终端 1，把四线用户线路连接到常规的二线本地回路，由 ISDN 提供者控制，形成网络边界，起到隔离用户本地回路，执行物理层功能。NT1 的特性有两方面，一是可完成 ISDN 用户端物理和电器连接功能，对应于 OSI 第 1 层；二是可进行 2/4 转换、码型调整、信令同步和定时、回波抑制与均衡、多个 2B + D 复用以及寻址多达 8 个终端设备。NT1 的功能是为用户提供物理接口，可以支持多点连接。例如，住户接口可能包括一部电话、个人计算机和报警系统，所有这些都可以通过一条多点线路复接到单个 NT1 接口。

TA：非标准 ISDN 终端 TE2 接入 ISDN 网络的标准接口。通过速率适配和协议转换，使现有非标准 ISDN 终端(如模拟话机、G3 传真机、Modem、PC)能够在 ISDN 上运行，为用户在现有终端上提供 ISDN 业务。它有内置式和外置式两种。内置式适配器直接插入计算机 ISA 或 PCI 插槽，通过 S/T 接口接入 ISDN，可以与任何 Internet 业务提供者以及支持 TCP/IP 的局域网进行通信；可提供外接模拟口供普通模拟话机进行 ISDN 话音通信，也可仿真 Modem 与普通 Modem 通信，模拟 G2、G3 传真机发传真。外置式适配器提供一个标准模拟电话接口、一个 RS 232C 串行数据通信口(或 V.24 数据口)及独立的电源。计算机与外置式适配器的 RS232C 串行数据通信口相连,从而在 ISDN 网上以 64 kb/s 或 12 kb/s 的速率传送数据。外配或适配器也可以接入 G2、G3 传真机或 Modem 等模拟设备。

3. 接入配置

定义了用户网络接口的功能群和参考点之后,ITU-T 建议了各种可能的物理配置,如图 8.6 所示。实际的物理配置是在参考配置的基础上演变而来的,在用户驻地可能会同时出现 S 和 T 接口,也可能只有 S 接口而没有 T 接口,或没有 S 接口而只有 T 接口,还可能 S 和 T 重合。

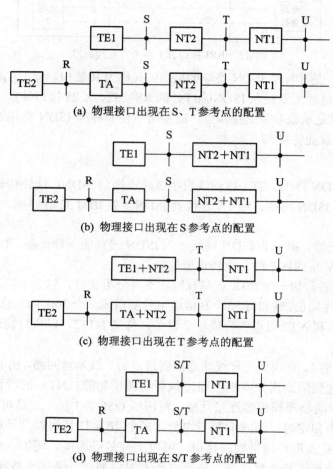

(a) 物理接口出现在S、T参考点的配置

(b) 物理接口出现在S参考点的配置

(c) 物理接口出现在T参考点的配置

(d) 物理接口出现在S/T参考点的配置

图 8.6　UNI 接口物理配置

图 8.6(a)是第一种配置,一个或多个设备对应于一个功能群,每一个参考点都对应一个实际的物理接口,和参考配置相同。

图 8.6(b)是第二种配置,只有 S 接口,没有 T 接口,原因是 NT1 与 NT2 合并了。例如,在美国,NT1 不由 ISDN 运营商提供,而由用户设备厂家竞争,这样,制造 LAN、PBX 等设备的厂家就会将 NT1 的功能综合到自己设备中,因此 NT1、NT2 合并,T 消失。

图 8.6(c)是第三种配置,没有 S 接口,只有 T 接口。一种是 NT2 和 TE 合并。例如一个多用户计算机系统,主机在支持终端操作的同时,还通过 T 接口连到 ISDN,使每个终

端都能对外通信；另一种情况是 NT2 和 TA 合并。例如一个 PBX 或 LAN，一方面以某种非 ISDN 接口(如以太网接口)支持各种终端的接入，另一方面还通过 T 接口与 ISDN 相连。

图 8.6(d)是第三种配置，S 和 T 重合在一起，不存在 NT2，TE1 或 TE2 + TA 直接连接到 NT1。这种配置表明了 ISDN 接口的高度兼容性，一个 ISDN 终端设备可以直接连到用户线的终结设备 NT1，也可以连到 PBX 和 LAN，而并不做任何接口的改变，从而保障了 ISDN 用户终端设备的可移动性。

图 8.6 所示的实际配置表明：一个给定的 ISDN 功能可以用不同方法实现，不同的 ISDN 功能可以综合到同一设备中。例如 NT1 和 NT2，第一种配置中，两种功能分别由不同设备实现；第二种配置中，两种功能由一台设备提供；第三种配置中，将 NT2 与 TE 或 TA 合并到一台设备上，说明某种情况下 NT2 可以不用。

4．信道结构

ISDN 的 UNI 接口向用户提供的信道有以下类型：

(1) B 信道：用来传送用户信息，传输速率为 64 kb/s，可以建立三种类型的连接，分别为电路交换连接、分组交换连接和半固定连接。

(2) D 信道：速率是 16 kb/s 或 64 kb/s，它有两个用途。第一，它可以传送公共信道信令，这些信令用来控制同一接口上的 B 信道上的呼叫；第二，当没有信令信息需要传送时，D 信道可用来传送分组数据或低速的遥控、遥测数据。

(3) H 信道：用来传送高速的用户信息。H 信道有以下三种标准速率：

① H_0 信道：384 kb/s；

② H_{11} 信道：1536 kb/s；

③ H_{12} 信道：1920 kb/s。

ISDN 将以上信道组合成一种固定的传输结构，称为标准的用户—网络接口，ISDN 终端设备通过标准的 UNI 接口接入网络。N-ISDN 有以下两种不同速率的接口：

(1) 基本速率接口(BRI)：由两个 64 kb/s 的 B 信道和一个 16 kb/s 的 D 信道组成，通常称为 2B + D。

(2) 基群速率接口(PRI)：有两种速率，E1 接口为 2048 kb/s，提供 30 个 64 kb/s 的 B 信道和一个 64 kb/s 的 D 信道，通常称为 30B + D，中国和欧洲采用这种接口；T1 接口为 1544 kb/s，提供 23 个 64 kb/s 的 B 信道和一个 64 kb/s 的 D 信道，通常称为 23B + D，北美、日本采用这种接口。

5．ISDN 的地址结构

ISDN 是由电话网发展而来的，因此它的编号计划应和现有电话网的编号方案相兼容。一种好的编号计划既有利于网络扩展，也有利于使用和记忆，对通信有着举足轻重的意义。ITU-T 的 I.330/I.331 对 ISDN 的编号计划进行了规范设计，这种计划具有以下特点：

(1) ISDN 以 PSTN 编号计划为基础，将 E.163 建议所规定的电话网国家号码作为 ISDN 国家号码，因为 ISDN 的规模和设备类型都超过电话网，对 E.163 的 12 位号码要进行扩展。

(2) ISDN 编号与连接类型及连接性能无关。

(3) ISDN 编号采用十进制数字。

(4) ISDN 网络之间互通只需经 ISDN 号码即可实现。

在 ISDN 中，地址和号码是不同的两个概念。ISDN 号码与 ISDN 网络及编号方案有关，它包含的信息可以使网络确定呼叫路由。ISDN 号码对应于用户接入 ISDN 的 T 参考点。ISDN 地址由 ISDN 号码和附加的寻址信息所组成。这个寻址信息并不是用来确定呼叫路由，而是用来使用户将呼叫分配到合适的终端的。图 8.7 很好地描述了号码和地址的关系，多个终端连到 NT2 上，NT2 作为一个整体，只有一个 ISDN 号码，而每一个终端具有不同的 ISDN 地址。另一种解释是一个 ISDN 号码对应一个 D 信道，该 D 信道为一群用户设备提供公共信道信令，而每一个用户设备具有一个 ISDN 地址。

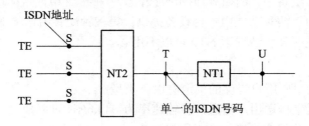

图 8.7　ISDN 地址和号码的关系示意图

图 8.8 给出了 ISDN 的地址结构，它由以下四部分组成：

(1) 国家号码(CC：Country Code)。CC 表示用户所在的国家(或地区)，由 1～3 位十进制数字构成。CC 由 E.163 建议规范，与电话号码的国家号码相同。例如，美国为"1"，中国为"86"，日本为"81"，等等。

(2) 国内终点号码(NDC：National Destination Code)。NDC 用于标识用户在国内所处的位置。若一个国家有多个 ISDN 网络或多个公用电话网，NDC 可以标识用户所在的 ISDN 网络；NDC 也可以是国内不同地区号码，标识用户所在的城市或地区；NDC 也可以是以上两种功能的组合，即用来区分网络，标识地理位置。NDC 长度可变，编码由国家自己确定。在中国，地区码由 1～4 位组成，如北京是"1"，上海是"21"，西安是"29"，南京是"25"，等等。

(3) ISDN 用户号码(SN：Subscriber Number)。SN 用来在一个网和地区识别具体用户，其长度可变，编号由各国自己规定。

(4) ISDN 子地址(Subaddress)。ISDN 子地址是附加的地址信息，供被叫用户选择具体的终端，子地址可以用来表示业务类别、终端类别或单个终端，网络对这部分信息不做任何处理。子地址虽然不包含在国家的编号计划内，但它使 ISDN 提供了附加寻址能力。子地址长度可变，最长不超过 40 位。

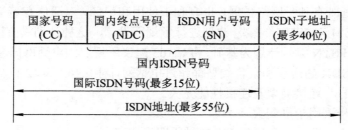

图 8.8　ISDN 的地址结构

8.3 ISDN 的协议

ISDN 协议是 ISDN 的各种设备在通信过程中所遵循的一系列规则。协议也叫规程，是两个或多个通信实体在相互通信时必须遵循的一系列规则。ISDN 采用了公共信道信令方式，用户信息和信令信息分别在不同的信道传送，所以遵循的协议也不同。另外，由于 ISDN 支持多样化业务，使得 ISDN 协议比一般通信网协议要复杂一些。ISDN 协议包括两个部分：用户—网络接口协议和网络内部协议。

8.3.1 ISDN 协议模型

ITU-T 在 I.320 建议中为 ISDN 设计的协议栈模型结构如图 8.9 所示。该模型基于 OSI，呈立体结构，表示了一个 ISDN 终端或网络节点应具有的全部协议。模型由三个平面组成，分别对应三种不同类型的信息。

(1) 控制平面 C：是关于控制信令的协议，共分七层，覆盖了所有对呼叫和网络性能的控制。

(2) 用户平面 U：是关于用户信息的协议，也分七层，覆盖了在用户信息传送的信道上实行数据交换的全部规则。

(3) 管理平面 M：不分层，是关于终端或 ISDN 节点内部操作功能的规则。

在这个结构中，C 与 U 可以通过原语和 M 进行通信，由 M 中的管理实体来协调 C 和 U 之间的动作，C 和 U 之间不直接通信。

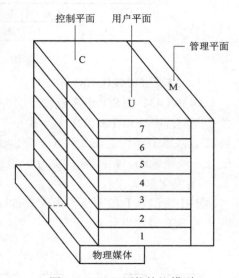

图 8.9 ISDN 网络协议模型

该模型较好地描述了 ISDN 中多种功能同时存在的情况，又解决了不同协议之间相互关联的关系。

8.3.2 用户—网络接口协议

ISDN 用户—网络接口(UNI)协议结构如图 8.10 所示。在 UNI 接口中有两种信道：D 信道和 B 信道。每个信道可以传送不同信息，而每种信道传送信息都可以使用不同的协议，网络一般只涉及 1~3 层协议，因为高层(4~7 层)协议一般都是端到端的交换规程，与网络无关。

在第一层，因为 B 信道和 D 信道复用在同一个物理媒体上，所以使用相同的协议：在 BRI 接口，2B + D 中三个信道共同使用 I.430 协议；在 PRI 接口，30B + D 中 31 个信道共同使用 I.431 协议。

从第二层向上，B 信道和 D 信道分别使用不同的协议。在 D 信道中，第二层协议是 I.441(即 Q.921)，这是一种新的数据链路层标准，专门为 ISDN 的 D 信道设计，也叫做 D

信道链路接入规程(LAPD：Link Access Protocol D channel)；第三层协议与 D 信道传送的信息种类有关，呼叫控制信令协议是 I.451(Q.931)，分组数据使用 X.25 分组级协议，其他业务有待研究。在 B 信道，支持分组交换业务时第二层是 LAPB 协议，第三层是 X.25 分组级协议；支持电路交换时，二层以上是空的。

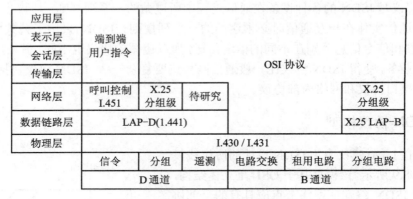

应用层	端到端用户指令			OSI 协议		
表示层						
会话层						
传输层						
网络层	呼叫控制 I.451	X.25 分组级	待研究			X.25 分组级
数据链路层	LAP-D(I.441)					X.25 LAP-B
物理层	I.430 / I.431					
	信令	分组	遥测	电路交换	租用电路	分组电路
	D 通道			B 通道		

图 8.10　用户—网络接口协议结构

1. 物理层协议(I.430/ I.431)

I.430/I.431 是 S/T 参考点物理层协议，I.430 是关于基本速率接口(BRI)的协议，I.431 是关于基群速率接口(PRI)的协议。由于 I.431 和 PCM 系统的协议十分相似(部分地引入了 PCM 协议)，故本节不作介绍，重点介绍 I.430 协议。I.430 协议定义了 BRI 接口 S/T 参考点的参考配置、线路编码、帧结构、帧同步、D 信道竞争、信道激活等内容。下面介绍这些内容。

1) 参考配置

BRI 接口 S/T 参考点参考配置如图 8.11 所示。TE 为用户终端设备，NT 为网络终端，两者被 S/T 参考点分开。

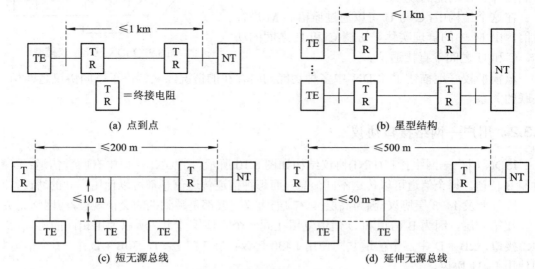

(a) 点到点　　　(b) 星型结构　　　(c) 短无源总线　　　(d) 延伸无源总线

图 8.11　S/T 接口的参考配置

图 8.11(a)为点对点结构，只有一个 TE；链接到 NT，最远距离为 1 km(0.6 mm 线径)，这是由于线路衰减的限制，为了使信号正常传输，要求在 96 kHz 处的传输衰减小于 6 dB。

图 8.11(b)为星型结构，每个 TE 都以点到点接到 NT，最远距离为 1 km。

图 8.11(c)为短无源总线结构，一组 TE 以总线方式接到 NT，每个 TE 可以在总线的任一位置接入。这种方式的传输距离比点对点方式要小得多，原因是每个 TE 接入总线都会带来损耗和失真，不同 TE 到 NT 的距离不同，传送到 NT 的脉冲的时延也不同，给 NT 中接收器的同步带来困难。因此限制线路上时延小于 2 μs，相当于将总线长度限制在 100～200 m。由于每个 TE 接入总线时都会附加衰耗和时延，因此，将总线上 TE 的最大数量限制为 8 个，TE 到总线之间的连线长度限制在 10 m 之内。

图 8.11(d)为延伸无源总线结构，将所有 TE 都集中在总线一端的小范围以内(25～50 m)，以便使 NT 到 TE 之间的时延差仍小于 2 μs；考虑传输损耗，限制总线长度小于 500 m，TE 个数最多为 4 个。

通常，短无源总线方式适合于小型办公机构或家庭使用，延伸无源总线及点到点的方式则适合于大公司、写字楼等。

2) 线路编码

NT 和 TE 之间的传输距离较短，一般在 1 km 以内，因此 S/T 参考点采用四线传输，以降低设备的复杂性。I.430 建议在 S/T 参考点采用伪三进制编码(Pseudo Ternary Code)，即用线路的零电平标示二进制"1"，正负交替的脉冲表示二进制"0"，采用了三电平(+，0，－)来表示二进制数，S/T 接口两个方向上都采用这种编码。

线路编码方式的优点是：克服了 NRZ 码连 0 或连 1 过多时，难以实现收发同步的缺点；同时不含直流分量，传输损耗低；所占用的线路带宽较窄；具有一定的自检能力。其缺点是采用了三种电平表示二进制值，编码效率较低，这正是这种编码方式为克服 NRZ 码的缺点所付出的代价。

当几个终端同时传送信号时，总线上的信号是各个终端产生信号的叠加，NT 的判决门限是相"与"运算，当几个终端同时传送 1 时判为 1，同时传送信号中有 0 就判为 0。但是保证同时传送 0 的终端传送的脉冲极性必须相同，否则，传来的 0 信号脉冲极性相反，必相互抵消，就会被 NT 判为 1。当终端没有信息发送时，就向信道上发送二进制 1，以免干扰其他终端向该信道发送数据。

3) 帧结构

在 BRI 接口 S/T 参考点上的信号帧结构如图 8.12 所示。由此图可见，接口上有三个信道，即两个 B 信道和一个 D 信道，它们以同步时分方式复用在同一条物理线路上，组成固定长度的帧，按照一定周期重复发送。

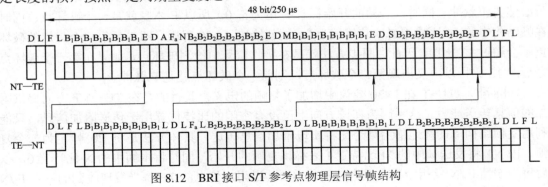

图 8.12　BRI 接口 S/T 参考点物理层信号帧结构

由图 8.12 可见，两个方向上的帧稍有不同，NT—TE 方向的帧比 TE—NT 方向的帧提前 2 bit，图中标出了每个比特可能出现的脉冲极性。

　　两个方向的帧长度都为 48 bit，其中 B_1、B_2 各占 16 bit，D 信道占 4 bit，所以 B 信道速率为 16 bit/250 μs = 64 kb/s，D 信道速率为 4 bit/250 μs = 16 kb/s，三个信道总速率为 2×64 kb/s + 16 kb/s = 144 kb/s，这是 BRI 接口上的有效载荷速率；由于帧重复周期为 250 μs，所以 BRI 端口上总速率为 48 bit/250 μs = 192 kb/s。其余 12 bit 是用于同步、定时等功能所附加的控制比特，占用带宽为 12 bit/250 μs = 48 kb/s。这些控制比特的功能如下：

　　F：定帧比特，标志着一帧的开始，恒为正脉冲(正 0)。

　　L：直流平衡比特，保持一帧(或一段)内正负脉冲个数相等，或者说保持一帧(或一段)内 0 的个数为偶数个。其取值规则是从前一个 L 之后计算 0 的个数，若为奇数则 L = 0，若为偶数则 L=1。

　　E：D 信道反射比特，只在 NT—TE 方向的帧内才有。其作用是将 TE—NT 方向的帧中的 D 比特返回给 TE，显然，E 比特数字应与 TE—NT 方向的帧中的 D 比特相同。

　　F_a：辅助定帧比特，其值总是为 0(正或负脉冲)，功能是协助实现帧同步，后面专门介绍。

　　N：辅助定帧比特，只在 NT—TE 方向的帧内出现，N 与 F_a 保持反相关系，所以 N 总是为 1。

　　A：激活比特，当 S/T 接口已经被激活，TE 和 NT 之间进行正常数据传送时，A 的值总是为 1。

　　S：暂时不用，其值为 0。

　　M：复帧定位比特，总是在 NT—TE 方向的帧中出现，供复帧同步用。

　　在 NT—TE 方向，一帧以 F、L 比特构成的正负脉冲对开始，随后的信号中出现的第一个 0 比特数据必须取负 0，这样就构成了对交替反转的破坏点，该破坏点之前的反转脉冲为帧头。帧的最后一个比特是 L，以保证帧的直流平衡。

　　在 TE—NT 方向，帧是由不同终端发送的数据复用合成的，每一个终端都不能确定全帧的直流平衡，因此要求各个信号段各自平衡，同时要求每个信号段的第一个 0 信号必须用负脉冲表示。这样，既保证了全帧的直流平衡，又保证了所有终端在任何时候都以相同极性的脉冲标示 0 信号，实现不同终端传输的信号在总线上逻辑相"与"的运算。破坏点设置与 NT—TE 方向相同。

　　4) 帧同步

　　比特 L 的加入，使帧中正负脉冲的个数相等，保证直流平衡，所以帧中最后一个 0 信号必然为正脉冲，同时，一帧的开始标志 F 恒为正 0，所以 F 本身就是一个破坏点；同时在帧结构中第 14 比特为 F_a，其值恒为 0，这就给出了一个界限，即 F 后第一个最迟的破坏点不会超过 13 比特。因此，同步方法就是在接收信号中检测破坏点，如果在第一个破坏点之后的 13 比特以内又出现第二个破坏点，则前一个破坏点就是 F 脉冲。

　　1988 年，ITU-T 在 I.430 建议中增加了复帧的定义，其目的是在 TE—NT 方向提供附加的信息传送能力。这是因为在该方向上已没有空闲的比特位置用于传送附加信息，只能利用复帧结构周期性地借用某个比特实现附加信息传送。具体方法是将 20 帧定为一个复帧，由 NT 将发送帧中的 M 比特置 1 来标识复帧的开始，同时将本帧中的 N 比特置 0，以后每隔 5 帧 F_a/N 反相一次。在终端侧，需要传送附加信息的 TE 每当发现收到的帧中 F_a/N

反转时，就将 TE—NT 的帧中 F_a 比特填写成 Q 比特，从而在上行帧中增加了 Q 信道，其传输速率是 0.8 kb/s(每 5 帧 1 比特)。

5) D 信道竞争

当 S/T 接口采用总线配置时，会有多个 TE 接到同一总线上，这时，总线上任何一个 TE 在任何时候都可以通过 D 信道向 NT 发送数据，如果有两个或两个以上 TE 同时试图经 D 信道向 NT 发送数据，就产生了接入竞争，因此，D 信道的使用需要有一种机制来解决竞争，即使每个 TE 都有机会占用 D 信道，又使竞争发生时只有一个 TE 能成功将数据发往 D 信道。而 B 信道的情况则不同，网络根据 D 信道中的信令决定将两个 B 信道分配给需要通信的终端使用，也就是说，B 信道的接入没有竞争。

ITU-T 解决 D 信道竞争采用一种叫做载波侦听多路访问/冲突解决(CSMA/CR：Carrier Sense Multiple Access with Collision Resolution)的控制方法。采用这种方法适应了 S/T 接口上的无源总线的特点，又使 NT 比较简单，它和计算机局域网常用的 CSMA/CD 类似。CSMA/CR 的原理如下：

(1) 侦听方式：不发送数据的 TE 向 D 信道送 1，只有所有的 TE 都发送 1，逻辑相与才为 1，反射比特才为 1，只要有一个 TE 向 D 信道发送 0，NT 就收到 0，并在 NT—TE 方向回送帧中令 E = 0。因此，一个欲占用 D 信道发送数据的 TE 在发送前，先要查看 E 比特，若 E = 0，表明 D 信道当前正忙，就不能占用。这种发送前查看 E 比特的过程就是载波侦听。当 E=1 时是否就表明 D 信道空闲呢？回答是：不一定！因为这可能是某终端已经占用了 D 信道，但它此时发送的数据比特是一个 1，而且 D 信道二层为 LAPD 帧，若正好在发送帧标志 F(0x7EH)时，会连续发送 6 个 1，因此，可以连续查看 E 比特，只要连续有 6 个以上的 E=1，就可认为 D 信道空闲。

(2) 占用前提：一个 TE 如果在收到的 E 比特中连续检测到 X 个 1($X > 6$)，则认为 D 信道空闲。对信令取 $X = 8$，对分组业务取 $X = 10$。

(3) 竞争过程：TE 在发送数据过程中，必须将发送的每个比特和收到的下一个 E 比特进行比较，一旦发现发送值和反射值不同，说明还有别的 TE 也在使用 D 信道，该 TE 应立即退出。图 8.13 是 D 信道竞争过程示意图，三个 TE 同时在占用 D 信道，但最终 TE_2 占用成功。

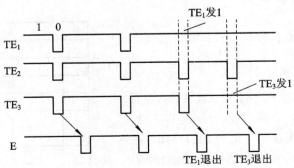

图 8.13　D 信道竞争过程

(4) 优先级控制：大于 8 个连 1，高优先级；大于 10 个连 1，低优先级；每次发送成功后，将窗口加 1，构成 9 和 11，下次不成功时，恢复。

6) 信道激活

I.430 建议规定，S/T 接口的激活与解激活过程是通过 TE 与 NT 之间交换一系列控制信号，来改变 TE 和 NT 的状态，使它们在需要通信时进入工作状态，工作完毕后转入低功耗状态。其目的就是降低 TE 和 NT 的功耗。

第 1 层的激活和解除激活过程由第 2 层通过原语(Primitive)实现，TE 和 NT 的第 1 层和第 2 层之间的原语有：

PH-AR(Activate Request)：激活请求；

PH-AI(Activate Indication)：激活指示；

PH-DI(Deactivate Indication)：解除激活指示。

此外，第 1 层的激活/解激活要受到管理实体的控制。第 1 层和管理实体之间的原语有：

MPH-AI(Activate Indication)：激活指示；

MPH-DR(Deactivate Request)：解除激活请求；

MPH-DI(Deactivate Indication)：解除激活指示；

MPH-EI(Error Indication)：错误指示。

2. 数据链路层

ITU-T 在 I.440/I.441(即 Q.920/Q.921)建议中规定，ISDN 的 UNI 接口链路层在 D 信道采用 LAPD，B 信道分组交换采用 LAPB(分组交换介绍)。这里只介绍 LAPD。

1) LAPD 的功能

LAPD 的主要功能如下：

(1) 帧的分割、同步和透明传送；

(2) D 信道待传信息按格式成帧，收发双方同步，具有透明传送措施；

(3) 同一 D 信道上多个数据链路的复用；

(4) 允许在同一 D 信道上建立多个相互独立的数据链路；

(5) 保持接收帧的顺序和发送顺序的一致；

(6) 检测到传输、格式以及操作等错误时，用重发方式纠正；

(7) 发生不可纠正的错误时，能通知管理实体；

(8) 进行必要的流量控制；

(9) 激活管理。

LAPD 提供两种数据传送方式：非证实传送方式和证实传送方式。

2) LAPD 的帧结构

LAPD 的帧结构由 F、A、C、I、FCS 等五个字段组成，如图 8.14 所示。下面介绍这些字段。

(1) F：帧标志，1 字节，恒为 01111110，在一帧中任何字段不允许出现此结构，以保证帧的透明传送。

(2) A：地址域，1 字节，一个数据链路连接由每帧的 A 字段中的数据链路连接标识 DLCI 识别。LAPD 与 LAPB 的不同之一就在于 LAPD 能

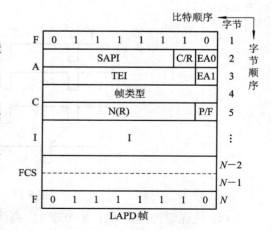

图 8.14　LAPD 帧结构

够支持多个链路连接，即由 DLCI 实现的复用功能。具体来说，DLCI 由 SAPI 和 TEI 组成，用来唯一地识别一个数据链路连接(DLCI = SAPI + TEI)。

· SAPI：服务接入点标识(Service Access Point Identifier)，用来识别不同的第三层实体和管理实体，最多允许有 64 个业务接入点。SAPI 值的分配如表 8.1 所示。

表 8.1　SAPI 值的分配

SAPI	第三层实体和管理实体
0	呼叫控制实体
1	使用 I.451 建议的分组通信实体
16	使用 X.25 第三层协议的分组通信实体
63	第二层管理实体
其他	备用

· TEI：终端端点标识(Terminal End Point Identifier)，用来识别不同的用户终端设备，有时也可能给一个终端分配多个 TEI，但是同一接口上的多个终端设备不能使用相同的 TEI。TEI 值的分配如表 8.2 所示。

表 8.2　TEI 值的分配

TEI	用户类型
0～63	人工分配 TEI 的用户设备
64～126	自动分配 TEI 的用户设备
127	广播

· EA0/1：地址域扩展指示(Expanded Address Field)。EA=0 表示后续仍为地址字节，EA=1 表示地结束。

· C/R：命令/响应(Command/Respond)。图 8.15 表明了 TE 与 NT 所引发的命令/响应操作的区别，TE 发出命令以及 NT 响应的 C/R 均为 0 值，NT 发出命令以及 TE 响应的 C/R 均为 1 值。

图 8.15　命令响应信息的标识

(3) C：控制字段，用于标识帧的类型、功能以及序号等信息。LAPD 定义了三种帧，如图 8.16 所示。

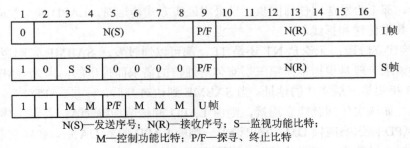

N(S)—发送序号；N(R)—接收序号；S—监视功能比特；
M—控制功能比特；P/F—探寻、终止比特

图 8.16　帧类型及格式

下面以控制字段的标识不同来介绍这三种帧。

① I 帧：信息帧，用来传送用户数据。其 C 段为 2 字节，发端以第一字节最低位为 0 来标识，接收端收到后发现该比特位 0，即当做 I 帧处理；N(S)标识该帧的序号，N(R)表示发送该帧的一方待收对方的帧的序号，这两个序号实际上是捎带传送的流量控制和差错控制信息。

② S 帧：监视帧，专门用于传送控制信息。C 段为 2 字节，S 帧的标识是 C 段最低两位编码为 01，当流量控制信息没有 I 帧可搭载时，就需要专门的 S 帧来传送。第四、第三比特 SS 是 S 帧的监视功能比特；S 帧作为发送用户数据的控制信息，不会连续发送很多，不需要发送序号，只有待收序号。

③ U 帧：未编号帧，用于传送链路控制信息和非证实方式传送用户数据。U 帧的 C 字段只有 1 字节，U 帧的标识是最低两比特编码为 11，其中的 5 个 M 是控制功能比特。

C 字段中的 P/F 表示"探寻/终止"的意思。命令帧中，该比特按 P 解释，要探寻时，令 P = 1；响应帧中，该比特按 F 解释，若 F = 1 则标识该帧是对对方探寻的回答。

(4) I：信息段(Information)，在 I 帧和一些 U 帧中出现，S 帧没有 I 段。I 段中包含的是用户数据，其长度必须是整字节结构，I.441 规定信息段最大长度为 260 字节。

(5) FCS：帧检验序列(Frame Check Sequence)，长度为 16 比特，由发送端根据所需发送的数据内容，按照一定的算法计算而产生。帧传送到接收端后，接收端去掉帧标志并扣 0 处理后的数据块再除以同一生成多项式就能发现错误。FCS 能够检出任何位置上三个比特以内的错误、所有的奇数个错误、16 比特之内的连续错误以及大部分的大量突发错误。

3) LAPD 帧交换过程

在发送端，首先形成要发送的数据(包括 A、C、I 字段)，将这些数据按上述计算方法算出 FCS，放置在 A、C、I 之后，然后进行插 0 处理，即对以上四个字段按序进行寻 1 计数；当发现连续 5 个 1 时在其后插入一个 0 比特，以消除信息流中出现帧标志 0x7EH 结构，即保证帧的透明传送。在接收端收到帧后先去掉 F，接着进行扣 0 处理，然后得到完整的 A、C、I、FCS 数据串，对该数据串进行 CRC 运算检验错误，如果正确，就接收数据，否则就进行错误处理。

LAPD 帧交换过程就是用户终端与网络通过 D 信道传送和交换信息的过程，所交换的帧有 I、U、S 三种类型，每一类型都包含有命令和响应帧，表 8.3 列出了 LAPD 的帧类型。

LAPD 可提供两种信息传送方式：非证实传送方式和证实传送方式。采用非证实方式时，LAPD 工作较为简单，用到的帧只有 UI 帧，UI 到达接收端，LAPD 实体按照 FCS 段内容检验传输错误，若没有错误，就将 I 段信息交付三层实体，否则就将帧丢弃。无论接收正确与否，都不给发送端任何回执。当采用证实方式传送时，LAPD 帧交换有三个阶段：连接建立、数据传送和拆线。

(1) 连接建立阶段：无论是 NT 还是 TE，都可以通过发送 SABME 发起逻辑连接建立请求，这种请求一般是根据本侧第三层实体对通信的需求而提出的，因此 SABME 帧中的 TEI 和 SAPI 指明第三层实体的地址。当 SABME 到达对方后，对方 LAPD 将该请求报告给第三层实体，如该实体同意建立连接，则由 LAPD 回送响应帧 UA；若该实体拒绝本次连接，则由 LAPD 回送响应帧 DM。发出请求一侧的 LAPD 收到 UA 后，要向它的上层报告，这时逻辑连接已经建立，双方就可以传送数据了。

表 8.3　LAPD 的帧类型

类别	命令	响应	控制段编码 16 15 14 13 12 11 10 9	8 7 6 5 4 3 2 1	说　明	信息段
I	I(Information)		N(R)　　P	N(S)　　　0	信息帧，用于用户数据交换	Y
S	RR(Receive Ready)	RR(Receive Ready)	N(R)　　P/F	0 0 0 0　0 0 0 1	准备接收 I 帧	N
S	RNR(Receive Not Ready)	RNR(Receive Not Ready)	N(R)　　P/F	0 0 0 0　0 1 0 1	不准备接收 I 帧	N
S	REJ(Reject)	REJ(Reject)	N(R)　　P/F	0 0 0 0　1 0 0 1	拒绝，退回 N(R) 重发	N
U	SABME(Set Asynchrnous Balance)			M M M　P　M M 0 1 1　P　1 1 1 1	请求建立逻辑连接	N
U		DM(Disconnect Mode)		0 0 0　F　1 1 1 1	不能建立或保持逻辑连接	N
U	UI(Unnumber Information)			0 0 0　P　0 0 1 1	未编号信息帧，用于非证实方式信息传送	Y
U	DISC(Disconnect)			0 1 0　P　0 0 1 1	拆除逻辑连接	N
U		UA(Unnumber Acknowledge)		0 1 1　F　0 0 1 1	对 SABME 或 DISC 的认可	N
U		FRMA(Frame Reject)		1 0 0　F　0 1 1 1	报告收到了不能接受的帧	N
U	XID(Exchange Identification)	XID(Exchange Identification)		1 0 1　P/F　1 1 1 1	标识交换，用于连接管理	Y

注：TT—帧类型；SS—监视功能；MM—控制功能。

(2) 数据传送阶段：任何一方都可以首先用 I 帧传送数据，发送侧发送时对 I 帧按顺序编号，范围为 0～127(模 128)，控制字段中 N(S) 表示当前正在发送的帧的序号，N(R) 表示准备接收的下一帧的序号，N(R) 同时隐含着对 N(R−1) 帧及其以前对所有帧正确接收的证实。由于 N(R) 是在发送数据的同时顺便对本端收到的帧加以证实，所以 N(R) 是在命令帧中的捎带确认(Piggybacked Acknowledge)。

在传送数据过程中还要用到 S 帧，其中 RR 帧(接收准备好)的用法之一是在没有数据帧要发送给对方时，专门发给对方的接收证实信号；用法之二是作为命令帧(P=1)，用于探寻对方的接收情况。RNR(接收未准备好)帧的功能是在收到的 N(R−1) 帧以及以前的所有帧的证实的同时，告诉对方暂时停止发 I 帧。REJ(拒绝)是一个否定回答，表示收到的 N(R) 帧出错，要求退回到 N(R) 重发，重发内容包括 N(R) 以后的所有已发送帧(不管以前发送成功与否)。

(3) 拆线阶段：当某一方三层实体要求拆线或发现链路故障时，LAPD 就发送 DISC，执行拆线过程，对方 LAPD 收到这一请求后，若同意拆线就会送 UA，并通知第三层逻辑连接已终止，这时若链路上还有一些帧没有得到证实，则被全部丢弃，由此而引起的后果由双方的第三层负责处理。

4) LAPD 的管理功能

LAPD 除了实现帧传送之外，还有一定的管理功能，包括对 TEI 和参数的管理，如表 8.3 所示。LAPD 和相邻层以及管理实体之间的通信通过原语实现，有关这方面的内容可参考 I.441 建议，这里不作介绍。

由表 8.3 不难看出，监视功能和管理功能标识码标识了一个帧的意义。例如：SS=00 表示 RR 帧，SS = 01 表示 REJ 帧，SS = 10 表示 RNR 帧；M = 01111 表示 SABME 请求建立逻辑链路，M = 01000 表示 DISC 拆除逻辑链路，M = 01100 表示 UA 对 SABME 和 DISC 认可，等等。

3. 第三层功能

网络层根据第二层提供的服务完成呼叫控制的功能，包括电路交换呼叫和分组交换呼叫的控制。在 ISDN 用户—网络接口上的第二层和第三层协议称为 1 号数字用户信令(DSS1)。

ISDN 用户—网络接口网络层利用链路层的信息传递功能，在用户和网络之间发送、接收各种控制信息，并根据用户要求对于信息通路的建立、保持和释放进行控制。

网络层协议是 ITU-T I.450 和 I.451 建议(或 Q.930 和 Q.931 建议)。建议规定了第三层的功能概要、呼叫控制过程应具有的各种状态、消息类型、消息构成及编码、基本电路交换的呼叫控制程序及分组交换的程序。

I.451/Q.931 是 D 信道上的呼叫控制(信令)。I.451 消息由公共部分和一些信息单元组成，信息单元的个数与消息种类有关，公共部分由以下字段组成。

(1) Protocol Discriminator：区分 UNI 上的呼叫控制消息和其他消息，长度为一字节。I.451 标识为 00001000(0x08H)。

(2) Call Reference：用来识别 B 信道上的一个呼叫，由接口上发起呼叫一侧分配。D 的信令控制 B 上的所有呼叫，处理某一呼叫的所有消息具有相同的参考值，不同呼叫的消息具有不同的参考值。

(3) Message Type：区分不同的消息，长度为一字节。I.451 规定了几十种消息，分为四类：呼叫建立消息、呼叫阶段消息、呼叫拆除消息和其他消息，如图 8.17 所示。下面介绍呼叫控制的功能和过程。

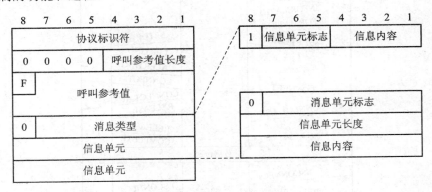

图 8.17　I.451 消息的一般格式

1) 功能概要

第三层的控制功能可以分为电路交换呼叫控制和分组交换呼叫控制。电路交换呼叫控制是指终端和网络之间通过 D 通路交换信令信息来建立 B 通路的电路交换连接，传送用户信息的呼叫控制过程。分组呼叫的控制通过 D 通路实施，但分组数据信息可以通过 B 通路也可以通过 D 通路来传送。

ISDN 用户—网络接口的第三层协议执行的功能主要包括以下内容：

(1) 处理与数据链路层通信的原语。

(2) 产生和解释用于同层通信的第三层消息。

(3) 管理在呼叫控制程序中使用的定时器和逻辑实体(如呼叫参考)。

(4) 管理包括 B 通路和分组层逻辑通路在内的各种接入资源。

(5) 检查所提供的业务是否符合要求，包括承载能力、地址和高低层兼容性检查等。

2) 呼叫控制

第三层的基本呼叫控制程序是由一系列的状态迁移过程所组成的。三层实体每完成一个事件，就进行一次状态的迁移，并且用户侧的状态和网络侧的状态应该是相对同步的。例如，发送一个消息或接收一个消息，就进行一次状态迁移。

节点之间第三层呼叫控制程序对等层以呼叫控制信息为依据而执行事件，这种信息以消息的形式进行传递。根据执行任务的不同，消息有多种。例如，电路交换呼叫控制的消息分为四大类：第一类是呼叫建立消息，用于建立一个新的呼叫；第二类是呼叫信息阶段的消息，用于在通话期间传递各类消息；第三类是呼叫清除消息，用于呼叫的释放；第四类是其他消息，用于询问呼叫状态和传送一些通知信息等。具体接续和释放过程如图 8.18 所示。

D 信道三层呼叫控制消息搭载二层的帧传送，完成 B 信道的电路接续与释放，用户数据通过 B 信道传送。

呼叫建立消息 SETUP 由主叫用户发出，经网络通知被叫建立呼叫，SETUP 包含的主要信息为承载能力、信道标志、低层特性、高层特性、端端信息和被叫地址(整体发送)。

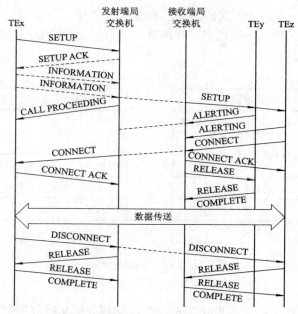

图 8.18　重叠发送的接续和释放过程

主要消息说明如下:

(1) SETUP ACK: 重叠发送, 网络通知主叫, 对 SETUP 的证实。

(2) CALL PROC: 整体发送, 网络通知主叫, 呼叫在进行中。

(3) ALTERTING: 经网络通知主叫, 被叫处在被呼叫中。

(4) CONNECT: 被叫向主叫发呼叫响应。

(5) CONNECT ACK: 网络通知被叫对 CONN 的证实。

(6) PROGRESS: 表示呼叫过程。

整体发送消息的发送过程如图 8.19 所示。

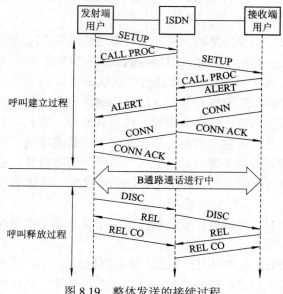

图 8.19　整体发送的接续过程

8.4 ISDN 的发展

当今窄带 ISDN(N-ISDN)已进入了实用阶段，世界各国都部署了大量的 N-ISDN 网络，但其应用效果仍然不佳，人们对 N-ISDN 的反应并没有像预期的那样美好，这是由于 N-ISDN 还缺乏吸引人的新业务。

N-ISDN 是一种试图以数字系统代替模拟电话系统的巨大尝试，但是它实际上是以电路交换和 X.25 分组交换两种方式在 UNI 接口处实现的综合，在网络内部，仍然由两种技术分开提供服务，这种综合显然是不完全的。为了克服 N-ISDN 的缺陷，在 I-ISDN 发展初期(20 世纪 80 年代初)，人们就寻求一种新的网络，希望能够以高于 PCM 一次群速率的传输信道提供现有全部和将来出现的各种新业务的应用需求，从速率最低的遥控遥测(数比特/秒)到高清电视 HDTV(150 Mb/s)，都在一个网络中以相同方式交换与传输，更好地实现资源共享。ITU-T 将这种网络命名为宽带综合业务数字网(B-ISDN：Broadband ISDN)，它能够灵活、高效、高性价比地适应新技术核心业务的发展需求。

光纤传输技术的发展为 B-ISDN 打下了良好的基础，B-ISDN 的中继线和用户线都采用光纤传输，速率可以从 150 Mb/s 到 Gb/s 数量级，解决了 B-ISDN 的传输问题。B-ISDN 的关键技术就是实现不同速率的多种业务的高速交换，在交换节点上采用超大规模高速集成电路来传递和处理信息，即采用高速交换网络矩阵，实现 ATM 交换，因此，B-ISDN 实际上是以光纤传输实现端到端的高速数字连接，以 ATM 实现交换的网络。

8.4.1 B-ISDN 的网络结构

为了克服 N-ISDN 的局限性，适应新业务的需求，ITU-T 提出了宽带 ISDN(B-ISDN) 的概念。B-ISDN 是通信网发展的方向。这种网络可提供高于 1.544/2.048 Mb/s 速率的传输信道，可适应未来的业务需求。

数字化的电视信号的速率达 140 Mb/s，压缩后也有 34 Mb/s，在光纤上传送的信息量可达 2×10^{10} b/s 以上。因此，在 20 世纪 80 年代后期，当窄带 ISDN 在北美、欧洲和日本趋于成熟和实用，还没有来得及推广时，就开始提出宽带 ISDN 了。在 B-ISDN 中，用户线上的信息传输速率可达 155.52 Mb/s，是窄带 ISDN 的 800 倍以上，所以"宽带"的意思就是"高速"。图 8.20 是 B-ISDN 发展初期阶段的基本结构。

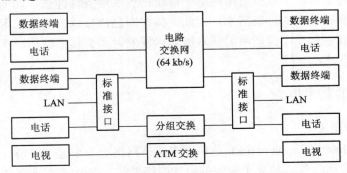

图 8.20 发展初期阶段 B-ISDN 的结构示意图

8.4.2　B-ISDN 的技术特点

1. B-ISDN 的特点

与 N-ISDN 相比，B-ISDN 具有以下特点：

(1) B-ISDN 使用一种交换技术，叫做异步传输模式(ATM)，而 N-ISDN 使用电路交换和分组交换两种技术组合。

(2) B-ISDN 的用户环路和干线都采用光纤，而 N-ISDN 是以目前正在普遍使用的 PSTN 为基础，其用户环路采用双绞线。

(3) B-ISDN 采用了虚通路的概念，其传输速率只受用户—网络接口物理比特率的限制，而 N-ISDN 的各个通路都是预先设置的。

(4) B-ISDN 的传输速率可以达到千兆比特/秒，而 N-ISDN 最高只能达到 2 Mb/s。

2. B-ISDN 的核心技术

(1) STM 的局限性。N-ISDN 采用的是以 PCM 技术实现的同步时分交换，也叫同步传送模式(STM)，它是将物理信道划分成不同的时间段(时隙)，把时隙固定地或以帧为周期地分配给用户；信道被划分成若干固定速率的子信道。因此，其工作速率受到了极大限制。

(2) ATM 的技术特征。B-ISDN 采用 ATM 实现多种速率信号的异步高速交换。ATM 有两方面的基本特征：一是信息传输、复用、交换都是以固定长度的时隙为基本单元；二是异步，意味着时隙的分配是可变的，即按用户的需要分配资源。

3. B-ISDN 的业务特征

B-SDN 提供的业务有会话型业务、电子信箱业务、检索型业务、客户不能进行单独演示控制的分配型业务、客户能够进行单独演示控制的分配型业务等。

B-ISDN 的业务具有高度的综合性，图像通信占有重要的地位，大量使用多媒体业务，客户从网络得到的业务将是大量的、多种多样的；用户终端将一机多用，并且工作速率可变。

宽带业务内容广泛，每项业务都具有不同的特性，其中有些特性包含了对网络的要求。因此，在支持和开发宽带业务时必须考虑这些与网络有关的特性。

8.5　智　能　网

采用智能网技术可以在原有通信网络中向用户提供业务特性强、功能全面、灵活多变的移动新业务，具有很大的市场需求，因此，智能网已逐步成为现代通信提供新业务的首选解决方案。本节主要介绍智能网的基本概念、发展背景、体系结构、概念模型、网络结构以及业务实现方法。

8.5.1　智能网的基本概念

1. 智能网的定义

智能网(IN：Intelligent Network) 是在原有通信网络上为快速、经济、方便、有效地生成和提供智能业务而设置的独立于业务的附加网络结构。IN 中相关业务的业务逻辑完全由运营商控制，使运营商可以更有效地开发和控制业务，可以快速地将新业务引入到电信网络中，并能根据用户需求进行部署和变更，从而打破以往增加新业务依赖设备供应商的局面。

2. 智能业务

智能业务不仅进行信息的传输交换，还进行一些智能处理，即对信息的存储和控制功能；电信网络向用户提供的业务分为基本业务和补充业务(提供了附加功能的增值业务)，ISDN 能够比 PSTN 向用户提供更多的补充业务，而智能网可比 ISDN 提供功能更强的补充业务，IN 向用户提供的各类补充业务称为智能网业务。

3. 智能网的目标

电路交换网可以提供少量的智能业务，但要增加新业务则需要升级软件或增加硬件，智能网技术通过将网络的交换功能与控制功能分开，使网络功能成为模块化结构并将这些功能灵活地分配到不同的物理实体中；通过重复使用标准的网络功能来生成和实施新的业务，通过独立于业务的接口，实现网络功能模块之间的通信，为各种通信网络提供满足用户需要的新业务，包括 PSTN、ISDN、PLMN、Internet 等。智能化是通信网络的发展方向，发展智能网可以有效地使用网络资源。

IN 的基本思想是将基本呼叫处理和业务控制分开，智能业务的生成、提供、修改以及管理等功能全部集中于智能网，程控交换机节点只完成基本呼叫处理，而与业务提供无直接关联。设置集中的业务控制点和数据库，向用户提供 IN 业务。采用可重用块设计相应的业务逻辑、构造新业务，缩短开发新业务的时间。不需更改现有网络中的设备，可以灵活、方便地提供多种业务，降低了提供新业务的成本，提高了可维护性和可靠性。

4. 智能网的组成要素

图 8.21 描述了智能网的组成要素。

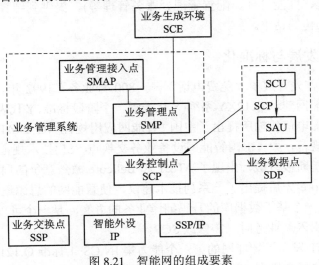

图 8.21 智能网的组成要素

智能网由以下要素组成：

(1) 业务交换点(SSP：Service Switching Point)：在原有交换机基础上，为开展智能业务增加某些处理模块，就形成了 SSP 设备。其功能包括：一般交换功能，能触发智能呼叫，能将智能呼叫相关信息送往 SCP，能对 SCP 的请求作出响应，允许 SCP 控制呼叫处理、放音或收号功能等。

(2) 业务控制点(SCP: Service Control Point)：SCP 为智能网中的业务控制点，是智能网的核心部分，包括信令接口单元 SIU、业务控制处理器 CP、业务数据处理器 DB 和单元间的互联网络四个部分。SCP 通过七号信令网与 SSP/IP 相连，通过数据链路与业务管理点 SMP 相连。SCP 与 SSP/IP 之间的通信规程采用智能网应用规程(INAP)。其主要作用包括：存储业务逻辑或存储用户数据；能接收 SSP 送来的查询信息并查询数据库；根据 SSP 上报来的呼叫事件启动不同的业务逻辑，实现各种智能呼叫；根据业务逻辑向 SSP 发出呼叫控制指令，指示 SSP 进行下一步的动作。

(3) 业务生成环境(SCE: Service Creation Environment)：生成新业务的数据和逻辑流程。SCE 相对独立，平时不需要同其他设备连接，只是在业务拓展时需要与 SMP 建立连接。其功能包括编辑生成器和仿真测试环境。

(4) 业务数据点(SDP: Servica Data Point)：提供数据库功能，存储用户数据，接受其他设备的数据操作请求，执行操作并回送结果。要注意的是：SCP 也有存储用户数据的功能，如果用户数据库不大，也可以放在 SCP 上。

(5) 智能外设(IP: Intelligent Peripheral)：协助完成智能业务的特殊资源。其功能包括：播放录音通知、收号功能(接收双音多频拨号)、语音合成、进行语音识别等。IP 可以是一个独立的物理设备，也可以作为 SSP 的一部分。

(6) 业务管理系统(SMS: Service Management System)：SMS 实现对业务生命周期的管理，包括业务管理点(SMP: Service Management Point)和业务管理接入点(SMAP: Service Management Access Point)，SMP 是服务器端，SMAP 是 SMP 的客户端，可提供友好的操作界面。其主要功能包括：存放业务数据，加载激活业务，提供输入业务相关数据的界面，网络管理(安全管理、性能管理、配置管理、账务管理等)，提供到结算中心的接口，传送由 SSP 通过 SCP 上传的话单。

8.5.2　智能网的发展与标准化

1967 年，美国首先开放了"免费电话"——800 号业务。1992 年，CCITT(现 ITU-T)提出了标准化的智能网建议 Q.12XY 系列(X 代表哪一个阶段标准，Y 代表标准的具体方面)。1995 年，我国邮电部电信传输所提出了中国《智能网应用规程》(C-INAP)(主要基于 CS-1)，同时制定了一系列规范，如《中国智能网设备业务交换点(SSP)技术规范》等。1984 年，美国贝尔系统公司的垄断被打破，出现了 AT&T 和 Bellcore 激烈竞争的局面。

1984 年，Bellcore 先后提出了一系列技术建议，使智能网的思想逐渐成熟，包括 IN/1 和 IN/2 等。IN/1 是一个基于数据库的号码翻译业务的方案，是一个可以实现的折中方案；IN/2 的主要思想是引入新业务时只需修改 SCP。

1992 年，CCITT 发布了智能网的第一个能力集 IN CS-1 标准 Q.121X 系列建议，提出了智能网原理结构的概念模型，定义了 25 种新业务，列出了 38 种 IN 业务属性，限于向 PSTN、N-ISDN 和在一个运营商网内提供 IN 业务。

1997 年，ITU-T 推出 IN CS-2 的标准 Q.122X 系列建议，重点定义网间互通业务、终端移动性业务、业务管理业务和业务生成业务；在 INCS-1 的基础上，又定义了 16 种新业务和 64 种业务属性。表 8.4 为 INCS-2 定义的新业务。

表 8.4　INCS-2 定义的新业务

业务分类	具体业务		对应英文全称	英文缩写
网间互通类业务	1. 网间被叫付费		Internetwork Freephone	IFPH
	2. 网间附加费率		Internetwork Premium Rate	IPRM
	3. 网间大众呼叫		Internetwork Mass Calling	IMAS
	4. 网间电话投票		Internetwork Televoting	IVOT
	5. 全球虚拟网业务		Global Virtual Network Service	GVNS
	6. 国际通信计费卡		International Telecommunication Charge Card	ITCC
主叫方处理类业务	7. 完成对忙用户的呼叫		Completion of Call to Busy Subscriber	CCBS
	8. 会议电话		Conference Calling	CONF
	9. 呼叫保持		Call Hold	HOLD
	10. 呼叫转移		Call Transfer	CT
	11. 呼叫等待		Call Waiting	CW
多媒体、宽带等业务	12. 多媒体		Multimedia	MMD
	13. 信息存储转发		Message Store and Forward	MSF
	14. 热线		Hot Line	HOT
	15. 被叫关键字屏蔽		Terminating Key Code Screening	TKCS
移动类业务	16. 移动业务 (Mobility Services)	个人移动性	Universal Personal Mobility Telecommunication	UPT
		终端移动性	Future Public Land Mobility Telecommunication System	FPLMTS

8.5.3　智能网的体系架构

智能网的体系结构如图 8.22 所示。其基本思想是实现业务与网络分离，通过业务生成环境创建和测试业务，通过与业务无关的独立构建的合理关联实现业务，通过与网络无关的智能网部件实现与任何网络的关联，提供智能业务。

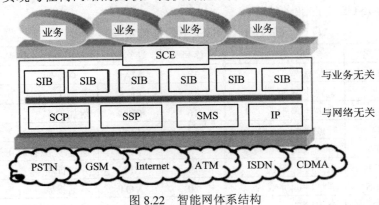

图 8.22　智能网体系结构

8.5.4　智能网的概念模型

智能网的概念模型(INCM：Intelligent Network Conceptual Model)从向用户提供的业务特征出发，引导出为产生这些业务特征在网络方面应具有的功能，以及实现这些功能的物理实体。图 8.23 描述了智能网的概念模型结构，下面对各层加以说明。

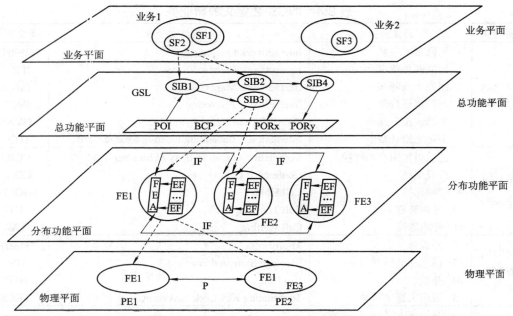

SIB—业务独立构件；FEA—功能实体动作；FE—功能实体；PE—物理实体；SF—业务特征；EF—单元功能；
IF—信息流；P—协议；POI—起始点；POR—返回点；→—指示语；BCP—基本呼叫处理

图 8.23　智能网的概念模型结构

1．业务平面

业务平面(SP：Service Plane)从业务使用者角度出发，描述业务表现形式和特征SF(Service Feature)。业务特征也叫业务属性，与业务的具体实现方法无关。在业务平面中，一个业务由一种或多种 SF 构成，SF 是该平面上的最小功能单位。例如，业务 1 由 SF1 和SF2 组成。INCS-1 规定了 25 种智能业务和 38 种业务特征。表 8.5 给出了 INCS-1 的智能业务，表 8.6 为 INCS-1 的业务特征。

表 8.5　INCS-1 的智能业务

序号	缩写名	业　务　名	序号	缩写名	业　务　名
1	ABD	缩位拨号	14	MAS	大众呼叫
2	ACC	记账卡呼叫	15	OCS	发端去话筛选
3	AAB	自动更换记账	16	PRM	附加费率
4	CD	呼叫分配	17	SEC	安全阻止
5	CF	呼叫前转	18	SCF	遇忙/无应答时可选呼叫前转
6	CRD	重选呼叫路由	19	SPL	分摊计费
7	CCBS	遇忙呼叫完成	20	VOT	电话投票
8	CON	会议呼叫	21	TCS	终端来话筛选
9	CCC	信用卡呼叫	22	UAN	通用接入号码
10	DCR	按目标选择路由	23	UPT	通用个人通信
11	FMD	跟我转移	24	UDR	按用户的规定选路
12	FPH	被叫集中付费	25	VPN	虚拟专用网
13	MCI	恶意呼叫识别			

表 8.6　INCS-1 的业务特征

序号	缩写名	业 务 特 征	序号	缩写名	业 务 特 征
1	ABD	缩位拨号	20	DUP	提醒被叫用户
2	ATT	话务员	21	FMD	跟随转移
3	AUTC	验证	22	MAS	大众呼叫
4	AUTZ	鉴权码	23	MMC	会聚式会议电话
5	ACB	自动回叫	24	MWC	多方呼叫
6	CD	呼叫分配	25	OFA	网外接入
7	CF	呼叫转移	26	ONC	网外呼叫
8	SCF	遇忙/无应答时的选择呼叫前转	27	ONE	一个号码
9	GAP	呼叫间隙	28	ODR	由发端位置选路
10	CHA	具有通知的呼叫保持*	29	OCS	发端去话筛选
11	LIM	呼叫限制	30	OUP	提醒主叫用户
12	LOG	呼叫记录	31	PN	个人号码
13	QUE	呼叫排队	32	PRMC	附加计费
14	TRA	呼叫转移	33	PNP	专用编号计划
15	CUG	闭合用户群	34	REVC	反向计费
16	COC	协商呼叫	35	SPLC	分摊计费
17	CPM	客户进行管理	36	TCS	终端来话筛选
18	CRA	客户规定的记录通知	37	TDR	按时间选路
19	CRG	客户规定的振铃	38	CW	呼叫等待

在 SP 和 GSP 之间，SP 中的一个业务特征 SFi 需要 GSP 中几个 SIB 来实施，例如业务 1 的 SF2 需要 GSL 中的 SIB1 和 SIB2 来构成。

例如，800 业务的业务特征为：

被叫集中付费业务="公用一个号码"+"反向计费"+"登记呼叫记录"+……

其中，必选属性为一个号码、反向计费；可选属性为遇忙/无应答呼叫转移、按时间选路、呼叫最大次数限制、大众呼叫等 16 个。

2. 全局功能平面

全局功能平面(GFP：Global Function Plan)面向业务设计者，从业务生成角度出发，定义一系列与业务无关的构件，叫做业务独立构件(SIB：Service Independent Building)。不同的 SIB 组合构成不同业务，将 SIB 组合在一起形成的 SIB 链被称为该业务的全局业务逻辑 (GSL：Global Service Logic)。IN CS-1 定义了 15 个业务独立构件算法(Algorithm)、计费 (Charge)、分配(Distribution)、呼叫信息记录(Log Call Information)、排队(Queue)、筛选 (Screen)、业务数据管理(SDM)、翻译(Translate)、用户交互(User Interaction)、核对(Verify)、基本呼叫处理(BCP)、限制(Limit)、比较(Compare)、状态通知(Status Notification)、鉴权 (Authenticate)。

全局功能平面也叫总功能平面，它由业务独立构件(SIB Block)、基本呼叫处理(BCP：Basic Call Processing)、全局业务逻辑(GSL)及 BCP 与 SIB 之间的起始点(POI：Point of

Initiation)和返回点(POR：Point of Return)等要素构成。

　　图 8.24 给出了触发智能呼叫的过程，BCP 对应于交换机中的各种呼叫处理功能，是一个特殊的 SIB，负责完成与呼叫有关的功能，每个业务逻辑中都必须用到它。当 BCP 识别到一个呼叫为智能呼叫时，通过 POI 向"业务逻辑"上报发生的智能呼叫事件，业务逻辑将相关的 SIB 关联起来构成该业务的 GSL，然后再通过 POR 向 BCP 返回控制命令，完成一次呼叫。业务逻辑按照具体业务选择必要的 SIB，并将这些 SIB 按规定次序关联起来，形成该业务的 SIB 链。当一个业务特征由几个 SIB 实现时，应规定 SIB 之间的排列次序及相互关系，这种逻辑关系就称为 GSL。

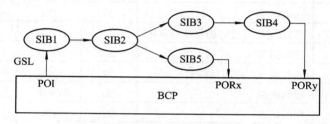

图 8.24　SIB 构成 GSL 的过程

　　GFP 以向用户提供的业务为前提，从全网出发，抽象出一些独立于具体业务的 SIB，SIB 是可以重复利用的最小业务单元。

　　基本呼叫处理(BCP)是一个特殊的 SIB，负责提供基本连接能力，使网络中用户之间的呼叫能够相互连接。BCP 提供的基本呼叫功能有三个：① 以适当的方式连接呼叫；② 以适当的方式断开呼叫；③ 保留呼叫实例数据以便进一步处理。

　　起始点(POI)是在呼叫处理过程中，当智能业务被触发时，从 BCP 进入 GSL 处理的始发点。POI 使用一连串的 SIB 就可以实现指定的业务，POR 确定了业务的结果。这两点共同构成了 SSP 中的 BCP 与 SCP 中的 GSL 之间交互的接口。

　　返回点(POR)是在 GSL 处理结束后，返回到 BCP 继续呼叫处理的终节点。

　　图 8.25 是集中付费业务的相关 SIB 构成 GSL 的示意图。通过 POI 上报该智能呼叫事件，GSL 将 "号码检查"、"号码翻译"、"连接主被叫"及"发送提示音"等相关的 SIB 按照应有的顺序关联在一起，构成 800 业务的 GSL，完成该呼叫的全程处理。当 BCP 识别到 800 智能呼叫时，首先执行号码检查，结果符合条件，执行号码翻译获取被叫的真实号码，然后通过 POR2 向 BCP 回送被叫真实号码，并下达接通主被叫和反向计费的命令，BCP 按照 GSL 的要求，接通主被叫，双方通话，通话完毕，回收通话记录信息，计算通话费用，从被叫数据库扣除费用。若号码检查结果不匹配，则 GSL 向 BCP 发送提示音，终止该呼叫。

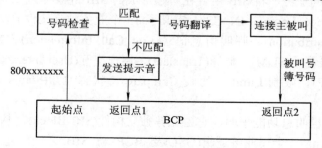

图 8.25　800 业务触发过程

3. 分布功能平面

分布功能平面(DFP：Distributed Facility Plan)面向网络设计者，从分布网络的角度描述智能网的功能模型，对 IN 的各种功能加以划分，由功能实体(FE：Function Entity)和功能实体之间传送的信息流(IF：Information Flow)两部分组成。每个 FE 完成 IN 的一部分特定功能，如呼叫控制功能等；信息流的集合构成了 IN 的应用程序接口协议 INAP。FE 和 IF 为 IN 开发者提供了一个网络实现的高层逻辑模型，与物理实现方式无关。

分布功能平面描述了在智能网中如何分布这些功能的一种模型，在分布功能平面上有各种不同的功能实体。原 CCITT 建议了九种功能实体，它们之间的关系如图 8.26 所示。

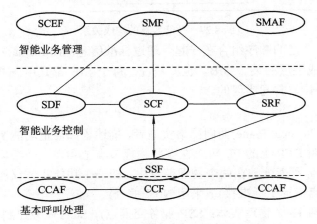

图 8.26　分布功能平面的功能实体关系

(1) 呼叫控制功能(CCF)：位于交换设备中，负责处理所有的呼叫及连接，执行基本呼叫接续，具备访问智能网功能的触发机制。

(2) 呼叫控制接入功能(CCAF)：位于终端设备中，提供至用户的业务接入，并提供给 CCF。

(3) 业务交换功能(SSF)：它是 CCF 与 SCF 之间的接口，负责两者之间的通信，实现两者之间的消息格式转换。SSF 接收 CCF 发来的 IN 业务识别，做相应处理后转发给 SCF，并执行 SCF 返回的命令。

(4) 业务控制功能(SCF)：是智能网的核心功能，它通过给 CCF、SSE、SDF 以及 SRF 发送控制命令实现智能网业务的控制。

在 SCF 中存有业务逻辑和特殊数据，SCF 可以通过标准接口和 SSF、SRF、SDF 通信，在 SCF 的控制下实现完整的一次智能业务呼叫。

(5) 业务数据功能(SDF)：是智能网的数据库，存放业务和用户数据，供 SCF 查询和修改。

(6) 专用资源功能(SRF)：实现智能网中的智能外设(IP)功能。它向用户提供网络的专用资源，如语音提示、语音识别、双音多频(DTMF)接收器等资源的控制，为所有终端用户提供与 IN 的交互作用。

(7) 业务生成环境功能(SCEF)：为新的 IN 业务提供生成、证实及测试能力。根据用户需求生成新业务的业务逻辑，并对该业务逻辑进行验证和模拟，以保证安全。

(8) 业务管理功能(SMF)：完成智能网设备、业务、数据等全部管理功能。

(9) 业务管理接入功能(SMAF)：为业务管理者提供对 SMF 进行访问操作的接口功能。

图 8.27 给出了功能实体 FE、功能实体动作 FEA、单元功能 EF 三者之间的结构关系以及标准信息流 IF 的功能描述，每一个功能实体可以划分成功能实体动作(FEA：Function Entity Actions)，而各个 FEA 可以由一个或多个单元功能(EF：Elementary Function)来完成。

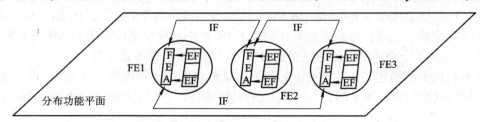

图 8.27　功能实体的构成关系

将某些 FEA 按一定的顺序组合在一起，通过标准信息流(Information Flow)来协调它们的执行，就可以构成上层的某一 SIB。也就是说，每个 SIB 都是由一些分布在各个功能实体内的 FEA 互相协作、共同实现的。

4. 物理平面

物理平面(FP：Physical Plane)面向网络实施者，描述了如何把功能实体分布到电信网的物理设备上，即说明 DFP 上的 FE 可以在哪些物理节点上实现。一个物理节点可以包含多个 FE，一个功能实体不能分散在两个物理节点中，即一个功能实体仅能实现在一个物理节点中。各个物理节点应提供标准接口(采用 No.7 信令)。

ITU-T 建议包括 13 个物理实体：SSP(业务交换点)、SCP(业务控制点)、SDP(业务数据点)、IP(智能外设)、SMP(业务管理点)、SMAP(业务管理接入点)、SCEP(业务生成环境点)、AD(辅助控制点)、SN(业务节点)和 SSCP(业务交换和控制点)。

图 8.28 给出了智能网典型的功能分布结构图。

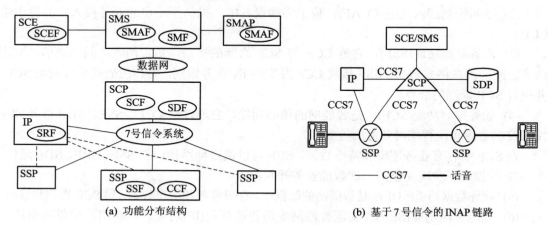

(a) 功能分布结构　　　　　　　　(b) 基于7号信令的INAP链路

图 8.28　物理平面的物理实体关系

8.5.5　典型智能电话业务

1. 300 卡业务

300 卡业务也叫记账卡业务(ACC：Accounting Card Calling)，是为用户提供一种随时随地快速经济地拨打长途电话的个性化业务。用户使用 300 卡业务时，必须先从电信部门申请一张卡片，存入一定金额的费用，然后就可以使用了。使用时可用任何一部话机发起呼叫，费用自动记账，每次用户打电话时必须先拨发账号和密码，经核对无误后才可拨发目的号码发起呼叫。

图 8.29 给出了 ACC 拨打长途电话的一次成功呼叫的处理过程。SSP 一般设在长途局，智能外设 IP 与 SSP 设在一起，SSP 与 SCP 之间采用 INAP/TCAP 信令，其他使用 TUP 或 ISUP。下面说明其实现原理。

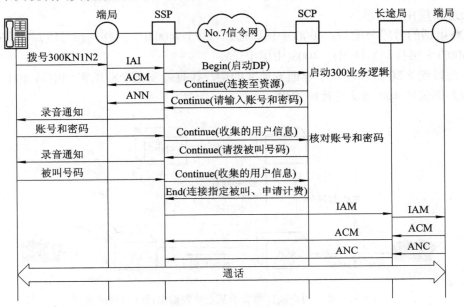

图 8.29 ACC 呼叫处理过程

(1) 用户通过任意一部话机拨电话呼叫卡的接入码 300KN1N2(300 KN1N2 是我国电话呼叫卡的接入码)号码数字，电话网会自动把呼叫接到智能网业务交换点 SSP，即将被叫号码 PQABCD 通过 IAI 消息送至 SSP。

(2) SSP 收到电话呼叫卡的呼叫，识别到这是一个 ACC 业务，就会向发端局发送应答消息 ACM 或应答免费消息 ANN，完成用户到 SSP 的接续。

(3) 与此同时，SSP 根据数据库标识码 KN1N2，通过 No.7 网向 SCP 发送 Begin 消息(No.7 信令承载 TCAP 信令的 Begin 消息)，启动 SSP 与 SCP 的一次结构性会话过程。

(4) SCP 启动 300 逻辑，向 SSP 发送带有"连接到资源"和"提示收集用户信息"的 Continue 消息。

(5) SSP 收到命令后，将呼叫接续到 IP，IP 向用户发送录音通知，提示用户输入账号和密码，SSP 收集到用户数据后，通过 Continue 消息送给 SCP。

(6) SCP 核对账号密码，确认无误后再向 SSP 发送 Continue 消息，提示用户拨发被叫号码。

(7) SSP 收到用户所拨的被叫号码后，再通过 Continue 消息送给 SCP。

(8) SCP 向 SSP 发送带有"连接"和"申请计费操作"命令的 END 消息，命令 SSP 将呼叫接续至被叫，并指明计费方式，SSP 通过 TUP 或 ISUP 建立到被叫的接续，通话开始。

2．400 电话业务

400 电话业务也被称为主被叫分摊付费业务，是三大运营商为企业提供的一种全国范围内的唯一的十位数号码的自主绑定业务。企业申请到一个 400 业务后，无需安装设备，只需要使用企业现有的通信资源，通过号码管理后台自助绑定企业人的手机、座机或中继号等终端。客户拨打企业的 400 热线电话时，无论处在什么地域，都不需要加拨区号，直接拨发以 400 开始的十位号码数字，通过智能网就可接续到该企业热线目的话机。客户拨打的是一次市话呼叫，只承担市话费用，实际完成的是一次到指定企业单位的长途电话咨询，长途费用由企业承担。

400 电话的号段分配为：4000(中国联通新号段)、4001(中国移动新号段)、4006(中国联通)、4007(中国移动原铁通)、4008(中国电信)。

下面以图 8.30 给出的一个非西安地区的用户拨打西安某企业的咨询电话 400-1234567 的呼叫为例说明 400 电话的接续过程。

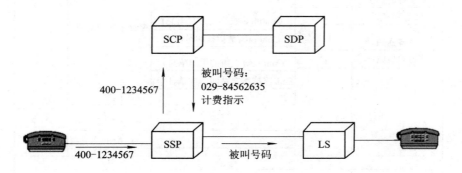

图 8.30　外地用户拨打西安的某企业咨询电话呼叫处理过程

(1) 呼叫鉴别处理：主叫用户拨打 400 号业务号码 400-1234567。SSP 判别到这是一个 400 业务，触发智能业务，将此次呼叫的相关信息报告给 SCP，并悬置当前呼叫，等待 SCP 的控制命令。

(2) 智能呼叫触发：SCP 收到该呼叫信息，通过业务逻辑分析，查询数据库获取真实的被叫号码 029-84562635，并下发控制命令到 SSP，命令 SSP 做好计费准备，并开始接通被叫号码。

(3) 智能呼叫处理：SSP 收到 SCP 的命令，继续先前悬置的呼叫，开始进行接续，SSP 根据 SCP 给出的被叫号码选择路由，将呼叫转接到被叫所在端局。一旦被叫应答，双方就开始通话，SSP 开始计费。

(4) 费用信息上报：当 SSP 检测到通话双方任何一方挂机时，SSP 将计费信息(通话开始时间、结束时间、计费方式等)和用户挂机的信息一起上报 SCP。

(5) 长途计费处理：SCP 根据通话时长和通话费率计算长途通话费用，从 400 用户的账号中扣除长途通话费用，然后 SCP 释放本次呼叫。

3．800 电话业务

800 电话业务是被交付费业务，适应于企业集团开通咨询热线，全国统一一个号码，向客户彰显企业形象。图 8.31 给出了 800 业务电话的呼叫处理过程。

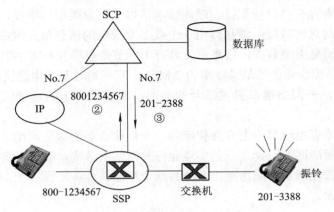

图 8.31　800 电话呼叫接续过程

(1) 主叫用户拨打 800 号业务号码 800-1234567。SSP 判别到这是一个 800 业务，触发智能业务，将此次呼叫的相关信息报告给 SCP，并悬置当前呼叫，等待 SCP 的控制命令。

(2) SCP 收到该呼叫信息，通过业务逻辑分析，查询数据库获取真实的被叫号码 2012388，并下发控制命令到 SSP，命令 SSP 做好计费准备，并开始接通被叫号码。

(3) SSP 收到 SCP 的命令，继续先前悬置的呼叫，开始进行接续，SSP 根据 SCP 给出的被叫号码选择路由，将呼叫转接到被叫所在端局。一旦被叫应答，双方就开始通话，SSP 开始计费。

(4) 当 SSP 检测到通话双方任何一方挂机结束通话时，SSP 将计费信息(通话开始时间、结束时间、计费方式等)和用户挂机的信息一起上报 SCP。

(5) SCP 根据通话时长和通话费率计算通话费用，从 800 用户的账号中扣除通话费用，然后 SCP 释放本次呼叫。

本 章 小 结

ISDN 基于 IDN，用户通过有限几种标准多用途的用户—网络接口接入 ISDN，提供端到端的数字连接，向用户提供话音和各种非话音业务。

ISDN 网络具有多种能力，包括电路交换能力、分组交换能力、无交换连接能力和公共信道信令能力；具有三种不同的信令，即用户—网络信令、网络内部信令和用户—用户信令。

LAPD 是 ISDN 的 D 信道链路层协议，提供检错/纠错、流量控制和寻址功能。LAPD 提供非确认信息传送和确认信息传送。非确认信息传送和数据报业务或无连接业务相同。确认信息传送业务和面向连接业务相同。同一 D 信道能够同时支持确认和非确认业务，因为它们和各个特定的 B 信道相联系(可以一个 B 信道采用非确认而其他 B 信道采用确认)。LAPD 寻址支持多个数据链路连接。而 LAPB 只能支持单个数据连接。对 ISDN，LAPD 必须能够同时寻址多个不同的连接并维护这些连接。

ISDN 的 UNI 接口 D 信道在三层采用 I.451/Q.931 协议，I.451 是用户—网络接口的信令，I.451 信令功能是通过信令信道传送的一系列消息来实现的，消息由消息头和消息体组成：消息头主要内容有协议标识符、呼叫参考值以及消息类型等字段，说明信令类型、标识不同呼叫以及消息的功能；消息体由一个或多个规范的信息单元组成，一个消息含有信令单元的多少与消息类型有关；信息单元具有单字节信息单元和多字节信息单元。

　　N-ISDN 提供综合业务的最高速率为 2 Mb/s，它是通过基于电路交换的 IDN 添加分组处理实体通过用户—网络接口提供综合业务的。要实现真正的宽带综合业务，必须采用 B-ISDN。

　　智能网是在原有电信网络上开展智能的、个性化业务的服务网络，是各种通信网应具备的服务特色。智能网的设计思想是实现业务与网络的分离，智能业务生成和提供与基本电话业务分离。智能网从不同角度出发分为四个平面：业务平面、全局功能平面、分布功能平面和物理平面。

复 习 题

1. 简述 ISDN 的设计思想。
2. 试分析 D 信道为什么要竞争及如何实现竞争。
3. U 接口、S/T 接口分别采用什么编码？
4. 在 BRI 接口 S/T 参考点的帧中，如何实现帧同步？
5. 阐述在 S/T 接口为什么采用复帧结构，如何进行复帧同步？
6. 阐述如何控制 D 信道占用的优先级。
7. 试解释 SABME(s,x)、SABME (p,x) 和 I(s,x)[SETUP,VC] 的意义。
8. 设 TE1 利用 B1 信道、TE_2 利用 B_2 信道、TE3 利用 D 信道同时发送数据，设在某一帧内 B_1、B_2 信道的信息均为连续的 0xFFH，D 信道数据为全 1，试按照图 8.32 所示的格式画出上行帧波形图。

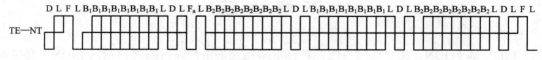

图 8.32　行帧波形图

9. 什么是智能网？它由哪些实体构成？
10. 智能网的概念模型说明了什么设计思想？
11. 画出 FE 与 FEA、IF 及 EF 之间的关系。
12. 试分析智能网的概念模型图，说明一个业务与 SF、SIB 及 FE 之间有何关系。

第9章

接 入 网

随着互联网的飞速发展，各种新业务的迅速涌现，电信网由单一业务的电话网逐步演变为多业务的综合网，因此要求电信网接入部分要向数字化、宽带化、综合化方向发展，由此发展了接入网(AN: Access Network)。接入网成为现代电信网的重要组成部分，它位于本地交换网和用户驻地网之间，是一个独立于具体业务网的信息传送平台。本章将重点介绍接入网的定义与定界、参考模型、接入类型、主要接口等相关内容，着重讨论宽带接入网技术中的非对称数字用户线、光纤同轴混合接入网、无源光网络及多业务传输平台技术。

9.1 接入网概述

随着通信与计算机的"联姻"及社会的信息化，尤其是 Internet 和通信技术的发展，数字化、宽带化和智能化已经成为通信发展的方向，人们对电信业务从质量到业务种类都提出了更高的要求。用户对业务的需求转向包括数据、图像和视频在内的多媒体综合数据业务，解决如何将多种业务综合传送到用户的方法就是建设宽带用户接入网。

9.1.1 接入网的定义与定界

1. 接入网的定义

从整个电信网的角度，可将全网划分为公用电信网和用户驻地网(CPN: Customer Premises Network)两大块，其中 CPN 属用户所有，故通常电信网即指公用电信网部分。公用电信网又可划分为三部分，即长途网(长途端局以上部分)、中继网(长途端局与市话局之间以及市话局之间的部分)和接入网(端局至用户之间的部分)。目前国际上倾向于将长途网和中继网合在一起称为核心网(CN: Core Network)或转接网(TN: Transit Network)，相对于核心网的其他部分则统称为接入网。接入网主要完成将用户接入到核心网的任务。可见，接入网是相对核心网而言的。接入网是公用电信网中最大和最重要的组成部分。图 9.1 所示为电信网的基本组成，从图中可看出接入网在整个电信网中的位置。

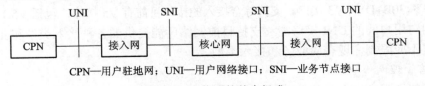

CPN—用户驻地网；UNI—用户网络接口；SNI—业务节点接口

图 9.1 电信网的基本组成

ITU-T 的 G.902 建议对接入网给出了如下定义：接入网由业务节点接口(SNI: Service

Node Interface)和用户—网络接口(UNI: User Network Interface)之间的一系列传送实体(如线路设施和传输设施)组成，为供给电信业务而提供所需的传送承载能力，可经由网络管理接口(Q3)配置和管理。原则上对接入网可以实现的 UNI 和 SNI 的类型及数目没有限制，对用户信令是透明的，不做处理，它可以被看做与业务和应用无关的传送网，主要完成交叉连接、复用和传输功能，一般不包含交换功能。

2. 接入网的定界

在电信网中，接入网是由 SNI、UNI 和 Q3 三个接口来定界的，接入网通过这些接口连接到其他网络实体。网络侧经由 SNI 与业务节点(SN：Service Node)相连，用户侧经由 UNI 与用户相连，管理方面则经 Q3 接口连接到电信管理网(TMN: Telecommunication Management Network)。接入网和业务节点与各网络实体之间的相互连接关系如图 9.2 所示。

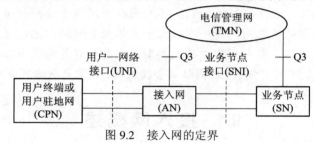

图 9.2　接入网的定界

1) 用户—网络接口

用户—网络接口(UNI)是用户和网络之间的接口。在单个 UNI 的情况下，ITU-T 所规定的 UNI(包括各种类型的公用电话网和 ISDN 的 UNI)应该用于 AN 中，以便支持目前所提供的接入类型和业务。UNI 有模拟电话接口、N-ISDN 接口、B-ISDN 接口、各种数据接口和宽带业务接口。用户终端可以是计算机、普通电话机或其他电信终端设备，用户驻地网可以是局域网或其他任何专用通信网。

2) 业务节点接口

业务节点接口是接入网和业务节点之间的接口。业务节点是提供业务的实体，可提供规定业务的业务节点有本地交换机、租用线业务节点或特定配置的点播电视和广播电视业务节点等。如果 AN-SNI 侧和 SN-SNI 侧不在同一地方，可以通过透明传送通道实现远端连接。通常接入网需要大量的 SN 接入类型。SN 主要有下面三种情况：

(1) 仅支持一种专用接入类型。

(2) 可支持多种接入类型，但所有接入类型支持相同的接入承载能力。

(3) 可支持多种接入类型，且每种接入类型支持不同的承载能力。

按照特定的 SN 类型所需要的能力，并根据所选接入类型、接入承载能力和业务要求，可以规定合适的 SNI。支持单一接入的标准化接口主要有提供 ISDN 基本速率(2B+D)的 V1 接口和一次群速率(30B+D)的 V3 接口。支持综合接入的接口目前有 V5 接口，包括 V5.1 和 V5.2。

接入网与用户间的 UNI 接口能够支持目前网络所能提供的各种接入类型和业务，但接入网的发展不应限制在现有的业务和接入类型。

3) 电信管理网

接入网的管理应纳入电信管理网(TMN)范畴，以便统一协调管理不同的网元。接入网的管理不但要完成接入网各功能块的管理，而且要完成用户线的测试和故障定位。

3. 接入网的特征

根据接入网的框架和体制要求，接入网的主要特征可以归纳为以下几点：

(1) 接入网对于所接入的业务提供承载能力，实现业务的透明传送。

(2) 接入网对用户信令是透明的，除了一些用户信令格式转换外，信令和业务处理的功能依然在业务节点中。

(3) 接入网的引入不应限制现有的各种接入类型和业务，接入网应通过有限的标准化的接口与业务节点相连。

(4) 接入网有独立于业务节点的网络管理系统，该系统通过标准化的接口连接 TMN，TMN 实施对接入网的操作、维护和管理。

9.1.2 协议参考模型和主要功能

1. 接入网的通用协议参考模型

接入网的功能结构是以 ITU-T 建议 G.803 的分层模型为基础的，利用该分层模型可以对接入网内同等层实体间的交互作明确的规定。G.803 的分层模型将网络划分为电路层(CL：Circuit Layer)、传输通道(TP：Transmission Path)层和传输介质(TM：Transmission Media)层，其中传输介质层又可以进一步划分为段层和物理介质层。

最新建议规定传送网只包含 TP 和 TM 层，电路层将不包含在传送网的范畴内，而接入网目前仍将电路层包含在内。各层的功能简单描述如下：

(1) 电路层：面向公用交换业务，按照提供业务的不同可以区分不同的电路层。它可以是承载交换业务的交换机和提供租用线业务的交叉连接设备。

(2) 传输通道层：为电路层节点(如交换机)提供透明的通道。通道的建立由交叉连接设备负责。

(3) 传输介质层：是关于实际媒质的功能层，如双绞线、同轴电缆、光纤、微波等传输介质。

三层之间相互独立，相邻层之间符合客户/服务者关系。

对于接入网而言，电路层上面还应有接入网特有的接入承载处理功能。再考虑层管理和系统管理功能后，整个接入网的通用协议参考模型可以用图 9.3 来描述，该图清楚地描述了各个层面及其相互关系。

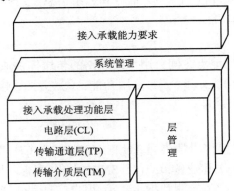

图 9.3 接入网的通用协议参考模型

2. 主要功能

接入网主要有五项功能,即用户端口功能(UPF: User Port Function)、业务端口功能(SPF: Service Porgy Function)、核心功能(CF: Core Function)、传送功能(TF: Transport Function)和 AN 系统管理功能(SMF: System Management Function),如图 9.4 所示。

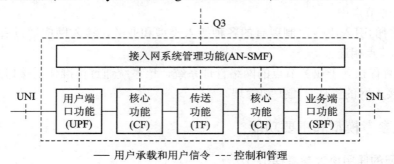

图 9.4 接入网的功能模型

1) 用户端口功能

用户端口功能的主要作用是将特定的 UNI 要求与核心功能和管理功能相适配,主要功能如下:① 终结 UNI 功能;② A/D 转换和信令转换;③ UNI 的激活/去激活;④ 处理 UNI 承载通路/容量;⑤ UNI 的测试和 UPF 的维护;⑥ 管理和控制功能。

2) 业务端口功能

业务端口功能的主要作用是将特定 SNI 规定的要求与公用承载通路相适配,以便于核心功能进行处理;它也负责选择有关的信息,以便在 AN 系统管理功能中进行处理。其主要功能如下:① 终结 SNI 功能;② 将承载通路的需要和即时的管理以及操作需要映射进核心功能;③ 特定 SNI 所需要的协议映射;④ SNI 的测试和 SPF 的维护;⑤ 管理和控制功能。

3) 核心功能

核心功能处于 UPF 和 SPF 之间,其主要作用是负责将各个用户端口承载通路或业务口承载通路的要求与公用传送承载通路相适配,还包括为了通过 AN 传送所需要的协议适配和复用所进行的协议承载通路处理。核心功能可以在 AN 内分配,其主要功能如下:① 接入承载通路处理;② 承载通路集中;③ 信令和分组信息复用;④ ATM 传送承载通路的电路模拟;⑤ 管理和控制功能。

4) 传送功能

传送功能为 AN 中不同地点之间公用承载通路的传送提供通道,也为所用传输介质提供媒质适配功能。其主要功能如下:① 复用功能;② 交叉连接功能(包括疏导和配置);③ 管理功能;④ 物理媒质功能。

5) AN 系统管理功能

AN 系统管理功能的主要作用是协调 AN 内 UPF、SPF、CF 和 TF 的指配、操作和维护,也负责协调用户终端(经 UNI)和业务节点(经 SNI)的操作功能。其主要功能如下:① 配置和控制;② 指配协调;③ 故障检测和指示;④ 用户信息和性能数据收集;⑤ 安全控制;⑥ 协调 UPF 和 SN(经 SNI)的即时管理和操作功能;⑦ 资源管理。

AN-SMF 经 Q3 接口与 TMN 通信以便接受监视和控制；同时为了实时控制的需要，也经 SNI 与 SN-SMF 进行通信。

9.1.3 接入网的主要接口

1. 接口类型

从 ITU-T 关于接入网的定义可知，接入网中具有三种接口：用户—网络接口(UNI)、业务节点接口(SNI)和操作维护管理接口(Q3)。接入网通过这些接口连接到其他网络实体。为了支持不同的业务，接入网可能需要不同的接口，而且 AN 的用户侧与交换机侧的接口可能是不对称的。

1) 用户—网络接口

用户—网络接口是用户与网络间的接口，要能支持各种类型的公用电话交换网(PTSN)、ISDN、按需业务、永久租用业务及其他业务类型连接到接入网，通过分配一个用户端口，可与一个 SNI 取得固定关联。这与用户端口功能及其要求的操作和控制所需的承载能力有关。UNI 主要包括模拟二线音频接口、ISDN 基本速率接口(BRI)、ISDN 基群速率接口(PRI)、ATM 接口、以太网接口以及 B-ISDN 的各种接口。

2) 业务节点接口

业务节点接口是用户接入网和业务节点之间的接口，可分为支持单一接入的 SNI 和综合接入的 SNI。目前支持单一接入的 SNI 主要有两种：一种是模拟接口(Z 接口)，它对应于 UNI 的模拟二线音频接口，可提供普通电话业务或模拟租用线业务；另一种是数字接口 (V 接口)，包括 ITU-T 定义的 V1～V4，其中 V1、V3 和 V4 仅用于 N-ISDN，V2 因通路类型、通路分配方式和信令规范难以达到标准化程度，很少应用。支持综合接入的标准化接口目前有 V5 接口和以 ATM 为基础支持宽带综合接入的 VB5 接口，但 VB5 接口目前尚在制定中，还很不完善。

3) 维护管理接口

Q3 是接入网及其业务节点与电信管理网之间的接口。接入网通过 Q3 与 TMN 相连来实施 TMN 对接入网的管理与协调，从而提高用户所需的接入类型及承载能力。Q3 的功能中比较重要的是分配功能，接入网的管理，资源配置和重新分配，检测、定位和报告接入网的故障位置，监视和报告接入网的性能(比特误码率等)，进行保密控制和资源管理等。实际组网时，AN 往往先通过 Qx 接口连到协调设备，再由协调设备通过 Q3 接口连到 TMN。

2. V5 接口

1) V5 接口的概念

随着通信网的数字化，光纤和数字用户传输系统大量引入，若继续使用 Z 接口接入，将增加 A/D 变换次数，这样既带来了传输损耗又很不经济。另外，数据业务的发展要求从 TE(用户终端)至 LE(本地交换机)之间实现透明的数字连接，这些都要求交换机提供数字用户线的接入能力。为此开发了本地交换机用户侧的数字接口，统称为 V 接口。对于早期所开发的 V1～V4 接口，ITU-T 没有形成国际标准化的接口，为了适应在 AN 范围内有多种传输媒介及多种接入配置和业务，希望有标准化的 V 接口能同时支持多种类型的用户接入。1994 年 ITU-T 通过新型的 V5 接口的规范，制定了 V5.1 和 V5.2 接口的建议 G.964 和 G.965。

我国则在 ITU-T 的 V5 接口技术规范基础上，在 1996 年完成了相应的 V5.1 和 V5.2 接口技术规范的制定，并根据我国电信网的现状，明确了部分可选参数，提供了适合我国国情的 V5 接口及国内 PSTN 协议映射规范技术要求。

V5 接口建立在交换终端接口基础上，是本地数字交换机用户接口的国际标准，是一个完全开放式的接口，支持不同的接入方式，提供综合业务，使不同厂商的设备可以互通，降低了网络的整体成本。

V5.1 接口由一个 2.048 Mb/s 链路组成，它可以使用如下接入：PSTN 接入；基于 64 kb/s 的综合业务数字网(ISDN)接入和用于半永久连接；不加带外信令信息的其他模拟接入或数字接入。这些接入类型都具有指配的承载通路分配，即用户端口与 V5.1 接口内的承载通路具有固定的对应关系，在 AN 内无集线能力。V5.1 使用一个时隙传公共控制信号，其他时隙传话音信号，具有复用功能，在 AN 和 LE 之间的 V5.1 接口的数目不受限制，可用于小规模的 AN 连接。

V5.2 接口可按需要由 1～16 个 2.048 Mb/s 并行链路构成，除能支持 V5.1 接口所支持的接入类型外，还可支持 ISDN 一次群速率接入(即 30B+D 或支持 H0、H12 和 $n\times 64$ Kb/s 业务)。这些接入类型都具有灵活的、基于呼叫的承载通路分配，并且在 AN 内和 V5.2 接口上具有集线功能，可用于中、大规模的 AN 连接。

V5 接口具有重要的分配功能，分配通过 AN 或 LE 的 Q3 接口来完成。当 Q3 具有核实和改变一参数的功能时，就认为该参数被分配。属于同一个用户的不同用户端口可以分配给同一 V5 接口或不同的 V5 接口。V5.1 接口可以通过分配而升级为 V5.2 接口。

V5.1 接口和 V5.2 接口的主要区别如表 9.1 所示。

表 9.1　V5.1 接口和 V5.2 接口的主要区别

V5.1 接口	V5.2 接口
只有一条 E1 链路	按需要可以有 1～16 条 E1 链路
无 BCC 协议，无用户集线功能，E1 时隙与用户终端直接一一对应	有承载通路连接(BCC)协议，支持用户集线功能，E1 承载通路与用户终端动态分配连接
不支持 ISDN-PRA 设备接入	支持 ISDN-PRA 设备接入
无保护协议，无故障链路切换保护功能	有保护协议，有故障链路切换保护功能
无链路控制协议，只对单链路进行管理	有链路控制协议，可对多链路进行管理

在接入网中，一个 AN 可以有一个或多个 V5 接口，每个 V5 接口可以连接到一个 LE 或通过重新配置与另一个 LE 相连，即它不止连接到一个 LE 上。属于同一个用户的不同用户端口可以用同一个或不同的 V5 接口来配置，但一个用户端口侧只能由一个 V5 接口来服务。

V5 接口是一个在接入网中适用范围广、标准化程度高的新型数字接口。V5 接口的标准化代表了重要的网络演进方向，对于接入网的发展具有巨大影响和深远意义，对于设备的开发应用、各种业务的发展和网络的更新也起着重要作用。

2) V5 接口的功能

(1) 承载通路信息：为 ISDN_BA(基本速率 ISDN)用户端口分配 B 通路，或为来自 PSTN 用户端口的 PCM 64 kb/s 通路提供双向传输能力。

(2) 提供 ISDN D 通路信息：为来自 ISDN_BA 和 ISDN_PRA(基群速率 ISDN)用户端口 (V5.2 接口)的 D 通路信息(包括信令、分组型和帧中继数据)提供双向传输能力。

(3) 提供 PSTN 信令信息：为 PSTN 用户端口的信令信息提供双向传输能力。

(4) 提供端口接入控制：提供每个 PSTN 和 ISDN 用户端口状态和控制信息的双向传输能力。

(5) 提供 2.048 Mb/s 链路的控制：提供 2.048 Mb/s 链路的帧定位、复帧定位、告警指示和对 CRC 信息的管理控制。

(6) 定时：提供比特传输、字节识别和帧定位所需的定时信息，这种定时信息也可用于 LE 和 AN 之间的同步操作。

(7) 第二层链路的控制：为控制协议、PSTN 协议、链路控制协议、承载通路连接(BCC)等三层协议信息提供双向传输能力。

(8) 支持公共功能的控制：提供 V5.2 接口系统启动规程、指配数据和重新启动能力的同步应用。

(9) 提供业务所需的多速率连接：在 V5.2 接口内的一个 2.048 Mb/s 链路上根据用户需求，为多个用户提供不同速率的子链路。

(10) 提供链路控制协议：支持 V5.2 接口上 2.048 Mb/s 链路的管理功能(仅 V5.2 接口)。

(11) 提供保护协议：支持在适合的物理 C 通路(通信通路)之间交换逻辑 C 通路，仅用于 V5.2 接口。

(12) 承载通路连接(BCC)协议：用来在 LE 控制下分配承载通路，仅用于 V5.2 接口。

3) V5 接口的协议结构

V5 接口包含 OSI 七层的下三层，即物理层、数据链路层和网络层，可以接模拟用户、ISDN 用户和专用线。接入网侧和本地交换机侧呈不对称布置，层与层之间的信息传递采用原语实现，而同层子层间的信息传递则采用映射，如图 9.5 所示。

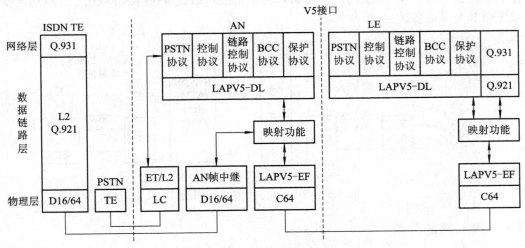

图 9.5 V5 接口协议结构

(1) V5 接口的物理层。V5 接口物理层由 1～16 条 2.048 Mb/s 的链路构成，电气和物理特性符合 G.703 建议，帧结构符合 G.704/G.706 建议。每帧由 32 个时隙组成，其中：时隙 TS0 可用作帧定位和 CRC-4 规程；时隙 TS15、TS16 和 TS31 可用作通信通路(C 通路)，运载信令信息和控制信息通过指配来分配；其余时隙可用作承载通路。

(2) V5 接口的数据链路层。仅对 C 通路而言，使用的规程为 LAPV5，其目的是允许灵活地将不同协议的信息流以统计复用的方式复用到 64 kb/s 的 C 通路上。第二层协议分为两个子层：封装功能子层(LAPV5-EF)和数据链路子层(LAPV5-DL)。数据链路层的功能还应包括帧中继(AN-FR)。

(3) V5 接口的网络层。网络层的功能是协议处理，可以支持 PSTN 信令协议、控制协议、链路控制协议、BCC 协议和保护协议等几种面向消息的协议。

① PSTN 信令协议：引入 V5 接口后，呼叫控制的职责仍在线路设备，接入网的作用只是透明转送模拟用户端口的大多数线路信令，并翻译其中一些模拟线路状态信息，经 V5 送给 LE。

② 控制协议：用户端口可以分为三类，即 PSTN 接入、ISDN 基本速率接入和 ISDN 基群速率接入。

③ 链路控制协议：V5.2 接口由多个 2.048 Mb/s 链路组成，需要应用链路控制规程识别链路并实现对特定链路的阻塞要求。

④ BCC 协议：用来把一特定 2048 kb/s 链路上的承载通路基于呼叫分配给用户端口。

⑤ 保护协议：提供 V5.2 接口在出现故障时通信路径切换的保护功能。

当第三层协议有信令信息需要发送时，通过数据链路子层，请求封装功能子层，用给定的封装功能地址传送数据链路子层端到端的数据。

3．VB5 接口

VB5 接口是 ATM 业务节点的标准化接口，由 ITU-T 建议 G.967 规定，支持 B-ISDN 以及非 B-ISDN 用户接入(包括基于 SDH/PDH 和基于信元的各种速率的用户—网络接口的 B-ISDN 用户接入)；LAN 互连功能的接入；V5 接口的接入、不对称/多媒体业务的接入、广播业务的接入等。图 9.6 所示 ATM 接入与窄带接入通过 VB5 接口与业务节点相连接，完成宽带和窄带业务的处理。

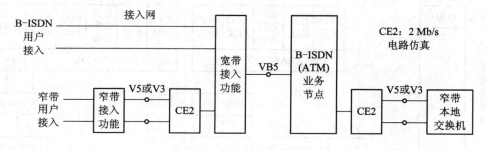

图 9.6　VB5 接口与业务节点相连接

9.1.4　接入网的分类

接入网技术按照不同的标准有不同的分类，如按接入信息的类型不同可分为话音接入、窄带业务接入和宽带业务接入，按照传输介质的不同可分为有线接入、无线接入和有线/无线综合接入，等等。这里主要讨论第二种分类方式，如表 9.2 所示。

表 9.2 接入网技术的分类

接入网技术	有线接入	铜双绞线接入	数字线对增容(DPG)
			xDSL：高比特率数字用户线(HDSL)、对称数字用户线(SDSL)、ISDN 数字用户线(IDSL)、不对称数字用户线(ADSL)、甚高速数字用户线(VDSL)等
			家庭电话线路网络联盟(HomePNA)
		光纤接入	采用 Z 接口的用户环路载波系统(SLC)
			采用 V5 接口的数字环路载波系统(DLC)
			灵活复用系统(FMS)
			无源光纤网络(PON)
		混合接入	光纤/同轴混合接入(HFC)
			交换式数字视频(SDV)
			光纤到楼，五类线入户的以太网接入
	无线接入	固定终端	一点对多点微波系统(MARS)
			多路多点分配业务(MMDS)
			本地多点分配业务(LMDS)
			无线本地用户环(WLL)，包括一点多址微波、固定蜂窝、固定无绳及它们的组合
			直播卫星系统(DBS)
			甚小型天线地球站(VSAT)
			低轨卫星本地固定宽带接入
			光无线接入
		移动终端	无线寻呼系统、无绳电话系统、集群通信系统
			蜂窝移动通信系统
			卫星移动通信系统(包括同步、中轨道、低轨道卫星移动通信系统)
	有线/无线综合接入	光纤/无线综合系统(HFW)	
		个人通信系统(PCS)	

9.2 宽带接入网技术

9.2.1 非对称数字用户线

1. ADSL 概述

非对称数字用户线(ADSL：Asymmetric Digital Subscriber Line)是一种利用原有普通电话线路进行高速数字信息传输的技术，它是 DSL 家族中最重要的一员，也是目前应用最广泛的一种宽带接入技术。

所谓非对称，是指用户线的上行速率与下行速率不同，上行速率低，下行速率高。它的这种不对称性，正好与视像业务和数据(上网)业务的不对称性相适应。因为在实际应用中，视像业务与数据业务的信息流向主要是从网络节点流向用户(下行)的；而从用户流向网络的信息流(上行)相比之下要小得多。根据对 Internet 业务量的统计分析，这种不对称性至少在 10∶1 以上。所以 ADSL 能很好地适应这些业务的传送。

ADSL 具有以下特点：

(1) 高速传输。ADSL 在一对铜线上支持上行速率 16～640 kb/s，下行速率 1～8 Mb/s，有效传输距离在 3～5 km 范围内。

(2) 上网、打电话互不干扰。ADSL 数据信号和电话音频信号利用频分复用技术调制各个频段，使其互不干扰，上网的同时可以拨打或接听电话，解决了拨号上网时不能使用电话的问题。

(3) 独享带宽、安全可靠。ADSL 采用星型的网络拓扑结构，用户可独享高带宽。

(4) 安装快捷方便。利用现有的用户电话线，无需另铺电缆，节省投资。用户只需安装一台 ADSL Modem，无需为宽带上网而重新铺设或变动线路。

(5) 价格实惠。ADSL 上网的数据信号不通过电话交换机设备，这意味着使用 ADSL 上网只需要为数据通信付账，并不需要缴付另外的电话费。

2. ADSL 技术原理

ADSL 利用现有的铜制电话线，在一对电话双绞线上提供高带宽的数据传输服务，同时又不会干扰在同一条线上进行的常规话音服务。

1) 系统结构

ADSL 系统主要由局端模块和远端模块组成，其结构如图 9.7 所示。

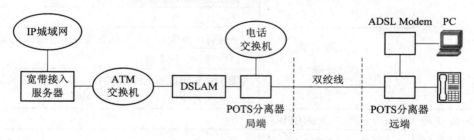

图 9.7　ADSL 的系统结构

局端模块包括 POTS 分离器和 DSL 接入复用器(DSLAM：DSL Access Multiplexer)，其中 DSLAM 由 ADSL 中央传输单元(ATU-C：ADSL Transmission Unit-Central)和接入复用器集成在一起构成。DSLAM 在下行方向执行路由选择和解复用功能，在上行方向执行复用汇接功能和更高层的功能。DSLAM 可以支持 ATM 交换机、IP 路由器和其他接入服务的宽带设备。目前主流的 DSLAM 设备可以同时接入几百到上千条 DSL 线路，高端 DSLAM 设备还具有路由、协议转换、认证、计费等功能。

远端模块包括 ADSL 远端传输单元(ATU-R：ADSL Transmission Unit-Remote)和 POTS 分离器。ATU-R 和 ATU-C 又被称为 ADSL Modem，主要完成复用和解复用、纠错控制、D/A 和 A/D 转换以及信道信号分离功能。调制时将计算机能识别的数字信号转换成可在电话线上传输的模拟信号。解调时将模拟信号转换成计算机能识别的数字信号。POTS 分离器用来分离电话线路中的低频语音信号和高频数字信号，低频语音信号由分离器接电话机来传输普通语音信息，高频数字信号则接入 ATU-R 来传输上网信息和下载视频等节目。

ADSL 的工作原理是：ADSL 系统通过局端和远端设置的话音(POTS：Plain Old Telephone Service)分离器在频域上对 POTS 信号进行组合/分离，理论上可使其与数据业务互不干扰。远端用户侧 PC 的上网数据经过 ADSL Modem 调制成高频信号，在分离器上和普通电话语音的低频信号合成混合信号，传送到用户线路上。这个混合信号被传送至电话局侧的分离器上，被重新分解为数据信号和音频信号。音频信号被传送到电话程控交换机完成普通的语音呼叫；数据信号被传送到 DSLAM 上，由 DSLAM 将用户数据传送到互联网。目前 ADSL 系统有两种传送模式，一种是基于 ATM 传送方式的 ADSL 系统，另一种是基于 IP 和 Ethernet 包传送方式的 ADSL 系统。

POTS 分离器是一个三端口器件，由一个双向低通滤波器和一个双向高通滤波器组合而成，它在一个方向上组合两种信号，而在另一个方向上则将这两种信号分离，如图 9.8 所示。

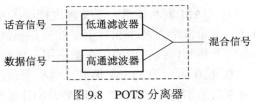

图 9.8　POTS 分离器

现在比较成熟的 ADSL 标准有两种——G.DMT 和 G.Lite。G.DMT 是全速率的 ADSL 标准，支持 8 Mb/s 高速下行和 1.5 Mb/s 上行速率，但要求用户端安装 POTS 分离器，比较复杂且价格昂贵；G.Lite 标准速率较低，下行、上行速率分别为 1.5Mb/s、512 kb/s，但省去了复杂的 POTS 分离器，成本较低且便于安装。就适用领域而言，G.DMT 比较适用于小型或家庭办公室，而 G.Lite 则更适用于普通家庭用户。

2) 频段划分

ADSL 基本上运用了频分复用或回波抵消(EC)技术，将 ADSL 线路划分为多重信道。在线路中，4 kHz 以下的低频段用来传输普通的模拟语音信号，与传统的电话系统相同；25～200 kHz 的频段用来传输上行数据信号；200 kHz～1.1 MHz 的频段用来传输下行数据信号。

FDM 技术将双绞线剩余频带划分为两个互不相交的频带，其中一个频带用于上行信道，另一个频带用于下行信道。EC 技术将双绞线剩余频带划分为两个相互重叠的频带，分别用于上行信道和下行信道，重叠的频带通过本地回波抵消器将其分开。图 9.9 所示是这两种技术对带宽的分配。

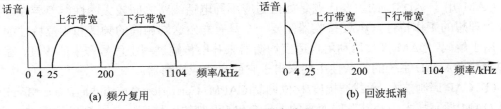

图 9.9　ADSL 带宽分配

这两种分配方式分别适用于使用不同调制解调方式的 ADSL 系统。其中，图 9.9(a)适用于采用 CAP/QAM 调制技术的系统；图 9.9(b)适用于采用 DMT 调制技术的系统。因为采用 CAP/QAM 调制方式的系统一般不需要回波抵消技术，为了降低对滤波器的要求，在上、下行频带之间需要留出必要的滤波隔离带。这种方式的缺点是下行信号占据的频带较宽，而铜线的衰减随频率的升高迅速增大，所以其传输距离受到较大限制。为了延长传输距离，需要压缩信号带宽。而采用 DMT 调制方式的系统，因其子信道带宽较窄，可以对相邻子信道进行频谱正交处理来增加其隔离度，故子信道之间频率间隔较小。同时，高速下行数据信道与中速上行数据信道的频段也可以连续安排，不需要在它们之间保留隔离带，因此可以更有效地利用带宽资源。但是，上、下行信道之间会由回波产生相互干扰，因为相邻信道的回波频谱不一定满足频谱正交性。这种干扰需要采用非对称回波抵消器来消除。

3) 调制技术

在数字用户环路中，为了提高信道频带利用率，一般采用高效调制解调技术。常用的调制技术有 QAM、CAP 和 DMT 三种。

(1) QAM 调制技术。正交幅度调制(QAM：Quadature Amplitude Modulation)使用两个独立的基带波形对两个相互正交的同频载波进行抑制载波的双边带调制，实现两路数字信息在同一频带内同时传输。在数字用户环路中，通常使用多电平正交调幅(MQAM)方案。

图 9.10 所示为 QAM 调制原理框图。发送数据在比特/符号编码器内被分成两路(速率各为原来的 1/2)，分别与一对正交调制分量相乘，求和后输出。与其他调制技术相比，QAM 编码具有能充分利用带宽、抗噪声能力强等优点。

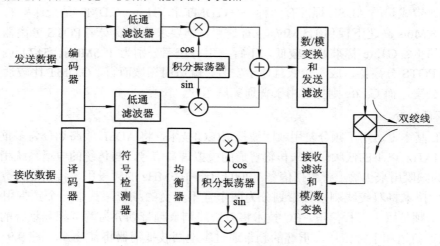

图 9.10　QAM 调制原理框图

QAM 用于 ADSL 的主要问题是如何适应不同电话线路之间较大的性能差异性。要取得较为理想的工作特性，QAM 接收器需要一个具有与发送端相同的频谱和相位特性的输入信号用于解码。QAM 接收器利用自适应均衡器来补偿传输过程中信号产生的失真，因此采用 QAM 的 ADSL 系统的复杂性主要来自于它的自适应均衡器。

(2) CAP 调制技术。无载波幅度/相位调制(CAPM：Carrierless Amplitude-Phase Modulation)是以 QAM 调制技术为基础发展而来的，是 QAM 调制的一种变形。CAP 以数字方式实现，QAM 以模拟方式实现。

图 9.11 所示为 CAP 调制原理框图。输入数据被送入编码器，在编码器内，m 位输入比特被映射为 $k = 2m$ 个不同的复数符号 $A_n = a_n + jb_n$，由 k 个不同的复数符号构成 k-CAP 线路编码。编码后 a_n 和 b_n 被分别送入同相且正交数字整形滤波器，求和后送入 D/A 转换器，

最后经低通滤波器信号发送出去。

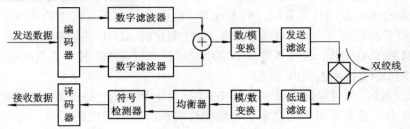

图 9.11 CAP 调制原理框图

CAP 技术用于 ADSL 的主要技术难点是要克服近端串音对信号的干扰。一般通过使用近端串音抵消器或近端串音均衡器来解决这一问题。

(3) DMT 调制技术。离散多音频(DMT：Discrete MultiTone)技术是一种多载波调制技术。其核心思想是将整个传输频带分成若干子信道，每个子信道对应不同频率的载波，在不同载波上分别进行 QAM 调制，不同信道上传输的信息容量(即每个载波调制的数据信号)由当前子信道的传输性能决定。

在 ADSL 系统中，DMT 调制技术的实现过程是首先将频带 25 kHz～1.1 MHz 分割为256 个由频率指示的正交子信道(其中下行数据最多占用 32 个子信道，每个子信道占用4 kHz 带宽)，如图 9.12 所示。系统根据每个子信道的瞬时传输特性，确定其每码元载荷的比特数(1～11 bit)。传输特性好的子信道，分配的比特数较多；传输特性差的子信道，分配的比特数较少；不能传输数据的子信道，则将其关闭。输入信号经过比特分配和缓存，被划分为比特块；经格栅编码调制(TCM：Trellis Code Modulation)后，再进行 512 点离散傅立叶反变换将信号变换到时域，这时的比特块将转换成 256 个 QAM 子字符；随后对每个比特块加上循环前缀(用于消除码间干扰)，经数/模变换和发送滤波器将信号送入信道。在接收端则按相反的次序进行接收解码，如图 9.13 所示。

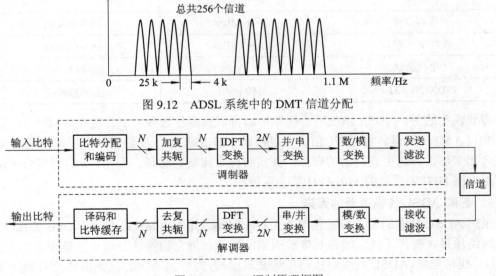

图 9.12 ADSL 系统中的 DMT 信道分配

图 9.13 DMT 调制原理框图

DMT 调制技术提供了子信道传输速率自适应和动态调整的理论，是使用较多且性能较好的一种调制技术，虽然技术复杂、成本较高，但由于 DMT 对线路的依赖性低，并且有很强的抗干扰和自适应能力，DMT 已成为 ANSI 制定的 ADSL 的调制标准——T1.413。

与 QAM 和 CAP 相比，就技术性能和应用灵活性来说，DMT 技术更具吸引力。在 ADSL 系统中，采用 DMT 技术具有以下优点：

(1) 发送与接收都可通过采用 FFT 和 IFFT 运算的数字信号处理器(DSP)来实现。

(2) 没有太大必要采用均衡技术来补偿线性失真引起的脉冲的扩展，因为每个子信道的带宽较窄，近似线性；只要信道被划分得足够细，每个子信道的频率特性均可以看做是平坦的。在接收端不需要采用复杂的信道均衡技术，即可对接收信号进行可靠地解调。理论上而言，只要信道划分得足够细，就可以实现接近信道容量的传输。

(3) 具有较强的抗脉冲干扰能力，因为脉冲的能量被扩散到许多子信道，采用比特交织技术和前向纠错编码就可以消除这些干扰。

(4) 能灵活动态地调整其功率谱，以适应不同用户线路特性，有利于重新配制上、下行信号速率。

3. 支持业务

ADSL 系统利用一条双绞线可同时为用户提供三类传输业务，即 POTS 业务、下行影视业务和双向数据业务。其中，POTS 业务是原有的；下行影视业务和双向数据业务则是通过无源分离器加入的。如果局端或远端的 ADSL Modem 发生故障，并不会对用户的电话业务带来影响。表 9.3 列出了 ADSL 系统支持的业务种类及需要的信道带宽。

表 9.3　ADSL 系统支持的业务种类及需要的信道带宽

业务种类	信道带宽	
	下行信道	上行信道
普通电话(POTS)	4 kHz	4 kHz
电视	3～6 Mb/s	0
视频点播	3～6 Mb/s	16～64 kb/s
视频交互游戏	1.5～3 Mb/s	16～64 kb/s
电视会议	384 kb/s	384 kb/s
N-ISDN(2B + D)接入	160 kb/s	160 kb/s

需要说明的是，ADSL 系统用于视像传输可以有多种选择。下行速率 6 Mb/s 可以支持 4 个 T1(1.5 Mb/s)信道。每个 T1 信道可以传送一路 MPEG-1 质量的数字视像；两个 T1 信道组合起来可以传送更高质量的视像，如实时体育比赛的转播；四个 T1 信道组合(6 Mb/s)可传送一路 HDTV 质量的 MPEG-2 数字视像。

4. 影响 ADSL 传输速率的因素

虽然 ADSL 技术的最大传输速率为上行 1 Mb/s，下行 8 Mb/s，但是 ADSL 的传输速率受到线路质量、噪声干扰、线路长度等因素的影响，通常很难达到最高的速率。

(1) 线路质量。ADSL 技术对线路质量要求很高，理想的 ADSL 线路应该没有感应线圈，线路规格无变化，无桥接抽头，绝缘良好。

(2) 噪声干扰。噪声产生的原因很多，可以是家用电器的开关、电话摘机和挂机以及其他电动设备的运行等，这些突发的电磁波将会耦合到 ADSL 线路中，引起突发错误。

从电话公司到 ADSL 分离器这段连接中，加入任何设备都将影响数据的正常传输，故在 ADSL 分离器之前不要并接电话、电话防盗器等设备。

(3) 线路长度。在传输系统中，发射端发出的信号会随着传输距离的增加而产生损耗，传输距离越远信号损耗越大。ADSL 的最大下行速率为 8 Mb/s，随着距离的增加 ADSL 能够达到的下行速率也越来越小，当传输距离达到 5 km 左右时，基本上已经无法正常进行数据传输了。

因此，在连接 ADSL 线路时，尽量选择绝缘好、抗干扰能力强的电缆；在部署 ADSL 线路时尽量减少接头数量，尽量减少衰减和缩短电缆距离。

9.2.2 光纤同轴混合接入网

1. HFC 技术概述

光纤同轴混合(HFC：Hybrid Fiber Coaxial)接入网在 CATV 的网络基础上进行改造，利用光纤传输的宽频带特性，在保留原有 CATV 视频业务的同时，用空余的频带来传输电话业务、高速数据业务和个人通信业务，构成全业务的传输网络。它是 CATV 网和电话网结合的产物，也是将光纤逐渐推向用户的一种新的经济的演进策略。HFC 网采用光纤到服务区，而在进入用户的"最后 1 公里"采用同轴电缆。HFC 网是解决信息高速公路最后 1 公里宽带接入网的最佳方案。HFC 接入网可传输多种业务，具有较为广阔的应用领域，尤其是目前，绝大多数用户终端均为模拟设备(如电视机)，与 HFC 的传输方式能够较好地兼容。

HFC 接入网的优点如下：

(1) 传输频带较宽。HFC 具有双绞铜线对无法比拟的传输带宽，它的分配网络的主干部分采用光纤，其间可以用光分路器将光信号分配到各个服务区，在光节点处完成光/电变换，再用同轴电缆将信号分送到各用户家中，这种方式兼顾到提供宽带业务所需带宽及节省建立网络开支两个方面的因素。

(2) 与目前的用户设备兼容。HFC 网的最后一段是同轴网，它本身就是一个 CATV 网，因而视频信号可以直接进入用户的电视机，以保证现在大量的模拟终端可以使用。

(3) 支持宽带业务。HFC 网支持全部现有的和发展的窄带及宽带业务，可以很方便地将语音、高速数据及视频信号经调制后送出，从而提供了简单的、能直接过渡到光纤到户(FTTH：Fibre To The Home)的演变方式。

(4) 成本较低。HFC 网的建设可以在原有网络基础上改造，根据各类业务的需求逐渐将网络升级。

(5) 全业务网。HFC 网的目标是能够提供各种类型的模拟和数字通信业务，包括有线和无线、数据和语音、多媒体业务等，即全业务网。

HFC 网的缺点是：因同一网段是共享带宽的，在同时上网的人多时，速度明显变慢；树型结构的系统可靠性较差，限制了对上行信道的利用，属于模拟传输技术，共享媒体，不支持电信管理网。总之，HFC 的最大特点是技术上比较成熟，价格比较低廉，同时可实现宽带传输，能适应今后一段时间内的业务需求并逐步向 FTTH 过渡。无论是数字信号还是模拟信号，只要经过适当的调制和解调，都可以在该透明通道中传输，有很好的兼容性。

HFC 网络是现阶段最为经济的宽带接入平台。

2. HFC 系统的组成与原理

HFC 技术的工作原理如图 9.14 所示。局端把视频信号和电信业务综合在一起，利用光载波，将信号从前端通过光纤馈线网传送至靠近用户的光节点上，光信号经过光网络单元 (ONU：Optical Network Unit) 恢复为原来的电信号，然后用同轴电缆分别送往各个住户的网络接口单元 (NIU：Network Interface Unit)，每个 NIU 服务于一个家庭。NIU 的作用是将整个电信号分解为电话、数据和视频信号后，再送到各个相应的终端设备。对模拟视频信号来说，用户利用现有电视机而无须外加机顶盒就可以接收模拟电视信号了。

图 9.14　HFC 技术工作原理

HFC 是一种副载波调制 (SCM) 系统，它以（电的）副载波去调制光载波，然后将光载波送入光纤进行传输。HFC 网络的下行信号所采用的调制方式（电信号的调制）主要是 64QAM 或 256QAM 方式，上行信号所采用的调制方式主要是 QPSK 和 16QAM 方式。

3. HFC 频谱与业务划分

HFC 网必须具有灵活的、易管理的频段规划，载频必须由前端完全控制并由网络运营者分配。

1) 双向 HFC 的频带划分

HFC 上、下行频谱的分配如图 9.15 所示。低频端的 5～30 MHz 共 25 MHz 安排为上行通道，即所谓的回传通道，主要用来传输电话信号。50～1000 MHz 频带用于下行通道，其中：50～550 MHz 频段用来传输现有的模拟 CATV 信号，每一通路的带宽为 6～8 MHz，因而总共可以传输 60～80 路各种不同制式的电视信号；550～750 MHz 频段允许用来传输附加的模拟 CATV 信号或数字 CATV 信号，但目前倾向用于双向交互型通信业务，特别是电视点播业务；高频端的 750～1000 MHz 已明确仅用于各种双向通信业务，其中两个 50 MHz 频带可用于个人通信业务，其他未分配的频段可以有各种应用以及应付未来可能出现的其他新业务。实际 HFC 系统所用标称频带为 750 MHz、860 MHz 和 1000 MHz，目前用得最多的是 750 MHz 系统。

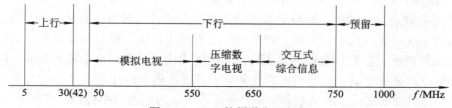

图 9.15　HFC 的频谱分配方案

2) HFC 上的视频点播(VOD)系统

VOD 是一种受用户控制的视频分配业务,它使得每一个用户可以交互地访问远端服务器所储存的丰富节目源。VOD 系统是由信源、信道及信宿组成的。

3) HFC 网上的电话

CATV 电话网又称为电缆电话,不仅可以提供普通电话,也可以提供宽带的电信业务。

4) HFC 网上的双向数据通信

在 CATV 网上进行双向高速数据的传送时,在用户端利用 Cable Modem 上网。Cable Modem 采用先进的调制技术(如 64 QAM),分为对称和非对称两种。HFC 网络大部分采用传统的高速局域网技术,但是最重要的组成部分,也就是同轴电缆到用户计算机这一段使用了另外的一种独立技术,这就是 Cable Modem。

4. HFC 网络双向传输的实现

HFC 网的双向传输方式有以下两种:

1) 光纤通道双向传输方式

从前端到光节点这一段光纤通道中实现双向传输可采用空分复用(SDM)和波分复用(WDM)两种方式,用得比较多的是波分复用(WDM)。

2) 同轴电缆通道双向传输方式

同轴电缆通道实现双向传输方式主要有空间分割方式、频率分割方式和时间分割方式等。在 HFC 网络中一般采用空间分割方式和频率分割方式。

9.2.3 无源光网络

光纤接入网是指采用光纤传输技术的接入网,一般指本地交换机与用户之间采用光纤或部分采用光纤通信的接入系统。按照用户端的光网络单元放置的位置不同,光纤接入网又划分为光纤到路边(FTTC: Fibre To The Curb)、光纤到大楼(FFTB: Fibre To The Building)、光纤到户等。因此光纤接入网又称为 FTTx 接入网。目前基于 FTTx 的接入网已成为宽带接入网络的研究、开发和标准化的重点,并将成为未来接入网的核心技术。

一般按照光纤接入网采用的技术,可将光纤接入网分为两类:有源光网络(AON: Active Optical Network)和无源光网络(PON: Passive Optical Network)。有源光网络是指光配线网(ODN)含有有源器件(电子器件、电子电源)的光网络,该技术主要用于长途骨干传送网。无源光网络指 ODN 不含有任何电子器件及电子电源,ODN 全部由光分路器(Splitter)等无源器件组成,不需要贵重的有源电子设备。

与 AON 相比,PON 的发展更为迅速。PON 已由早期的窄带接入 PON(NPON)发展到目前的宽带接入 PON(BPON)。根据所采用的传输技术不同,目前 BPON 又出现了 APON 和 EPON 两类,其中前者采用 ATM 传输技术,后者采用以太网传输技术。后面分别对它们进行介绍。

1. PON 的参考配置

ITU-TG.982 建议提出了一个与业务和应用无关的光纤接入网的功能参考配置,如图 9.16 所示。该功能参考配置描述了构成光纤接入网的功能单元配置及其连接关系。

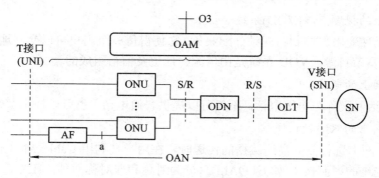

图 9.16　OAN 功能参考配置

由图 9.16 可知，PON 接入网的范围是从 V 接口(即业务节点接口 SNI)到 T 接口(即用户—网络接口 UNI)。它由一个光线路终端(OLT：Optical Line Terminal)、至少一个光配线网(ODN)、至少一个光网络单元(ONU)、适配设施(AF：Adaptation Function)以及光接入网的操作、管理与维护单元(OAN-OAM：Optical Access Network-Operations Administration Maintenance)等组成。

在图 9.16 中，发送参考点 S 是紧靠发送机(ONU 或 OLT)的光连接器后的光连接点；接收参考点 R 是紧靠接收机(ONU 或 OLT)的光连接器前的光连接点；a 参考点是 ONU 与 AF 之间的电连接点。需要说明的是，该图是 ITU-T 针对 PON 提出的参考配置结构，但也适用于 AON。只要把 ODN 中的无源光分路器更换为 PDH 或 SDH 电复用设备(MUX)，就成为 AON 参考配置结构。

2．PON 的基本功能块

PON 主要包含四个基本功能块，即 OLT、ODN、ONU 及 OAM，下面分别介绍它们的功能。

1) 光线路终端(OLT)

在 PON 中，OLT 提供一个与 ODN 相连的光接口，在 OAN 的网络端提供至少一个网络业务接口。它位于本地交换局或远端，为 ONU 所需业务提供必要的传输方式。

2) 光配线网(ODN)

PON 中的 ODN 位于 ONU 和 OLT 之间。ODN 全部由无源器件构成，它具有无源分配功能，为 ONU 和 OLT 提供以光纤为传输媒质的物理连接。在 PON 中，它是由无源光器件组成的无源光分配网，呈树型拓扑结构。在 ODN 中用到的无源光器件主要有光纤、光缆、光连接器、光分路器、光衰减器和光放大器等。

3) 光网络(ONU)单元

ONU 的作用是为光接入网提供远端用户侧接口。其主要任务是终结来自 ODN 的光纤，并为多个单位用户和居民住宅用户提供业务接口。ONU 的用户侧是电接口而网络侧是光接口，因此它要完成光/电和电/光转换任务；另外，它要完成对语声信号的数字化处理和复用任务；它还具有信令处理及维护管理功能。

ONU 的位置具有很大的灵活性，既可以设置在用户所在地，也可以设置在配线点(DP：Distribution Point)甚至灵活接入点(FP)。根据 ONU 在光纤接入网中所处位置的不同，可以将 OAN 划分为几种不同的基本应用类型，即光纤到小区、光纤到路边、光纤到大楼、光纤到办公室、光纤到户。

4) 操作、管理与维护(OAM)单元

OAM 是光接入网的操作、管理与维护单元，它通过 Q3 接口与电信管理网(TMN)相连，与其进行通信并接受其管理。

3. PON 的关键技术

1) PON 的双向传输技术

在 PON 中，OLT 至 ONU 的下行信号传输过程是：OLT 送至各 ONU 的信息采用光时分复用(OTDM：Optical Time Division Multiplexing)方式组成复帧送到馈线光纤；通过无源光分路器以广播方式送至每一个 ONU，ONU 收到下行复帧信号后，分别取出属于自己的那一部分信息。

2) PON 的双向复用技术

光复用技术作为构架信息高速公路的主要技术，对光通信系统和网络的发展及充分挖掘光纤巨大传输容量的潜力起着重要作用。

4. APON 接入技术

采用 ATM 信元传输技术的 PON 称为 ATM-PON，简称为 APON。ITU-T G.983 建议已对 APON 技术进行了详细规范。

APON 系统是一种点到多点系统，它不仅可利用光纤的巨大带宽资源向用户提供宽带服务，而且可以利用 ATM 技术对宽带业务进行高效管理。

1) 系统结构及特点

图 9.17 所示为 APON 系统的拓扑结构。不难看出，这是一个采用星型拓扑结构的点到多点的无源光网络。它主要由 OLT、ODN 和 ONU 组成。一个 ODN 一般包含 8～32 个 ONU，最多可达 64 个 ONU；每个 ONU 可为 4～32 个用户提供服务。OLT 与 ONU 之间通过光纤线路连接，传输的是调制在激光上的 ATM 信元。ONU 与 OLT 的最远距离可达 20 km。

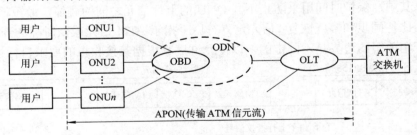

图 9.17　APON 系统拓扑结构

APON 下行采用 TDM 技术以广播方式向各个 ONU 传送 ATM 信元。各 ONU 通过 ATM 信元头中的 VPI/VCI(Virtual Path Identification/Virtual Channel Identification)进行二级识别，提取属于自己的信元，并根据不同业务的 QoS(Quality of Service)进行不同的转接处理。APON 上行采用 TDMA 技术把各 ONU 的业务传送到 OLT，实现用户对网络资源的共享。OLT 以发放授权的方式控制各 ONU 的上行发送。

APON 的应用包括 FTTH、FTTB、FTTCab 以及 FTTCurb 等多种配置结构。对于 FTTH

与 FTTB 的应用，可将 ONU 置于用户室内，使 ONU 的工作环境得到改善，从而可使维护工作量减少，运营成本降低。对于网络的带宽或业务升级，ONU 可以不作改动。

APON 系统的主要特点可归纳如下：

(1) 采用统计时分复用技术。与 TDM-PON 相比，用户容量大，系统效率高。

(2) 动态带宽分配。APON 系统可提供速率不同的各种业务，且能动态调整用户带宽，以满足用户的灵活需要。

(3) 网管能力强，安全性高且时延小。

(4) 传输可靠稳定，质量好。因为无源光网络能彻底避免 ODN 中的各种电磁干扰。

(5) 成本与维护费用低。由于 APON 采用树型拓扑与无源光网络，多个 ONU 可共享干线光纤和 OLT 等设备，因此其成本与 SDH-AON 相比将有较大下降(约下降 20%～40%)。

(6) 扩容简单方便。如在 APON 系统中增加新的 ONU，只需完成测距过程即可提供业务。

(7) 传输距离远。一般 ADSL 系统的传输距离仅为 4 km 左右，而 APON 系统的传输距离可达 20 km 以上。

(8) 标准化程度高。ITU-T 已经对 APON 作出一系列规范，这对该系统的规模生产、广泛应用和成本降低提供了先决条件。

2) 帧结构

根据 G.983 建议，APON 可采用两种速率不同的帧结构：一种是上、下行速率均为 155 Mb/s 的对称速率帧结构；另一种是上行速率为 155 Mb/s，下行速率为 622 Mb/s 的非对称速率帧结构。

(1) 对称速率帧结构。APON 对称速率帧结构如图 9.18 所示。下行帧共有 56 个时隙，每个时隙载荷一个信元，共载荷 56 个信元。其中，ATM 信元 54 个，用于载荷用户信息；PLOAM(Physical Layer OAM)信元 2 个，用于载荷同步、测距以及发送上行授权等信息。PLOAM 信元位于每 28 个时隙中的第一个时隙；其他 ATM 信元依次占用相关时隙。上行帧包含 53 个 ATM 信元，每个信元的前面插入 3 B 的开销前缀，其内容由 OLT 编程决定，并通过下行的 PLOAM 信元告知每个 ONU。开销前缀包括保护时间、前导码和信元定界符三个内容。其中，保护时间用来防止不同 ONU 的上行信元之间的碰撞，最短长度为 4 bit；前导码用于比特同步和幅度恢复；信元定界符用于指示 ATM 信元或微时隙的开始，可用作字同步。开销前缀的边界是不固定的，以便允许厂家根据其接收机的要求自行设定。

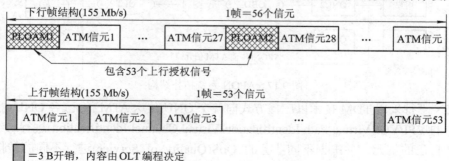

图 9.18　APON 对称速率帧结构

另外，上行帧中可以包含一个分割时隙(Divided Slot)，由来自多个 ONU 的大量微时隙组成,用于传送 ONU 的排队状态信息。OLT 按照 MAC 协议,根据 ONU 的排队状态信息,实现系统带宽的动态分配。

G.983 建议规定了多种 8 bit 长授权信号,分别用于对 ONU 的上行发送 ATM 信元、PLOAM 信元、微信元和空闲授权指示信号等。每个下行帧携带 53 个授权指示信号,分别与上行帧的 53 个时隙对应。ONU 只有收到给予自己的授权信号后才能在相应时隙发送上行信元。每个 PLOAM 信元可携带 27 个授权信号,而一帧只需要 53 个授权信号。所以,第二个 PLOAM 信元的最后一个授权信号区用空闲授权信号填充。

(2) 非对称速率帧结构。APON 非对称速率帧结构如图 9.19 所示。非对称速率帧结构与对称速率帧结构的区别在于下行帧。非对称速率帧结构的下行帧中共有 224 个时隙,每个时隙载荷一个信元,共载荷 224 个信元。其中包括 216 个 ATM 信元和 8 个 PLOAM 信元。与对称帧结构下行帧中的时隙安排相同,PLOAM 信元每隔 28 个时隙安排一个。同样,每个下行帧总共需要 53 个授权信号。这些信号分别安排在 PLOAM1 的全部 27 个信号授权区和 PLOAM2 的前 26 个信号授权区进行传送。PLOAM2 的最后一个信号授权区以及后面 6 个 PLOAM 的信号授权区全部用空闲授权信号填充。

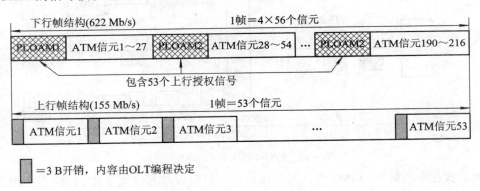

图 9.19　APON 非对称速率帧结构

在 APON 系统中,下行方向采用广播方式,上行方向采用 TDMA 方式。对于下行传输,每个 ONU 接收来自 OLT 的全部信元流,并根据每个信元的 VPI/VCI 值,从中提取属于自己的信元,然后再根据不同业务的 QoS 将接收转发给不同用户;对于上行传输,ONU 则要接受 OLT 的控制。ONU 首先将来自用户设备的 ATM 信元装配成 APON 帧结构中的时隙格式,然后根据 OLT 发来的上行发送授权信息,在规定的时间将其发向 OLT,从而保证各 ONU 的上行信号在到达 OLT 时不致发生碰撞。

5. EPON 接入网技术

EPON(Ethernet PON)即基于以太网的无源光网络,利用 PON 的拓扑结构实现以太网接入的系统。它属于 IP 接入网,是 PON 技术与以太网技术相结合的产物。

2004 年 6 月,IEEE 802.3EFM 工作组发布了 EPON 标准——IEEE 802.3ah,2005 年并入 IEEE 802.3-2005 标准。在该标准中将以太网和 PON 技术相结合,在无源光网络体系架构的基础上,定义了一种新的应用于 EPON 系统的物理层(主要是光接口)规范和扩展的以太网数据链路层协议,以实现在点到多点的 PON 中以太网帧的 TDM 接入。

EPON 系统与 APON 系统相比,技术基本相同。例如,两者都采用星型拓扑结构;上行信号采用时分多址(TDMA)技术，下行信号采用广播方式的时分复用(TDM)技术。二者的主要区别是：EPON 根据 IEEE 802.3 以太网协议，因为 IP 数据包长度可变，最长可为 65 535 B，其中典型长度为 576 B，大量的 IP 包长小于 1500 B，直接封装成以太帧即可转送，仅对于少量的长包需要分割成段装帧传送；APON 则根据 ATM 协议，以固定长度(53 B)的信元传送数据业务。APON 系统传送 IP 业务时，必须把 IP 数据包按每 48 B 分为一组，然后在每组前面加 5 B 的信头，构成一个 ATM 信元才能进行传输。显然，利用 APON 系统传输 IP 业务，不仅增大了开销，浪费了带宽，而且还要增加信息的传输时延以及 OLT 与 ONU 的设备成本。相反，采用 EPON 系统传输 IP 业务，不仅减少了开销，提高了带宽利用率，而且也是最为经济的。

1) EPON 技术的基本网络结构

一个典型的 EPON 系统由 OLT、ONU、POS 组成。其基本网络结构如图 9.20 所示。由业务网络接口到用户网络接口部分为 EPON 网络，EPON 通过 SNI 接口与业务节点相连，通过 UNI 接口与用户设备相连。

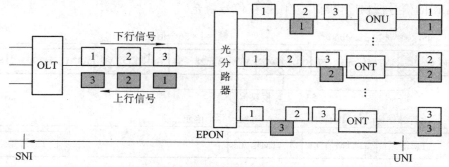

图 9.20　EPON 技术的基本网络结构

OLT 放在中心机房，ONU 放在网络接口单元附近或与其合为一体。POS 是无源光纤分路器，是一个连接 OLT 和 ONU 的无源设备，它的功能是分发下行数据并集中上行数据。

OLT 既是一个交换机或路由器，又是一个多业务提供平台，它提供面向无源光纤网络的光纤接口。OLT 根据 IEEE 802.3 协议，将数据封装为可变长度的数据包，以广播方式传输给所有 ONU。ONU 的主要功能是：选择接收 OLT 发送的广播数据；响应 OLT 发出的测距及功率控制命令，并作相应的调整；对用户的以太网数据进行缓存，并将其在 OLT 分配的发送窗口中向上行方向发送；实现其他相关的以太网功能。

2) 系统类型

EPON 系统有两种类型，一种是使用 2 个波长的系统，另一个是使用 3 个波长的系统。

对于 2 波长系统，其下行使用的波长为 1510 nm，传送下行语音、数据和数字视频业务；上行使用的波长为 1310 nm，传送上行语音、视频点播和下载数据的请求信号。这种系统的双向传输速率均为 1.25 Gb/s，即使 ODB 的分光比为 32，也可传输 20 km。

对于 3 波长系统，除下行使用的波长为 1510 nm，上行使用的波长为 1310 nm 外，又增加了一个下行 1550 nm(1530～1565 nm)波长的传输窗口。新增窗口用于传送下行 CATV 业务或者 DWDM 业务。CATV 业务既可以是模拟视频信号，也可以是 MPEG2 的数字视频信号。这种系统的分光比为 32 时，传送距离可达 18 km。

3) 关键技术

在 APON 系统中用到的关键技术，在 EPON 系统中同样要用到，且实现难度更大。例如，OLT 的突发同步技术在 EPON 系统中更难于实现。由于 EPON 系统的上行传输速率为 1.25 Gb/s，而 APON 系统的上行传输速率为 155 Mb/s，因此要求 OLT 从接收到的几个比特中快速提取出同步时钟，实现突发同步，其难度显然更大。

除此之外，EPON 系统中还要用到保证用户实时业务传输质量的关键技术。由于以太网技术本身不能保证用户实时业务的传输质量，因此必须寻求在 EPON 系统中保证用户实时信息传输质量的关键技术。目前有两种解决方案：

其一，对不同业务采用不同的优先等级，对实时业务给予较高的优先等级，优先传送；

其二，采用带宽预留技术，提供一个开放的高速信道，不传数据，专用于实时业务的传送，以确保其传输质量。

9.2.4 多业务传输平台

近年来，不断增长的 IP 数据、话音、图像等多种业务传送需求使得用户接入及驻地网的宽带化技术迅速普及起来，同时也促进了传输骨干网的大规模建设。由于业务的传送环境发生了巨大变化，原先以承载话音为主要目的的城域网在容量及接口能力上都已经无法满足业务传输与汇聚的要求。于是，多业务传送平台(MSTP: Multi-Service Transport Platform)技术应运而生。

1. MSTP 技术概述

MSTP 是指基于 SDH 平台，同时实现 TDM、ATM、以太网等业务的接入、处理和传送，提供统一网管的多业务传送节点。

MSTP 技术的发展主要体现在对以太网业务的支持上，以太网新业务的 QoS 要求推动着 MSTP 的发展。一般认为 MSTP 技术的发展可以划分为三个阶段。

第一代 MSTP 的特点是提供以太网点到点透传。它将以太网信号直接映射到 SDH 的虚容器(VC)中进行点到点传送。在提供以太网租线业务时，由于业务粒度受限于 VC，一般最小数据传输率为 2 Mb/s，不能提供不同以太网业务的 QoS 区分、流量控制等。

第二代 MSTP 的特点是支持以太网二层交换。它在一个或多个用户以太网接口与一个或多个独立的基于 SDH 虚容器的点对点链路之间实现基于以太网链路层的数据帧交换。它可提供基于 802.3x 的流量控制、多用户隔离和 VLAN 划分、基于生成树协议(STP: Spanning Tree Protocol)的以太网业务层保护以及基于 802.1p 的优先级转发等多项以太网方面的支持。但是它不能提供良好的 QoS 支持，业务带宽粒度仍然受限于 VC，基于 STP 的业务层保护时间太慢，VLAN 功能也不适合大型城域公网应用，还不能实现环上不同位置节点的公平接入，基于 802.3x 的流量控制只是针对点到点链路等。

第三代 MSTP 的特点是支持以太网 QoS。在第三代 MSTP 中，引入了中间的智能适配层、通用成帧规程(GFP: Generic Framing Procedure)高速封装协议、虚级联和链路容量调整机制(LCAS)等多项全新技术。因此，第三代 MSTP 可支持 QoS、多点到多点的连接、用户隔离和带宽共享等功能，能够实现业务等级协定(SLA)增强、阻塞控制以及公平接入等。此外，第三代 MSTP 还具有相当强的可扩展性。可以说，第三代 MSTP 为以太网业务发展提供了全面的支持。

MSTP 技术具有以下优势:

(1) 现阶段大量用户的需求还是固定带宽专线,传输速率主要是 2 Mb/s、10/100 Mb/s、34 Mb/s、155 Mb/s。对于这些专线业务,大致可以划分为固定带宽业务和可变带宽业务。对于固定带宽业务,MSTP 设备从 SDH 那里集成了优秀的承载、调度能力。对于可变带宽业务,可以直接在 MSTP 设备上提供端到端透明传输通道,充分保证服务质量;可以充分利用 MSTP 的二层交换和统计复用功能共享带宽,节约成本,同时使用其中的 VLAN 划分功能隔离数据,用不同的业务质量等级(QoS)来保障重点用户的服务质量。

(2) 在城域汇聚层,实现企业网络边缘节点到中心节点的业务汇聚,具有节点多、端口种类多、用户连接分散和较多端口数量等特点。采用 MSTP 组网,可以实现 IP 路由设备 10M/100M/1000M POS(Packet Over Spit)和 2M/FR 业务的汇聚或直接接入,支持业务汇聚调度、综合承载,具有良好的生存性。根据不同的网络容量需求,可以选择不同速率等级的 MSTP 设备。

2. MSTP 的结构及系统原理

MSTP 是 SDH 在新技术条件下的重要发展,它从单纯地支持 2 Mb/s、34 Mb/s、140 Mb/s、622 Mb/s 等 TDM 业务,扩展到可以支持包括以太网、ATM、视频图像等多种业务综合的多功能设备。

如图 9.21 所示,MSTP 把非 TDM 业务信号的一些处理与 SDH 层面的处理相互分离。例如,对于以太网业务信号,先进行二层交换处理(也可不进行二层交换处理),然后按一定规则进行封装(GFP/LAPS/PPP),再把封装后的数据帧映射到 VC 或 VC-xc 中,最后对所有的 VC(包括 TDM 信号映射的 VC)统一进行 SDH 层面的处理,如交叉连接、开销处理等,形成 STM-N 线路信号进行传输。

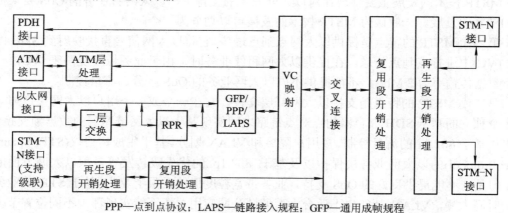

PPP—点到点协议;LAPS—链路接入规程;GFP—通用成帧规程

图 9.21　MSTP 系统原理框图

3. MSTP 的关键技术

1) 数据帧封装技术

(1) 点到点协议。点到点协议(PPP: Point-to-Point Protocol)利用 HDLC(高速数据链路控制)协议来组帧,将用分组/包组成的 HDLC 帧利用字节同步方式映射到 SDH 的 VC

中。它在 POS 系统中用来承载 IP 数据，在 Ethernet Over SDH 系统中用来承载以太帧。它包括三部分：PPP 封装、链路控制协议(LCP)与网络控制协议(NCP)。PPP 封装的作用是把数据以 PPP 帧的格式进行封装；LCP 则用于建立、拆除和监控 PPP 数据链路；NCP 用于协商在数据链路上传输的数据包的格式和类型。

(2) SDH 链路接入规程。SDH 链路接入规程(LAPS：Link Access Procedure-SDH)是一种在 SDH 网络中高效实现大颗粒业务传送的协议，主要针对大颗粒业务的映射，用于提高封装效率，尤其适用于 GE over SDH 的封装，但它只有映射技术，没有多通道捆绑能力。LAPS 协议与 PPP 协议类似，但它通过业务接入点标识符 SAPI 规定了可以封装 IPv4、IPv6 以及其他网络层协议的数据报文，把以太网数据帧或 IP 数据报文直接装进 LAPS 的信息部分，然后再将 LAPS 帧映射到 SDH 的 VC 中，加上相应的开销形成 STM-N 信号。

(3) 通用成帧规程。通用成帧规程(GFP：General Framing Procedure)是 ITU-T G.7041 建议中定义的一种链路层标准协议，它规定了在字节同步的链路中既可以传送长度可变的数据包，又可以传送固定长度的数据块的传送封装格式，是一种简单而又灵活的数据适配方法。GFP 是目前流行的一种比较标准的封装协议，它提供了一种把信号适配到传送网的通用方法。业务信号可以是协议数据单元 PDU 如以太网 MAC 帧，也可以是数据编码如 GE 用户信号。相对于 PPP 和 LAPS，GFP 协议更复杂一些，但其标准化程度更高，用途更广。

GFP 采用了与 ATM 技术相似的帧定界方式，可以透明地封装各种数据信号，利于多厂商设备互联互通；GFP 引进了多服务等级的概念，实现了用户数据的统计复用和 QoS 功能。GFP 采用不同的业务数据封装方法对不同的业务数据进行封装，包括 GFP-F 和 GFP-T 两种方式。GFP-F 封装方式适用于分组数据，把整个分组数据(PPP、IP、RPR、以太网等)封装到 GFP 负荷信息区中，对封装数据不做任何改动，并根据需要来决定是否添加负荷区检测域。GFP-T 封装方式则适用于采用 8B/10B 编码的块数据，从接收的数据块中提取出单个的字符，然后把它映射到固定长度的 GFP 帧中。

GFP 的帧结构如图 9.22 所示。

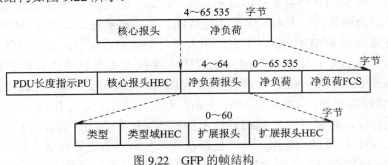

图 9.22　GFP 的帧结构

GFP 帧由两大部分组成，即核心报头与净负荷。GFP 帧又分为两种类型：用户帧与控制帧。用户帧又包括用户数据帧与用户管理帧，用户数据帧用于承载用户的数据信号，而用户管理帧用于承载与用户信号相关的管理信息。控制帧则包括空闲帧与管理帧，空闲帧用于在源端进行 GFP 字节流域传输层速率的适配，管理帧可以承载 OAM 信息。

2) 级联技术

(1) 相邻级联。相邻级联又称连续级联，就是将同一个 STM-N 中的 X 个相邻的 VC 首尾依次连接成一个整体结构即虚容器级联组 VCG(VC Group)进行传送。相邻级联只保留一列通道开销 POH，其余 VC 的 POH 改为填充字节。因此，相邻级联在整个传送过程中必须保持连续的带宽。

(2) 虚级联。虚级联是将分布在不同 STM-N 中的 X 个 VC(可以是同一路由，也可以是不同路由)用字节间插复用方式级联成一个虚拟结构的 VCG 进行传送，也就是把连续的带宽分散在几个独立的 VC 中，到达接收端再将这些 VC 合并在一起。

3) 链路容量调整机制

链路容量调整机制(LCAS：Link Capacity Adjustment Scheme)是在 ITU-T G.7042 中定义的一种可以在不中断数据流的情况下动态调整虚级联个数的功能，它所提供的是平滑地改变传送网中虚级联信号带宽以自动适应业务带宽需求的方法，即利用虚级联 VC 中某些开销字节传递控制信息，在源端与目的端之间提供一种无损伤、动态调整线路容量的控制机制。

LCAS 技术是提高 VC 虚级联性能的重要技术，它不但能动态调整带宽容量，而且还提供了一种容错机制，大大增强了 VC 虚级联的健壮性。LCAS 是一个双向协议，它通过实时地在收发节点之间交换表示状态的控制包来动态调整业务带宽。控制包所能表示的状态有固定、增加、正常、EOS(表示这个 VC 是虚级联信道的最后一个 VC)、空闲和不使用六种。

LCAS 可以将有效净负荷自动映射到可用的 VC 上，从而实现带宽的连续调整，不仅提高了带宽指配速度且对业务无损伤，而且当系统出现故障时，可以动态调整系统带宽，无须人工介入，在保证服务质量的前提下显著提高网络利用率。一般情况下，系统可以实现在通过网管增加或者删除虚级联组成员时，保证"不丢包"；即使是由于"断纤"或者"告警"等原因产生虚级联组成员删除时，也能够保证只有少量丢包。

4) 智能适配层

虽然在第二代 MSTP 中也支持以太网业务，但却不能提供良好的 QoS 支持，其中一个主要原因就是因为现有的以太网技术是无连接的。为了能够在以太网业务中引入 QoS，第三代 MSTP 在以太网和 SDH/SONET 之间引入了一个智能适配层，并通过该智能适配层来处理以太网业务的 QoS 要求。智能适配层的实现技术主要有多协议标签交换(MPLS：Multiple Protocol Label Switching)和弹性分组环(RPR：Resilient Packet Ring)两种。

(1) 多协议标签交换。MPLS 是 1997 年由思科公司提出，并由 IETF 制定的一种多协议标签交换标准协议，它利用 2.5 层交换技术将第三层技术(如 IP 路由等)与第二层技术(如 ATM、帧中继等)有机地结合起来，从而使得在同一个网络上既能提供点到点传送，也可以提供多点传送；既能提供原来以太网尽力而为的服务，又能提供具有很高 QoS 要求的实时交换服务。MPLS 技术使用标签对上层数据进行统一封装，从而实现了用 SDH 承载不同类型的数据包。这一过程的实质就是通过中间智能适配层的引入，将路由器边缘化，同时又将交换机置于网络中心，通过一次路由、多次交换将以太网的业务要求适配到 SDH 信道上，并通过采用 GFP 高速封装协议、虚级联和 LCAS，将网络的整体性能大幅提高。

基于 MPLS 的第三代 MSTP 设备不但能够实现端到端的流量控制，而且还具有公平的接入机制与合理的带宽动态分配机制，能够提供独特的端到端业务 QoS 功能。另外，通过嵌入第二层的 MPLS 技术，允许不同的用户使用同样的 VLAN ID，从根本上解决了 VLAN 地址空间的限制。再者，由于 MPLS 中采用标签机制，路由的计算可以基于以太网拓扑，大大减少了路由设备的数量和复杂度，从整体上优化了以太网数据在 MSTP 中的传输效率，达到了网络资源的最优化配置和最优化使用。

(2) 弹性分组环。RPR 是 IEEE 定义的如何在环型拓扑结构上优化数据交换的 MAC 层协议。RPR 可以承载以太网业务、IP/MPLS 业务、视频和专线业务，其目的在于更好地处理环型拓扑上数据流的问题。

RPR 环由两根光纤组成，在进行环路上的分组处理时，对于每一个节点，如果数据流的目的地不是本节点，就简单地将该数据流前传，这就大大地提高了系统的处理性能。通过执行公平算法，使得环上的每个节点都可以公平地享用每一段带宽，大大提高了环路带宽利用率，并且一条光纤上的业务保护倒换对另一条光纤上的业务没有任何影响。

RPR 是一种专门为环型拓扑结构构造的新型 MAC 协议，具有灵活、可靠等特点。它能够适应任何标准(如 SDH、以太网、DWDM 等)的物理层帧结构，可有效地传送话音、数据、图像等多种类型的业务，支持 SLA 以及二层和三层功能，提供多等级、可靠的 QoS 服务，支持动态的网络拓扑更新。其节点间可采用类似 OSPF 的算法交换拓扑识别信令并具有防止分组死循环的机制，增加了环路的自愈能力。另外，RPR 还具有较强的兼容性和良好的扩展性，具有 TDM、SDH、以太网、POS 等多种类多速率端口，能够承载 IP、SDH、TDM、ATM、以太网等多种协议的业务，还可以方便地增加传输线路、传输带宽或插入新的网络节点，对将来可能出现的新业务、协议或物理层规范具有良好的适应性。再者，由于 RPR 环路每个节点都掌握环型拓扑结构和资源情况，并根据实际情况调整环路带宽分配情况，所以网管人员并不需要对节点间的资源分配进行太多干预，减少了人工配置所带来的人为错误。RPR 使得运营商能够在城域网内以较低成本提供电信级服务，是一种非常适合在城域网骨干层和汇聚层使用的技术。

MPLS 技术与 RPR 技术各有优缺点。MPLS 技术通过 LSP 标签栈突破了 VLAN 在核心节点的地址空间限制，并可以为以太网业务 QoS、SLA 增强和网络资源优化利用提供很好的支持；而 RPR 技术为全分布式接入提供快速分组环保护，支持动态带宽分配、空间重用和额外业务。从对整个城域网网络资源的优化功能来看，MPLS 技术可以从整个城域网网络结构上进行资源的优化，完成最佳的统计复用，而 RPR 技术只能从局部(在一个环的内部)而不是从整个网络结构对网络资源进行优化。从整个城域网的设备构成复杂性来看，使用 MPLS 技术可以在整个城域网上避免第三层路由设备的引入，而 RPR 设备在环与环之间相连接时，却不可避免地要引入第三层路由设备。从保护恢复来看，虽然 MPLS 技术也能提供网络恢复功能，但是 RPR 却能提供更高的网络恢复速度。

4. MSTP 的业务类型

根据 ITU-TG.etnsrv，以太网业务的类型有四种：EPL(以太网专线业务)、EVPL(以太网虚拟专线业务)、EPLAN(以太网专用局域网业务)和 EVPLAN(以太网虚拟专用局域网业务)。

(1) EPL：各个用户独占一个 VC TRUNK 带宽，业务延迟少，提供用户数据的安全性和私有性。

(2) EVPL：又可称为 VPN 专线，其优点在于不同业务流可共享 VC TRUNK 通道，使得同一物理端口可提供多条点到点的业务连接，并在各个方向上的性能相同，接入带宽可调、可管理，业务可收敛、汇聚，节省端口资源。

(3) EPLAN：也称为网桥服务，网络由多条 EPL 专线组成，可实现多点到多点的业务连接。接入带宽可调、可管理，业务可收敛、汇聚。其优点与 EPL 类似，即用户独占带宽，安全性好。

(4) EVPLAN：也称为虚拟网桥服务、多点 VPN 业务或 VPLS 业务，可实现多点到多点的业务连接。

本 章 小 结

从整个电信网的角度，可将全网划分为公用电信网和用户驻地网(CPN)两大块，其中 CPN 属用户所有，故通常电信网指公用电信网部分。

接入网由业务节点接口(SNI)和用户—网络接口(UNI)之间的一系列传送实体(如线路设施和传输设施)组成，为供给电信业务而提供所需的传送承载能力，可经由网络管理接口(Q3)配置和管理。

在电信网中，接入网是由 SNI、UNI 和 Q3 三个接口来定界的，接入网通过这些接口连接到其他网络实体。网络侧经由 SNI 与业务节点(SN)相连，用户侧经由 UNI 与用户相连，管理方面则经 Q3 接口连接到电信管理网(TMN)。

接入网的功能结构是以 ITU-T 建议 G.803 的分层模型为基础的，将网络划分为电路层(CL)、传输通道(TP)层和传输介质(TM)层，其中传输介质层又可以进一步划分为段层和物理介质层。

接入网主要有五项功能，即用户端口功能(UPF)、业务端口功能(SPF)、核心功能(CF)、传送功能(TF)和 AN 系统管理功能(SMF)。

接入网中具有三种接口：用户—网络接口(UNI)、业务节点接口(SNI)和操作维护管理接口(Q3)。

UNI 是用户与网络间的接口；SNI 是用户接入网和业务节点(SN)之间的接口；Q3 是接入网及其业务节点(SN)与电信管理网(TMN)之间的接口。

ADSL(非对称用户数字线路)是一种利用原有普通电话线路进行高速数字信息传输的技术。ADSL 系统主要由局端模块和远端模块组成。局端模块包括 POTS 分离器和 DSLAM(DSL 接入复用器)，其中 DSLAM 由 ADSL 中央传输单元(ATU-C)和接入复用器集成在一起构成。远端模块包括 ADSL 远端传输单元(ATU-R)和 POTS 分离器。

在数字用户环路中，为了提高信道频带利用率，一般采用高效调制解调技术。常用的调制技术有 QAM、CAP 和 DMT。

光纤同轴混合(HFC)接入网是在 CATV 的网络基础上进行改造，利用光纤传输的宽频带特性，在保留原有 CATV 视频业务的同时，用空余的频带来传输电话业务、高速数据业务和个人通信业务，构成全业务的传输网络。

有源光网络(AON)指光配线网(ODN)含有有源器件(电子器件、电子电源)的光网络，该技术主要用于长途骨干传送网。无源光网络(PON)指 ODN 不含有任何电子器件及电子电源，ODN 全部由光分路器(Splitter)等无源器件组成。

PON 主要包含四个基本功能块,即 OLT、ODN、ONU 及 OAM。

PON 的关键技术包括 PON 的双向传输技术和 PON 的双向复用技术。

采用 ATM 信元传输技术的 PON 称为 ATM-PON,简称 APON。

EPON(Ethernet PON)系统是利用 PON 的拓扑结构实现以太网接入的系统。它属于 IP 接入网,是 PON 技术与以太网技术相结合的产物。

MSTP(基于 SDH 的多业务传送节点)是指基于 SDH 平台,同时实现 TDM、ATM、以太网等业务的接入、处理和传送,提供统一网管的多业务平台。

MSTP 的关键技术包括数据帧封装技术、级联技术和链路容量调整机制。

复 习 题

1. 试阐述接入网的发展背景。
2. 接入网是如何定义的? 它可以由哪三个接口定界?
3. 接入网的分层模型由哪几部分组成? 它们之间的关系是什么?
4. 接入网的主要接口有哪些?
5. 简述 ADSL 系统的基本结构和各部分的作用。
6. ADSL 在频段划分上采用了哪两种技术? 它们的优缺点各是什么?
7. ADSL 系统中常用的调制技术有哪些? 试简述其原理。
8. 试分析影响 ADSL 传输速率的因素。
9. 简述 HFC 系统的组成与原理。
10. HFC 技术有什么特点? 说明其频谱是如何划分的。
11. HFC 网络双向传输的实现有哪两种方式?
12. 无源光网络(PON)的基本功能块有哪些? 简述它们的作用。
13. 无源光网络的关键技术有哪些?
14. 光网络单元(ONU)可以分成哪几部分? 各部分的功能要求是什么?
15. 光线路终端(OLT)可以分成哪几部分? 各部分的功能要求是什么?
16. ODN 是由什么组成的? 其功能结构是什么?
17. 简述 APON 接入技术的系统结构及特点。
18. APON 可采用哪两种不同速率的帧结构?
19. 简述 EPON 技术的基本网络结构。
20. EPON 具有什么样的帧结构?
21. 简述 MSTP 的结构及系统原理。
22. MSTP 的概念及其关键技术是什么?

第10章

局 域 网

　　随着下一代网络的发展和物联网的普及，人们将可以在任何时间、任何地点与任何人或物进行通信。未来的通信网络将会给人们带来丰富多彩的业务享受，包含语音、文本、图像、视频等媒体以及这些媒体之间的互动与合成。作为未来通信网络的重要组成部分，局域网(LAN: Local Area Network)扮演的角色将越来越重要。因此，本章在介绍局域网基础知识的基础上，将对以太网、无线局域网和虚拟局域网的架构、机制及关键技术进行详细论述。

10.1　局域网基础知识

10.1.1　局域网概述

1．局域网的定义

　　局域网是在一个局部的地理范围内(如一个学校、工厂和机关内)，将各种计算机、外部设备和数据库等互相连接起来组成的计算机通信网。它可以通过数据通信网与远方的局域网、数据库或处理中心相连接，构成一个大范围的信息处理系统，实现文件管理、软件共享、打印共享、扫描共享、日程安排、电子邮件和传真通信服务等功能。局域网可以由办公室内的两台计算机组成，也可以由一个公司内的上千台计算机组成。总的来说，局域网的特点如下：

　　(1) 覆盖有限的地理范围，一般在 10 m～10 km 之内；

　　(2) 具有较高的数据传输速率，如 10 Mb/s、100 Mb/s 和 1000 Mb/s 等；

　　(3) 低误码率的高质量数据传输；

　　(4) 一般属于一个单位所有，易于建立、维护和扩展，具有较好的灵活性；

　　(5) 可以支持多种传输介质，如双绞线、同轴电缆和光纤等；

　　(6) 能够支持简单的点对点、点对多点通信。

2．局域网的分类

根据分类方法的不同，局域网可分为多种不同类型。

　　(1) 按拓扑结构分类。按照拓扑结构的不同，局域网可分为总线型局域网、环型局域网、星型局域网、树型局域网和混和型局域网。

　　(2) 按传输介质分类。按照传输介质的不同，局域网可分为同轴电缆局域网、双绞线局域网和光纤局域网。若采用无线电波或微波作为传输介质，则这样的局域网称为无线局域网。

(3) 按媒介访问控制方式分类。按照媒介访问控制方式的不同，局域网可分为以太网(Ethernet)、令牌网(Token Ring)、光纤分布式数据接口(FDDI：Fiber Distributed Data Interface)网和 ATM 网。

(4) 按工作方式分类。按照网络工作方式的不同，局域网可分为共享式局域网和交换式局域网。共享式局域网是网络中的所有节点共享一条传输介质，每个节点都可以平均分配到相同的带宽。如果局域网传输介质的带宽为 10 Mb/s，网络中有 n 个节点，则每个节点可以平均分配到(10 Mb/s)/n 的带宽。交换式局域网的核心是交换机，交换机有多个端口，数据可以在多个站点并发传输，每个站点独享网络传输介质带宽。如果网络中有 n 个节点，局域网传输介质的带宽为 10 Mb/s，则整个局域网总的可用带宽是 $n \times 10$ Mb/s。

(5) 按工作模式分类。按照工作模式的不同，局域网可分为对等型网络、客户机/服务器型网络和混合型网络。

3. 局域网的功能

1) 资源共享

资源共享是局域网的基本功能之一。通常，局域网的资源包括硬件资源、软件资源和数据库资源等，这些资源可让网内的主机共享使用。硬件资源共享是指可共享一些特殊的硬件资源，如大型服务器、超大型存储器、绘图仪、激光打印机、摄像头等外部设备，这样可提高网络的经济效益和使用的便捷性。软件资源共享是指可共享其他用户或主机的软件资源，如系统软件、应用软件及其组成的控制程序和处理程序等。例如，天网 Maze 等就是典型的局域网软件资源共享软件。另外，网络技术可以使大量分散的数据被迅速集中、分析和处理，同时也为充分利用这些数据资源提供了方便。因此，分散在不同地点的局域网用户可以共享网内的大型数据库而不必自己再重新设计。

2) 数据和文件的传送

数据和文件的传送是指将地理位置分散的生产单位、部门通过局域网连接起来，进行数据和文件的传送控制管理。现代局域网不仅能传送文件、数据信息，还可以同时传送声音和图像等多媒体信息，这些功能有助于实现局域网内的办公自动化。例如，飞鸽传书软件就是典型的局域网数据文件传送平台。

3) 即时通讯

即时通讯(IM：Instant Messenger)是指能够即时发送和接收局域网内的会话消息。不同于 E-mail，即时通讯的交谈是即时的。例如，支持语音、文字和视频的腾讯通(RTX)，功能强大的企业局域网即时通讯软件 Active Messenger 等，都是局域网即时通讯工具。

4) Internet 功能

局域网用户可以通过代理服务器或路由器接入 Internet，浏览网上资源、查询信息、收发电子邮件等。另外，当用户因出差或在家办公等情况下远离办公室时，可通过拨号连接方式或 VPN 方式访问中心局域网，与中心局域网其他用户协同工作。目前，随着 SOHO 一族等自由职业人群的出现，这种需求将日益增加。

4．局域网的组成

局域网硬件系统主要由服务器、工作站、网络适配器、集线器、局域网交换机和传输介质等组成。

1) 网络服务器

网络服务器是指能够向网络用户提供特定服务的计算机，也是局域网中资源子网的核心。网络服务器可以是专用的服务器、小型机或者高档微机，其类型分为主控服务器和应用服务器两大类。

2) 工作站

工作站(Workstation)或客户机(Client)是用户向网络服务器申请服务的终端设备。用户使用它向服务器索取各种信息及数据，请求服务器提供各种服务。另外，各种类型的微机均可以成为网络工作站。工作站通过网卡以及传输介质与网络服务器连接，具有自己单独的操作系统，以便独立工作。

3) 网络适配器

网络适配器(NIC：Network Interface Card)也称为网卡，是构成网络的基本部件。网卡安装在计算机主板上，与传输介质相连，实现数据帧的封装和拆封、差错校验以及相应的数据通信管理。按照网卡的速率不同，网卡分为 10 Mb/s、10/100 Mb/s、1000 Mb/s 等类型；按照支持的传输介质来分，网卡分为粗缆网卡、细缆网卡、双绞线网卡、光纤网卡等类型。

4) 集线器

集线器(Hub)是以太网的中心连接设备。所有节点通过双绞线与集线器相连成构成的网络，物理上属于星型结构，但逻辑上仍然属于总线型结构，工作在物理层。集线器上除了带有 RJ-45 接口外，一般还带有 AUI 粗缆接口和 BNC 细缆接口，以利用不同介质进行网络连接。

5) 局域网交换机

局域网交换机是交换式局域网的核心设备，也被称为交换式集线器，其支持交换机端口之间的多个并发连接，实现多个节点之间数据的并发传输。以太网交换机可以有多个端口，每个端口可以单独与一个节点连接，也可以与一个以太网集线器连接。交换机的端口类型可以分为两类：半双工端口与全双工端口。按交换机端口的速率来分，可将交换机的类型分为 10 Mb/s、10/100 Mb/s、100 Mb/s 和 1000 Mb/s 等。

6) 传输介质

局域网的传输介质可以使用同轴电缆、双绞线、光纤以及空气等无线传输介质。

(1) 同轴电缆(Coaxial Cable)可分为宽带同轴电缆和基带同轴电缆。其中，宽带同轴电缆的阻抗一般为 75 Ω，多用于闭路电视系统；基带同轴电缆的阻抗 50 Ω，可分为细同轴电缆和粗同轴电缆两类，用于数字传输，数据率可达 10 Mb/s。同轴电缆结构由里到外分为四层：中心铜线(内导体)、塑料绝缘体、网状导电层(外导体)和电线外皮(护套)。其中，中心铜线和网状导电层形成电流回路。

(2) 双绞线(Twisted Pair)是由两条相互绝缘的导线按照一定的规格互相缠绕(一般以逆时针缠绕)在一起而制成的一种通用配线。双绞线过去主要用于传输模拟信号，但现在同样适用于数字信号的传输。双绞线通常采用 8 针水晶头结构，连接标准分为 568B 和 568A，标准 568B 从左至右的线序分别为橙白、橙、绿白、蓝、蓝白、绿、棕白、棕；另一端采用同样的顺序。标准 568A 从左至右的线序分别为橙白、橙、绿白、蓝、蓝白、绿、棕白、棕。

(3) 光纤是光导纤维的简写，是一种利用光在玻璃或塑料制成的纤维中的全反射原理而设计的光传导工具。光纤结构自内向外分别为：内芯层→封套层→外套层。

(4) 无线传输介质简称无线介质或空间介质。无线传输介质是指在两个通信设备之间不使用任何物理连接器，而是通过空气进行信号传输的。根据电磁波的频率，无线传输系统大致分为广播通信系统、地面微波通信系统、卫星微波通信系统和红外线通信系统。

10.1.2　局域网的体系结构

1. 局域网拓扑结构

在计算机网络中，通常将计算机、终端、通信处理机等设备抽象成点，将连接这些设备的通信线路抽象成线，这些点和线所构成的拓扑称为网络拓扑结构。局域网常用拓扑结构包括星型、总线型、环型和树型。

2. 局域网层次体系结构

局域网层次体系结构如图 10.1 所示，包括物理层和数据链路层，其中数据链路层分为介质访问控制(MAC：Medium Access Control)子层和逻辑链路控制(LLC：Logical Link Control)子层。

图 10.1　局域网层次体系结构

1) 物理层

物理层位于局域网层次体系结构的最底层，与 OSI 七层模型的物理层功能相当，主要涉及局域网物理链路上原始比特流的传送，定义局域网物理层的机械、电气、规程和功能特性。另外，物理层还规定了局域网所使用的信号、编码、传输介质、拓扑结构和传输速率。例如，信号编码可以采用曼彻斯特编码，传输介质可采用双绞线、同轴电缆、光缆甚至无线传输介质；拓扑结构则支持总线型、星型、环型、树型和网状等结构，可提供多种不同的数据传输率。

2) MAC 子层

MAC 子层位于数据链路层的下层，除了负责把物理层的"0"、"1"比特流组建成帧，并且通过帧尾部的错误校验信息进行错误检测外，另外一个重要的功能是提供对共享介质的访问，即处理局域网中各节点对共享介质的争用问题，不同类型的局域网通常使用不同的介质访问控制协议。常用的介质访问控制协议有三种：以太网的带冲突检测的载波侦听多路访问 CSMA/CD 方法、环型结构的令牌环访问控制方法及令牌总线访问控制方法。

3) LLC 子层

LLC 子层在网络层和 MAC 子层之间，负责屏蔽掉 MAC 子层的不同实现，将其变成统一的 LLC 界面，从而向网络层提供一致的服务。LLC 子层向网络层提供的服务通过其与网络层之间的逻辑接口(又被称为服务访问点 SAP)实现。LLC 子层负责完成数据链路流量控制、差错恢复等功能。LLC 帧格式如图 10.2 所示，首部包括两个服务访问点，即目标服务访问点(DSAP：Destination Service Access Point)和源服务访问点(SSAP：Source Service

Access Point)，用于标识局域网帧所携带的上层数据类型，如十六进制数 0x06 代表 IP 协议数据，0xE0 代表 Novell 类型协议数据，0xF0 代表 IBM NetBIOS 类型协议数据等。至于 1个字节的控制(Control)字段，一般被设为 0x03，指明采用无连接服务的 802.2 无编号数据格式，数据字段用于封装上层的协议数据单元 PDU。

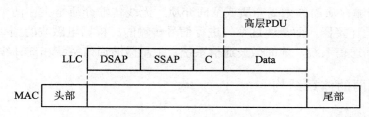

图 10.2　LLC 帧格式

10.1.3　局域网的标准化进展

局域网的标准化工作由美国电子与电气工程师协会(IEEE：Institute of Electrical and Electronic Engineering)制定，称为 IEEE 802 委员会，下面设置有十多个分会，每个分会负责制定相应局域网的标准。例如，802.3 分会制定的标准就称为 802.3 标准，下面将局域网相关的标准化工作介绍如下：

- 802.1：局域网体系结构、网络互联、网络管理和性能测量标准。
- 802.2：逻辑链路控制标准，这是高层协议与任何一种局域网 MAC 子层的接口。
- 802.3：定义 CSMA/CD 总线网络的 MAC 子层和网络层的规约。
- 802.4：令牌总线网络标准，定义令牌传递总线网的 MAC 子层和物理层的规约。
- 802.5：令牌环型网络标准，定义令牌传递环型网的 MAC 子层和物理层的规约。
- 802.6：城域网 MAN 标准，定义城域网的 MAC 子层和物理层的规约。
- 802.7：宽带技术标准。
- 802.8：光纤技术标准。
- 802.9：综合话音技术局域网标准。
- 802.10：可互操作的局域网的安全标准。
- 802.11：宽带无线局域网、WiFi 标准。
- 802.12：优先级高速局域网(100 Mb/s)标准。
- 802.14：电缆电视(Cable-TV)标准。
- 802.15：无线个人网标准。
- 802.16：无线城域网 WiMAX(微波接入全球互操作性认证联盟)、10～66 GHz 固定宽带无线接入系统接口标准。
- 802.17：弹性分组环(Resilient Packed Ring)标准。
- 802.20：无线广域网标准。
- 802.21：用来解决 802 系列的各种有线/无线、固定/移动网络(WiFi、WiMAX 和固定以太网等)以及蜂窝移动通信网之间基于移动 IP 协议的漫游和切换问题。
- 802.22：允许设备使用美国电视频段进行无线数据传输的标准，即"使用美国电视频段的 802.16 标准"。

10.2 以 太 网

10.2.1 以太网的定义

以太网(Ethernet)是一种当前应用最普遍的计算机局域网组网技术。IEEE 制定的 IEEE 802.3 标准给出了以太网的技术标准，规定了包括物理层的连线、电信号和介质访问层协议的内容。另外，以太网的标准拓扑结构为总线型拓扑，但目前的快速以太网(100BASE-T、1000BASE-T 标准)为了最大限度地减少冲突，提高网络速度和使用效率，使用交换机来进行网络连接和组织，这样以太网的拓扑结构就变成了星型拓扑结构。

10.2.2 以太网的历史

以太网技术的最初进展来自于美国施乐(Xerox)公司的帕洛阿尔托(Palo Alto)研究中心。人们通常认为以太网发明于 1973 年，当年鲍勃·梅特卡夫(Bob Metcalfe)给他帕洛阿尔托研究中心的老板写了一篇有关以太网潜力的备忘录。但是梅特卡夫本人认为以太网是之后几年才出现的。1976 年，梅特卡夫和他的助手 David Boggs 发表了一篇名为《以太网：局域计算机网络的分布式包交换技术》的文章。

1979 年，梅特卡夫为了开发局域网，离开了施乐，成立了 3Com 公司。3Com 对 DEC、英特尔和施乐进行游说，希望与他们一起将以太网标准化、规范化。这个通用的以太网标准于 1980 年 9 月 30 日出台。当时业界有两个流行的非公有网络标准——令牌环网和 ARCNET，但在以太网大潮的冲击下它们很快萎缩并被取代。而在此过程中，3Com 也成了一个国际化的大公司。

1980 年 9 月，DEC、Intel 和 Xerox 三个公司联合提出 10 Mb/s 以太网规约第一版本 DIX V1(DIX 为三个公司名字的缩写)。1982 年，DIX V2 出台，成为世界上第一个局域网产品的规约。在此基础上，IEEE 802 委员会的 802.3 工作组于 1983 年制定了第一个 IEEE 的局域网标准 IEEE 802.3，数据速率为 10 Mb/s。802.3 标准的局域网对 DIX V2 以太网的帧格式做了微小更改，两个标准差别较小且可以互操作，因此常将 802.3 局域网简称为以太网。20 世纪 90 年代以后，竞争激烈的局域网市场尘埃落定，以太网在局域网市场取得垄断地位，以太网几乎成为局域网的代名词，但是 TCP/IP 经常使用的是 DIX Ethernet V2 而非 802.3 标准。

10.2.3 以太网技术

1. 以太网 MAC 帧格式

以太网 MAC 帧格式如图 10.3 所示，各字段的含义如下：

(1) 前导同步码由 7 个同步字节组成，用于收发之间的定时同步；

(2) SFD 为 1 个字节的帧起始定界符；

(3) 目的地址为接收数据帧主机的 MAC 地址，占 6 个字节；

(4) 源地址是发送数据帧主机的 MAC 地址，占 6 个字节；

(5) 类型或长度字段是指帧中数据的协议类型或长度，占 2 个字节；

(6) 有效数据字节的长度可从 0 到 1500 个字节，但必须保证帧不得小于 64 个字节，否则就要填入填充字节；

(7) 帧校验 FCS 字段占用 4 个字节，采用 CRC 码来校验帧传输中的差错。

7	1	6	6	2	46～1500	4
前导码	SFD	目的地址	源地址	类型或长度	数据/填充	FCS

图 10.3　以太网 MAC 帧格式

2. CSMA/CD 访问控制

带冲突检测的载波监听多路访问简称为 CSMA/CD(Carrier Sense Multiple Access/Collision Detect)。由于在以太网中所有的节点共享传输介质，因此如何保证传输介质有序、高效地为多个节点提供传输服务，就是以太网的介质访问控制协议要解决的问题。CSMA/CD 通常用于总线型拓扑结构中。

1) 基本原理

CSMA/CD 是一种争用型的介质访问控制协议。它起源于美国夏威夷大学开发的 ALOHA 网所采用的争用型协议，并进行了改进，使之具有比 ALOHA 更高的介质利用率。CSMA/CD 的工作流程如图 10.4 所示，发送数据前，先侦听信道是否空闲，若空闲，则立即发送数据；在发送数据时，边发送边继续侦听，若侦听到冲突，则立即停止发送数据，等待一段随机时间再重新尝试。

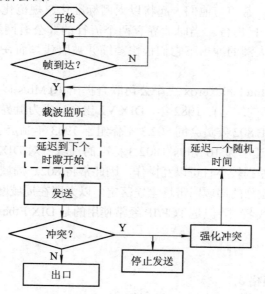

图 10.4　CSMA/CD 的工作流程

有人将 CSMA/CD 的工作过程形象地比喻成很多人在一间黑屋子中举行讨论会。每个人在说话前必须先倾听，只有等会场安静下来后，他才能够发言。人们将发言前监听以确定是否已有人在发言的动作称为"载波侦听"；将在会场安静的情况下每人都有平等机会讲话称为"多路访问";如果有两人或两人以上同时说话,大家就无法听清其中任何一人的发言,这种情况称为"冲突"。发言人在发言过程中要及时发现是否发生冲突,这个动作称为"冲突检测"。如果发言人发现冲突已经发生,这时他需要停止讲话,然后随机后退延迟,再次重复上述过程,直至讲话成功。如果失败次数太多,他也许就放弃这次发言了。

2) CSMA/CD 控制规程

CSMA/CD 控制规程的核心问题是解决在公共通道上以广播方式传送数据中可能出现的问题,控制过程包含四个处理程序:侦听、发送、检测和冲突处理。

(1) 侦听:通过专门的检测机制,在站点准备发送前先侦听一下总线上是否有数据正在传送。若"忙",则进入"冲突处理"程序;若"闲",则进入"发送"程序。

(2) 发送:当确定要发送后,通过发送机构,向总线发送数据。

(3) 检测:数据发送后,也可能发生数据碰撞。因此,要边发送边检测,以判断是否有冲突。

(4) 冲突处理:当确认发生冲突后,开始处理冲突,但是存在两种冲突处理情况:第一种情况是,若在侦听中发现线路忙,则等待一个延时后再次侦听,若仍然忙,则继续延时等待,一直到可以发送为止;第二种情况是,若发送过程中发现数据碰撞,则先发送阻塞信息,再进行侦听工作,以待下次重新发送。

总之,CSMA/CD 介质访问控制原理可以概括为:先听后说,边听边说;一旦冲突,立即停说;等待时机,然后再说。其中,"听"即监听检测之意,"说"即发送数据之意。

3. 交换式以太网技术

1) 基本原理

交换式以太网是以交换机为核心构建的一种星型拓扑结构网络,近几年来得到了广泛应用。交换式以太网的优点如下:

(1) 网络升级时,交换式以太网不需要改变网络其他硬件,包括电缆和用户网卡,仅需要用交换机替换共享式集线器,节省了用户网络升级的费用。

(2) 可在高速与低速网络之间转换,实现不同网络的协同。

(3) 同时提供多个通道,比传统的共享式集线器提供更多的带宽。传统的共享式 10/100 Mb/s 以太网采用广播通信方式,每次只能在一对用户间进行通信,如果发生碰撞还得重试,而交换式以太网允许不同用户间同时进行传送,如一个 16 端口的以太网交换机允许 16 个站点在 8 条链路间通信。

2) 二层交换技术

二层交换技术由二层交换机设备实现,具有自学习能力,通过识别数据包中的 MAC 地址,生成 MAC-Port 转发表,然后根据 MAC 地址进行转发。如图 10.5 所示,二层交换技术的原理如下:

(1) 交换机从某个端口收到一个数据帧后,先从帧头部获取到源 MAC 地址与对应端口号,然后读取帧头部的目的 MAC 地址,并在地址表中查找相应的端口,若表中有与该目的 MAC 地址对应的端口,则把数据帧直接复制到该端口上。

(2) 若表中找不到相应的端口,则把数据帧广播到其他所有端口上,当目的主机对源主机回应时,交换机又可以学习到目的 MAC 地址与对应端口号,在下次传送数据时就不再需要对其他所有端口进行广播了。不断地重复这个过程，二层交换机就建立起了相应的 MAC 地址—端口号映射表。

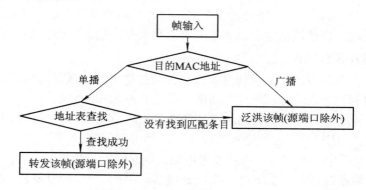

图 10.5　二层交换原理

二层交换技术彻底解决了困扰以太网的冲突问题，极大地改进了以太网的性能。但是，二层交换机不能处理不同 IP 子网之间的数据交换。

3) 三层交换技术

随着 Internet 的发展，局域网和广域网技术得到了广泛应用。数据交换技术从简单的电路交换发展到二层交换，从二层交换又逐渐发展到今天较成熟的三层交换，以致发展到将来的高层交换。三层交换技术就是：二层交换技术＋三层转发技术。它解决了局域网中网段划分之后，子网必须依赖路由器进行管理的局面，解决了传统路由器低速、复杂所造成的网络瓶颈问题。

(1) 三层交换技术的产生原因。二层交换技术按照所接收到数据包的目的 MAC 地址来进行转发，对于网络层或者高层协议是透明的。它不处理网络层的 IP 地址以及上层协议地址，只需要根据数据包的物理地址(MAC 地址)，靠硬件进行转发，提高了转发速度，这是二层交换的一个显著的优点。但是，二层交换机不能处理不同 IP 子网之间的数据交换。传统的路由器可以处理大量的跨越 IP 子网的数据包，但是它的转发效率比二层低，因此要想利用二层转发效率高这一优点，又要处理三层 IP 数据包，三层交换技术就诞生了。

(2) 三层交换的特点。相对于路由器，三层交换机具有所有二层交换机的功能，比如基于 MAC 地址转发、生成树协议、虚拟局域网 VLAN 等。相对于传统二层交换机，三层交换机还具有三层功能，即能完成不同网络(如虚拟局域网)之间的三层互通。

一般三层交换机都能实现三层精确查找，即根据数据帧的目的网络层地址直接检索内部的高速缓冲区，而传统的路由器进行的则是最长匹配查找，即根据数据帧的目的网络地址查找路由表，选择有最长匹配的路由项作为转发依据。对于三层转发的实现方式，不同的厂商有不同的实现方法。用精确查找实现三层转发比较适合于路由相对稳定的网络。

网络的选路规则为：第一，相同网段内部的通信通过二层功能完成互通。当主机与对端主机通信时，根据自身的 IP 地址和子网掩码来确定对方是否在本网段内，如果判定在相同网段，则直接通过 ARP 查找对方的 MAC 地址，然后把对方的 MAC 地址填入以太帧头的目的 MAC 地址域。第二，不同网段之间的通信通过网关实现。主机通过 ARP 来查找对方的 MAC 地址，结果得到去往目的主机的本地网关 MAC 地址，然后把网关的 MAC 地址填入以太网帧头的目的 MAC 地址域。根据选路规则,三层交换机根据以太网帧的目的 MAC 地址域的地址来判断是进行二层转发还是三层转发。

(3) 三层交换机的分类。三层交换机可以根据其处理数据的不同而分为纯硬件和纯软件两大类。

纯硬件的三层交换机相对来说技术复杂、成本高,但是速度快、性能好、负载能力强。其原理是采用 ASIC 芯片,以硬件方式进行路由表的查找和刷新。如图 10.6 所示,当接口芯片的端口接收数据以后,首先在二层交换芯片中查找相应的目的 MAC 地址,如果查到,就进行二层转发,否则将数据送至三层引擎。在三层引擎中,ASIC 芯片查找相应的路由表信息,与数据的目的 IP 地址相比对,然后发送 ARP 数据包到目的主机,得到该主机的 MAC 地址,将 MAC 地址发到二层芯片,由二层芯片转发该数据包。

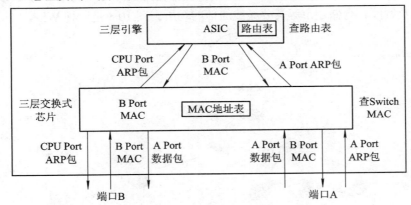

图 10.6 纯硬件的三层交换机原理

基于软件的三层交换机原理如图 10.7 所示。其中,CPU 采用软件的方式查找路由表,当由接口芯片接收数据以后,首先在二层交换芯片中查找相应的目的 MAC 地址,如果查到,就进行二层转发,否则将数据送至 CPU,CPU 以数据包头携带的目的 IP 地址查找路由表,获取目的主机的 MAC 地址(或发送 ARP 数据包到目的主机得到该主机的 MAC 地址),以目的 MAC 地址封装数据发到二层芯片,由二层芯片转发该数据包。基于软件的三层交换机技术的特点是比较简单,但速度较慢,不适合作为主干。

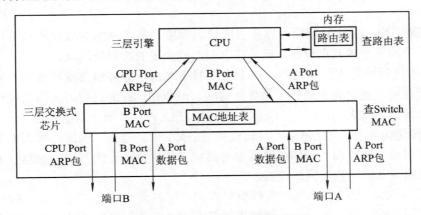

图 10.7 基于软件的三层交换机原理

10.3　无线局域网

10.3.1　无线局域网的定义

无线局域网络(WLAN：Wireless Local Area Networks)是一种利用射频(RF：Radio Frequency)技术取代双绞铜线的通信网络。基于 IEEE 802.11 标准的无线局域网允许在局域网络环境中使用未授权的 2.4 GHz 或 5.3 GHz 射频波段进行无线连接。它们应用广泛，主要应用于难以布线或者布线成本太高的地区，如校园会议室、展览厅、咖啡厅等人员变动频繁的地方以及餐厅、仓储超市等需要无线通信的场所。图 10.8 是一种 WLAN 的典型结构。

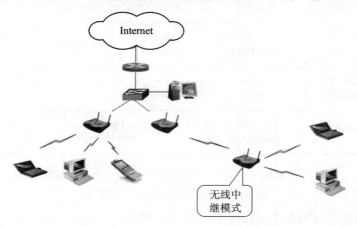

图 10.8　WLAN 的典型结构

WLAN 的优点如下：

(1) 具有灵活性和移动性。在有线网络中，网络设备的安放位置要受网络位置的限制，而无线局域网在无线信号覆盖区域内的任何一个位置都可以接入网络。无线局域网另一个最大的优点在于其具有移动性，连接到无线局域网的用户可以移动且能同时与网络保持连接。

(2) 安装便捷。无线局域网可以免去或最大程度地减少网络布线费用和工作量，一般只要安装一个或多个接入点设备，就可建立覆盖整个区域的局域网络。

(3) 易于进行网络规划和调整。对于有线网络来说，办公地点或网络拓扑的改变通常意味着重新建网。重新布线是一个昂贵、费时、浪费和琐碎的过程，无线局域网可以避免或减少以上情况的发生。

(4) 故障定位容易。有线网络一旦出现物理故障，尤其是由于线路连接不良而造成的网络中断往往很难查明，而且检修线路需要付出很大的代价。无线网络则很容易定位故障，只需更换故障设备即可恢复网络连接。

(5) 易于扩展。无线局域网有多种配置方式，可以很快从只有几个用户的小型局域网扩展到上千用户的大型网络，并且能够提供节点间"漫游"等有线网络无法实现的特性。

由于无线局域网有以上诸多优点，因此其发展十分迅速。最近几年，无线局域网已经在企业、医院、商店、工厂和学校等场合得到了广泛的应用。

无线局域网在给网络用户带来便捷和实用的同时，也存在着一些缺陷。无线局域网的不足之处主要体现在以下几个方面：

(1) 性能。无线局域网是依靠无线电波进行传输的。这些电波通过无线发射装置进行发射，而建筑物、车辆、树木和其他障碍物都可能阻碍电磁波的传输，所以会影响网络的性能。

(2) 速率。无线信道的传输速率与有线信道相比要低。

(3) 安全性。本质上无线电波不要求建立物理的连接通道，无线信号是发散的。从理论上讲，无线电波广播范围内的任何信号很容易被监听到，会造成通信信息泄漏。

10.3.2 无线局域网的组成

一般来说，无线局域网由无线终端、访问接入点、基本服务集、独立基本服务集、分布式系统和扩展服务集六大部分组成。

(1) 无线终端(STA：Station)。STA 通常指的是可以接入无线网络的节点，一般指的是带有无线网卡的设备。

(2) 访问接入点(AP：Access Point)。AP 的主要作用是提供无线终端和有线或无线网络的连接，多数情况下 AP 都与有线网络连接，使得和该 AP 连接的无线终端可以接入有线网络获取服务，AP 通常可以是一个无线交换机或者无线路由器。

(3) 基本服务集(BSS：Basic Service Set)。一个基本服务集包括一个 AP 和若干个 STA，所有处于同一 BSS 的 STA 都可以直接通信，但要访问 BSS 以外的资源时必须通过本 BSS 的 AP，如图 10.9 所示。每个 BSS 都有一个服务集标示符(SSID：Service SetIdentifier)。在 BSS 模式中，客户端连接到 AP，而 AP 允许它们与其他客户端通信。然而，每个 AP 都需要唯一的 ID，这个 ID 称为基本服务集标识符(BSSID：Basic Service Set Identifier)，这是 AP 的无线网卡的 MAC 地址。

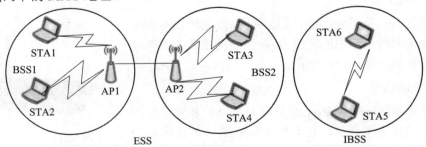

图 10.9　基本服务集、独立基本服务集和扩展服务集

(4) 独立基本服务集(IBSS：Independent Basic Service Set)。不包含 AP 的 BSS 就称为 IBSS，如图 10.9 所示。

(5) 分布式系统(DS：Distribution System)。DS 是接入点 AP 间转发帧的骨干网络，用于连接不同的基本服务集，通常指的是固定的基础结构，如以太网。

(6) 扩展服务集(ESS：Extended Service Set)。DS 和多个 BSS 允许 IEEE 802.11 构成一

个任意大小和复杂的无线网络。IEEE 802.11b 把这种网络称为扩展服务集网络，如图 10.9 所示。同样，ESS 也有一个标识的名称，即 ESSID。

　　另外，WLAN 的组网方式按照有无中心节点分为两类：无中心节点的点对点自治式网络和有中心节点的集中式网络。

10.3.3　无线局域网常用设备

1．无线网卡

　　根据接口不同，采用无线信号进行网络连接的网卡可分为 PCI 无线网卡、PCMCIA 无线网卡、USB 无线网卡和 SD/CF 无线网卡。图 10.10 所示为前三种常用无线网卡。各类型网卡的描述如下：

　　(1) PCI 无线网卡适用于普通的台式机使用，插在主板的 PCI 插槽上，无需外置电源。

　　(2) PCMCIA 无线网卡仅适用于笔记本电脑，支持热插拔。

　　(3) USB 无线网卡同时适用于笔记本和台式机，支持热插拔。这种网卡不管是台式机用户还是笔记本用户，只要安装了驱动程序，都可以使用。在选择时要注意的一点就是，只有采用 USB 2.0 接口的无线网卡才能满足 802.11g 无线产品或 802.11g+ 无线产品的需求。

　　(4) SD/CF 无线网卡适用于掌上电脑(PDA)。

(a) PCI 无线网卡　　　　　　(b) PCMCIA 无线网卡　　　　　(c) USB 无线网卡

图 10.10　常用无线网卡

2．无线接入点

　　无线接入点也称无线网桥、无线网关，此无线设备的传输机制相当于有线网络中的集线器，在无线局域网中不停地接收和传送数据。图 10.11 所示为一款无线接入点 AP。

3．无线路由器

　　无线路由器(Wireless Router)是将无线 AP 和宽带路由器合二为一的扩展型产品，它不仅具备无线 AP 的所有功能，而且还包括网络地址转换(NAT)功能，可支持局域网用户的网络连接共享。无线路由器可实现家庭无线网络中的 Internet 连接共享以及 ADSL 和小区宽带的无线共享接入。通俗地讲，AP 是 WLAN 和 LAN 之间沟通的桥梁，无线路由器就是 AP、路由功能和交换机的集合体，支持有线无线组成同一子网，直接接上 Modem。图 10.12 所示为一款无线路由器。

图 10.11　无线接入点 AP

图 10.12　无线路由器

10.4 虚拟局域网

10.4.1 虚拟局域网的定义

虚拟局域网(VLAN: Virtual Local Area Network)是一种将局域网设备从逻辑上划分成一个个网段,从而实现虚拟工作组的新兴数据交换技术。

传统的以太网交换机在转发数据时,采用源地址学习的方式,自动学习各个端口连接的主机的 MAC 地址,形成转发表,然后依据此表进行以太网帧的转发,整个转发的过程自动完成,所有端口都可以互访,维护人员无法控制端口之间的转发。因此,局域网存在以下缺点:

(1) 网络的安全性差。由于各个端口之间可以直接互访,增加了用户进行网络攻击的可能性。

(2) 网络效率低。用户可能收到大量不需要的报文,消耗网络带宽资源和主机 CPU 资源,例如不必要的广播报文。

(3) 业务扩展能力差。网络设备平等对待每台主机的报文,无法实现有差别的服务,例如无法优先转发用于网络管理的以太网帧。

图 10.13 是一种简单的 LAN 结构,若要限制主机 B 对主机 A 的访问,就可以采用虚拟局域网技术来实现。

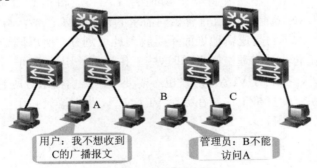

图 10.13 传统以太网结构

与以太网技术不同,VLAN 技术把用户划分成多个逻辑的网络(Group),组内可以通信,组间不允许通信,二层转发的单播、组播、广播报文只能在组内转发。同时,VLAN 技术可以很容易地实现组成员的添加或删除,即 VLAN 技术提供了一种管理手段,控制终端之间的互通。应用 VLAN 技术的好处如下:

(1) 提高网络性能。VLAN 技术允许网络管理者将路由器上的端口作逻辑分组,使得从某个 VLAN 中产生的字节流只能在从属于该 VLAN 的路由器端口之间流动。在一个有大量广播和多播报文的网络中,应用 VLAN 技术可以把这些报文限制在各个 VLAN 里,从而可以大大减少整个网络中不必要的信息流量,提高网络性能。

(2) 组建虚拟组织。VLAN 技术是随着人们生产活动中越来越多的跨部门跨职能开发团队的出现而提出的。组建虚拟组织,特别是虚拟工作组,是提出 VLAN 技术的初衷和目标之一。在实际应用时，对于同一个工作组内的成员，在该工作组存在的短时期内，可以把他们的计算机工作站划分在一个 VLAN 里以便于其进行通信。这样，每个组内成员的计算机工作站既无需搬移到一起，也无需改变各自的设置，只需在网络管理者那里做一些改变就可以了。

(3) 简化网络管理。根据 David J. Buerger 的分析计算，传统的 LAN 中约有 70%的网络花销是因为添加、删除、移动、更改网络用户而导致的。每当有一个用户加入局域网，就会因此而引发一系列的端口分配、地址分配、网络设备重新配置等网络管理任务。然而在使用 VLAN 技术后，这些任务都可得以简化。举例来说，当某台计算机工作站从一个空间位置移动到另一个空间位置时，不需要为其重新手工配置网络属性——网络自身就能够动态地完成这项任务。这种动态管理网络的方式给网络管理者和使用者都带来了极大的便利。

(4) 提高网络安全。在以往的局域网中，不时地会有些敏感数据被有意或无意地广播到网络上，从而有可能造成信息泄密。在这种情况下，确定谁可以访问到这些数据就显得很重要。使用 VLAN 技术可以将敏感数据的传播限制在安全范围内，只允许已定义的 VLAN成员访问相关数据。VLAN 还可被用来设立防火墙、限制数据访问以及将网络入侵事件通知给网络管理者等，这些都可以提高网络的安全系数。

(5) 减少设备投资。VLAN 技术可被用来创建逻辑的广播域，因而可以减少用于购买昂贵的路由器等广播域隔离设备的投资。

10.4.2　虚拟局域网的组网方式

VLAN 技术允许网络管理者将一个物理的 LAN 逻辑地划分成不同的广播(即VLAN)，每一个 VLAN 都包含一组有着相同需求的计算机工作站，与物理上形成的 LAN有着相同的属性。但由于它是逻辑地址而不是物理地址划分，所以同一个 VLAN 内的各个工作站无须被放置在同一个物理空间里，即这些工作站不一定属于同一个物理LAN网段(如图 10.14 所示)。另外，在划分 VLAN 时，也不需要使用路由器来分隔它们，VLAN 技术使用桥接软件来决定哪台计算机工作站在哪个 VLAN 里，路由器只被用于在不同的 VLAN 间承担通信任务。

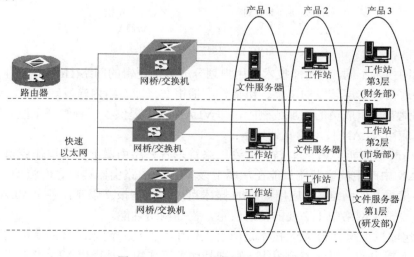

图 10.14　VLAN 的组网方式示意图

10.4.3 虚拟局域网的划分方法

根据划分 VLAN 的方式不同，VLAN 的划分方法可以分为以下六种。

1. 基于端口划分 VLAN

基于端口划分 VLAN 即以网络设备的哪个端口属于哪个 VLAN 的标准来划分 VLAN。例如，在一个有 8 个端口的交换机中，端口 1、2、4、7 属于 VLAN1，而端口 3、5、6、8 属于 VLAN2。因此，与这些端口相连的设备收发的数据帧相应地也分别属于 VLAN1、VLAN2。究竟如何配置，由管理员决定。如果有多个网络设备，例如有多个路由器，则甚至可以指定路由器 1 的 1~6 端口和路由器 2 的 1~4 端口为同一 VLAN，即同一 VLAN 可以跨越数个路由器，根据端口划分是目前定义 VLAN 最常用的方法，IEEE 802.1Q 协议标准草案中对如何根据交换机的端口来划分 VLAN 给出了明确的规定。这种划分方法的优点和缺点都很明显，优点是定义 VLAN 成员时非常简单，只要将所有的端口都指定一下就可以了；缺点是不允许用户随便移动——如果属于某个 VLAN 的用户离开了原来的端口，到了一个新的网络设备的某个端口，那么网络管理者就必须重新定义 VLAN。

2. 基于链路层(MAC)地址划分 VLAN

基于链路层(MAC)地址划分 VLAN 即根据计算机工作站网卡的 MAC 地址来划分 VLAN。这种划分方法的最大优点就是由于一个 MAC 地址唯一对应一个计算机网卡，因此当某个计算机工作站物理位置改变时，即从一台交换机转移到另一台交换机时，不需要重新配置 VLAN；而缺点是所有的 VLAN 成员必须事先定义，这在有数以百计乃至千计用户的网络中，这并不是一件轻松的事。而且这种划分方法也导致了交换机执行效率的降低，因为交换机的每一个端口都可能连接许多不同 VLAN 组的成员，这样就无法限制广播报文了。另外，对于使用笔记本电脑的用户来说，他们的网卡可能经常更换，为此，VLAN 就必须不停地配置。

3. 基于网络层协议类型划分 VLAN

如果网络支持多网络层协议，那么根据数据帧头中的网络层协议类型字段也可以划分 VLAN。这对网络管理者来说很重要，同时，这种方法不需要附加的帧标签来识别 VLAN，可以减少网络的通信量。

4. 基于网络层子网地址划分 VLAN

根据数据报文头中的网络层子网地址也可以划分 VLAN。虽然这种划分方法依据的是第三层信息即网络地址(比如 IP 地址)，但它与网络层的路由功能一点关系也没有。它只是查看每个数据报文的网络层地址，并根据过滤数据库中事先定义好的信息决定其归属于哪个 VLAN。这种方法的优点也是当某个计算机工作站物理位置改变，即从一台交换机转移到其他交换机时，不需要重新配置 VLAN；其缺点是效率低——因为相对于第 1、2 层 VLAN 的实现技术，检查每一个数据报文的网络层地址是很费时间的，一般的交换机芯片都可以自动检查数据帧的帧头，但要让它能检查数据报文的报文头，则需要更高的技术(设备设计制造成本也会相应增加)，同时也更费时。

5. 基于网络层组播地址划分 VLAN

网络层组播实际上也是一种 VLAN 的定义，即认为一个组播组就是一个 VLAN，这种划分方法实际将 VLAN 扩大到了 WAN。该方法的优点是具有更大的灵活性,而且也很容易通过路由器进行扩展;其缺点是不适合 LAN,主要是效率不高。

6. 基于网络层以上协议乃至应用程序的类型划分 VLAN

根据网络层以上协议的类型、应用程序的类型乃至两者的综合来划分 VLAN 也是有可能的。例如,规定所有的 FTP 应用在一个 VLAN 里运行,所有的 Telnet 应用在另一个 VLAN 里运行。这些方法的缺点在于它们都很费时,都要求更高的处理技术和更快的处理速度,目前的实现尚无法令人们满意。

10.4.4　虚拟局域网的实现过程

当一个交换机接收到来自于某个计算机工作站的数据帧时,它将给这个数据帧加上一个标签以标识这个数据帧来自于哪个 VLAN。加标签的原则有多种:基于数据帧来自于交换机的哪个端口、基于数据帧的数据链路层协议源地址,基于数据帧的网络层协议源地址,也可以基于数据帧的其他字段或多个字段的综合。为了能够使用任意一种方法给数据帧加标签,交换机必须有一个不断升级更新的数据库。这个数据库叫做过滤数据库,包含了本网络中全部 VLAN 之间的映射以及它们使用哪个字段作为标签。例如,如果通过基于端口的方式来加标签,该数据库应该指示哪个端口属于哪个 VLAN。交换机必须能够维护这样的一个数据库并且应保证所有在这个 LAN 中的交换机在它们的过滤数据库中有同样的信息。基于 IEEE 802.1Q 协议时,4 B 的 VLAN 标签被加到传统的以太网帧的目的 MAC 地址字段和协议类型字段(在符合 IEEE 802.3 协议的帧中是长度字段)之间,其中包含有一个 12 bit 大小的 VLAN ID 号以区别各个 VLAN,如图 10.15 所示。

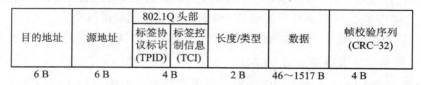

目的地址	源地址	802.1Q 头部		长度/类型	数据	帧校验序列 (CRC-32)
		标签协议标识 (TPID)	标签控制信息 (TCI)			
6 B	6 B	4 B		2 B	46~1517 B	4 B

图 10.15　基于 802.1Q 协议的 VLAN 帧格式封装类型

对于每一个到来的 VLAN 帧,交换机将根据查找过滤数据库的结果决定该帧归属于哪一个 VLAN、将从哪个接口被转发出去。一旦交换机决定了某个数据帧的下一步去向,它就得决定是否需要给这个数据帧加标签。具体实现包括以下三个过程:

第一步,接收。该过程负责接收数据包,数据包可以是带标签头的,也可以不带标签头,如果不带,则交换机会根据该端口所属的 VLAN 添加相应的标签头。

第二步,查找/路由。该过程根据数据包的目的 MAC 地址、VLAN 标识查找过滤数据库中注册的信息,以决定把数据包发送到哪个端口。

第三步,发送。该过程将数据包发送到以太网段上,如果该网段的主机不能识别 802.1Q 标签头,则将该标签头去掉;如果是发送到互连的其他交换机的端口,则一般不去掉标签头。

10.4.5　不同 VLAN 通过路由器通信示例

1. 组网要求

交换机 Switch A 和 Switch B 支持 VLAN。路由器 Router 的以太网接口 3/0/0 与 Switch

B 上行口相连，以太网接口 7/0/0 与 Switch A 上行口相连。Switch A 的下行口按端口划分为 VLAN 40 和 VLAN 30。Switch B 的下行口按端口划分为 VLAN 10 和 VLAN 20。VLAN 10、20、30 及 40 之间能够互通。网络拓扑结构如图 10.16 所示，其中路由器采用华为 NE 系列产品。

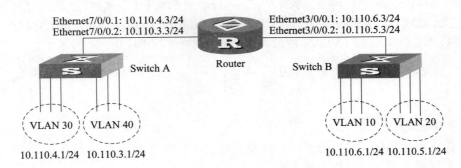

图 10.16　网络拓扑结构

2．配置步骤

下面分别对以太网接口 3/0/0、7/0/0 进行配置。

配置以太网接口 3/0/0：

创建并配置以太网子接口 ethernet 3/0/0.1

```
<Router> system-view

[Router] interface ethernet 3/0/0.1

[Router-Ethernet3/0/0.1] vlan-type dot1q vid 10

[Router-Ethernet3/0/0.1] ip address 10.110.6.3 255.255.255.0

[Router-Ethernet3/0/0.1] quit
```

创建并配置以太网子接口 ethernet 3/0/0.2

```
[Router] interface ethernet 3/0/0.2

[Router-Ethernet3/0/0.2] vlan-type dot1q vid 20

[Router-Ethernet3/0/0.2] ip address 10.110.5.3 255.255.255.0

[Router-Ethernet3/0/0.2] quit
```

配置以太网接口 7/0/0：

创建并配置以太网子接口 ethernet 7/0/0.1

```
[Router] interface ethernet 7/0/0.1

[Router-Ethernet7/0/0.1] vlan-type dot1q vid 30

[Router-Ethernet7/0/0.1] ip address 10.110.4.3 255.255.255.0

[Router-Ethernet7/0/0.1] quit
```

创建并配置以太网子接口 ethernet 7/0/0.2

```
[Router] interface ethernet 7/0/0.2

[Router-Ethernet7/0/0.2] vlan-type dot1q vid 40

[Router-Ethernet7/0/0.2] ip address 10.110.3.3 255.255.255.0
```

本 章 小 结

　　局域网技术是构成下一代网络的基础，本章首先介绍了局域网的定义、分类、功能及组成，然后介绍了局域网的拓扑结构和层次体系结构，最后重点阐述了以太网、无线局域网和虚拟局域网的定义、组成以及关键技术。读者在掌握基础知识的同时，应熟悉和了解 CSMA/CD 机制、三层交换技术及虚拟局域网 VLAN 技术，并思考如何在实际中应用这些技术。

复 习 题

　　1．简答题。
　　(1) 简述局域网的定义、分类、功能及组成。
　　(2) 局域网常用拓扑结构有哪些？
　　(3) 局域网的层次体系结构如何划分？
　　(4) 载波监听多路访问/冲突检测 CSMA/CD 的基本原理是什么？
　　(5) 二层交换技术与三层交换技术有什么区别和联系？
　　(6) VLAN 的类型有哪些？请描述基于端口划分 VLAN 的基本原理。
　　2．综合分析题。
　　网络拓扑结构自定，请用时序图描述以下三层交换机的工作原理。
　　第一步：发送站点 A 在开始发送时，已知目的站的 IP 地址，但尚不知道在局域网上发送所需要的 MAC 地址。要采用地址解析(ARP)来确定目的站的 MAC 地址。
　　第二步：发送站把自己的 IP 地址与目的站的 IP 地址比较，采用其软件中配置的子网掩码提取出网络地址来确定目的站是否与自己在同一子网内。
　　第三步：若目的站 B 与发送站 A 在同一子网内，则 A 广播一个 ARP 请求，B 返回其 MAC 地址，A 得到目的站点 B 的 MAC 地址后将这一地址缓存起来，并用此 MAC 地址封包转发数据，第二层交换模块查找 MAC 地址表确定将数据包发向目的端口。
　　第四步：若两个站点不在同一子网内，如发送站 A 要与目的站 C 通信，发送站 A 要向"缺省网关"发出 ARP 封包，而"缺省网关"的 IP 地址已经在系统软件中设置。这个 IP 地址实际上对应第三层交换机的第三层交换模块。所以当发送站 A 对"缺省网关"的 IP 地址广播出一个 ARP 请求时，若第三层交换模块在以往的通信过程中已得到目的站 B 的 MAC 地址，则向发送站 A 回复 B 的 MAC 地址；否则第三层交换模块根据路由信息向目的站广播一个 ARP 请求，目的站 C 得到此 ARP 请求后向第三层交换模块回复其 MAC 地址，第三层交换模块保存此地址并回复给发送站 A。以后，当再进行 A 与 C 之间的数据包转发时，将用最终的目的站点的 MAC 地址封包，数据转发过程全部交给第二层交换处理，信息得以高速交换。
　　注：时序图(Sequence Diagram)亦称序列图，是一种统一建模语言(UML：Unified Modeling Language)行为图。它通过描述对象之间发送消息的时间顺序显示多个对象之间的动态协作。它可以表示用例的行为顺序，当执行一个用例行为时，时序图中的每条消息对应了一个类操作或状态机中引起转换的触发事件。

第 11 章

城域网与广域网

按照覆盖地理范围的大小，可将计算机网络分为局域网、城域网和广域网。其中，局域网是指把多台计算机互联起来的较小范围计算机网络；城域网是指将同一城市区域内的多个局域网互联起来的中等范围的计算机网络；广域网是指将城市与城市之间、国家与国家之间多个局域网或城域网互联起来的大型计算机网络。本章首先介绍城域网和广域网的基础知识，然后引入支撑网络的 TCP/IP 协议体系，最后讨论 IP 路由技术，具体包括 IP 路由原理、静态路由、OSPF 域内路由协议、BGP 域间路由协议以及路由配置实例。

11.1 城域网基础知识

11.1.1 城域网技术

20 世纪 90 年代初期，IEEE 颁布了城域网(MAN：Metropolitan Area Network)标准，即 IEEE 802.6 标准。城域网是指在一个城市范围内所建立的计算机通信网，属于宽带局域网。城域网的一个重要用途是用作骨干网，通过它将位于同一城市内不同地点的主机、数据库以及局域网等互相连接起来，这与广域网(WAN：Wide Area Network)的作用有相似之处，但两者在实现方法与性能上有很大差别。另外，城域网基本上是一种大型的局域网，通常使用与局域网相似的技术。目前，城域网的解决方案主要有五大类：第一类是以同步数字体系(SDH：Synchronous Digital Hierarchy)为基础的多业务平台，其出发点是充分利用成熟的 SDH 技术并加以改造以适应多业务应用和数据智能；第二类是基于第二层交换与第三层选路的方案，主要指以太网解决方案；第三类是城域网用波分复用(WDM：Wavelength Division Multiplexing)方案，即以 WDM 为基础的多业务平台；第四类是以异步传输模式(ATM：Asynchronous Transfer Mode)为基础的多业务平台方案；第五类是以宽带 IP 为基础的城域网多业务平台方案。

11.1.2 宽带城域网基础

1. 宽带城域网的定义

宽带城域网是指在城市范围内，以 IP 和 ATM 电信技术为基础，以光纤作为传输媒介，集数据、语音、视频服务于一体的高带宽、多功能、多业务接入的多媒体通信网络。它的发展与普及，能够满足政府机构、金融保险、学校、公司企业等单位对高速率、高质量数据通信业务日益增长的需求，特别是能够解决快速发展的互联网用户群对宽带高速上网的需求。

2．宽带城域网的演进

2000 年前后北美电信市场上出现了长途线路的带宽过剩局面，造成这种现象的主要原因是低速调制解调器和电话线路带宽已经成为用户接入的瓶颈，很多电信运营商虽然拥有大量的广域网带宽资源，却无法有效地将大量的用户接入进来。可见，制约大规模 Internet 接入的瓶颈在城域网，因此电信运营商必须提供全程、全网、端至端可灵活配置的宽带城域网。

目前，城域网是以宽带光传输网为开放平台，以 TCP/IP 协议屏蔽物理异构性，实现统一的网络服务，提供语音、数据、图像、多媒体视频、IP 电话、IP 接入、各种增值业务服务与智能业务，并与运营商的广域计算机网络、广播电视网、传统电话交换网等互联互通的本地综合业务网络，因此传统意义上的城域网已被扩展到宽带城域网。

3．宽带城域网的主要特点

目前，宽带城域网的主要特点如下：

(1) 传输速率高。宽带城域网采用大容量的 Packet Over SDH 传输技术，为高速路由和交换提供传输保障。

(2) 用户投入少，接入简单。宽带城域网用户端设备便宜而且普及，用户只需将光纤、网线进行适当连接，并简单配置用户网卡或路由器的相关参数即可接入宽带城域网。个人用户只需要在自己的电脑上安装一块以太网卡，将宽带城域网的接口插入网卡就联网了。其安装过程和以前的电话一样，只不过用网线代替了电话线，用电脑代替了电话机。

(3) 技术先进安全。宽带城域网在网络中提供了第二层的 VLAN 隔离，只有用户局域网内的计算机才能互相访问，非用户局域网内的计算机不能访问用户的计算机。如果要从网外访问，则必须通过正常的路由和安全体系。另外，虚拟拨号的普通用户必须通过账号和密码的验证才能访问宽带接入服务器。因此，宽带城域网相对比较安全。

4．宽带城域网的应用范围

宽带城域网的应用十分广泛，目前的主要用途如下：

(1) 高速上网。利用宽带 IP 网具有频带宽、速度快的特点，用户可以快速访问 Internet 及享受一切相关的互联网服务(包括 WWW、电子邮件、新闻组、BBS、互联网导航、信息搜索、远程文件传送等)，端口速度达到 10 M 以上。

(2) 互动游戏。"互动游戏网"可以让用户享受到 Internet 网上游戏和局域网游戏相结合的全新游戏体验。通过宽带城域网，即使是相隔一百公里的网友，也可以不计流量地相约玩三维联网游戏。

(3) VOD 视频点播。通过宽带城域网使用视频点播业务，可以让用户坐在家里利用 Web 浏览器随心所欲地点播自己爱看的节目，包括电影精品、流行的电视剧集、视频新闻、体育节目、戏曲歌舞、MTV、卡拉 OK 等。

(4) 远程医疗。采用先进的数字处理技术和宽带通信技术，医务人员通过宽带城域网可以为远在几百公里或几千公里之外的病人进行诊断和治疗。

(5) 远程会议。异地开会不用出差，也不用出门，在高速信息网络上的视频会议系统中，"天涯若比邻"的感觉得到了最完美的诠释。

(6) 远程教育。运用宽带城域网最新产品和技术，学生可在家收看教学节目并可与老师实时交互。

（7）远程监控。远程监控是指授权用户通过 Web 进行镜头的转动、调焦等操作，实现实时的监控管理。监控系统可以采用数字监控方式，而数字监控方式可以很好地与计算机网络结合在一起，充分发挥宽带城域网的带宽优势。

（8）家庭证券交易系统。通过宽带城域网访问家庭证券交易系统，用户在家即可交互式地进行证券大户室形式的网上炒股，不但可以实时查阅深、沪股市行情，获取全面及时的金融信息，还可以通过多种分析工具进行即时分析，并可进行网上实时下单交易，参考专家股评。

11.1.3 宽带城域网的体系结构

宽带城域网的体系结构如图 11.1 所示，一共分为接入层、汇聚层和核心层三个层次。

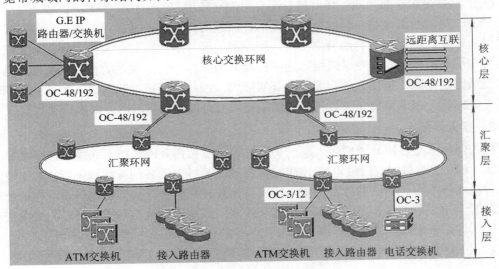

图 11.1 宽带城域网的结构示例

1. 接入层

接入层的主要作用是对上连至汇聚层，对下实现用户的接入并进行带宽和业务的分配，将各种宽带多媒体通信业务分配到各个接入层的业务节点。接入层可以设在大楼、集团用户或用户家。

2. 汇聚层

汇聚层的主要作用是汇接接入层的用户流量，进行数据分组的传输汇聚、转发与交换，也可根据接入层用户流量，进行本地路由、过滤、流量均衡、QoS 优先级管理、安全控制、IP 地址转换、流量整形等处理。另外，也可根据处理结果把用户流量转发到核心交换层或在本地进行路由处理。

3. 核心层

核心层的主要作用是提供多个汇聚层网络的高速分组转发，为整个城域网提供一个高速、安全与具有 QoS 保障能力的数据传输环境。同时，核心层实现与上层网络的互联，提供城市的宽带 IP 数据出口。另外，核心层提供宽带城域网的用户访问 Internet 所需要的路由服务。核心交换层结构设计应重点考虑可靠性、可扩展性与开放性。

11.1.4　宽带城域网关键技术

1．路由技术

如何合理为每种业务分配最佳路由并得到相应服务质量保证是城域网路由技术的一个关键环节。路由动作包括两项基本内容：寻径和转发。其中，寻径是指判定到达目的地的最佳路径，由路由选择协议和路由选择算法来实现。为了判定最佳路径，路由选择算法必须启动并维护包含路由信息的路由表。

2．端到端的 QoS 管理

QoS 需要端到端的管理，任何疏忽都有可能导致用户实际感受的劣化。城域网处于靠近用户的一端，通常也是网络的瓶颈。因此，城域网为特定业务和用户提供服务质量保证显得尤为重要。根据城域网的网络结构，城域网的服务质量控制分为接入网、汇聚网、核心网三个层面的控制，其中又以接入网的控制尤为艰巨。由于现在的核心路由器都具备了按优先级标识排队、按优先级实现包丢弃等能力，因此在城域网接入点上实现业务和用户的优先级标识，在各个层面实施优先控制策略，则可以完成城域网内的服务质量保证。

3．接入网技术

接入网技术是解决城域网接入层的关键技术。宽带接入网的技术实现手段有多种，包括铜线上的 xDSL 技术、同轴电缆上的 HFC 技术、光纤上的各种有源和无源技术以及无线的宽带接入技术等。当前各种宽带接入技术都在发展和应用，从世界范围看，电信公司是以 ADSL 为主发展的。但是，随着光纤在长途网、城域网乃至接入网主干段的大量应用，光纤接入将是未来接入方式的趋势。

4．NGN 技术

下一代网络(NGN：Next Generation Network)是一种新兴的技术，它是未来城域网发展的核心支撑技术。所谓 NGN，是指一个不同于目前一代的、以数据为中心的融合网络。NGN是一个广义的概念，它包含了正在发生的网络构建方式的多种变革。一般认为，NGN 是一种可以提供包括语音、数据和多媒体等各种业务在内的综合开放的网络构架。

5．用户/业务管理

早期的城域网对于业务和用户的管理仅仅停留在用户的接入控制，收费模式也仅仅存在几种简单的模式，如按使用时长、按使用流量或包月收费等，完全没有对用户细分的管理能力，更不用说对业务细分的能力。随着城域网增值服务的日益增多和用户需求的细分，就要求城域网应该具备更细化的用户和业务管理能力。

11.2　广域网基础知识

11.2.1　广域网的定义

广域网(WAN)也称远程网。如图 11.2 所示，广域网是一种用来实现不同地区的局域网或城域网的互联，可提供不同地区、城市和国家之间的计算机通信的远程计算机网络。通常广域网所覆盖的范围从几十千米到几千千米，能连接多个城市或国家，或横跨几个洲并能提供远距离通信，形成国际性的远程网络。

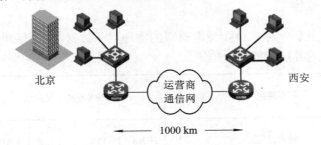

图 11.2　广域网示例

与局域网主要完成工作站、终端、服务器等在较小物理范围内的互联不同，广域网可以使相距遥远的局域网互相连接起来，远距离传输数据、语音、视频等业务，实现大范围的资源共享。与覆盖范围较小的局域网相比，广域网的主要特点如下：

(1) 覆盖范围广，可达数千千米甚至全球；

(2) 广域网没有固定的拓扑结构；

(3) 广域网通常使用高速光纤作为传输介质；

(4) 局域网可以作为广域网的终端用户与广域网连接；

(5) 广域网主干带宽大，但提供给单个终端用户的带宽小；

(6) 数据传输距离远，往往要经过多个广域网设备转发，延时较长；

(7) 广域网管理、维护较为困难。

11.2.2　广域网的分类

按照通信形式的不同，广域网分为通信广域网和计算机广域网。

(1) 通信广域网。公共电话交换网(PSTN：Public Switched Telephone Network)、X.25 分组交换网、数字数据网(DDN：Digital Data Network)、帧中继(FR：Frame Relay)和综合业务数字网(ISDN)以及近年来兴起的数字用户线路(DSL：Digital Subscribe Line)等都是通信广域网。

(2) 计算机广域网。目前人们经常利用通信广域网来建设计算机广域网，或利用通信广域网来实现计算机广域网的接入。例如，ChianNet 是中国的 Internet，它就是借助于 DDN 提供的高速中继线路，使用超高速路由器，组成了覆盖全国各省市并连通国际 Internet 的计算机广域网。另外，按照使用形式不同，广域网可分为公共传输网络、专用传输网络和无线传输网络。

(1) 公共传输网络一般是由政府电信部门组建、管理和控制的，网络内的传输和交换装置可以提供(或租用)给任何部门和单位使用。公共传输网络的主要形式包括电路交换网络和分组交换网络。

(2) 专用传输网络一般是由一个组织或团体自己建立、使用、控制和维护的私有通信网络，主要形式是数字数据网 DDN。

(3) 无线传输网络主要是指无线移动通信网，包括全球移动通信系统(GSM：Global

System of Mobile communication)、通用无线分组业务(GPRS：General Packet Radio Service)
网、第三代移动通信网等。

11.2.3　广域网参考模型

广域网参考模型主要应对于 OSI 参考模型的物理层、数据链路层和网络层，如图 11.3
所示。下面对该模型的各层功能作一描述。

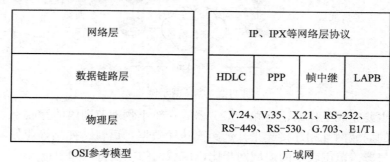

图 11.3　广域网参考模型

1．广域网物理层

广域网的物理层定义了向广域网提供服务的设备线缆和接口的物理电器特性、机械特
性、连接标准等，常用的接口和线缆包括 V.24、V.35、X.21、RS-232、RS-449、RS-530、
RJ-11、RJ-45、双绞线等。

2．广域网数据链路层

广域网的数据链路层位于物理层和网络层之间，在物理层提供的服务的基础上向网络
层提供服务，最基本的功能是向该层用户提供透明的和可靠的数据传送基本服务。广域网
中常用的数据链路层协议如下：

(1) 高级数据链路控制(HDLC：High-level Data Link Control)：用于同步点对点的连接。

(2) 平衡型链路接入规程(LAPB：Link Access Procedure Balanced)：随 HDLC 技术而发展。

(3) 点对点协议(PPP：Point to Point Protocol)：提供了点到点链路上传递数据包的能力，
工作在同步/异步模式下。

(4) 帧中继 FR：采用虚电路技术，并且具有统计复用、帧透明传输和错误检测的功能。

3．广域网网络层

网络层在数据链路层提供的帧传送功能上，设法将数据从源端经过若干个中间节点传
送到目的端。网络层的主要协议和算法包括：虚电路分组交换、数据报分组交换、路由选
择算法、网际互联 IP/IPX 原理与实现。

11.2.4　广域网连接方式

广域网连接方式包括三类：专线方式、电路交换方式和分组交换方式。

1．专线方式

专线方式如图 11.4 所示，用户独享一条永久性、点对点、速率固定的专用线路，并独

享带宽。专线方式中的链路层协议常包括高级数据链路控制 HDLC、点到点协议 PPP、同步数据链路控制(SDLC：Synchronous Data Link Control)等。

图 11.4　专线方式

2．电路交换方式

电路交换方式如图 11.5 所示。用户需要发送数据时，交换机就在主叫端和被叫端之间接通一条物理通路；当用户不再需要时，交换机就切断通路。典型技术包括 PSTN 和 ISDN 等，链路层协议通常采用 PPP。

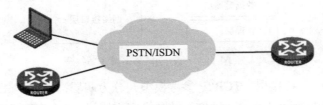

图 11.5　电路交换方式

3．分组交换方式

分组交换以存储—转发方式将分组进行传输和交换，如图 11.6 所示。到达交换机的分组先送到存储器暂时存储和处理，等到相应的输出电路有空闲时再发送出去。分组交换方式有数据报方式和虚电路方式两种。其中，在数据报方式中，网络尽力地将分组交付给目的主机，但不保证所传送的分组不丢失，也不保证分组能够按发送的顺序到达接收端。虚电路方式与数据报方式的区别主要是在信息交换之前，需要在发送端和接收端之间先建立一个逻辑连接，然后才开始传送分组，所有分组沿相同的路径进行交换转发，通信结束后再拆除该逻辑连接。

X.25/帧中继/ATM点对多点

图 11.6　分组交换方式

11.3　TCP/IP 协议体系

11.3.1　TCP/IP 参考模型

TCP/IP 的全称为 "Transport Control Protocol/Internet Protocol"，即传输控制协议/网际协议，出现于 20 世纪 70 年代，是针对因特网开发的一种体系结构和协议标准，其目的在于解决异种计算机网络的通信问题。它使得网络在互联时能为用户提供一种通用、一致的通信服务。TCP/IP 协议是国际互联网采用的协议标准。TCP/IP 参考模型如图 11.7 所示。

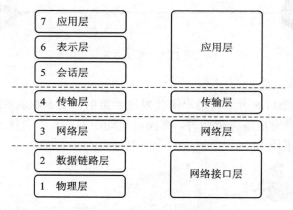

7 应用层	
6 表示层	应用层
5 会话层	
4 传输层	传输层
3 网络层	网络层
2 数据链路层	网络接口层
1 物理层	

图 11.7　TCP/IP 参考模型

相对于 OSI 七层参考模型，TCP/IP 参考模型共分为四层：

(1) 应用层(Application Layer)：包含各种网络应用协议，如 HTTP、FTP、Telnet、SMTP、DNS、SNMP 等协议。

(2) 传输层(Transport Layer)：负责在源主机和目的主机的应用程序间提供端至端的数据传输服务，主要有 TCP 和 UDP 两个传输协议。

(3) 网络层(Internet Layer)：负责将分组独立地从信源传送到信宿，主要解决路由选择、拥塞控制和网络互联等问题。

(4) 网络接口层(Network Access Layer)：负责将 IP 分组封装成帧格式并传输，或将从物理网络接收到的帧解封，取出 IP 分组交付给网际层。当前几乎所有的物理网络上都可运行 TCP/IP 协议。

下面以使用 TCP 协议传送文件(如 FTP 应用程序)为例，说明 TCP/IP 的工作原理：

(1) 在源主机上，应用层将一串字节流传给传输层。

(2) 传输层将字节流分成 TCP 段，加上 TCP 包头交付给网络层。

(3) 网络层生成数据包，将 TCP 段放入其数据域，并加上源和目的主机的 IP 地址，然后交付给网络接口层。

(4) 网络接口层将 IP 包封装在帧的数据域，发往目的主机或 IP 路由器。

(5) 在目的主机上，网络接口层将帧头去掉，将 IP 包交付给网络层。

(6) 网络层检查 IP 包头，如果包头中的校验和与计算出来的不一致，则丢弃该包。

(7) 如果校验和一致，则网络层去掉 IP 头，将数据交给 TCP 层，TCP 层通过检查顺序号来判断是否为正确的 TCP 段。如果不正确，则 TCP 层丢弃这个包；若正确，则向源主机发送确认。

(8) 在目的主机上，TCP 层去掉 TCP 头，将字节流传给应用程序。

(9) 目的主机收到了自源主机发来的字节流，水平方向上看，就如同直接从源主机发来一样。

11.3.2 TCP/IP 协议

1. TCP 协议

传输控制协议(TCP)是一种面向连接的、可靠的、基于字节流的传输层通信协议。它允许 Internet 上两台主机之间的信息进行无差错传输。TCP 还会进行流量控制，以避免发送过快而发生拥塞。TCP 数据报首部的结构如图 11.8 所示，分为固定部分和选项部分，其中固定部分长度为 20 B，选项部分长度可变。

源端口号								目的端口号	
序号									
确认序号									
首部长度	保留	URG	ACK	PSH	PST	SYN	FIN	窗口大小	
检验和								紧急指针	
选项									
数据(如果有)									

图 11.8 TCP 数据报首部

固定部分各个字段的含义如下：

(1) 源、目的端口号：各占 2 B，这两个值分别加上 IP 首部中的源 IP 地址和目的端的 IP 地址唯一地确定一个 TCP 连接。

(2) 序号：占用 4 B，范围为[0, $2^{32}-1$]，共 2^{32} 个序号，报文的序号增加到 2^{32} 时，又从 0 开始，即序号使用 mod 2^{32} 运算。TCP 连接中的每一个字节流都按顺序编号，序号在连接建立时设置，报文首部中的序号字段指的是本报文段所发送数据流第一个字节的序号。

(3) 确认序号：占用 4 B，表示该报文的发送端所期望收到对方发来的下一个报文的第一数据字节的序号，也就是说，确认序号应当是已成功收到对方数据字节序号加 1。例如，B 正确收到 A 发来的一个报文段，其序号字段值为 401，而数据长度是 200 B，即本报文数据字节的序号范围为 401～600，表明 B 已正确收到了 A 发来的到序号 600 为止的所有字节。因此，B 期望收到 A 的下一报文的序号应为 601，即 B 在向 A 发送的报文中就把确认序号置为 601。

(4) 首部长度：占用 4 bit，表示首部中 32 bit 的个数，也就是说，TCP 报文的首部长度以 4 B 为单位计数，最大长度为 15×4=60 B。同时不难看出，首部长度也隐含了 TCP 报文中用户数据第一字节距报文开始字节的偏移量，因此"首部长度"也叫做"数据偏移"。

(5) URG：占用 1 bit，即紧急(Urgent)的意思。当 URG=1 时，表明紧急指针字段有效，告诉系统此报文内有紧急数据，应以高优先级尽快传送。

(6) ACK：占用 1 bit，确认序号有效指示位。当 ACK=1 时，确认号字段才有效；当 ACK=0 时确认号无效。TCP 协议规定，连接建立后，所有传送报文的 ACK=1。

(7) PSH：占用 1 bit 的推送操作指示。当 PSH=1 时，则命令发送进程立即发送该报文，接收方应该尽快将这个报文段交给应用层。

(8) RST：占用 1 bit 的复位指示(Reset)。当 RST=1 时，表明 TCP 连接出现严重错误，必须释放连接，然后重新建立传输层连接。RST=1 也用于拒绝打开一个 TCP 连接或拒绝一个非法报文，也称为重置位。

(9) SYN：占用 1 bit 的同步(Synchronization)指示位，在 TCP 连接建立时用来同步序号。例如，在发送方发出的一个报文"SYN=1 ACK=0"中，表示该报文为连接请求报文，若对方同意建立连接，则应回送一个"SYN=1 ACK=1"的报文予以响应。

(10) FIN：占用 1 bit 的终止指示位，用于释放一个 TCP 连接。当发送端发送的报文中 FIN=1 时，表明发送方已发送完毕，要求释放连接。

(11) 窗口大小：占用 2 B，窗口值为[0, $2^{16} - 1$]范围内的某一整数。窗口值指出发送本报文的一方的接收窗口大小。窗口值告诉对方从本报文首部中的确认号算起，对方可发来的数据量。例如，A 向 B 发送的一个报文中，ACK=601，窗口尺寸=1000，这就指出从 601 算起，A 还有接收 1000 B(601～1600)的缓存空间。

(12) 检验和：占用 2 B，检验范围为整个 TCP 报文。在计算检验和时，要在 TCP 报文的前面加 12 B 的伪首部。

(13) 紧急指针：占用 2 B，只有在 URG=1 时有效，指出本报文中紧急数据的字节数。紧急指针是一个正的偏移量，其与序号字段值相加表示紧急数据最后一个字节的序号。应特别注意的是，即使窗口置为 0，也可以发送紧急数据。

选项部分长度可变，最长 40 B，包括以下内容：

(1) 最大报文长度(MSS：Maximum Segment Size)：指出 TCP 报文中数据的最大长度。

(2) 窗口扩大选项：占用 3 B，用于扩大窗口尺寸，提高发送吞吐量，其中一个字段是 S，S 是一个 14 位的偏移量值，扩大后的 TCP 报文最大窗口值 W_{max} 等于 TCP 首部的最大尺寸与偏移量之和：$W_{max} = 2^{16+14} - 1$。

(3) 时间戳选项：占用 10 B，包括 4 B 的时间戳值字段和 4 B 的时间戳回送回答字段等内容，用于计算往返时延，在高速网络中区分同一连接中发生序号循环时的前后同号报文。

(4) 选择确认选项：用于向发送方表明在接收窗口范围内，接收报文的边界值，很少采用，一般是从空缺报文重传。

2．UDP 协议

用户数据报协议(UDP：User Datagram Protocol)是 TCP/IP 参考模型中传输层的一种无连接协议，提供面向事务的不可靠信息传送服务。UDP 数据报首部如图 11.9 所示，共 8 B。

源端口号	目的端口号
UDP长度	UDP检验和
数据(如果有)	

图 11.9　UDP 数据报首部

各个字段的含义如下：

(1) 端口号与 TCP 头部端口号意义相同，各占 2 B。

(2) UDP 长度字段指的是 UDP 首部和 UDP 数据的字节长度，该字段的最小值为 8 B，即发送一份 0 B 的 UDP 数据报。

(3) UDP 检验和的计算与 IP 检验和的计算方法是一样的。

3．IP 协议

IP 协议即网际协议，是 TCP/IP 协议族中最为核心的协议。IP 数据报格式如图 11.10 所示，首部固定为 20 B，可变选项部分最大为 40 B。

版本	首部长度	服务类型(TOS)	总长度	
标识			标志	片偏移
生存时间		协议	首部校验和	
源IP地址				
目的IP地址				
选项(如果有)				
数据				

图 11.10　IP 数据报格式

各个字段的含义如下：

(1) 版本：占 4 bit，若协议版本号是 4，则表示 IPv4。

(2) 首部长度：占用 4 bit，由于其最大值为 15，单位为 4 B，因此首部最长为 60 B。

(3) 服务类型(TOS)：占用 1 B，该字段由一个 3 bit 的优先权子字段、4 bit 的 TOS 子字段和未用但必须置 0 的 1 bit 构成。4 bit 的 TOS 分别代表最小时延、最大吞吐量、最高可靠性和最小费用。4 bit 中只能置其中 1 bit 为 1，如果所有 4 bit 均为 0，则意味着一般服务。

(4) 总长度：占用 2 B，表示整个 IP 数据报的长度，利用首部长度字段和总长度字段就可以知道 IP 数据报中数据内容的起始位置和长度。

(5) 标识：占用 2 B，唯一地标识主机发送的每一份数据报。

(6) 标志：占用 3 bit，表明该数据报是否允许被分片。

(7) 片偏移：占用 13 bit，用于分片后的重组。

(8) 生存时间：占用 1 B，设置数据报可以经过的最多路由器数。

(9) 协议：占用 1 B，所承载的上层协议类型。

(10) 首部检验和：占用 2 B，为了计算数据报的 IP 检验和，首先把检验和字段置为 0，然后对首部中的每个 16 bit 进行二进制反码求和，结果存在检验和字段中。

(11) 源 IP 地址、目的 IP 地址：各占用 4 B，常用点分十进制表示。

(12) 选项：最多 40 B，例如记录路径、时间戳等信息是可选的。

11.3.3　IP 地址

1．IP 地址的概念

所谓 IP 地址，就是给每个连接在 Internet 上的主机分配的一个 32 bit 地址。按照 TCP/IP 协议规定，IP 地址用二进制来表示，每个 IP 地址长 32 bit，即 4 B。例如，一个采用二进制形式的 IP 地址是"00001010.01101110.10000000.01101111"，这么长的地址记忆起来很困难。因此，为了方便记忆和使用，IP 地址经常被写成十进制或其他进制的形式，中间使用

符号 "." 分开不同的字节。于是，上面的 IP 地址可以表示为 "10.110.128.111"。IP 地址的这种表示法叫做 "点分十进制表示法"，这显然比 1 和 0 容易记忆得多。IP 地址由网络地址和主机地址两部分构成，如图 11.11 所示。

IP地址	网络地址	主机地址

图 11.11　IP 地址结构

　　IP 地址的分层方案类似于常用的电话号码。例如，对于电话号码 010-82882484，前面的字段 010 代表北京的区号，后面的字段 82882484 代表北京地区的一部电话。IP 地址也是一样的，前面的网络部分代表一个网段，后面的主机部分代表这个网段的一台设备。IP 地址采用分层设计，这样每一台第三层网络设备就不必储存每一台主机的 IP 地址，而是储存每一个网段的网络地址(网络地址代表了该网段内的所有主机)，大大减少了路由表条目，增加了路由的灵活性。

2．IP 地址分类

　　IP 地址的网络部分称为网络地址，用于唯一地标识一个网段或者若干网段的聚合，同一网段中的网络设备有同样的网络地址。IP 地址的主机部分称为主机地址，用于唯一地标识同一网段内的网络设备。如 A 类 IP 地址 10.110.192.111，网络部分地址为 10，主机部分地址为 110.192.111。如何区分 IP 地址的网络地址和主机地址呢？最初互联网络设计者根据网络规模大小规定了地址类，把 IP 地址分为 A、B、C、D、E 五类，如图 11.12 所示。

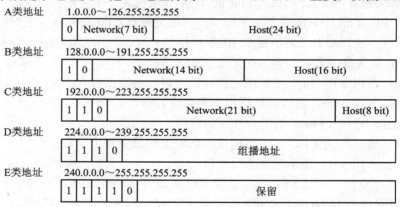

图 11.12　IP 地址分类

　　(1) A 类 IP 地址的网络地址为第一个八位数组(Octet)，第一个字节以 "0" 开始。因此，A 类网络地址的有效位数为 8 − 1 = 7 位，A 类地址的第一个字节为 1～126(127 留作它用)。例如，10.1.1.1、126.2.4.78 等为 A 类地址。A 类地址的主机地址位数为后面的三个字节共 24 位。A 类地址的范围为 1.0.0.0～126.255.255.255，每一个 A 类网络共有 2^{24} 个 A 类 IP 地址。

　　(2) B 类 IP 地址的网络地址为前两个八位数组，第一个字节以 "10" 开始。因此，B 类网络地址的有效位数为 16 − 2 = 14 位，B 类地址的第一个字节为 128～191。例如，128.1.1.1、168.2.4.78 等为 B 类地址。B 类地址的主机地址位数为后面的两个字节 16 位。B 类地址的范围为 128.0.0.0～191.255.255.255，每一个 B 类网络共有 2^{16} 个 B 类 IP 地址。

(3) C 类 IP 地址的网络地址为前三个八位数组，第一个字节以 "110" 开始。因此，C 类网络地址的有效位数为 24 – 3 = 21 位，C 类地址的第一个字节为 192~223。例如，192.1.1.1、220.2.4.78 等为 C 类地址。C 类地址的主机地址部分为后面的一个字节 8 位。C 类地址的范围为 192.0.0.0~223.255.255.255，每一个 C 类网络共有 2^8 = 256 个 C 类 IP 地址。

(4) D 类地址第一个 8 位数组以 "1110" 开头，因此，D 类地址的第一个字节为 224~239。D 类地址通常作为组播地址。

(5) E 类地址第一个字节为 240~255，保留用于科学研究。

与电话号码管理类似，IP 地址由国际网络信息中心(InterNIC：International Network Information Center)根据公司大小进行分配。过去通常把 A 类地址保留给政府机构，B 类地址分配给中等规模的公司，C 类地址分配给小单位。然而，随着互联网的飞速发展，再加上 IP 地址的浪费，公有 IP 地址已经基本用完。

3. 特殊 IP 地址

IP 地址用于唯一地标识一台网络设备，但并不是每一个 IP 地址都是可用的，一些特殊的 IP 地址被用于各种各样的用途，不能用于标识网络设备。

(1) 对于主机部分全为 "0" 的 IP 地址，称为网络地址。网络地址用来标识一个网段，例如 A 类地址 1.0.0.0，私有地址 10.0.0.0、192.168.1.0 等。

(2) 对于主机部分全为 "1" 的 IP 地址，称为网段广播地址。网络广播地址用于标识一个网络的所有主机，例如 10.255.255.255、192.168.1.255 等，路由器可以在 10.0.0.0 或者 192.168.1.0 等网段转发广播包。广播地址用于向本网段的所有节点发送数据包。

(3) 对于网络部分为 127 的 IP 地址，如 127.0.0.1 等，用于环路测试目的。例如 ping 127.0.0.1，若回显结果正常，则表示本机的 TCP/IP 协议安装正常。

(4) 全 "0" 的 IP 地址 0.0.0.0 代表所有的主机，华为 VRP 系列路由器用 0.0.0.0 地址指定默认路由。

(5) 全 "1" 的 IP 地址 255.255.255.255 也是广播地址，但 255.255.255.255 代表所有主机，用于向网络中的所有节点发送数据包。这样的广播不能被路由器转发。

如上所述，每一个网段会有一些 IP 地址不能用作主机 IP 地址。下面计算一下可用的 IP 地址。比如 B 类网段 172.16.0.0，有 16 个主机位，因此有 2^{16} 个 IP 地址，去掉一个网络地址 172.16.0.0，一个广播地址 172.16.255.255 不能用作标识主机，那么共有 $2^{16} – 2$ 个可用地址。C 类网段 192.168.1.0，有 8 个主机位，共有 2^8=256 个 IP 地址，去掉一个网络地址 192.168.1.0 和一个广播地址 192.168.1.255，共有 254 个可用主机地址。每一个网段可用主机地址可以用这样一个公式表示：假定这个网段的主机部分位数为 n，则可用的主机地址个数为 $2^n–2$ 个。

4. 私有 IP 地址

在进行 IP 地址规划时，通常会在公司内部网络使用私有 IP 地址。私有 IP 地址是由 InterNIC 预留的由各个企业内部网自由支配的 IP 地址。使用私有 IP 地址不能直接访问 Internet。原因很简单，私有 IP 地址不能在公网上使用，公网上没有针对私有地址的路由，会产生地址冲突问题。当访问 Internet 时，需要利用网络地址转换(NAT：Network Address Translation)技术，把私有 IP 地址转换为 Internet 可识别的公有 IP 地址。使用私有 IP 地址，不仅减少了用于购买公有 IP 地址的投资，而且节省了 IP 地址资源。

InterNIC 预留了以下网段作为私有 IP 地址：

(1) A 类地址 10.0.0.0～10.255.255.255；

(2) B 类地址 172.16.0.0～172.31.255.255；

(3) C 类地址 192.168.0.0～192.168.255.255。

5．进制转换

一组 32 位二进制数的 IP 地址，通常用 4 个 8 位二进制组来表示。二进制中用 0 和 1 表示，每 8 位二进制数对应着一个十进制数。8 位二进制组中的每一位都对应着一个十进制数值，通过将每一位相加可以得出转换后的十进制数。十进制计数系统是基于 10 的幂级数，如 10^1、10^2 等。二进制计数系统是基于 2 的幂级数，如 2^1、2^2 等。8 位二进制组中依次从低位到高位分别对应着如图 11.13 所示的 2^0、2^1、2^2、…、2^7。如图 11.13 第一行所示，一组 8 位二进制数，从左到右每个 1 表示的数字为 $2^7=128$，$2^6=64$，$2^5=32$，$2^4=16$，$2^3=8$，$2^2=4$，$2^1=2$，$2^0=1$，每位相加就得到了 255。一个 8 位全为 1 的二进制组对应的十进制数为 255。

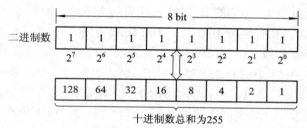

图 11.13　进制转换示例

6．无子网编址

对于没有子网的 IP 地址组织，外部将该组织看做单一网络，不需要知道内部结构。例如，所有到地址 172.16.X.X 的路由被认为同一方向，不考虑地址的第三和第四个 8 位分组，这种方案的好处是可减少路由表的项目。但这种方案无法区分一个大的网络内不同的子网网段，这使得网络内所有主机都能收到在该大的网络内的广播，会降低网络的性能，另外也不利于管理。例如，一个 B 类网可容纳 65 000 个主机在网络内。假设申请 B 类地址的用户仅仅只需要 100 个 IP 地址，那么剩余的地址无法被别的用户使用，这就造成了极大的浪费。于是需要一种方法将这种网络分为不同的网段，按照各个子网段进行管理。

7．子网划分

从地址分配的角度来看，子网是网段地址的扩充。网络管理员根据具体需要决定子网的大小。网络设备使用子网掩码(Subnet Masking)决定 IP 地址中哪部分为网络部分，哪部分为主机部分。其中，子网掩码使用与 IP 地址一样的格式，网络部分和子网部分全都是 1，主机部分全都是 0。缺省状态下，如果没有进行子网划分，A 类网络的子网掩码为 255.0.0.0，B 类网络的子网掩码为 255.255.0.0，C 类网络的子网掩码为 255.255.255.0。利用子网，网络地址的使用会更有效。这种方法使得网络对外仍为一个独立网络，对内部而言，则分为不同的子网。

如图 11.14 所示，网络 172.16.0.0 分为两个网段：172.16.4.0 和 172.16.8.0。如果某公司的财务部使用 172.16.4.0 子网段，工程部使用 172.16.8.0 子网段，这样可使路由器根据目的子网地址进行路由，从而限制一个子网的广播报文发送到其他网段，不对网络的效率产生影响。

掌握二进制同十进制之间的转换后，IP 地址和子网掩码的二进制和十进制的对应关系就很容易明白了。如图 11.15 所示，子网掩码比特数是 8 + 8 + 8 + 4 = 28，指的是子网掩码中连续 1 的个数是 28 位 1，表示网络位有 28 位。子网掩码的另外一种表示方法是 /28 = 255.255.255.240，称为反斜杠表示法。

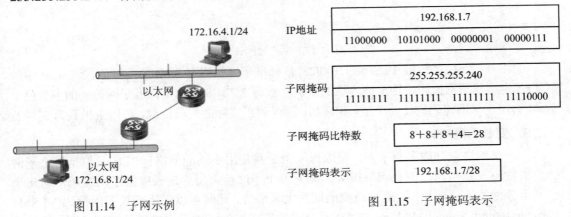

图 11.14 子网示例　　　　　　　　图 11.15 子网掩码表示

8. 网络地址与主机数计算

1) 网络地址的计算

网络地址就是 IP 地址的二进制和子网掩码的二进制进行"与"的结果。"与"的计算方法是 1&1 = 1，1&0 = 0，0&0 = 0。如图 11.16 所示，IP 地址和子网掩码的"与"计算如下：

$$11000000,\ 10101000,\ 00000001,\ 00000111$$
$$\&\ \underline{\ 11111111,\ \ 11111111,\ \ 11111111,\ \ 11110000\ }$$
$$11000000,\ 10101000,\ 00000001,\ 00000000$$

最后得到的就是网络地址。

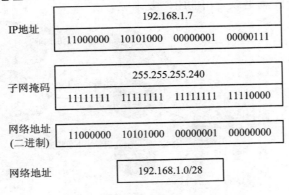

图 11.16 网络地址计算

2) 主机数的计算

主机数的计算是通过子网掩码来计算的，首先要看子网掩码中最后有多少位是 0。如

图 11.17 所示，假设最后有 n 位为 0，那么总的主机数为 2^n 个，可用主机的个数要减去全 0 的网络地址和全 1 的广播地址，即 $2^n - 2$ 个。

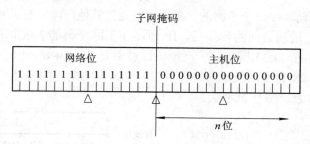

图 11.17　主机数的计算

例如，一个 C 类地址 192.168.1.100/28，标准子网掩码有 8 bit 的主机位，这 8 bit 中的前 4 bit 也用作子网掩码，则所能容纳的主机总数为 2^{8-4}，8 指的是标准子网掩码的主机位个数，4 为用于子网掩码的比特个数，相减后，就得到了实际的主机位数，可用主机数为 $2^4 - 2$。

9．变长子网掩码

把一个网络划分成多个子网，要求每一个子网使用不同的网络标识 ID。但是每个子网的主机数不一定相同，而且相差很大，如果每个子网都采用固定长度的子网掩码，而每个子网上分配的地址数相同，就会造成地址的大量浪费。此时可以采用变长子网掩码(VLSM: Variable Length Subnet Masking)技术，对节点数比较多的子网采用较短的子网掩码，子网掩码较短的地址可表示的网络/子网数较少，而子网可分配的地址较多；节点数比较少的子网采用较长的子网掩码，可表示的逻辑网络/子网数较多，而子网上可分配的地址较少。这种寻址方案必能节省大量的地址，节省的这些地址可以用于其他子网上。

10．子网规划举例

如图 11.18 所示，某公司准备用 C 类网络地址 192.168.1.0 进行 IP 地址的子网规划。这个公司共购置了 5 台路由器，一台路由器作为企业网的网关路由器接入当地 ISP，其他 4 台路由器连接四个办公点，每个办公点有 20 台 PC，需要 20 个主机地址。如何规划因特网服务提供商 IP 地址才能满足该公司的组网要求呢？

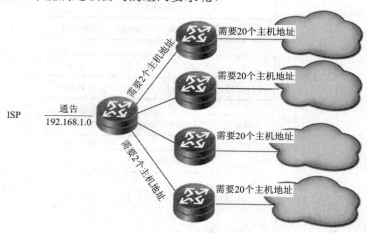

图 11.18　子网规划拓扑

子网规划的操作步骤如下：

(1) 确定需要多少个子网，每个子网需要多少台主机，根据公式 $2^n - 2 > A$(A 为最大的主机数)计算出子网位和主机位。根据问题要求，需要划分 8 个子网，4 个办公点网段需要 21 个 IP 地址(包括一个路由器接口)，与网关路由器相连的 4 个网段需要 2 个 IP 地址。本例先规划出 4 个办公点的 IP 地址，然后再规划出 4 台办公点路由器与网关路由器间的 IP 地址。根据 $2^n - 2 > A$(本例 $A = 20$)，计算出 n 为 5，即主机位为 5 位，子网位为 3 位。因此，4 个办公点的主机位为 5 位。

(2) 计算子网位。将 192.168.1.0 的主机部分分为子网部分和新的主机地址部分，根据步骤(1)的计算结果，子网位为 3 位，用二进制表示如图 11.19 所示。垂直线标记了子网空间，从二进制 000 开始计数，将子网位的所有组合列出。

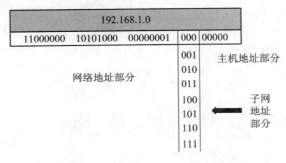

图 11.19　计算子网位

(3) 计算子网地址。将步骤(2)的结果用点分十进制的格式表示出来，就可以得到图 11.20 右边的网段地址。根据步骤(3)推导出的网段地址，选取其中连续的几个作为最终的结果，本例选取网段 192.168.1.32/27、192.168.1.64/27、192.168.1.96/27 和 192.168.1.128/27。选取网段 192.168.1.160 规划出新的子网，作为 4 个办公点路由器和网关路由器之间的子网地址，计算过程同上，可以计算出 4 个办公路由器与网关路由器间的子网地址如图 11.21 所示。

11000000	10101000	00000001	000 00000	192.168.1.0
11000000	10101000	00000001	001 00000	192.168.1.32
11000000	10101000	00000001	010 00000	192.168.1.64
11000000	10101000	00000001	011 00000	192.168.1.96
11000000	10101000	00000001	100 00000	192.168.1.128
11000000	10101000	00000001	101 00000	192.168.1.160
11000000	10101000	00000001	110 00000	192.168.1.192
11000000	10101000	00000001	111 00000	192.168.1.224

图 11.20　计算网段部分的子网地址

11000000	10101000	00000001	101 000 00	192.168.1.160
11000000	10101000	00000001	101 001 00	192.168.1.164
11000000	10101000	00000001	101 010 00	192.168.1.168
11000000	10101000	00000001	101 011 00	192.168.1.172
11000000	10101000	00000001	101 100 00	192.168.1.176
11000000	10101000	00000001	101 101 00	192.168.1.180
11000000	10101000	00000001	101 110 00	192.168.1.184
11000000	10101000	00000001	101 111 00	192.168.1.188

图 11.21　计算路由器互联部分的子网地址

最终的子网规划结果如图 11.22 所示。

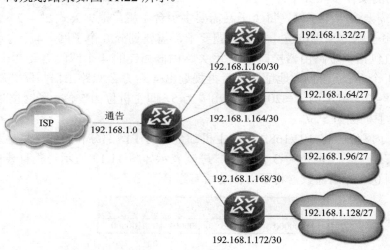

图 11.22　子网规划结果

11.4　IP　路　由

11.4.1　IP 路由原理

路由器的主要作用是将不同的网络互联为一个整体，其主要作用如下：

(1) 数据转发：路由器必须具有根据数据分组的目的网络地址转发分组的功能。

(2) 路由(寻径)：为了实现数据转发，路由器必须具有建立刷新路由表，并根据路由表转发数据包的能力。

(3) 备份、流量流控：为了保证网络可靠运行，路由器一般都具备主备线路的切换及流量控制功能。

(4) 速率适配：不同接口具有不同的速率，路由器可以利用自己的缓存及流控协议进行适配。

(5) 隔离网络：路由器可以隔离广播网络，防止广播风暴，同时也可以对数据包施行灵活多样的过滤策略以保证网络安全。

(6) 异种网络互联：互联网的初衷就是为了实现异种网络互联，现代路由器一般都会实现两种以上的网络协议以实现异种网络互联。

如图 11.23 所示，路由器的工作过程如下：

(1) 物理层从路由器的一个端口收到一个报文，上送到数据链路层。

(2) 数据链路层去掉链路层封装，根据报文的协议域上送到网络层。

(3) 网络层首先看报文是否是送给本机的，若是，则去掉网络层封装，送给上层。若不是，则根据报文的目的地址查找路由表。若找到路由，则将报文送给相应端口的数据链路层，数据链路层封装后，发送报文；若找不到路由，则将报文丢弃，并按需要发送相关错误信息。

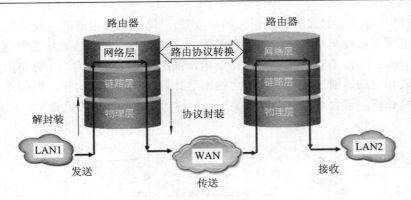

图 11.23 路由器工作过程

按照路由的生成方式，可将路由协议分为静态路由和动态路由两大类。下面将重点介绍静态路由、动态路由 OSPF 协议和 BGP 协议。

11.4.2 静态路由

静态路由是一种特殊的路由，由管理员手工配置而成。通过静态路由的配置可建立一个互通的网络，但这种配置的问题在于：当一个网络故障发生后，静态路由不会自动发生改变，必须有管理员的介入。在组网结构比较简单的网络中，只需配置静态路由就可以使路由器正常工作，仔细设置和使用静态路由可以改进网络的性能，并可为重要的应用保证带宽。

11.4.3 动态路由 OSPF 协议

1. OSPF 的基本特性

开放最短路由优先(OSPF: Open Shortest Path First)协议是 IETF 组织开发的一个基于链路状态的内部网关协议。其特性如下：

(1) 适应范围：支持各种规模的网络，最多可支持几百台路由器。

(2) 快速收敛：在网络的拓扑结构发生变化后立即发送更新报文，使这一变化在自治系统中同步。

(3) 无自环：由于 OSPF 根据收集到的链路状态用最短路径树算法计算路由，从算法本身保证了不会生成自环路由。

(4) 区域划分：允许自治系统的网络被划分成区域来管理，区域间传送的路由信息被进一步抽象，从而减少了占用的网络带宽。

(5) 等值路由：支持到同一目的地址的多条等值路由。

(6) 路由分级：使用多类不同的路由。

(7) 支持验证：支持基于接口的报文验证以保证路由计算的安全性。

(8) 组播发送：支持组播地址。

2. 链路状态算法基本过程

OSPF 最显著的特点是使用链路状态算法，区别于早先的路由协议使用的距离矢量算法。如图 11.24 所示，每个路由器通过泛洪链路状态通告(LSA)向外发布本地链路状态信息

(如可用的端口、可到达的邻居以及相邻的网段等)。每一个路由器通过收集其他路由器发布的链路状态通告以及自身生成的本地链路状态通告，形成一个链路状态数据库(LSDB：Link Status DataBase)。LSDB 描述了路由域内详细的网络拓扑结构。所有路由器上的链路状态数据库是相同的。通过 LSDB，每台路由器计算一个以自己为根，以网络中其他节点为叶的最短路径树。每台路由器计算的最短路径树给出了到网络中其他节点的路由表。

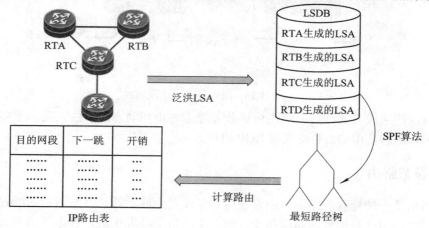

图 11.24 链路状态算法基本过程

3. OSPF 协议报文

OSPF 共有五种报文类型：

(1) Hello 报文。Hello 报文用于发现和维护邻居关系，在广播型网络和 NBMA 网络上 Hello 报文也用来选举 DR 和 BDR。

(2) DD 报文。DD 报文通过携带 LSA 头部信息描述链路状态摘要信息。

(3) LS Request 报文。LS Request 报文用于发送下载 LSA 的请求信息，这些被请求的 LSA 是通过接收 DD 报文发现的，但是在本路由器上还没有的。

(4) LS Update 报文。LS Update 报文通过发送详细的 LSA 来同步链路状态数据库。

(5) LS Ack 报文。LS Ack 报文通过泛洪确认信息确保路由信息的交换过程是可靠的。

除了 Hello 报文以外，其他所有报文只在建立了邻接关系的路由器之间发送。

4. OSPF 相关概念

(1) 自治系统(AS：Autonomous System)。AS 是指使用同一种路由协议交换路由信息的一组路由器。

(2) 路由器 ID 号。一台路由器如果要运行 OSPF 协议，必须存在 Router ID。如果没有配置 ID 号，系统会从当前接口的 IP 地址中自动选一个作为路由器的 ID 号。

(3) 指定路由器(DR：Designated Router)。为使每台路由器能将本地状态信息广播到整个自治系统中，在路由器之间要建立多个邻居关系，但这使得任何一台路由器的路由变化都会导致多次传递，浪费了宝贵的带宽资源。为解决这一问题，OSPF 协议定义了 DR，所有路由器都只将信息发送给 DR，由 DR 将网络链路状态广播出去，两台不是 DR 的路由器(称为 DR Other)之间将不再建立邻居关系，也不再交换任何路由信息。哪一台路由器会成为本网段内的 DR 并不是人为指定的，而是由本网段中所有的路由器共同选举出来的。

(4) 备份指定路由器(BDR: Backup Designated Router)。如果 DR 由于某种故障而失效，这时必须重新选举 DR，并与之同步。这需要较长的时间，在这段时间内，路由计算是不正确的。为了能够缩短这个过程，OSPF 提出了 BDR 的概念。BDR 实际上是对 DR 的一个备份，在选举 DR 的同时也选举出 BDR，BDR 也和本网段内的所有路由器建立邻接关系并交换路由信息。当 DR 失效后，BDR 会立即成为 DR。

(5) 区域(Area)。随着网络规模日益扩大，当一个大型网络中的路由器都运行 OSPF 路由协议时，路由器数量的增多会导致 LSDB 非常庞大，占用大量的存储空间，并使得运行 SPF 算法的复杂度增加，导致 CPU 负担很重；并且，网络规模增大之后，拓扑结构发生变化的概率也增大，网络会经常处于"动荡"之中，造成网络中会有大量的 OSPF 协议报文在传递，降低了网络的带宽利用率。而且每一次变化都会导致网络中所有的路由器重新进行路由计算。OSPF 协议通过将自治系统划分成不同的区域(Area)来解决上述问题。区域是在逻辑上将路由器划分为不同的组。区域的边界是路由器，这样会有一些路由器属于不同的区域，连接骨干区域和非骨干区域的路由器称作区域边界路由器(ABR: Area Border Router)，ABR 与骨干区域之间既可以是物理连接，也可以是逻辑上的连接。

(6) 骨干区域(Backbone Area)。OSPF 划分区域之后，并非所有的区域都是平等的关系。其中有一个区域是与众不同的，它的区域号(Area ID)是 0，通常被称为骨干区域。

(7) 虚连接(Virtual Link)。由于所有区域都必须与骨干区域在逻辑上保持连接，特别引入了虚连接的概念，使那些物理上分割的区域仍可保持逻辑上的连通性。

(8) 路由聚合。AS 被划分成不同的区域，每一个区域通过 OSPF 边界路由器(ABR)相连，区域间可以通过路由汇聚来减少路由信息，减小路由表的规模，提高路由器的运算速度。ABR 在计算出一个区域的区域内路由之后，查询路由表，将其中每一条 OSPF 路由封装成一条 LSA 发送到区域之外。

5. OSPF 基本配置

OSPF 基本配置实例如图 11.25 所示。

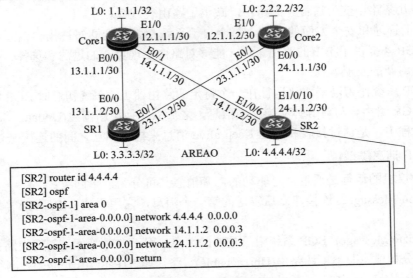

图 11.25　OSPF 基本配置实例

基本配置包括:

(1) router id *router-id*: 指定此路由器的 Router ID。如果不手动指定 Router ID，则 OSPF 自动使用 Loopback 接口中最大的 IP 地址作为 Router ID，如果没有配置 Loopback 接口，则使用物理接口中最大的 IP 地址作为 RouterID。

(2) ospf [*process-id*]: 开启 OSPF。OSPF 支持多进程，如果不指定进程号，则默认使用进程号码 1。

(3) area *area-id*: 进入区域视图。

(4) network *ip-address wildcard*: 指定接口所在的网段地址，指定网段时，要使用该网段网络掩码的反码，即在相应网段的接口上开启 OSPF。

11.4.4 BGP 路由协议

动态路由协议可以按照工作范围分为 IGP 和 EGP。IGP 工作在同一个 AS 内，主要用来发现和计算路由，为 AS 内提供路由信息的交换；而 EGP 工作在 AS 与 AS 之间，在 AS 间提供无环路的路由信息交换，BGP(Border Gateway Protocol)则是 EGP 的一种。

1. BGP 特性

(1) BGP 是一种外部路由协议，与 OSPF、RIP 等内部路由协议不同，其着眼点不在于发现和计算路由，而在于控制路由的传播和选择最好的路由。

(2) 通过在 BGP 路由中携带 AS 路径信息，可以彻底解决路由循环问题。

(3) 使用 TCP 作为其传输层协议，提高了协议的可靠性。

(4) BGP-4 支持无类域间路由(CIDR: Classless Inter-Domain Routing)。这是较 BGP-3 的一个重要改进。CIDR 以一种全新的方法看待 IP 地址，不再区分 A 类网、B 类网及 C 类网。例如，一个非法的 C 类网络地址 192.213.0.0(255.255.0.0)采用 CIDR 表示法 192.213.0.0/16 就成为一个合法的超级网络，其中/16 表示子网掩码由从地址左端开始的 16 bit 构成。CIDR 的引入简化了路由聚合(Routes Aggregation)，路由聚合实际上是合并几个不同路由的过程，这样从通告几条路由变为通告一条路由，减小了路由表规模。

(5) 出于管理和安全方面的考虑，每个自治系统都希望能够对进出自治系统的路由进行控制，BGP-4 提供了丰富的路由策略，能够对路由实现灵活的过滤和选择，并且易于扩展以支持网络新的发展。

(6) BGP 系统作为高层协议运行在一个特定的路由器上。系统初启时 BGP 路由器通过发送整个 BGP 路由表与对等体交换路由信息，之后只交换更新消息(Update Message)。系统在运行过程中，是通过接收和发送 Keep-alive 消息来检测相互之间的连接是否正常的。

2. BGP 消息类型

BGP 协议机的运行是通过消息驱动的，其消息共可分为以下四类:

(1) Open Message: 连接建立后发送的第一个消息，它用于建立 BGP 对等体间的连接关系。

(2) Update Message: BGP 系统中最重要的消息，用于在对等体之间交换路由信息，它最多由三部分构成，即不可达路由(Unreachable)、路径属性(Path Attributes)和网络可达性信息 NLRI(Network Layer Reach/Reachable Information)。

(3) Notification Message: 错误通告消息。

(4) Keep-alive Message: 用于检测连接有效性的消息。

3. BGP 两种邻居——IBGP 和 EBGP

BGP 在路由器上以 IBGP(Internal BGP)和 EBGP(External BGP)两种方式运行。

如图 11.26 所示，如果两个交换 BGP 报文的对等体属于同一个自治系统，那么这两个对等体就是 IBGP 对等体(Internal BGP)，如 RTB 和 RTD。如果两个交换 BGP 报文的对等体属于不同的自治系统，那么这两个对等体就是 EBGP 对等体(External BGP)，如 RTD 和 RTE。虽然 BGP 是运行于自治系统之间的路由协议，但是一个 AS 的不同边界路由器之间也要建立 BGP 连接，只有这样才能实现路由信息在全网的传递，如 RTB 和 RTD，为了建立 AS100 和 AS300 之间的通信，我们要在它们之间建立 IBGP 连接。

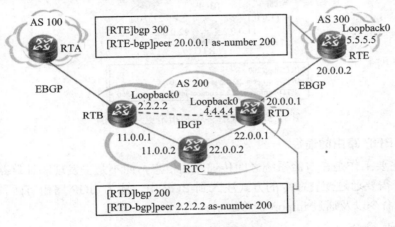

图 11.26　BGP 两种邻居关系

BGP 的基本配置如下：

(1) 启动 BGP(指定本地 AS 编号)，进入 BGP 视图。

　　[Router A] bgp as-number

(2) bgp 命令用来启动 BGP，进入 BGP 视图，undo bgp 命令用来关闭 BGP。缺省情况下，系统不运行 BGP。每台路由器只能运行于一个 AS 内，即只能指定一个本地 AS 号。

(3) 指定对等体的 IP 地址及其所属的 AS 编号。

　　[Router A-bgp] peer{group-name | ipv4-address | ipv6-address} as-number as-number

(4) peer as-number 命令用来配置指定对等体(组)的对端 AS 号，undo peer as-number 命令用来删除对等体组的 AS 号。缺省情况下，对等体组对端无 AS 号。

4. EBGP 多跳和指定更新源

IBGP 对等体之间不一定是物理上直连的，只要 TCP 连接能够建立即可。为了 IBGP 对等体路由通告的可靠性，一般采用 Loopback 接口建立 IBGP 邻居关系，在这种情况下，必须指定用于建立 TCP 连接的接口(也是路由更新报文的源接口)：

　　peer { group-name | peer-address } connect-interface interface-name

路由器一般默认要求 EBGP 对等体之间是有物理上的直连链路，同时一般也提供改变这个缺省设置的配置命令。允许同非直连相连网络上的路由器建立 EBGP 邻居连接，这时需要修改 EBGP 报文的最大跳数：

    peer { group-name | peer-address } ebgp-max-hop [ttl]

    EBGP 的多跳的实质就是 ttl 值，默认 ttl 是 1，如果用 lo0 口做更新源，那么需要更改 ttl 值，否则传递不过去。EBGP 多跳和指定更新源示例如图 11.27 所示。

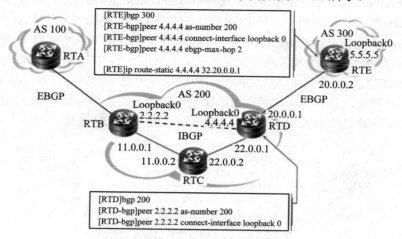

图 11.27　EBGP 多跳和指定更新源示例

5. 成为 BGP 路由的途径

    BGP 的主要工作是在自治系统之间传递路由信息，而不是去发现和计算路由信息。所以，路由信息需要通过配置命令的方式注入到 BGP 中。成为 BGP 路由有两种配置方法：通过 network 命令以及通过 import 命令。

    1) network 命令

    路由器将通过 network 命令将 IP 路由表里的路由信息注入到 BGP 的路由表中，并通过 BGP 传递给其他对等体。通过 network 命令注入到 BGP 路由表里的路由信息必须存在于 IP 路由表中。相关命令如下：

    network ipv4-address [mask | mask-length] [route-policy route-policy-name]

其中：

    ipv4-address：BGP 发布的 IPv4 网络地址，点分十进制形式；

    mask/mask-length：IP 地址掩码或掩码长度，如果没有指定掩码，则按有类地址处理；

    route-policy-name：发布路由应用的路由策略；

    缺省情况下，BGP 不发布任何本地的网络路由。

    2) import 命令

    第二种方法是通过 import 命令把其他协议的路由信息注入到 BGP 路由表中，通过 import 注入的路由信息通过组合策略共同使用。相关命令如下：

    import-route protocol [process-id] [med med | route-policy route-policy-name]

其中：

    protocol：指定可引入的外部路由协议，目前包括 isis、ospf、static、direct 和 rip；

    process-id：当引入路由协议为 isis、ospf 或 rip 时，必须指定进程号；

med：指定引入路由的 MED 度量值，取值范围为 0～65 535；

route-policy-name：从其他路由协议引入路由时，需使用该参数指定的路由策略过滤路由。

11.4.5 静态路由配置实例

1．组网需求

如图 11.28 所示，要求配置静态路由，使任意两台主机或路由器之间都能互通。

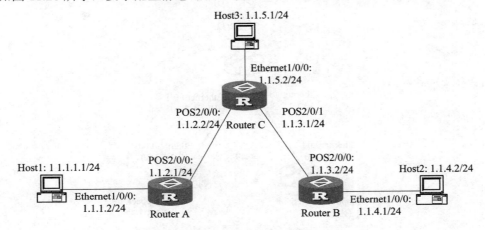

图 11.28 静态路由配置举例组网图

2．配置步骤

静态路由配置的步骤如下：

配置路由器 Router A 静态路由：

[Router A] ip route-static 1.1.3.0 255.255.255.0 1.1.2.2

[Router A] ip route-static 1.1.4.0 255.255.255.0 1.1.2.2

[Router A] ip route-static 1.1.5.0 255.255.255.0 1.1.2.2

或只配缺省路由：

[Router A] ip route-static 0.0.0.0 0.0.0.0 1.1.2.2

配置路由器 Router B 静态路由：

[Router B] ip route-static 1.1.2.0 255.255.255.0 1.1.3.1

[Router B] ip route-static 1.1.5.0 255.255.255.0 1.1.3.1

[Router B] ip route-static 1.1.1.0 255.255.255.0 1.1.3.1

或只配缺省路由：

[Router B] ip route-static 0.0.0.0 0.0.0.0 1.1.3.1

配置路由器 RouterC 静态路由：

[Router C] ip route-static 1.1.1.0 255.255.255.0 1.1.2.1

[Router C] ip route-static 1.1.4.0 255.255.255.0 1.1.3.2

主机 Host1 上配缺省网关为 1.1.1.2

主机 Host 2 上配缺省网关为 1.1.4.1

主机 Host 3 上配缺省网关为 1.1.5.2

至此所有主机或路由器之间能两两互通。

11.4.6　域内路由 OSPF 配置实例

1．组网要求

如图 11.29 所示，要求同属于一个区域 Area0 的三台路由器同时运行 OSPF，实现两两之间的相互通信。

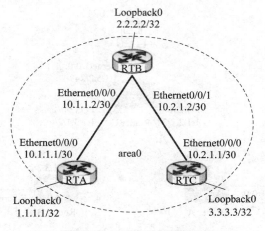

图 11.29　OSPF 单区域配置

2．配置步骤

OSPF 的配置流程为：指定 router id→运行 OSPF→创建区域→通告网络。具体配置步骤如下：

1）端口配置

配置 RTA：

        <Quidway>system-view

        [Quidway]sysname RTA

        [RTA]interface loopback0

        [RTA-LoopBack0]ip address 1.1.1.1 255.255.255.255

        [RTA-LoopBack0]quit

        [RTA]interface ethernet 0/0/0

        [RTA-Ethernet0/0/0]ip address 10.1.1.1 255.255.255.252

配置 RTB：

        <Quidway>system-view

        [Quidway]sysname RTB

        [RTB]interface loopback0

        [RTB-LoopBack0]ip address 2.2.2.2 255.255.255.255

        [RTB-LoopBack0]quit

        [RTB]interface ethernet0/0/0

[RTB-Ethernet0/0/0]ip address 10.1.1.2 255.255.255.252

  [RTB-Ethernet0/0/0]quit

  [RTB]interface ethernet0/0/1

  [RTB-Ethernet0/0/1]ip address 10.2.1.2 255.255.255.252

配置 RTC：

  <Quidway>system-view

  [Quidway]sysname RTC

  [RTC]interface loopback0

  [RTC-LoopBack0]ip address 3.3.3.3 255.255.255.255

  [RTC-LoopBack0]quit

  [RTC]interface ethernet 0/0/0

  [RTC-Ethernet0/0/0]ip address 10.2.1.1 255.255.255.252

  [RTC-Ethernet0/0/0]

2) OSPF 配置

配置 RTA：

  [RTA]router id 1.1.1.1　　　　　　　　　　　　　　//指定 Router ID

  [RTA]ospf　　　　　　　　　　　　　　　　　　//运行 OSPF

  [RTA-ospf-1]area 0　　　　　　　　　　　　　　//创建区域 0

  [RTA-ospf-1-area-0.0.0.0]network 1.1.1.1 0.0.0.0　　//通告环回口

  [RTA-ospf-1-area-0.0.0.0]network 10.1.1.0 0.0.0.3　//通告网络

  [RTA-ospf-1-area-0.0.0.0]quit

  [RTA-ospf-1]quit

配置 RTB：

  [RTB]router id 2.2.2.2

  [RTB]ospf

  [RTB-ospf-1]area 0

  [RTB-ospf-1-area-0.0.0.0]network 2.2.2.2 0.0.0.0

  [RTB-ospf-1-area-0.0.0.0]network 10.1.1.0 0.0.0.3

  [RTB-ospf-1-area-0.0.0.0]network 10.2.1.0 0.0.0.3

  [RTB-ospf-1-area-0.0.0.0]quit

  [RTB-ospf-1]quit

配置 RTC：

  [RTC]router id 3.3.3.3

  [RTC]ospf

  [RTC-ospf-1]area 0

  [RTC-ospf-1-area-0.0.0.0]network 3.3.3.3 0.0.0.0

  [RTC-ospf-1-area-0.0.0.0]network 10.2.1.0 0.0.0.3

  [RTC-ospf-1-area-0.0.0.0]quit

  [RTC-ospf-1]quit

3) 结果验证

(1) 通过 Ping 命令测试每台设备是否可以互相访问。

　　[RTA]ping 3.3.3.3

　　　PING 3.3.3.3: 56　data bytes, press CTRL_C to break

　　　　Reply from 3.3.3.3: bytes=56 Sequence=1 ttl=254 time=80 ms

　　　　Reply from 3.3.3.3: bytes=56 Sequence=2 ttl=254 time=60 ms

　　　　Reply from 3.3.3.3: bytes=56 Sequence=3 ttl=254 time=70 ms

　　　　Reply from 3.3.3.3: bytes=56 Sequence=4 ttl=254 time=50 ms

　　　　Reply from 3.3.3.3: bytes=56 Sequence=5 ttl=254 time=50 ms

　　　--- 3.3.3.3 ping statistics ---

　　　　5 packet(s) transmitted

　　　　5 packet(s) received

　　　　0.00% packet loss

　　　　round-trip min/avg/max = 50/62/80 ms

(2) 通过 display ip routing-table 查看路由表。

　　[RTA]display ip routing-table

　　Route Flags: R – relay, D-downioad to fib

　　Routing Tables: Public

　　　　　　Destinations: 8　　　　Routes: 8

Destination/Mask [nterface	Proto Pre	Cost		Flags	NextHop
1.1.1.1/32	Direct	0	0	D	127.0.0.1
2.2.2.2/32	OSPF	10	2	D	10.1.1.2
3.3.3.3/32	OSPF	10	3	D	10.1.1.2
10.1.1.0/30	Direct	0	0	D	10.1.1.1
10.1.1.1/32	Direct	0	0	D	127.0.0.1
10.2.1.0/30	OSPF	10	2	D	10.1.1.2
127.0.0.0/8	Direct	0	0	D	127.0.0.1
127.0.0.1/32	Direct	0	0	D	127.0.0.1

　　在[RTB]和[RTC]中可以运行同样的命令。可以看到各路由器都通过 OSPF 学习到其他的路由信息，为网络提供了连通性。

(3) 通过 display ospf routing 查看 OSPF 路由表。

　　[RTA]display ospf routing

　　　　　　OSPF Process 1 with Router ID 1.1.1.1

　　　　　　　　Routing Tables

　　Routing for Network

Destination	Cost	Type	NextHop	AdvRouter	Area
10.2.1.0/30	2	Transit	10.1.1.2	2.2.2.2	0.0.0.0

3.3.3.3/32	3	Stub	10.1.1.2	3.3.3.3	0.0.0.0	
2.2.2.2/32	2	Stub	10.1.1.2	2.2.2.2	0.0.0.0	
10.1.1.0/30	1	Transit	10.1.1.1	1.1.1.1	0.0.0.0	
1.1.1.1/32	1	Stub	1.1.1.1	1.1.1.1	0.0.0.0	

Total Nets: 5

Intra Area: 5　Inter Area: 0　ASE: 0　NSSA: 0

(4) 通过 display ospf lsdb 查看链路状态数据库。

```
[RTA]display ospf lsdb
              OSPF Process 1 with Router ID 1.1.1.1
                     Link State Database
                        Area: 0.0.0.0
```

Type	LinkState ID	AdvRouter	Age	Len	Sequence	Metric
Router	3.3.3.3	3.3.3.3	603	48	80000007	1
Router	2.2.2.2	2.2.2.2	610	60	8000000B	1
Router	1.1.1.1	1.1.1.1	670	48	80000009	1
Network	10.1.1.1	1.1.1.1	670	32	80000003	0
Network	10.2.1.2	2.2.2.2	610	32	80000003	0

OSPF 通过链路状态通告 LSA(Link State Advertisement)来描述一个区域的网络拓扑情况。注意其 Type 中每种类型代表 OSPF 里不同的 LSA，在这里出现的是：

- Stub：连接到一个末梢(边缘)网络的路由器 LSA。
- Router：路由器 LSA。
- Network：网络 LSA。

(5) 通过 display ospf brief 命令查看 OSPF 的总结信息。

```
[RTA]display ospf brief
              OSPF Process 1 with Router ID 1.1.1.1
                   OSPF Protocol Information

    RouterID: 1.1.1.1          Border Router:

    Route Tag: 0

    Multi-VPN-Instance is not enabled

    Graceful-restart capability: disabled

    Helper support capability : not configured

    Applications Supported: MPLS Traffic-Engineering

    Spf-schedule-interval: 5 s

    Default ASE parameters: Metric: 1 Tag: 1 Type: 2

    Route Preference: 10

    ASE Route Preference: 150

    SPF Computation Count: 13

    RFC 1583 Compatible

    Retransmission limitation is disabled
```

Area Count: 1   Nssa Area Count: 0

ExChange/Loading Neighbors: 0

Area: 0.0.0.0   (MPLS TE not enabled)

Authtype: None   Area flag: Normal

SPF scheduled Count: 12

ExChange/Loading Neighbors: 0

Interface: 1.1.1.1 (LoopBack0)

Cost: 1   State: DR   Type: Broadcast   MTU: 1500

Priority: 1 Designated Router: 1.1.1.1

Backup Designated Router: 0.0.0.0

Timers:Hello 10,Dead 40, oll   120,Retransmit 5,Transmit Delay 1

Interface: 10.1.1.1 (Ethernet0/0/0)

Cost: 1   State: DR   Type: Broadcast   MTU: 1500

Priority: 1

Designated Router: 10.1.1.1

Backup Designated Router: 10.1.1.2

Timers: Hello 10,Dead 40,Poll   120,Retransmit 5,Transmit Delay 1

该命令可以查看除路由信息外的所有 OSPF 相关信息, 如邻居信息、网络类型、DR/BDR、Hello 时间等。它是查错常用的命令之一。

11.4.7 域间路由 BGP 配置实例

1. 组网要求

如图 11.30 所示, 要求将自治系统 100 划分为 3 个子自治系统 1001、1002、1003, 配置 EBGP、联盟 EBGP 和 IBGP。配置用例中, 只列出与 BGP 配置相关的命令。

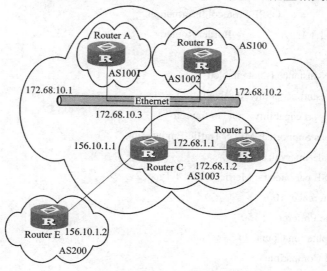

图 11.30 配置自治系统联盟组网图

2．配置步骤

BGP 配置步骤如下：

> ＃ 配置 Router A：
>
> [Router A] bgp 1001
>
> [Router A-bgp] confederation id 100
>
> [Router A-bgp] confederation peer-as 1002 1003
>
> [Router A-bgp] peer 172.68.10.2 as-number 1002
>
> [Router A-bgp] peer 172.68.10.3 as-number 1003
>
> ＃ 配置 Router B：
>
> [Router B] bgp 1002
>
> [Router B-bgp] confederation id 100
>
> [Router B-bgp] confederation peer-as 1001 1003
>
> [Router B-bgp] peer 172.68.10.1 as-number 1001
>
> [Router B-bgp] peer 172.68.10.3 as-number 1003
>
> ＃ 配置 Router C：
>
> [Router C] bgp 1003
>
> [Router C-bgp] confederation id 100
>
> [Router C-bgp] confederation peer-as 1001 1002
>
> [Router C-bgp] peer 172.68.10.1 as-number 1001
>
> [Router C-bgp] peer 172.68.10.2 as-number 1002
>
> [Router C-bgp] peer 156.10.1.2 as-number 200
>
> [Router C-bgp] peer 172.68.1.2 as-number 1003

本 章 小 结

本章全面介绍了城域网和广域网的基本知识概念及相关技术。首先重点介绍了宽带城域网的定义、技术特征、应用范围、体系结构和涉及的关键技术，然后讨论了广域网的定义、分类以及协议参考模型，接着重点阐述了 TCP/IP 协议体系，包括 TCP/IP 参考模型、常用协议以及 IP 地址，最后介绍了 IP 路由技术，具体包括 IP 路由原理、静态路由、OSPF 域内路由协议、BGP 域间路由协议以及路由配置实例。读者在掌握基础知识的同时，应重点掌握 IP 子网规划、IP 路由原理、静态路由、OSPF 协议和 BGP 协议以及常用路由协议的配置方法。

复 习 题

1．简答题。

(1) 描述局域网、城域网和广域网的区别和联系。

(2) 宽带城域网体系结构是什么？

(3) 广域网的协议参考模型是什么？

(4) BGP 的邻居关系有哪几种？

(5) IP 地址是如何分类的？

(6) 简述路由器的工作原理。

2．计算分析题。

(1) 某公司分配到 C 类地址 201.222.5.0，假设需要 20 个子网，每个子网有 5 台主机，应该如何划分？

(2) 如图 11.31 所示，某公司准备用 C 类网络地址 192.168.20.0 进行 IP 地址的子网规划。这个公司共购置了 5 台路由器，一台路由器作为企业网的网关路由器接入当地 ISP，其他 4 台路由器连接 4 个办公点，每个办公点有 10 台 PC，需要 10 个主机地址。如何规划 IP 地址才能满足该公司的组网要求？

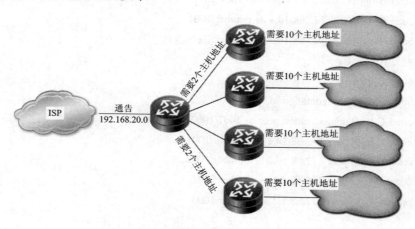

图 11.31　某公司网络拓扑规划图

第 12 章

视频会议网

　　传统面对面式的会议模式正受到全球化进程的不断考验，越来越多的单位或公司分布在世界各地，每召开一次会议都要支付高额的旅行费用和花费很长的时间，不仅降低了工作效率，还会增加人力成本和社会成本，因此取代传统会议模式的视频会议就应运而生了。本章将在介绍视频会议网基础知识的基础上，重点介绍 H.323 视频会议网，包括系统组件、组网形式以及系统工作原理，最后讨论视频会议系统的硬件和软件。

12.1　视频会议网基础知识

12.1.1　视频会议的定义

　　视频会议(Video Conference)是指利用现有的线路传输视频、音频、文档和图片等多种信息到各个参会用户的终端上，使得处于不同地方的用户可以通过声音、视频、文档共享和电子白板等多种方式进行交流，达到"面对面"交流的效果，满足了人们日益增长的全方位沟通需要。由于视频会议往往由视频设备、网络设备和传输线路构成，因此从本质上来说，多点视频会议系统就是一个有着特定用途的专用网络，我们称之为视频会议网络。

12.1.2　视频会议网的构成

　　视频会议网主要由终端设备、数字传输网络、网络节点交换设备组成，图 12.1 所示为一个构成示例。

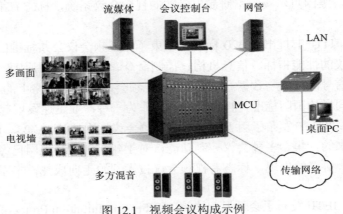

图 12.1　视频会议构成示例

视频会议网络构成部分的描述如下：

(1) 终端设备。终端设备包括摄像机、显示器、调制解调器、编译码器、图像处理设备、控制切换设备等。终端设备主要完成视频会议信号的发送和接收任务。

(2) 数字传输网络。数字传输网络主要是指由电缆、光缆、卫星、数字微波等长途数字信道构成的网络，它根据视频会议的需要组成。

(3) 节点交换设备。节点交换设备是一种架设在视频会议网络节点上的交换设备，如多点控制单元(MCU：Multipoint Control Unit)、网关、网守等。例如，三个或多个视频会议终端就必须使用一个或多个 MCU。

12.1.3　视频会议的发展

视频会议产生于 20 世纪 60 年代，随着 70 年代数字传输的出现以及 80 年代编码和信息压缩技术的发展，到 90 年代视频会议系统已发展成熟。1964 年，美国贝尔实验室研制出了第一台可视电话，标志着第一代视频会议系统的诞生。从此，视频会议提供厂商加大了视频会议终端产品的研发，众多国际品牌脱颖而出。在互联网的发源地美国，视频会议已渗透到政府、商业、金融、交通、服务、教育等各个行业，其中远程教育和远程医疗占了相当大的比重。"9·11"事件之后，美国出现了企业集团、个人大规模采购与使用视频会议系统的热潮，据国际著名的通信研究机构 Wainhouse Research 调查，有 91%的商业企业倾向于采取视频会议的工作方式。据统计，全球 500 强企业中，有超过 80%的企业正在使用可视通信这类先进高效的通信方式。

我国的视频会议发展已有十多年的历程。客户群体也已从发展之初的政府、金融、集团公司等高端市场，逐渐向企业、公司等中低端市场延伸。2003 年 SARS 过后，中国的视频会议突破了以往的平缓发展局面，开始步入稳步快速发展阶段。根据赛迪顾问公司 2005 年年底的调查显示，我国在政府、金融、能源、通信、交通、医疗、教育等重点行业机构中视频会议设备的用户比例达到了 66.3%，视频会议已经成为了我国行业信息交流和传递的重要手段。随着国内宽带网络建设的飞速发展，大力发展和使用视频会议这一先进工具，将产生不可估量的社会效益和经济效益。

在视频会议的发展历程中，有以下几个重要事件及其时间点：

(1) 1964 年，美国贝尔实验室研制出最初的视频会议系统，标志着第一代视频会议系统的诞生。

(2) 1990 年，ITU-T 推出 H.320 标准，结束了无视频会议公共标准的无序状态。该标准规定了视频会议的性能指标、信息机构、控制命令、规程和组网原则，以及编码的主要结构和视频会议信号的组成与数据结构，为各类视频会议产品在网络上的互通提供了保证。如今制造商遵循同样的国际标准，视频会议开始作为一种产业迅速发展起来。

(3) 1997 年，ITU-T 发布了用于局域网的视频会议标准协议 H.323。H.323 是在 H.320 的基础上发展起来的，集合多种会议控制功能，对于建立视频会议网已经是比较完善的一个协议族。H.323 协议的出现，标志着视频会议技术开始走向成熟，宣示一个新的视频会议时代的到来。

(4) 1999 年，IETF 发布了会话发起协议 SIP(Session Initiation Protocol)规范 RFC 2543，

标志着 SIP 规范基础的确立。SIP 是一个应用层的信令控制协议，用于创建、修改和释放一个或多个参与者的会话。这些会话就好像 Internet 多媒体会议、IP 电话或多媒体分发，会话的参与者可以通过组播、网状单播或两者的混合体进行通信。

目前，基于 IP 的视频会议系统主要基于 SIP 或 H.323 协议框架，两者的设计风格各有千秋。其中，H.323 标准是专门用于局域网中的视频会议标准，为现有的 IP 分组网络提供多媒体通信标准，是目前应用最广泛的协议。SIP 是特别适合应用于 Internet 结构的网络环境中实现实时通信应用的协议。

12.1.4　视频会议系统的分类

视频会议系统的分类方法有很多，具体如下：

(1) 根据会议节点数目不同，视频会议系统可分为点对点视频会议系统和多点视频会议系统。

(2) 根据所选用终端类型不同，视频会议系统可分为桌面视频会议系统、会议室型视频会议系统和可视电话会议系统。

(3) 根据技术支持的类型不同，视频会议系统可分为基于线路的视频会议系统和基于分组的视频会议系统。

(4) 根据实现方式不同，视频会议系统又可分为硬件视频会议系统和软件视频会议系统。

其中，硬件视频会议系统采用专用的音视频设备，视觉质量较好，易于使用，在网络方面专线专用，可以提供可靠的网络质量。其缺点是技术无法及时更新，且更新的成本昂贵，不能满足个性化定制等。国内外比较著名的硬件视频会议系统厂商有 Polycom、Tandberg 和 Viewpoint 等。软件视频会议系统具有随时更新、无额外费用的支出、可以满足个性化定制、价格较低和使用灵活等优点，且软件视频会议系统的音视频质量与硬件视频会议系统相似。其缺点是受网络质量的影响较大，无法提供 QoS 保证。

现在，软件视频会议系统厂商也在不断努力，相继推出了高清视频会议系统，这些都使得软件视频会议系统能够以高清的音视频效果、灵活的网络带宽选择、丰富的功能、方便快捷的操作、可扩展性以及相对低廉的价格在市场上占有重要的地位。此外，随着视频编解码技术、多媒体通信技术的进步以及网络带宽的进一步提高，长期以来制约软件视频会议系统发展的瓶颈将被突破，因此软件视频会议系统将有着广阔的前景，是未来视频会议系统的发展方向。

12.1.5　H.323 与 SIP 的比较

实时 IP 呼叫和多媒体通信是下一代网络业务提供的重要方面。H.323 和 SIP 都是实现网络电话(VoIP：Voice over Internet Protocol)和多媒体应用的通信协议。这二者是完全平行的，它们所要达到的目的都是构建 IP 多媒体通信网，但它们使用的方法不同，因此是不可能互相兼容的，二者之间只是存在互通的问题。

H.323 建议是由 ITU.T 提出的，基于电信网信令和协议的 IP 多媒体标准，并不是为 IP 电话专门提出的。但是 IP 电话，特别是经由网关的 IP 电话工作方式，可以采用 H.323 建议来完成它要求的工作，因而 H.323 建议也常被"借用"作为 IP 电话的标准。对 IP 多媒体应用(如 IP 电话或视频会议)来说，不仅采用 H.323 建议，还采用了一系列协议，如 H.225、H.245、H.235、H.450、H.341 等。其中 H.323 建议是"总体技术要求"，因而通常把这种方式的 IP 电话或视频会议称为 H.323 IP 电话或 H.323 视频会议。H.323 是一个较为完备的建议，提供了一种集中处理和管理的工作模式。这种工作模式与电信网的管理方式是适配的，尤其适用于从终端到终端的 IP 电话网或视频会议网的构建。理论和实践都表明，H.323 有能力做成任意规模的 IP 电话系统和视频会议系统。

SIP 则是由 IETF 提出的利用已有的 IP 网络提供多媒体业务的协议，是一个与 H.323 并列的协议。与 H.323 体系相比，SIP 的作用类似于 H.225。SIP 具有简单、扩展性好以及与现有的 Internet 应用联系紧密的特点。SIP 的出发点是以现有的 Internet 为基础来构架 IP 电话业务网。因此，SIP 有着与 H.323 完全不同的设计思想，是一个分布式的协议，即将网络设备的复杂性推向网络边缘。与以 H.323 建议为基础的 IP 电话相比，SIP 需要相对智能的终端。对于用户终端是非智能终端的场合，也可以使用 SIP 作为呼叫信令，但这将大大削弱 SIP 特有的优势，因此 SIP 更适用于智能用户终端。另外，可以考虑在用户电话机前添加前置机的办法来取代网关设备，这样做的代价是将增加用户购买前置机的开销。

通过对 SIP 和 H.323 协议的比较不难看出，H.323 和 SIP 之间不是对立的关系，而是在不同应用环境中的相互补充。SIP 作为以 Internet 应用为背景的通信标准，是将视频通信大众化。而 H.323 系统和 SIP 系统的有机结合，又确保了用户可以在构造相对廉价的 SIP 视频系统的基础上，实现多方会议等多样化的功能。

12.1.6　音视频压缩编码

在网络上传输视频、音频和图像，对网络带宽的要求很大。假设每秒需要传输 30 帧图像，每帧图像规格为 800×600 像素，像素颜色深度为 16 位，视频带宽需大于 230 Mb/s。因此，音视频压缩编码是视频会议系统的关键技术。

1. 音频编码标准

随着数字电话和数据通信业务的日益增长，除了提高通信带宽之外，对语音信号进行压缩也是提高通信容量的重要措施。ITU-TSS 制定了一系列语音数据编译码标准。其中，G.711 使用 μ 率和 A 率压缩算法，信号带宽为 3.4 kHz，压缩后的数据传输率为 64 kb/s；G.721 使用自适应差分脉冲编码调制(ADPCM: Adaptive Differential Pulse Code Modulation)压缩算法，信号带宽为 3.4 kHz，压缩后的数据传输率为 32 kb/s；G.722 使用 ADPCM 压缩算法，信号带宽为 7 kHz，压缩后的数据传输率为 64 kb/s。以这些标准为基础还制定了许多语音数据压缩标准，如 G.723、G.723.1、G.728、G.729 和 G.729.A 等。

视频会议系统中的语音可参考电话质量语音标准。语音压缩编码要保证一定声音质量的条件下，以尽量小的数据传输率来表达和传送声音。目前主要的语音编码有波形编码、参数编码(音源编码)和混合编码。其中，波形编码的思想是产生一种重构信号，使它的波形与原始语音波形尽可能一致；参数编码的思想是试图从语音波形信号中提取生成语音的参数，使用这些参数通过语音生成模型重构出语音信号；混合编码的思想是期望能够综合波形编码和参数编码，集二者的优点于一体。

2．视频编码标准

视频编码是多媒体通信、视频会议系统等一系列新兴的多媒体应用中一个非常关键的技术。下面介绍几种常用视频编码的国际标准。

1) H.261 和 H.263 标准

H.261 和 H.263 是视频会议系统中最为常用的两个视频压缩编码协议，采用的都是基于 DCT 编码和带有运动预测的 DPCM 预测编码的混合编码方案，能够对运动图像进行高倍的压缩。H.261 标准制定于 1990 年 12 月，H.263 协议编码和 H.261 大致相同，只是在某些方面能够获得更佳的图像质量，得到更低的视频码率(低于 64 kb/s)。

2) MPEG-1 和 MPEG-2 标准

MPEG-1 处理的是标准图像交换格式(SIF：Standard Interchange Format)的视频，这个标准主要是针对当时具有这种数据传输率的 CD-ROM 和网络开发的，用于在 CD-ROM 上存储数字影像。MPEG-2 是 MPEG-1 的扩充，因为它们的基本编码算法都相同，但 MPEG-2 增加了许多 MPEG-1 所没有的功能，例如增加了隔行扫描电视的编码等功能。MPEG-2 要达到的最基本目标是：位速率为 4~9 Mb/s，最高达 15 Mb/s。

3) MPEG-4 标准

MPEG-4 是一个数据速率很低的多媒体通信标准，目标是要在异构网络环境下高度可靠地工作，并且具有很强的交互功能。MPEG-4 具有如下特点：

(1) MPEG-4 旨在将众多的多媒体应用集于一个完整的框架内，为不同性质的视音频数据制定通用、有效的编码方案，提出基于内容(Content-based)的视频对象编码标准。

(2) MPEG-4 是一种高效率的编码标准，其最低码率可达到 5~64 kb/s。在开发低码率编码的同时，更注重具体视频对象的交互性和可操作性，并对多媒体应用领域的各种编码进行兼容。

(3) MPEG-4 是第一个使用户可在接收端对画面进行操作和交互访问的编码标准。

(4) MPEG-4 的编码系统是开放的，可为各种多媒体应用提供一个灵活的框架和一套开放的编码工具，不同的应用可选取不同的算法。解码器是可编程的，各种解决工具可与信息内容本身一起下载。

3．分辨率

分辨率是数字监控产品中一项重要的技术指标，在很大程度上决定了产品的性能(清晰度、存储量、带宽)和价格。目前监控行业中主要使用 QCIF(176×144)、CIF(352×288)、HALF D1(704×288)、D1 或 4CIF(704×576)、DCIF(528×384)等几种分辨率。其中，CIF 录像分辨率是主流分辨率，绝大部分产品都采用 CIF 分辨率。

4．比特率与码流

比特率是指每秒传送的比特数，单位为 b/s(bit per second)，比特率越高，传送的数据越大。比特率表示经过编码(压缩)后的音、视频数据每秒需要用多少个比特来表示，而比特就是二进制里面最小的单位，要么是 0，要么是 1。比特率与音、视频压缩的关系，简单地说就是比特率越高，音、视频的质量就越好，但编码后的文件就越大。码流(Data Rate)是指视频文件在单位时间内使用的数据流量，也叫码率，是视频编码中画面质量控制中最重要的部分。同样分辨率下，视频文件的码流越大，压缩比就越小，画面质量就越高。

5. 传输带宽与存储容量

需要说明的是，上行带宽就是本地上传信息到网络上的带宽，上行速率是指用户电脑向网络发送信息时的数据传输速率，比如用 FTP 上传文件到网上，影响上传速度的就是"上行速率"。下行带宽就是从网络上下载信息的带宽，下行速率是指用户电脑从网络下载信息时的数据传输速率，比如从 FTP 服务器上下载文件到用户电脑，影响下载速度的就是"下行速率"。

1) 传输带宽

传输带宽的计算公式如下：

$$传输带宽 = 比特率 \times 摄像机的路数$$

监控点的带宽是要求上行的最小限度带宽(监控点将视频信息上传到监控中心)；监控中心的带宽是要求下行的最小限度带宽(将监控点的视频信息下载到监控中心)。例如，电信 2 Mb/s 的 ADSL 宽带，理论上其上行带宽 512 Kb/s = 64 Kb/s，下行带宽 2 Mb/s = 256 Kb/s。假设监控点分布在 5 个不同的地方，采用 CIF 视频格式，各地方的摄像机的路数 n = 10 路，1 个监控中心，远程监看及存储视频信息，存储时间为 30 天，则网络带宽大小计算如下：

(1) 监控点的带宽。CIF 视频格式每路摄像头的比特率为 512 Kb/s，即每路摄像头所需的数据传输带宽为 512 Kb/s，10 路摄像机所需的数据传输带宽为：512 Kb/s(视频格式的比特率)×10(摄像机的路数) = 5120 Kb/s ≈ 5.12 Mb/s(上行带宽)，即采用 CIF 视频格式各监控点所需的网络上行带宽至少为 5.12 Mb/s。

(2) 监控中心的带宽。CIF 视频格式的所需带宽为：512 Kb/s(视频格式的比特率)×50(监控点的摄像机的总路数之和) = 25 600 Kb/s = 25.6 Mb/s(下行带宽)，即采用 CIF 视频格式监控中心所需的网络下行带宽至少为 25.6 Mb/s。

2) 存储容量

存储容量的计算公式如下：

存储容量 = 码流大小(单位为 KB/s，即比特率/8) × 3600(单位为 s，即 1 小时的秒数) × 24 (单位为 h，即一天的小时数) × 30(保存的天数) × 50(监控点要保存摄像机录像的总数) ÷ 0.9(磁盘格式化损失 10%的空间)。

例如，监控点分布在 5 个不同的地方，采用 CIF 视频格式，各地方的摄像机的路数 n = 10 路，1 个监控中心，远程监看及存储视频信息，存储时间为 30 天。存储容量计算如下：

50 路存储 30 天的 CIF 视频格式录像信息的存储容量 = 64 × 3600 × 24 × 30 × 50 ÷ 0.9 = 8789.1 GB ≈ 9 TB。

12.2　H.323 视频会议网

12.2.1　H.323 协议概述

H.323 协议是 ITU-T 提出的基于电信网信令协议的 IP 多媒体通信标准。H.323 协议的主要特点如下：

(1) 网络独立性。由于H.323被设计成运行在通用的网络体系结构之上，因此随着网络技术的发展以及带宽技术的进步，基于H.323的解决方案将能获得由这些进步所带来的好处。

(2) 带宽管理。视频和音频传输对带宽要求很高，如果不加以监控管理，很可能造成网络的阻塞。H.323通过提供带宽管理解决这一问题，能够对网络中并发的H.323连接数以及H.323应用可获得的带宽总量进行限制。一方面，这些限制保证了网络上的关键应用不会被中断；另一方面，又为网络上的其他应用保留了足够的资源。每个H.323终端都能针对每一个会话提供带宽管理，该机制能根据网络的状况提高或降低视频传输率。

(3) 平台及应用的独立性。H.323不依赖于任何特定的硬件和操作系统，其兼容的平台可以有多种规格和类型，包括支持视频的个人计算机、专用平台以及功能齐全的产品包。

(4) 多点支持。H.323能支持三点或更多的多点会议，也可以没有集中式的MCU(多点控制器)的支持。多点控制功能可以是分布式的，可作为H.323终端功能的一部分来实现。

(5) 组播(Multicast)支持。当网络支持"工作组管理协议"(如IGMP)时，H.323能在多点会议中支持Multicast功能。Multicast将单一信息包送至网上多个目标，而无需重复传送。

(6) 互操作性。除了保证接收端能解压信息，H.323还提供了在客户端之间调整性能，为会议设置共同性能的方法。因此，用户不必担心在通信时接收端的兼容性。

(7) 编解码标准。H.323为音频、视频数据流的压缩和解压建立了标准，保证来自于不同厂家的产品有共同支持的领域。

12.2.2 H.323系统组件

H.323协议规定了四种主要组件：终端(Terminal)、网关(Gateway)、网守(Gatekeeper)和多点控制单元(MCU)。其中，终端、网关和多点控制单元统称为端点，可以发起或接受呼叫，媒体信息流从端点生成并结束于端点；网守用于呼叫控制。

1. 终端

H.323终端是分组网络中能提供实时、双向通信的节点设备，也是一种终端用户设备，可以和网关、多点控制单元通信。H.323终端是H.323定义的最基本组件。所有H.323终端都必须支持语音通信，其他可选组件是图像编解码器、T.120数据会议协议以及MCU功能。H.323终端包括音频编解码器、视频编解码器、数据通道和系统控制四部分。

2. 网关

在视频会议中，网关是跨接在两个不同网络间的设备，其把位于两个不同网络上的会议终端连接起来组成一组会议。如果会议在一个网内召开，就不需要网关，因此网关是H.323会议系统的一个可选组件。在实际的H.323会议系统中有两种场合将用到网关。第一种场合是一组会议的两组与会者在不同的网中(如一组与会者在IP网中，另一组与会者在PSTN网中)；另一种情况是两组与会者在不同的网段上，为了旁路一些路由器或某些低速传输通道而从网关转绕。

网关的主要作用如下：

(1) 提供传输格式间的转换(如从H.225.0到H.221)；

(2) 提供通信规程间的转换(如从 H.245 到 H.242)；

(3) 提供视频、音频、数据格式转换(如从 G.723 到 G.711，从 H.261 到 H.263)；

(4) 提供呼叫控制信令的转换；

(5) 管理广域网和局域网流量及 T.120 路由选择。

网关控制协议主要有媒体网关控制协议(MGCP：Media Gateway Control Protocol)和简单网关控制协议(SGCP：Simple Gateway Control Protocol)。

3．网守

在 H.323 会议系统中，网守是一个可选项，它向终端提供呼叫控制服务。网守逻辑上与端点分离，但其物理实现可能存在于一个终端、MCU、网关单元、服务器或其他相关设备中。H.323 专门为网守设计了一个信道，即 RAS 信道。网守的主要功能如下：

(1) 地址翻译，即将用户别名翻译成网络地址；

(2) 用户进入会场许可的控制与管理，即根据用户带宽控制与管理；

(3) 代理呼叫或呼叫转移。

4．MCU

多点控制单元 MCU 用来支持多点会议。它由多点控制器(MC)和可选的多点处理器(MP)组成。其中，多点控制器提供支持多点会议的控制能力，协商各会议终端的音/视频编解码能力，确定会议的公共能力；多点处理器则负责对来自各终端的多种媒体流进行处理，主要包括对视频画面的切换和复合、对音频信号的混合和抑噪以及对多媒体数据的多点传输。与 H.320 系统不同，在 H.323 系统中，MC 和 MP 既可以合在一起作为一个单独设备 MCU，也可以分散在其他设备(如终端、关守、网关等)中。

12.2.3　H.323 视频会议组网

一般根据通信节点的数量和应用需要，可将视频会议组网方式分为两类：点对点视频会议系统组网和多点视频会议系统组网。

1．点对点视频会议系统组网

点对点视频会议系统支持两个通信节点间的视频会议功能，主要业务分为以下三类：

(1) 可视电话。可视电话是现有公用电话网上使用的具有双工视频传送功能的电话设备。由于电话网带宽的限制，可视电话只能使用较小的屏幕和较低的视频帧率。例如，使用 3.3 英寸的液晶屏幕，每秒可传送 2～10 帧图像画面。

(2) 桌面视频会议系统。这类视频会议系统利用 PC 终端平台以及网络通信设备和远程另一台装备了同样或兼容设备的 PC 通过网络进行通信，这种系统仅限于两个用户或两个小组用户使用。Intel 公司的 Proshare Personal Conferencing Video System 200 是这类系统的一个典型示例，它是一种点对点的个人视频会议系统，支持 ISDN 和 LAN 的连接，采用硬件编码压缩和软件解压缩。为了方便协同工作，Proshare 还提供共享笔记本和共享应用程序。

(3) 会议室型视频会议系统。在会议室型视频会议系统的支持下，与会者集中在一间特殊装备的会议室中，这种会议室作为视频会议的一个收发中心，能与远程的另外一套类似的会议室进行交互通信，完成两点间的视频会议功能。由于会议室与会者较多，因此对视听效果要求较高。一套典型的系统一般应包括一台或两台大屏幕监视器、高质量摄像机、高分辨率的专用摄像机、复杂的音响设备、控制设备及其他可选设备，以满足不同用户的要求。

点对点视频会议系统只涉及两个会议终端系统，其组网结构非常简单，不需要 MCU，也不需要增加额外的网络设备，只需在终端系统的系统控制模块中增加会议管理功能即可。其组网结构如图 12.2 所示。图中的控制协议虚线实际上并不存在，其内容也是通过接口相互传递的。两个会议场点(终端系统)只需相互拨号呼叫对方并得到对方确认后便可召开视频会议。

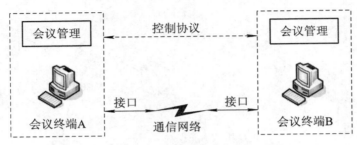

图 12.2　点对点视频会议系统组网结构图

2. 多点视频会议系统组网

多点视频会议系统是指三个或三个以上的通信终端参与会议，基于 IP 网络的多点视频会议系统一般由终端、IP 网络和多点控制器组成。采用 H.323 标准，多点视频会议可以将不同地方、不同会场的与会人员的活动情况、会议内容以及数据、资料实时地转送到各方。多点视频会议可以让诸多会场的参与者感觉到亲临现场会议的体验。

1) 多点视频会议系统的基本特征

基于桌面的多点视频会议系统具有以下基本特征：

(1) 系统运行期间，终端中必须指定一个做主席，其他则为与会者身份，主席有权指定任一终端作为新主席。

(2) 会议进行过程中，有两种工作模式：主席控制模式和终端控制模式。

(3) 主席完成会议进程的控制，所有终端必须能够接收到主席的信令控制。

(4) 系统在主席控制模式时，主席的消息传送到各个分会场，主席可以接收到任意分会场的信息。系统在终端控制模式时，申请发言的终端的请求信息将传送给包括主席在内的所有与会者终端。

(5) 音视频流/数据信息和控制信令在不同的逻辑信道中传送，这是由 H.245 建议所规定的。

2) 多点视频会议系统组网形式

多点视频会议系统运行时，必须设置至少一台 MCU。MCU 通常设置在网络节点处，可以实现多个会议场点同时进行通信的功能，可以在数字域中实现音频、视频、数据信令等信号的混合和切换或分配。多点视频会议系统组网结构相对点对点视频会议系统要复杂得多，根据 MCU 数目可分为单 MCU 和多 MCU 方式。而 MCU 方式一般又可分为星型组网结构和层级组网结构。

(1) 单 MCU 方式。若会议场点数目不多且比较集中(如局域网或企业内网),可采用单 MCU 方式,其组网结构如图 12.3 所示。各会议场点终端加入会议时,必须经过 MCU 确认并通知先于它加入会议的会议场点。

(2) 星型组网结构。多 MCU 连接的星型组网结构如图 12.4 所示。这类组网结构一般对会议终端的要求较低,易扩展性高。MCU 的功能类似于交换机,各个 MCU 在会议中的地位相同。由于该组网方式场点数目较多,其会议控制模式宜采用主席控制模式。

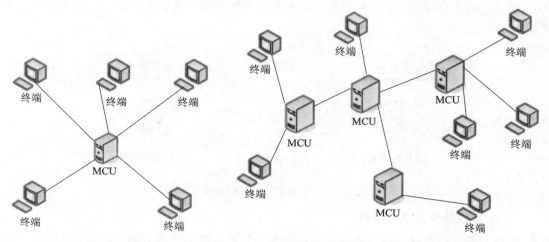

图 12.3 单 MCU 组网结构　　　　　图 12.4 多 MCU 连接的星型组网结构

(3) 层级组网结构。层级组网结构适合各会议场点很分散的情况下,通信网络一般为 ISDN、B-ISDN 或 DDN(长途数字传输网)等。层级组网结构如图 12.5 所示。这类组网结构很适合扩充,如果网络条件允许甚至可以进行国际间的视频会议,而且易于管理。需要说明的是,多个 MCU 在组网结构中地位不同,下层的 MCU 要受上层 MCU 的控制和制约。

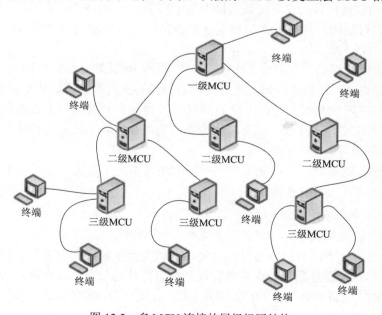

图 12.5 多 MCU 连接的层级组网结构

此类组网结构是最理想的组网结构。它与理想的通信网络 Internet 在分布式结构与管理机制方面有相似之处，但是，将 Internet 引入视频会议系统存在许多无法克服的技术问题。最适合这类结构的会议控制模式是声控模式和主席控制模式。

多点视频会议系统的实现主要分为集中式、分散式和混合式三种模式。

(1) 集中式多点会议必须配备 MCU。所有的终端以点对点的方式向 MCU 发送音频、视频、数据和控制流。MC 集中管理会议，MP 负责接收来自参与终端的话音、视频或数据流，进行处理并将其发送到这些终端上。集中式多点会议允许所有来自不同厂商的 H.323 终端加入会议。

(2) 分散式多点会议使用组播(Multicast)技术。首先选择一个组地址，在 TCP/IP 中，一般是 D 类的 224.0.1.0～239.225.225.225。在组播创建后，终端将向其他参加本组会议的所有终端组播视频、音频和数据信息。在该方式中，MCU 并不参加其中的操作，实际是各终端利用自己的 MC 来直接与其他终端通信。

(3) 混合式多点会议综合了集中式多点会议和分散式多点会议的特点。参加会议的 H.323 终端将音频或视频流以点对点方式发给 MC，剩下的以广播方式发给所有的 H.323 终端。

可见，通过 MCU 将集中式和混合式会议连接起来，可以实现更大的灵活性。

12.2.4 H.323 视频会议系统工作原理

H.323 协议用于发起会话，能控制多个参与者多媒体会话的建立和终结，并能动态调整和修改会话属性，如会话带宽要求、传输的媒体类型(语音、视频等)、媒体的编解码格式、广播的支持等。H.323 协议采用 Client/Server 模型，主要通过网关与网守之间的通信来完成用户呼叫的建立过程。

如图 12.6 所示，H.323 协议栈是在应用层实现的，主要描述在不保障服务质量(QoS)的 IP 网上用于多媒体通信的终端、设备和业务。它包括 G.711、G.729、G.723.1、G723.A、H.261、H.263、T.120 系列、RTP、RTCP、H.245、H.225.0(包含 Q.931 和 RAS 协议)等协议。其中，H.245、H.225.0 等协议为信令控制协议；G.711、G.729、G.723.1、G.723.A 是音频编解码协议；H.261、H.263 是视频编解码协议；T.120 系列(包括 T.123、T.124、T.125、T.126、T.127、T.324 等协议)是多媒体数据传输协议。

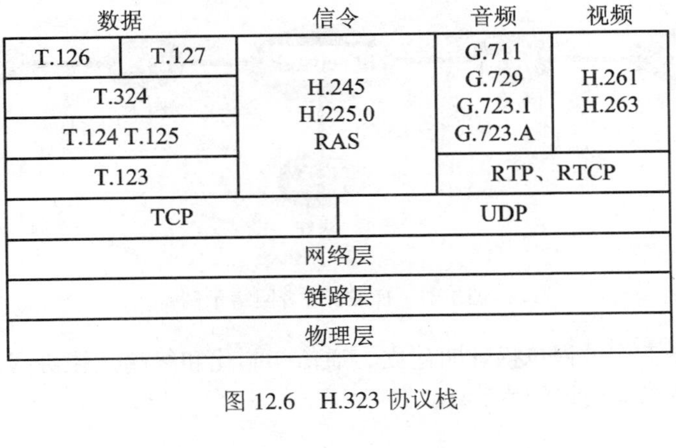

数据		信令	音频	视频
T.126	T.127	H.245 H.225.0 RAS	G.711 G.729 G.723.1 G.723.A	H.261 H.263
T.324				
T.124 T.125				
T.123			RTP、RTCP	
TCP			UDP	
网络层				
链路层				
物理层				

图 12.6 H.323 协议栈

实时传输协议(RTP: Real-Time Transfer Protocol)和实时传输控制协议(RTCP: Real-Time Transfer Control Protocol)共同确保了语音信息传送的实时性。RTP 的功能通过 RTCP 获得增强，RTCP 的主要作用是提供对数据分发质量的反馈信息，应用系统可利用这些信息来适应不同的网络环境。RTCP 有关传输质量的反馈信息对故障定位和诊断也十分有用。

ITU-T RAS 协议遵循 H.323 v2 协议，用于网关与网守之间进行信息交互。在 RAS 协议中，一般模式都是网关向网守发送一个请求，然后网守返回接受或拒绝消息。H.323 协议栈用于 RAS 通信的缺省端口号为 1719。RAS 消息的具体内容参见表 12.1。

表 12.1　RAS 协议的主要消息

操　作	消　息
注册登记消息	RRQ、RCF、RRJ
注销消息	URQ、UCF、URJ
修改消息	MRQ、MCF、MRJ
接入认证授权消息	ARQ、ACF、ARJ
地址解析消息	LRQ、LCF、LRJ
拆线消息	DRQ、DCF、DRJ
状态消息	IRQ、IRR、IACK、INAK
带宽改变消息	BRQ、BCF、BRJ
网关资源可利用性消息	RAI、RAC
RAS 定时器修改消息	RIP

图 12.7 所示为一个简单的 H.323 语音网络示例。在一个由网守管理的区域内，对所有呼叫来说，网守不仅可提供呼叫业务控制并且可起到中心控制点的作用。网关实体通常以路由器作为硬件载体，通过命令行接口完成对路由器 IP 语音网关功能的配置。网关通过 ITU-T H.225.0 协议中的 RAS 消息与网守进行交互通信。目前，网守功能通常在服务器上提供，路由器提供网关功能。出于可靠性考虑，需要网守提供备份服务功能，即当主用网守通信异常(如超时)或主用网守不可用时，网关可以通过 RAS 消息向备用网守发起注册请求。

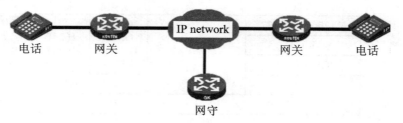

图 12.7　H.323 语音网络示例

H.323 的主要工作过程包括呼叫建立、通信初始化和终端性能协商、音频和视频通信的建立、会议服务以及会议结束。

1．呼叫建立

参加会议的末端设备首先需要在网守处注册，以决定其对网络的访问权限及可使用的带宽，然后建立 RAS 信道。会议呼叫往往由终端或终端通过 MCU 发起。其中，网守发现和注册过程如下：

(1) 网守发现。一个端点想与另一个端点建立呼叫，首先要寻找可以为它服务并对它进行控制的网守，这个过程叫做网守发现。端点和网守之间使用 RAS 协议信令进行交互操作。主叫端点会发送网守请求消息(GRQ：Gatekeeper Request)给某一个特定的网守或广播发送，收到消息的网守响应主叫端点，发送消息表明接受请求确认(GCF：Gatekeeper Confirmation)还是拒绝请求(GRJ：Gatekeeper Reject)，具体过程如图 12.8 所示。

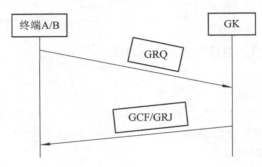

图 12.8　网守发现

(2) 注册。当端点收到网守发来的确认消息后，将向网守发送注册请求，请求加入网守所在的控制域。如果网守接受注册，则发送注册确认消息，否则发送注册拒绝消息。注册成功后，端点和网守都可以发送注册取消消息，网守可以决定是否取消注册，而端点只能以取消注册确认消息响应，并取消注册。终端注册的过程如图 12.9 所示。终端发出注册请求，GK 根据管理权限作出 Registration Reject/Registration Configuration 的响应。

若已注册终端由于某种原因想退出注册，就必须向 GK 发出退注册请求信号(URQ：Unregistration Request)。退出注册请求是由终端向网守发出的删除注册信号，相应也有两种：退注册拒绝或退注册确认。GK 准许该终端退注册时，回送退注册确认信号(UCF：Unregistration Confirm)；否则，回送退注册拒绝信号(URJ：Unregistraion Reject)。终端退出注册过程如图 12.10 所示。

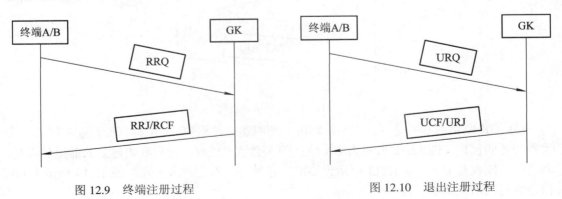

图 12.9　终端注册过程　　　　　　　　　　　　图 12.10　退出注册过程

2．通信初始化和终端性能协商

在终端之间交换通信模式或 MCU 选择会议通信模式后，系统需要依据事先指定或各终端的申请将其分为主席会场、对话会场和听众会场。终端性能协商是依据各终端的性能参数来选择视频和音频的编码方式。其中，入会与 GK 路由的呼叫建立过程如下：

(1) 入会。入会过程是进行呼叫建立的前提，由终端向 GK 发出申请准许参加会议，包括入会请求、入会确认和入会拒绝。得到 GK 准许以后，方可进行呼叫建立。入会请求 ARQ (Admission Request) 分组包含以下信息内容：

- 呼叫类型(如点对点或多点)；
- 终端标识；
- 一个呼叫标识(唯一的字符串)；
- 一个呼叫参考值(一个整数)；
- 其他对方端口信息，包括别名和信令地址；
- 基本带宽；
- 传输质量：由端点或 GK 预留资源。

GK 对 ARQ 的响应有两种，经认定为合法用户时，回应入会确认 ACF(Admission Confirm)。ACF 分组包含以下信息内容：

- 与 ARQ 的参数大多相同；
- 来自 GK 顺序固定；
- 呼叫模式；
- 端点直接发送信令或经 GK 控制。

若 GK 对发出 ARQ 的终端认定为非法用户，则回应入会拒绝信号 ARJ(Admission Reject)。ARJ 信号包含以下信息：

- 拒绝原因；
- 带宽和地址翻译，退出注册端点。

入会请求过程(Admission Request)如图 12.11 所示。

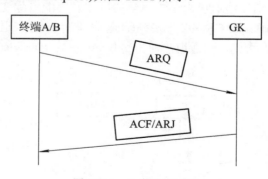

图 12.11　入会请求过程

(2) GK 路由的呼叫建立。在 GK 路由的呼叫建立过程中，GK 具有处理呼叫能力，全程参与呼叫过程。图 12.12 所示为 GK 路由的入会请求过程。可见呼叫建立的前提是入会，入会的控制权在 GK。图 12.13 所示为 GK 全程参与的入会请求过程。图 12.14 所示为 GK 信令参与的入会请求过程。

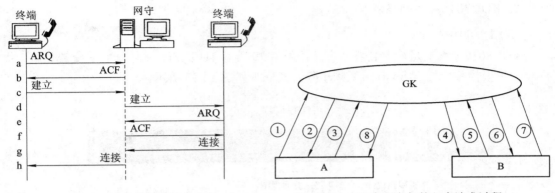

图 12.12　GK 路由的入会请求过程　　　　　　图 12.13　GK 全程参与的入会请求过程

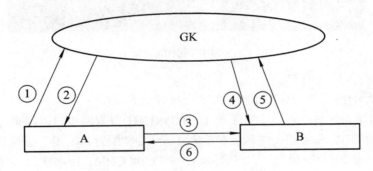

图 12.14　GK 信令参与的入会请求过程

3．音频和视频通信的建立

终端根据 H.245 信道建立音频、视频信道或 MCU 为各终端分配音频流、视频流、数据流端口号，并获取相应终端对应端口，建立起两者之间的双向通信通道。对视频流和音频流将使用非可靠传输协议 UDP，而数据流则以可靠传输协议 TCP 来进行。

4．会议服务

会议服务实现 H.245 会议控制过程，即 MCU 和终端间的视频切换过程、模式切换过程、信息流的广播过程和主席控制过程。这一过程利用已建立的呼叫控制信道，仍采用 H.245 信令。

5．会议结束

终端发出退出会议申请，终端关闭视频、音频通道，随后关闭控制通道，终止会议。

12.3　视频会议系统硬件与软件

12.3.1　视频会议系统的硬件

下面以目前使用较为广泛的科达 KDV 系列产品进行介绍，具体包括 KDV8010A 系列终端和 KDV8000B 系列 MCU。

1．KDV8010A 系列终端

1）KDV8010A 外观

KDV8010A 终端是一款高清晰产品，采用 19 英寸 1U 机箱，采用 220 V 交流供电，提供一个扩展槽位，内置 6×6 的视频矩阵。其外观如图 12.15 所示。

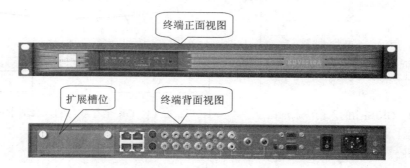

图 12.15　KDV8010A 终端外观

2）KDV8010A 终端接口

KDV8010A 的终端接口如图 12.16 所示。具体如下：

(1) 以太网接口。终端接口中有 1 个 10/100M(ETH)以太网接口，用来连接网络。

(2) RS-232(CON)配置口。终端接口中有 1 个 CON 配置口，用于终端的初始配置。

(3) RS-232(COM1)控制接口。终端接口中有 1 个 COM1 控制接口，通常用于摄像头控制。

(4) RS-485(COM2)控制接口。终端接口中有 1 个 RS-485(COM2)控制接口，通常用于摄像头控制。

(5) RS-422(COM2)控制接口。终端接口中有 1 个 RS-422(COM2)控制接口，通常用于摄像头控制。RS-485 与 RS-422 共用同一个物理接口，只是出线不一样。

(6) 视频(VIDEO)接口。

① 视频输入：6 路复合视频，1 路 S-VIDEO，1 路 VGA。

② 视频输出：6 路复合视频，1 路 S-VIDEO，1 路 VGA。

复合视频接口俗称 C 端子，S-VIDEO 接口俗称 S 端子。终端默认为图像从第 1 路复合视频输入，从第 1 路复合视频输出。6 路复合视频的输入与输出构成终端内置的 6×6 视频矩阵。

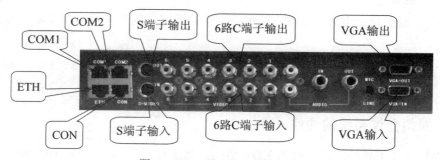

图 12.16　KDV8010A 终端接口

(7) 音频(AUDIO)接口。

① 音频输入: 1路单声道输入, 1路双声道输入。

② 音频输出: 1路单声道输出, 1路双声道输出。

③ LINE/MIC 切换: 拨到 MIC(上)时, 终端只从双声道输入端采集声音, 此时可直接接话筒, 不需要前置声音放大设备。拨到 LINE(下)时, 终端从两路音频输入端采集声音, 但放大倍数小, 需接前置音频放大设备或本身声音输出就比较大的设备, 如 DVD 的音频。

(8) 电源及接地。终端电源从终端背部右边接入, 采用交流 220 V 电源输入。电源开关往上按开启电源, 往下按则关闭电源。在电源旁提供一个接地点, 用于设备接地。

(9) 红外遥控接口。在终端正面有 1 个红外接收窗口, 里面有红外接收器, 用来接收终端遥控器的信号。

3) KDV8010A 终端指示灯

KDV8010A 的指示灯位于终端的前面板上, 用于指示终端的运行状态。如图 12.17 所示, 它包括 9 个指示灯, 从左至右分别是 POW、ALM、RUN、LNK、DSP RUN(1~3)、ETH、IR。

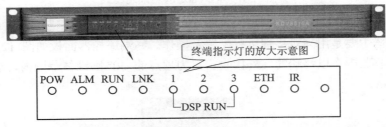

图 12.17 KDV8010A 终端指示灯

(1) POW: 电源指示灯, 绿色, 当 KDV8010A 电源打开后, 电源指示灯就一直保持常亮的状态。

(2) ALM: 告警指示灯, 一般来说告警指示灯是不会亮的, 除非系统处于异常状态, 终端就会把告警指示灯打开。

(3) RUN: 运行指示灯, 当系统正常运行时, 运行指示灯会一直保持闪烁的状态, 如果运行指示灯常亮或常灭则说明系统运行不正常。

(4) LNK: 备用, 无定义。

(5) DSP RUN 1: 音频编解码指示灯, 它指示音频编解码器的运行状态, 如果音频编解码运行正常则指示灯一直保持闪烁状态, 如果常亮或常灭则表示音频编解码器运行异常。

(6) DSP RUN 2: 视频编码器指示灯, 它指示视频编码器的运行状态, 如果视频编码器正常运行时则指示灯一直保持闪烁状态, 如果常亮或常灭则表示视频编码器运行异常。

(7) DSP RUN 3: 视频解码器指示灯, 它指示视频解码器的运行状态, 如果视频解码器正常运行则指示灯一直保持闪烁状态, 如果常亮或常灭则表示视频解码器运行异常。

(8) ETH: 以太网接口指示灯, 如果终端以太网网线连接正常则指示灯保持常亮状态, 否则指示灯保持常灭。

(9) IR: 红外接收指示灯, 当终端接收到有效的红外遥控信号后会闪烁, 如果没有闪烁, 则表示没有接收到有效的红外遥控信号。IR 指示灯右边的一个小孔是红外接收窗口。

4) KDV8010A 终端连线

一个常见的 KDV8010A 终端连线如图 12.18 所示，主要包括音频、视频的输入/输出线，网线以及摄像头控制线。

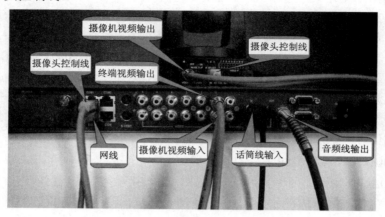

图 12.18　KDV8010A 终端连线

5) KDV8010A 终端遥控器

终端遥控器主要是用来对终端进行配置及操作。终端遥控器面板如图 12.19 所示。终端红外遥控接收范围在以终端的红外接收窗口为顶点的 30° 圆锥体范围内，遥控器与终端距离不超过 5 m。

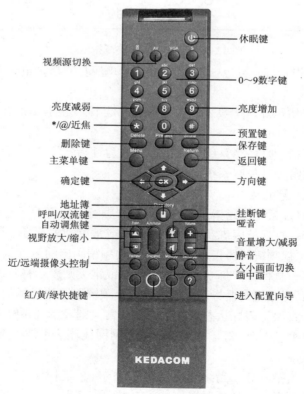

图 12.19　KDV8010A 终端摇控器

使用遥控器进行终端 IP 地址设置举例如下:

(1) 按遥控器上的"菜单"键,显示如图 12.20 所示,然后按方向键,选择系统设置图标,按遥控器上的"确定"键,进入系统设置界面。

图 12.20　KDV8010A 系统设置界面

(2) 如图 12.21 所示,按方向键,选择网络设置图标,按"确定"键,进入网络设置界面。

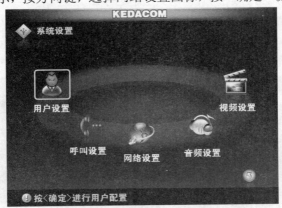

图 12.21　KDV8010A 网络设置选择界面

(3) 如图 12.22 所示,按方向键,选择通信接口图标,按"确定"键,进入通信接口设置界面。

图 12.22　KDV8010A 通信接口选择界面

（4）如图 12.23 所示，按方向键，选择以太网图标，按"确定"键，进入以太网配置界面。

图 12.23　KDV8010A 以太网接口选择界面

（5）如图 12.24 所示，用数字键设置自己需要的 IP 地址、子网掩码和默认网关，"."号用遥控器上的"*"键输入，错误输入用"Delete"键删除。然后用方向键选择应用图标，"确定"键应用，设置完后，用方向键选择返回图标，并按"确定"键返回上一级菜单。按"菜单"键可直接退出菜单。

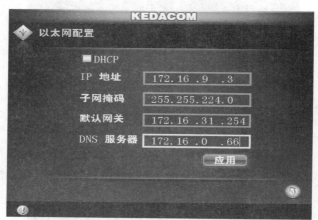

图 12.24　KDV8010A 以太网配置界面

2．KDV8000B 系列 MCU

1）KDV8000B 外观

如图 12.25 所示，KDV8000B 是一款中小容量、具有一个扩展插槽的 MCU。系统由 KDV8000B 主机和各类模块两部分组成。KDV8000B 主机采用 19 英寸 1U 机箱，提供 1 个模块槽位，自带 1 个 10/100M 以太网口和 1 个配置口和 1 个画面合成视频输出接口。它除了能实现对系统的控制、终端的接入、在终端数量很少时可用来兼做媒体码流转发外，其还内部集成了视、音频处理芯片，可提供多画面合成及混音等功能。其前面板指示灯部分与 KDV8010A 相似。

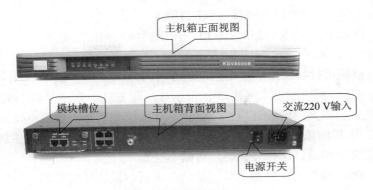

图 12.25　KDV8000B MCU 外观

2) KDV8000B 接口

KDV8000B 接口如图 12.26 所示，具体如下：

(1) ETH：KDV8000B 主机的以太网接口 0(ETH0)。(注：KDV8000B 还有一个以太网口 1(EHT1)，但没有从主机上出线，不过它与各类模块是连通的。)

(2) CON：KDV8000B 主机的 RS-232 配置口，用于主机的初始配置。

(3) V-OUT：KDV8000B 主机画面合成后的模拟视频信号输出。

(4) COM1/COM2：备用接口，目前不用。

(5) 主机电源：从主机背部右边接入，采用交流 220 V 电源输入。

(6) 电源开关：往上按开启电源，往下按则关闭电源。在电源旁提供一个接地点，用于设备接地。

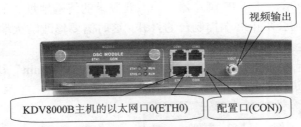

图 12.26　KDV8000B MCU 接口

3) KDV8000B DSC 模块

如图 12.27 所示，DSC 模块(DSC MODULE)主要提供媒体码流转发功能，在网络有少量丢包时可实现丢包重传功能，提供 1 个 10/100M 以太网口和 1 个配置口。

图 12.27　KDV8000B DSC 模块

(1) ETH1：DSC 模块的以太网接口 0(ETH0)。

(2) CON：DSC 模块的 RS-232 配置口，用于模块的初始配置。

DSC 模块指示灯如下：

(1) RUN：模块运行状态指示灯，正常运行时闪烁。

(2) ETH1：DSC 模块的以太网接口 0 指示灯，即 ETH1 指示灯与 DSC 模块的 ETH0 接口对应，绿色。当以太网网线连接正常时指示灯保持亮状态，否则不亮。

(3) ETH2：主机的以太网接口 1 指示灯，即 ETH2 指示灯与主机的 ETH1 接口对应，绿色。当连接正常时指示灯保持亮状态，否则不亮。

(4) ALM：DSC 模块的告警指示灯，红色，常灭，模块异常时亮。

12.3.2　视频会议系统的软件

1．KDV8010A 终端控制台

终端控制台是一种终端控制软件，安装在 PC 上。终端控制台的安装可以通过两种方法实现：一种是通过安装终端控制台软件；另一种是通过在 IE 浏览器中键入相应终端的 IP 地址后从终端下载并自动安装终端控制台软件。

登录终端控制台也可以通过两种方法：一种是在终端控制台软件安装完成之后，双击在 PC 桌面上的终端控制台的快捷图标登录；另一种方法是在终端的嵌入式 Web 文件加载之后，打开 IE 浏览器，输入终端的 IP 地址登录。

1) 登录终端控制台

(1) 如图 12.28 所示，打开 IE 浏览器，输入要登录的终端地址。如果有防火墙或 IE 浏览器安全级别过高，则会阻止终端控制台的打开，这时需要修改防火墙设置或关闭防火墙，或修改 IE 浏览器安全级别的控件选项。

(2) 如图 12.29 所示，进入用户登录界面，输入登录名"admin"和登录密码"dmin"，单击"连接"按钮，进入终端控制台。

图 12.28　输入终端 IP 地址界面

图 12.29　用户登录界面

2) 终端控制台的使用

登录终端控制台后，进入终端控制台主界面，如图 12.30 所示。终端控制台可对终端进行各项配置、操作与控制，并能对终端软件进行加载升级。

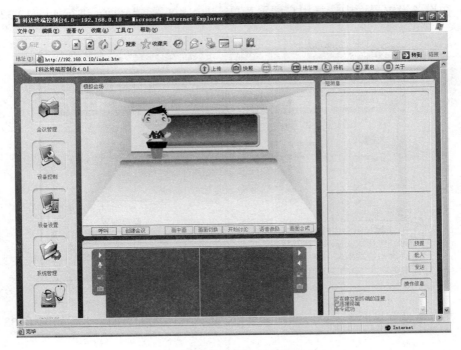

图 12.30　终端控制台界面

3) 终端 IP 地址配置

(1) 在主界面选择设备设置图标，单击该图标进入设备设置界面。

(2) 进入设备设置界面后，进行如图 12.31 所示的操作。

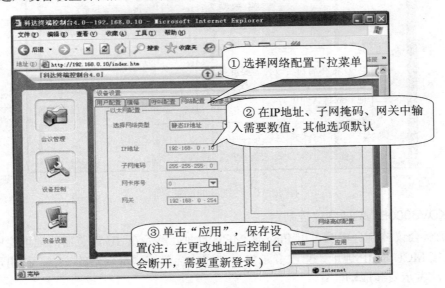

图 12.31　终端 IP 地址配置

4) 终端台标设置

(1) 在主界面选择设备设置图标，单击该图标进入设备设置界面。

(2) 在设备设置界面中选择用户配置菜单，进入用户配置界面，进行如图 12.32 所示的操作。

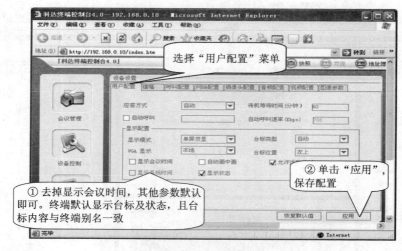

图 12.32　终端用户配置界面

(3) 在设备设置界面中选择呼叫配置菜单，进入呼叫配置界面，进行如图 12.33 所示的操作。

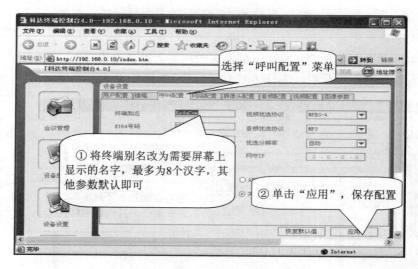

图 12.33　终端呼叫配置界面

2．KDV8000B MCU 会议控制台

首先确认会议控制台电脑可以 Ping 通 MCU 地址，然后在 IE 浏览器的地址栏中直接键入所要连接 MCU 的 IP 地址，首次登录将自动完成会议控制台软件的安装，待出现用户登录界面后，表示安装成功。

1) 登录会议控制台

会议控制台的登录界面如图 12.34 所示，初始用户名和密码均为"admin"，输入后单击"登录"按钮。

图 12.34　会议控制台登录界面

2) 会议控制台主界面

用户登录成功后，弹出如图 12.35 所示的主界面，主要功能包括会议管理、模拟会场、监控、MCU 管理和会控设定。

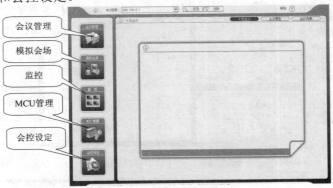

图 12.35　会议控制台主界面

3) 创建会议模板

创建会议模板的过程如图 12.36～图 12.43 所示。

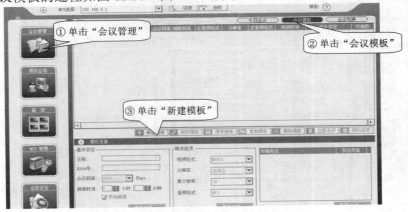

图 12.36　创建会议模板第一步

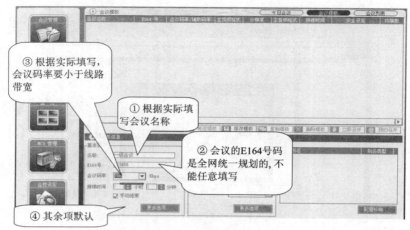

图 12.37 创建会议模板第二步

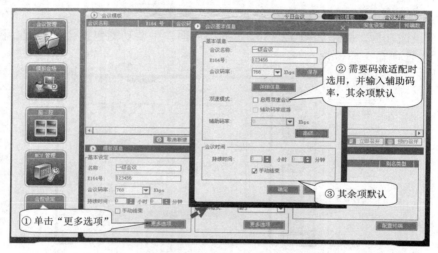

图 12.38 创建会议模板第三步

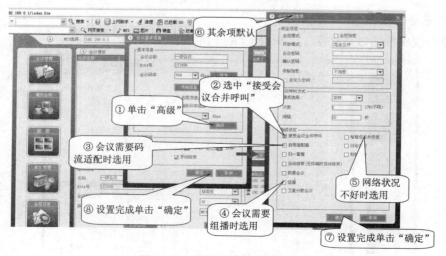

图 12.39 创建会议模板第四步

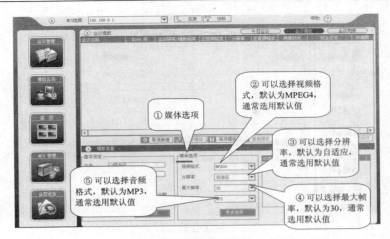

图 12.40 创建会议模板第五步

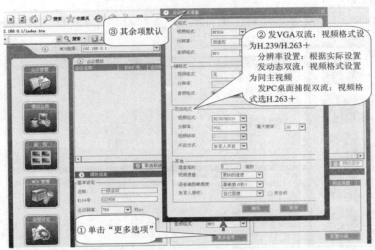

图 12.41 创建会议模板第六步

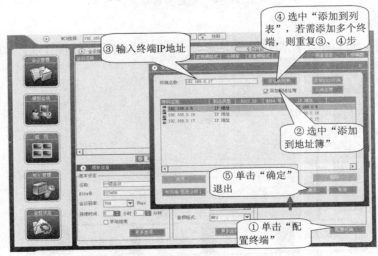

图 12.42 创建会议模板第七步

图 12.43　创建会议模板第八步

4) 创建会议

如图 12.44 所示，首先选中模板，然后单击"立即召开"，就可以通过模板创建会议了。

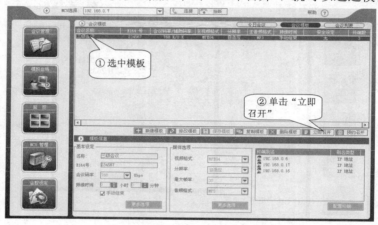

图 12.44　创建会议界面

5) 控制会议

会议创建后，可以单击左侧导航条上的"模拟会场"对会议进行管理，如图 12.45 所示。

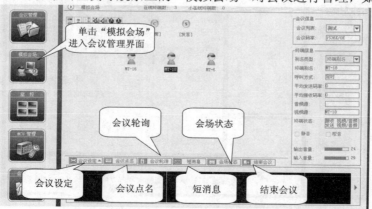

图 12.45　控制会议界面

6) 会议设定

单击控制会议界面下方的"会议设定"按钮，弹出如图 12.46 所示的界面，可以进行定制混音、会议录像、会议放像、画面合成、电视墙等操作。

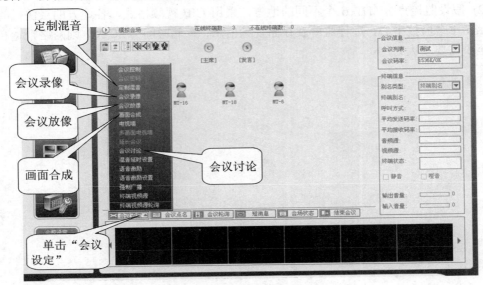

图 12.46 会议设定界面

本 章 小 结

视频会议是一种全新的会议模式，它的目的是通过各种不同的技术手段，使身处不同地理位置的分散与会成员，可以通过图像、声音等多种方式交流，从而达到参加会议的效果。本章在介绍视频会议网基础知识的基础上，重点介绍了 H.323 视频会议网，包括系统组件、组网形式以及系统工作原理，最后讨论了视频会议系统的硬件和软件。

复 习 题

1. 简答题。
(1) 视频会议的定义、分类及组成要素是什么？
(2) 网守与网关的联系与区别是什么？
(3) H.323 视频会议系统的组成要素有哪些？
(4) H.323 视频会议系统的组网形式有哪些？
(5) 请简要描述 H.323 视频会议系统的工作原理。
(6) H.323 会议系统对哪些信息码流采用 UDP 封装，哪些信息码流采用 TCP 封装？
(7) KDV8010A 终端的接口有哪些？
(8) 如何使用会议控制台创建会议模块？

2．计算题。

(1) 假设每秒能传输 40 帧图像，每帧图像规格为 800×600，像素颜色深度为 8 位，则视频带宽至少需要多大？

(2) 假设监控点分布在 6 个不同的地方，采用 CIF 视频格式，各地方的摄像机的路数 $n = 5$ 路，1 个监控中心，远程监看及存储视频信息，存储时间为 30 天，则网络带宽和存储容量至少需要多大？

附录

本书涉及的英文缩写词

缩写词	英 文	中 文
A		
AAL1	ATM Adaptation Layer 1	ATM 适配层 1
AAL2	ATM Adaptation Layer 2	ATM 适配层 2
ABM	Asynchronous Balanced Mode	异步平衡方式
ABR	Area Border Router	区域边界路由器
AbS	Analysis-by-Synthesis	合成分析
ACF	Admission Confirm	入会确认
ADM	Add/Drop Multiplexer	分/插复用器
ADPCM	Adaptive Differential Pulse Code Modulation	自适应差分脉冲编码调制
ADSL	Asymmetrical Digital Subscriber Loop	非对称数字用户线
AF	Adaptation Function	适配设施
AN	Access Network	接入网
AON	Active Optical Network	有源光网络
APON	ATM Passive Optical Network	ATM 无源光网络
AP	Access Point	访问接入点
APS	Automatic Protection Switching	自动保护交换
AR	Access Rate	接入速率
ARM	Asynchronous Response Mode	异步响应方式
ARP	Address Resolution Protocol	地址解析协议
ARPA	Advanced Research Projects Agency	高级研究计划署
ARQ	Admission Request	入会请求
AS	Autonomous System	自治系统
ASIC	Application Specific Integrated Circuit	应用集成电路
ATC	Adaptive Transform Coding	自适应变换编码
ATM	Asynchronous Transfer Mode	异步传输模式
ATU-C	ADSL Transmission Unit-Central	ADSL 中央传输单元
ATU-R	ADSL Transmission Unit-Remote	ADSL 远端传输单元

续表（一）

缩写词	英　文	中　文
B		
BCN	Backward Congestion Notification	反向拥塞通知
BCP	Basic Call Processing	基本呼叫处理
BDR	Backup Designated Router	备份指定路由器
BECN	Backward Explicit Congestion Notification	后向显示拥塞通告
BIB	Backward Indicator Bit	后向指示比特
B-ICI	BISDN Inter-Carrier Interface	宽带互连接口
B-ISDN	Broadband Integrated Service Digital Network	宽带综合业务数字网
BGP	Border Gateway Protocol	边界网关协议
BRI	Basic Rate Interface	基本速率接口
BSN	Backward Sequence Number	后向序号
BSS	Basic Service Set	基本服务集
BSSID	Basic Service Set Identifier	基本服务集标识符
C		
CAC	Call Admission Control	呼叫接纳控制
CAS	Channel Associated Signaling	随路信令
CAP	CAMEL Application Part	CAMEL 应用部分
CAPM	Carrierless Amplitude-Phase Modulation	无载波幅度/相位调制
CATV	CAble TeleVision	有线电视
CC	Country Code	国家号码
CCD	Charge-coupled Device	电荷耦合元件
CCS	Common Channel Signaling	公共信道信令
CDV	Cell Delay Variation	信元时延变化
CELP	Code Excited Linear Predictive	码激励线性预测
CER	Cell Error Ratio	信元误码率
CF	Core Function	核心功能
CHINADDN	CHINA Digital Data Network	中国公用数字数据网
CHINAFRN	CHINA Frame Relay Network	中国帧中继网
CHINANET	CHINA Network	中国公众计算机互联网
CHINAPAC	CHINA Public Allocation Changeability	中国公用分组交换数据网
CIC	Circuit Identification Code	电路标识码
CIDR	Classless Inter-Domain Routing	无类域间路由
CIF	Common Intermediate Format	标准化图像格式
CIR	Committed Information Rate	许诺的信息速率

续表(二)

缩写词	英 文	中 文
CL	Circuit Layer	电路层
CLP	Cell Loss Priority	信元丢失优先级
CLR	Cell Loss Ratio	信元丢失率
CMOC	Centralized Maintenance & Operation Center	集中维护操作中心
CN	Core Network	核心网
CPE	Customer Premises Equipment	用户前端设备
CPN	Customer Premises Network	用户驻地网
C/R	Command/Response	命令/响应
CRC	Cyclic Redundancy Check	循环冗余码校验
CS	Convergence Sublayer	会聚子层
CSMA/CD	Carrier Sense Multiple Access/Collision Detect	带冲突检测的载波监听多路访问
CTD	Cell Transfer Delay	信元转移时延
D		
DAR	Dynamic Alternate Routing	动态迂回选路
DARAP	Defense Advanced Research Project Agency	国防部高级计划研究署
DBS	Direct Broadcasting Satellite	直播卫星系统
D/C	DLCI/DL-Control	控制指示比特
DCE	Data Circuit Terminating Equipment	数据电路终接设备
DCIF	Double CIF	两倍 CIF 格式
DCR	Dynamically Controlled Routing	动态受控选路
DDN	Digital Data Network	数字数据网
DE	Discard Eligibility	丢弃允许
DECT	Digital Enhanced Cordless Telecommunications	制式微蜂窝移动通信系统
DFP	Distributed Facility Plan	分布功能平面
DG	Data Gram	数据报
DLC	Digital Loop Carrier	数字环路载波
DMT	Discrete MultiTone	离散多音频
DNHR	Dynamic Non-Hierarchical Routing	动态无级选路
DP	Distribution Point	配线点
DPC	Destination Point Code	目的点编码
DPCM	Differential Pulse Code Modulation	差分脉冲编码调制
DPG	Digital Pair Gain	数字线对增容
DQDB	Distributed Queue Dual Bus	分布式队列双总线
DR	Designated Router	指定路由器
DS	Distribution System	分布式系统
DSAP	Destination Service Access Point	目标服务访问点
DSL	Digital Subscribe Line	数字用户线路

续表(三)

缩写词	英　文	中　文
DSLAM	DSL Access Multiplexer	DSL 接入复用器
DSS1	Digital Subscriber Signaling No.1	1 号数字用户信令
DSP	Digital Signal Processing	数字信号处理
DTE	Data Terminal Equipment	分组式数据终端设备
DTMF	Dual Tone Multi-Frequency	双音多频
DPCM	Differential Pulse Code Modulation	差分脉冲编码调制
DQDB	Distributed Queue Dual Bus	分布式队列双总线
DUP	Data User Part	数据用户部分
DVS	Digital Video Server	网络视频服务器
DVR	Digital Video Recorder	数字视频录像机
DWDM	Dense Wavelength Division Multiplexing	密集波分复用
DXC	Digital CrosS Connect system	数字交叉连接设备
E		
EA	Address Field Extension	地址扩展
EBGP	External BGP	外部网关协议
EC	Echo Cancellation	回波抵消
EDFA	Erbium-Doped Fiber Amplifier	掺铒光纤放大器
EF	Elementary Function	单元功能
EGP	Exterior Gateway Protocol	外部网关协议
EMC	Electro Magnetic Compatibility	电磁兼容性
EPON	Ethernet Passive Optical Network	以太网无源光网络
ESS	Extended Service Set	扩展服务集
ETSI	European Telecommunication Standards Institute	欧洲电信协会
F		
FAM	Forward Address Massage	前向地址消息组
FC	Feedback Control	反馈控制
FCN	Forward Congestion Notification	前向拥塞通知
FCS	Frame Check Sequence	帧校验序列
FDDI	Fiber Distributed Data Interface	光纤分布式数据接口
FDM	Frequency-Division Multiplexing	频分复用
FE	Function Entity	功能实体
FEA	Function Entity Actions	功能实体动作
FECN	Forward Explicit Congestion Notification	前向显示拥塞通告
FISU	Fill-in Signaling Unit	填充信令单元
FMS	Flexible Multiplex System	灵活复用系统
FP	Flexible access Point	灵活接入点
FR	Frame Relay	帧中继
FRAD	Frame Relay Access Device	帧中继装/拆设备
FSN	Forward Sequence Number	前向序号

缩写词	英　文	中　文
FTP	File Transfer Protocol	文件传输协议
FTTB	Fiber To The Building	光纤到大楼
FTTC	Fibre To The Curb	光纤到路边
FTTH	Fibre To The Home	光纤到户
FTTO	Fibre To The Office	光纤到办公室
FTTZ	Fibre To The Zone	光纤到小区
G		
GFC	Generic Flow Control	一般流量控制
GFI	General Format Identifier	通用格式识别符
GFP	Generic Framing Procedure	通用成帧规程
GFP	Global Function Plan	全局功能平面
GK	Gatekeeper	网守
GPRS	General Packet Radio Service	通用无线分组业务
GSL	Global Service Logic	全局业务逻辑
GSM	Global System of Mobile communication	全球移动通信系统
GT	Global Tit	全局码
GTT	Global Title Translation	全局名称翻译
GW	Gateway	网关
H		
HDLC	High-level Data Link Control	高级数据链路控制
HDSL	High Rate Digital Subscriber Line	高比特率数字用户线
HEC	Header Error Check	信头差错控制
HFC	Hybrid Fiber Coaxial	光纤/同轴混合接入
HFW	Hybrid Fiber Wireless	光纤/无线综合系统
HOA	Higher Order Assembler	高阶组装器
HOI	Higher Order Interface	高阶接口
HomePNA	Home Phoneline Network Alliance	家庭电话线路网络联盟
HPA	High order path Adaptation	高阶通道适配
HPC	Higher Order Path Connectio	高阶通道连接
HPT	High order path Termination	高阶通道终端
I		
IAB	Internet Architecture Board	Internet 结构委员会
IAI	Initial Address Message with Additional Information	携带被叫地址的初始地址消息
IAM	Initial Address Message	初始地址消息
IANA	The Internet Assigned Numbers Authority	互联网数字分配机构
IBGP	Internal BGP	内部边界网关协议
IBSS	Independent Basic Service Set	独立基本服务集
ICCB	Internet Control and Configuration Board	因特网控制与配置委员会
ICMP	Internet Control Message Protocol	Internet 控制报文协议

缩写词	英　文	中　文
IDSL	ISDN Digital Subscriber Line	综合业务数字网数字用户线
IEEE	Institute of Electrical and Electronic Engineering	电子与电气工程师协会
IESG	Internet Engineering Steering Group	因特网工程指导组
IETF	Internet Engineering Task Force	因特网工程任务组
IF	Information Flow	信息流
IGMP	Internet Group Management Protocol	互联网组管理协议
IGP	Interior Gateway Protocol	内部网关协议
IM	Instant Messenger	即时通讯
IN	Intelligent Network	智能网
INAP	Intelligent Network Application Part	智能网应用部分
In-ARP	Inverse Address Resulotion Protocol	反向地址解析
INCM	Intelligent Network Conceptual Model	智能网的概念模型
InterNIC	International Network Information Center	国际网络信息中心组织
IP	Intelligent Peripheral	智能外设
IRSG	Internet Research Steering Group	因特网研究指导组
IRTF	Internet Research Task Force	因特网研究任务部
ISDN	Integrated Services Digital Network	综合业务数字网
ISO	International Standard Orignazation	国际标准化组织
ISOC	Internet Society	Internet 协会
ISUP	ISDN User Part	综合业务数字网用户部分
IT	Information Type	信息类型
ITU	International Telecommunication Union	国际电信联盟
L		
LAN	Local Area Network	局域网
LANE	LAN Emulation	局域网仿真
LAPB	Link Access Procedures Balanced	平衡型链路接入规程
LAPD	Link Access Procedures on the D-channel	D 信道接入规程
LAPF	Link Access Procedures to Frame Mode Bearer Services	数据链路层接入规程
LAPS	Link Access Procedure-SDH	链路接入规程
LCAS	Link Capacity Adjustment Scheme	链路容量调整机制
LCGN	Logical Channel Group Number	逻辑信道群号
LC	Line Circuit	用户电路
LCN	Logical Channel Number	逻辑信道号
LD	Laser Device	激光器
LLC	Logical Link Control	逻辑链路控制
LMDS	Local Multipoint Distribution Service	本地多点分配业务
LMI	Local Management Interface	本地管理接口
LOI	Lower Order Interface	低阶接口

缩写词	英　文	中　文
LPA	Lower order qath Adaptation	低阶通道适配
LPC	Linear Predictive Coding	线性预测编码
LPT	Lower order Path Termination	低阶通道终端
LPU	Line Processing Unit	线路处理板
LSDB	Link Status DataBase	链路状态数据库
LSSU	Link Status Signaling Unit	链路状态信令单元
M		
MAC	Medium Access Control	介质访问控制
MAN	Metropolitan Area Network	城域网
MAP	Mobil Application Part	移动应用部分
MC	Multipoint Controller	多点控制器
MCF	Message Communication Function	消息通信功能
MCU	Multipoint Control Unit	多点控制单元
MD	Message Discrimination	消息鉴别
MD	Message Distribution	消息分配
MELP	Mixed Excitation Linear Prediction	混合激励线性预测
MGCP	Media Gateway Control Protocol	媒体网关控制协议
MMDS	Multichannel Multipoint Distribution Service	多路多点分配业务
MMF	Multi Mode Fiber	多模光纤
MOS	Mean Opinion Score	平均意见得分
MP	Multipoint Processor	多点处理
MPE	Multi-Pulse Excited	多脉冲激励
MPLS	MultiProtocol Label Switching	多协议标签交换
MR	Message Routing	消息路由
MSA	Multiplex Section Adaptation	复用段适配
MSP	Multiplex Section Protection	复用段保护
MSS	Maximum Segment Size	最大报文长度
MST	Multiplex Section Termination	复用段终端
MSTP	Multi-Service Transmission Platform	多业务传送平台
MSU	Message Signaling Unit	消息信令单元
N		
NDC	National Destination Code	国内终点号码
NE	Network Element	网元
N-ISDN	Narrowband Integrated Services Digital Network	窄带 ISDN
NGN	Next Generation Network	下一代网络
NIC	Network Interface Card	网络适配卡
NIU	Network Interface Unit	网络接口单元
NMC	Network Management Center	网络管理中心
NNI	Network-Network Interface	网络节点接口

缩写词	英　文	中　文
NP	Network Processor	网络处理器
NPC	Network Parameter Control	网络参数控制
NRM	Normal Response Mode	正常响应方式
NRM	Network Resource Management	网络资源管理
O		
OADM	Optical Add-Drop Multiplexer	光分插复用器
OAM	Operations Administration and Maintenance	操作、管理与维护
OAN	Optical Access Network	光接入网
OCDMA	Optical Code Division Multiple Access	光码分多址
Och	Optical Channel Layer	光信道层
ODN	Optical Distribution Network	光配线网
OHA	Overhead Access Function	开销接入功能
OLT	Optical Line Terminal	光纤线路终端
OM	Operational Maintenance Command	操作维护指令
OMAP	Operation Maintenace Application Part	操作和维护应用部分
OMSL	Optical Multiplexing Section Layer	光复用段层
ONU	Optical Network Unit	光网络单元
OPC	Originating Point Code	源点编码
OSCMA	Optical SubCarrier Multiple Access	光副载波多址
OSI	Open System Interconnection	开放系统互连
OSPF	Open Shortest Path First	开放式最短路径优先
OTDM	Optical Time Division Multiplexing	光时分复用
OTDMA	Optical Time Division Multiple Access	光时分多址
OTN	Optical Transport Network	光传送网
OTS	Optical Transmission Section Layer	光传输段层
OUI	Organizationally Unique Identifier	机构唯一标识符
OWDMA	Optical Wavelength Division Multiple Access	光波分多址
OXC	Optical Cross Connect	光交叉连接
P		
PAD	Packet Assembler and Disassembler	分组装拆设备
PAM	Pulse Amplitude Modulation	脉冲幅度调制
PBB	Provider Backbone Bridge	运营商骨干桥接
PBT	Provider Backbone Transport	运营商骨干传输
PCE	Packet Concentrate Equipment	分组集中器
PCM	Pulse Code Modulation	脉冲编码调制
PCR	Peak Cell Rate	峰值信元速率
PDH	Plesiochronous Digital Hierarchy	准同步数字体系
PDU	Protocol Data Unit	协议数据单元
PFE	Packet Forwarding Engine	包转发引擎

续表（八）

缩写词	英　文	中　文
PLMN	Public Land Mobile Network	公共陆地移动网络
PLOAM	Physical Layer OAM	物理层管理信元
PON	Passive Optical Network	无源光网络
POI	Point of Initiation	起始点
POR	Point of Return	返回点
POTS	Plain Old Telephone Service	普通电话业务
P2P	Peer-to-Peer	点到点
ppm	port of per million	10^{-6}
PPP	Point-to-Point Protocol	点到点协议
PS	Packet Switching	分组交换
PT	Payload Type	信息类型指示段
PRI	Primary Rate interface	基群速率接口
PSS1	Private Signaling System No.1	私有信令系统 No.1
PSTN	Public Switched Telephone Network	公共电话交换网
PTN	Packet Transport Network	分组传送网
PVC	Permanent Virtual Circuit	永久虚电路
Q		
QAM	Quadature Amplitude Modulation	正交幅度调制
QCIF	Quarter Common Intermediate Format	四分之一标准化图像格式
QoS	Quality of Service	服务质量
R		
RAC	Registration Authority Committee	注册管理委员会
RARP	Reverse Address Resolution Protocol	反向地址转换协议
RAS	Registration, Admission and Status	注册、接入和状态
RPE	Regular-Pulse Excited	等间隔脉冲激励
RPR	Resilient Packet Ring	弹性分组环
RST	Regenerator Section Termination	再生段终端
RTCP	Real-time Transport Control Protocol	实时传输控制协议
RTP	Real-time Transport Protocol	实时传输协议
RTNR	RealTime Network Routing	实时网络选路
S		
SAAL	Signaling ATM Adaptation Layer	信令 ATM 适配层
SABM	Set Asynchronous Balanced Mode	置异步平衡方式
SABME	Set Asynchronous Balanced Mode Extended	设置的异步平衡方式扩展
SAM	Subsequent Address Message	后续地址消息
SAO	Subsequent Address Message with One Signal	携带一位地址信息的后续地址消息
SAP	Server Access Point	服务接入点
SAPI	Service Access Point Identifier	服务接入点标识
SAR	Segmentation and Reassembly Sublayer	拆装子层

缩写词	英　文	中　文
SBC	Sub-Band Coding	子带编码
SCCP	Signaling Connection Control Part	信令链接控制部分
SCE	Service Creation Environment	业务生成环境
SCP	Service Control Point	业务控制点
SCR	Sustainable Cell Rate	平均信元速率
SDH	Synchronous Digital Hierarchy	同步数字体系
SDLC	Synchronous Data Link Control	同步数据链路控制
SDM	Space Division Multiplexing	空分复用
SDP	Service Data Point	业务数据点
SDSL	Symmetric Digital Subscriber Line	对称数字用户线
SDV	Switch Digital Video	交换式数字视频
SEMF	Synchronous Equipment Management Function	同步设备管理功能
SETPI	Synchronous Equipment Timing Physical Interface	同步设备定时物理接口
SETS	Synchronous Equipment Timing Source	同步设备时钟源
SGCP	Simple Gateway Control Protocol	简单网关控制协议
SIF	Standard Interchange Format	标准图像交换格式
SIP	Session Initiation Protocol	会话发起协议
SLC	Subscriber Loop Carrier	用户环路载波
SMDS	Switched Multimegabit Data Service	交换式多兆位数据服务
SMF	Single Mode Fiber	单模光纤
SMF	System Management Function	系统管理功能
SN	Service Node	业务节点
SNI	Service Node Interface	业务节点接口
STP	Spanning Tree Protocol	生成树协议
SOHO	Small Office Home Office	家居办公
SPF	Service Porgy Function	业务端口功能
SVC	Switching Virtual Circuit	交换虚电路
T		
TCM	Time Compression Multiplexing	时间压缩复用
TCM	Trellis Code Modulation	格栅编码调制
TCP/IP	Transport Control Protocol/Internet Protocol	传输控制协议/网际协议
TDM	Time-Division Multiplexing	时分复用
TF	Transport Function	传送功能
TM	Terminal Multiplexer	终端复用器
TM	Transmission Media	传输介质
TMN	Telecommunication Management Network	电信管理网
TN	Transit Network	转接网
TP	Transmission Path	传输通道
TTF	Transport Terminal Function	传送终端功能
TU	Tributary Unit	支路单元

续表（十）

缩写词	英　文	中　文
U		
UDP	User Datagram Protocol	用户数据报协议
UPF	User Port Function	用户端口功能
V		
VC	Virtual Circuit	虚电路方式
VCI	Virtual Channel Identification	虚信道标识
VDSL	Very High Speed Digital Subscriber Line	甚高速数字用户线
VLAN	Virtual Local Area Network	虚拟局域网
VLSM	Variable Length Subnet Masking	变长子网掩码
VOD	Video On Demand	视频点播
VoIP	Voice over Internet Protocol	网络电话
VPI	Virtual Path Identification	虚路径标识
VPLS	Virtual Private Lan Service	虚拟专用局域网服务
VPN	Virtual Private Network	虚拟专网
VSAT	Very Small Aperture Terminal	甚小口径天线地球站
W		
WAN	Wide Area Network	广域网
WDM	Wavelength Division Multiplexing	波分复用
WLAN	Wireless Local Area Network	无线局域网
WLL	Wireless Local Loop	无线本地用户环
WiFi	Wireless Fidelity	无线保真
WiMax	Worldwide Interoperability for Microwave Access	全球微波互联接入

参 考 文 献

[1]　谢希仁. 计算机网络. 5 版[M]. 北京：电子工业出版社，2008.

[2]　Chris Lewis. Cisco Switched Internetworks: Vlans, ATM and Voice/Data Integration[M]. McGraw-Hill Companies，2006.

[3]　William Stallings. ISDN and Broadband ISDN with Frame Relay and ATM[M].Prentice Hall，2002.

[4]　桂海进，武俊生. 计算机网络技术基础教程与实训[M]. 北京：北京大学出版社，2006.

[5]　华为技术. Quidway NetEngine40 系列通用交换路由器操作手册第一分册. 2011.

[6]　苏英如. 局域网技术与组网工程实训教程. 2 版[M]. 北京：水利水电出版社，2009.

[7]　侯中俊. 局域网组网技术[M]. 北京：人民邮电出版社，2005.

[8]　刘庆杰，朱广丽. 局域网组网技术[M]. 西安：西北工业大学出版社，2008.

[9]　陈愚. 局域网架设与应用[M]. 天津：天津科学技术出版社，2007.

[10]　刘乃安. 无线局域网：WLAN 原理技术与应用[M]. 西安：西安电子科技大学出版社，2004.

[11]　张瑞生，刘晓辉. 无线局域网搭建与管理[M]. 北京：电子工业出版社，2011.

[12]　梁广民，王隆杰. 网络设备互联技术[M]. 北京：清华大学出版社，2006.

[13]　唐宝民，王文鼐. 局域网与城域网技术[M]. 北京：清华大学出版社，2006.

[14]　段水福，历晓华，段炼. 无线局域网(WLAN)设计与实践[M]. 杭州：浙江大学出版社，2007.

[15]　桂海源，骆亚国. No.7 信令系统[M]. 北京：北京邮电大学出版社，1999.

[16]　桂海源，张碧玲. 信令系统[M]. 北京：北京邮电大学出版社，2008.

[17]　杨武军，郭娟，等. 现代通信网概论[M]. 西安：西安电子科技大学出版社，2004.

[18]　叶敏. 程控数字交换与交换网[M]. 北京：北京邮电大学出版社，1997.

[19]　毛京丽，李文海. 数据通信原理[M]. 北京：北京邮电大学出版社，2007.

[20]　张江山. 视频会议系统及其应用[M]. 北京：北京邮电大学出版社，2002.

[21]　Janes U. H.323 Networks and Firwalls [D]. Tallin: Tallin Technical University，2000.

[22]　黄永峰. IP 网络多媒体通信技术[M]. 北京：人民邮电出版社，2003.

[23]　佟卓，谢宇晶，尹斯星. 宽带城域网与 MSTP 技术[M]. 北京：机械工业出版社，2007.

[24]　陈运清. 城域网组网技术与业务运营[M]. 北京：人民邮电出版社，2009.

[25]　沈海娟. 网络互联技术：广域网[M]. 杭州：浙江大学出版社，2006.

[26]　周凯. 广域网技术应用 [M]. 重庆：重庆大学出版社，2005.

[27]　史蒂文斯. TCP/IP 详解(卷 1：协议)[M]. 范建华，等译. 北京：机械工业出版社，2007.

[28]　多伊尔，卡罗尔. TCP/IP 路由技术(第一卷). 2 版[M]. 葛建立，吴剑章，译. 北京：人民邮电出版社，2007.

[29] 托马斯. OSPF 网络设计解决方案. 2 版[M]. 卢泽新，彭伟，白建军，译. 北京：人民邮电出版社，2004.

[30] 帕克赫斯特. Cisco BGP-4 命令与配置手册[M]. 朱剑云，王晓磊，译. 北京：人民邮电出版社，2011.

[31] 李鹏. 基于 IP 的多功能视频会议系统的研究与设计[D]. 武汉：武汉理工大学，2007.

[32] 顾俊杰. 基于 H.323 协议的多媒体会议系统关键技术的研究[D]. 南京：河海大学，2005.

[33] 赵荣辉. 基于 IP 网络的视频会议系统设计[D]. 西安：西安电子科技大学，2010.

[34] 朱羽. 基于 H.323 的多点桌面视频会议系统的研究与实现[D]. 郑州：中国人民解放军工程大学，2004.

[35] 沈笋. 基于 IP 网络的视频会议系统研究[D]. 武汉：武汉理工大学，2007.

[36] 常勇健. 基于 SIP 的视频会议的设计与实现[D]. 沈阳：东北大学，2007.

[37] 刘浩，胡栋. 基于 RTP/RTCP 协议的 IP 视频系统设计与实现. 计算机应用研究[J]. 2002,（10）: 140-143.

[38] 纪越峰. 现代通信技术. 北京：人民邮电出版社，2002.

[39] 姚军，毛昕春. 现代通信网. 北京：人民邮电出版社，2010.

[40] 穆维新. 现代通信网. 北京：人民邮电出版社，2010.

[41] 叶敏. 程控数字交换与现代通信网. 北京：北京邮电大学出版社，1998.

[42] 毛京丽，李文海. 现代通信网. 2 版. 北京：北京邮电大学出版社，2007.

[43] 唐宝民，江凌云，林建中，等. 通信网基础. 北京：机械工业出版社，2004.

[44] 赵利，符杰林，宁向延等. 现代通信网及其关键技术. 北京：国防工业出版社，2011.

[45] 糜正琨，杨国民. 交换技术. 北京：清华大学出版社，2006.

[46] 陈建亚，余浩，王振凯. 现代交换原理. 北京：北京邮电大学出版社，2006.

[47] 景晓军. 现代交换原理与应用. 北京：国防工业出版社，2005.

[48] 金惠文. 现代交换原理. 2 版. 北京：电子工业出版社，2005.

[49] 李泽民. 现代信息和通信综述. 北京：科学技术文献出版社，2000.

[50] 王承恕. 现代通信网概论. 北京：人民邮电出版社，1999.

[51] 秦国，秦亚莉，韩彬霞. 现代通信网概论. 2 版. 北京：人民邮电出版社，2008.

[52] 张中荃. 接入网技术. 北京：人民邮电出版社，2009.

[53] 佟卓，谢宇晶，尹斯星. 宽带城域网与 MSTP 技术. 北京：机械工业出版社，2007.

[54] 蒋青泉. 接入网技术. 北京：人民邮电出版社，2008.

[55] 李转年. 接入网技术与系统. 北京：北京邮电大学出版社，2003.

[56] 刘少亭，卢建军，李国. 现代信息网. 北京：人民邮电出版社，2000.

[57] 杨世平，张引发，邓大鹏，等. 光同步数字传输设备与工程应用[M]. 北京：人民邮电出版社，2001.

[58] 樊昌信，曹丽娜. 通信原理. 6 版[M]. 北京：国防工业出版社，2010.